化学工业出版社“十四五”普通高等教育规划教材

计算机应用基础实训指导

常东超　李会举　等编著

化学工业出版社
·北京·

内容简介

《计算机应用基础实训指导》是与《计算机应用基础》教材相配套的实训教材，用于辅助实践教学。

全书共分为两部分，第一部分是大学计算机实践技能训练，第二部分是与教材基础理论知识相关的精选习题和案例。通过实训，学生能够巩固理论教学涉及的计算机基础知识，掌握多个实用软件的基本术语和设计理念以及操作方法，并提升自身的计算机基本操作技能。其中：与操作系统相关的实训项目 3 个；办公自动化实训项目 10 个；网络技术实训项目 4 个；常用工具软件实训项目 5 个；多媒体技术应用实训项目 2 个；基础理论知识综合与案例综合实战演练项目 7 大项，每个大项包含多个小项目。

本书内容由浅及深、循序渐进，结合初学者实际情况，侧重对应用能力和实践技能的培养。切实掌握本书的精髓可以达到计算机一级的水平并接近二级的能力要求。本书可作为高等院校各专业的计算机基础课程实训指导教材使用，还可供对计算机感兴趣的人士参考。

图书在版编目（CIP）数据

计算机应用基础实训指导 / 常东超等编著. —北京：化学工业出版社，2023.8（2024.7重印）
化学工业出版社“十四五”普通高等教育规划教材
ISBN 978-7-122-43477-7

Ⅰ. ①计… Ⅱ. ①常… Ⅲ. ①电子计算机-高等学校-教学参考资料 Ⅳ. ①TP3

中国国家版本馆 CIP 数据核字（2023）第 086700 号

责任编辑：满悦芝　　文字编辑：杨振美
责任校对：宋　夏　　装帧设计：张　辉

出版发行：化学工业出版社（北京市东城区青年湖南街 13 号　邮政编码 100011）
印　　装：大厂聚鑫印刷有限责任公司
787mm×1092mm　1/16　印张 19　字数 540 千字　2024 年 7 月北京第 1 版第 2 次印刷

购书咨询：010-64518888　　售后服务：010-64518899
网　　址：http://www.cip.com.cn
凡购买本书，如有缺损质量问题，本社销售中心负责调换。

定　　价：65.00 元

前言

计算机应用基础实训是对学生计算机应用能力的一种全面综合训练，是一种自主性很强的练习。只有通过训练深入理解和掌握书本上的理论知识，脚踏实地地练习书中每一个知识点，才能切实掌握计算机实际应用能力，更好地为社会服务。为了使读者既能掌握计算机的基本理论和基本概念，又能熟练掌握计算机应用常用技能和技巧，作者在总结多年教学经验和科研成果的同时，广泛了解社会需求和读者的实际需求，特组织编写了这本《计算机应用基础实训指导》，用于辅助读者进行实训项目训练，提高计算机应用能力和信息化核心技能。

全书共分为两部分。第一部分为实践技能训练，包括实训 1 至实训 7，涉及 24 个实训项目（含初级和综合）；第二部分为理论知识训练和动手能力训练，包括实训 8 至实训 14，涉及 22 个实战项目。实训 1 包括 3 个实训项目，主要介绍操作系统 Windows 10 的使用，通过实践掌握 Windows 10 的基本知识和基本操作方法。实训 2 包括 4 个实训项目，主要介绍 Word 2016 的应用操作，通过综合案例熟悉和基本掌握 Word 2016 的操作方法。实训 3 包括 3 个实训项目，主要介绍 Excel 2016 应用操作，通过基本操作案例、高级应用案例、综合实训案例，熟悉和基本掌握 Excel 2016 的操作方法。实训 4 包括 3 个实训项目，主要介绍 PowerPoint 2016 的应用操作，通过基本操作案例、高级应用案例、综合实训案例，循序渐进地熟悉和掌握 PowerPoint 2016 的操作方法。实训 5 包括 4 个实训项目，主要介绍网络应用操作，掌握网络的基本知识和网络的基本应用。实训 6 包括 5 个实训项目，主要介绍计算机常用工具软件的使用，熟悉计算机基本工具，能够维护系统。实训 7 包括 2 个实训项目，主要介绍 Flash 和 Photoshop 操作，通过实训，能够处理图片和制作动画。实训 8 至实训 14 为综合项目实战演练，通过理论和技能实战，加强和巩固计算机理论知识和实践能力。

为了配合实训操作、检验实训效果，编者制作了原始素材和最终结果文件，需要的师生可到化学工业出版社教学资源网（www.cipedu.com.cn）免费下载。

本书由辽宁石油化工大学常东超、李会举等编著，辽宁石油化工大学的高东日、李志武、吉书朋、杨妮妮、苏金芝、张英宣、曹义等资深教师参加讨论、编写；全书由常东超统稿。

本书参考了大量图书和其他资料，首先向这些文献的作者表示衷心的感谢；同时在编写过程中得到了多位资深专家的支持和帮助，他们提出了许多宝贵意见和建议，在此一并表示诚挚的谢意。

由于编者水平有限，书中难免有不妥之处，恳请读者批评指正。

编著者

2023 年 5 月

目录

实训1 Windows 10 操作实训

实训目的

（1）了解 Windows 10 的功能，掌握 Windows 10 的基本知识和基本操作。
（2）能够在 Windows 10 中对主题、标题等进行个性化设置。
（3）能够利用“文件资源管理器”和“库”进行文件管理。
（4）能够使用计算机验证操作题目的正确答案。

实训 1.1 Windows 10 个性化设置

实训内容与要求

（1）背景设置。
（2）颜色设置。
（3）锁屏界面设置。
（4）主题设置。
（5）开始设置。
（6）任务栏设置。

实训步骤

操作说明：实训步骤和实训内容与要求的题号分别对应，请按下面的操作方法完成上述要求。

在桌面的空白处单击鼠标右键，从快捷菜单中选择“个性化”命令，打开“个性化”设置窗口，如图 1.1 所示；也可以在开始菜单中单击“设置”图标，打开“Windows 设置”窗口，如图 1.2 所示，单击“个性化”链接，打开“个性化”设置窗口。

（1）背景设置

在“个性化”设置窗口左侧窗格单击“背景”命令，在右侧窗口可以设置背景图片，选择自己喜欢的图片或者通过浏览选择本地图片。选择最好的契合度，即图片的填充样式。

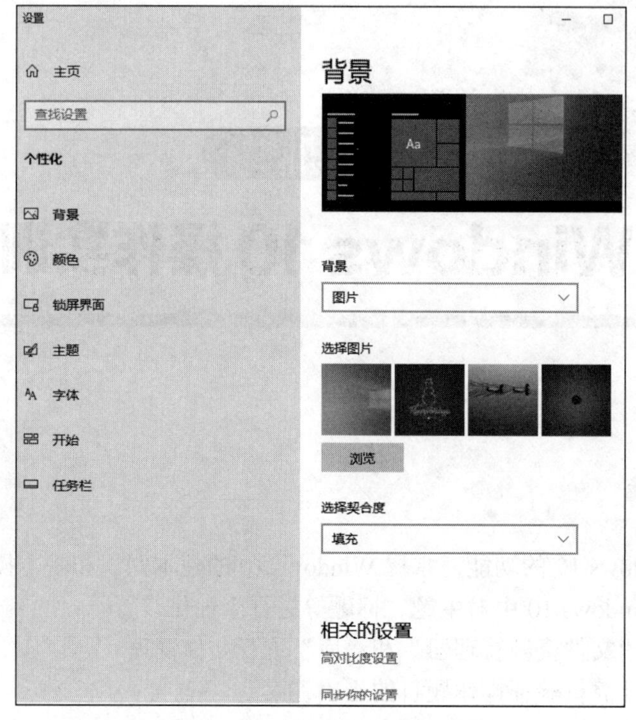

图 1.1 “个性化”设置窗口

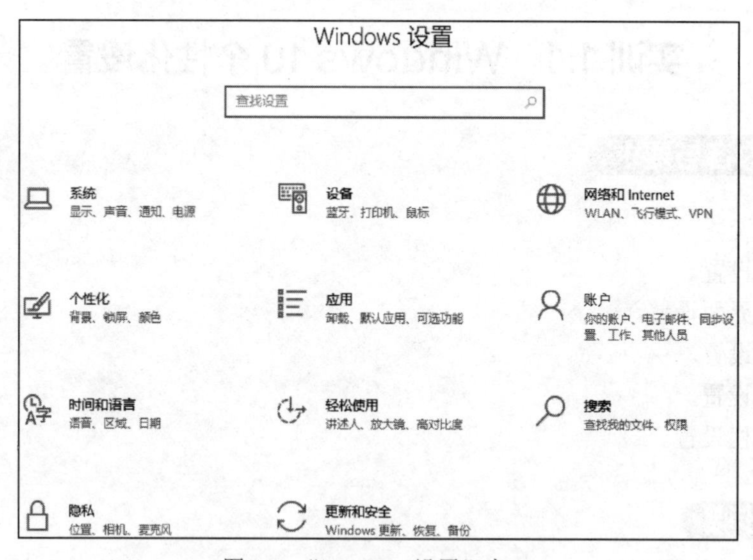

图 1.2 “Windows 设置”窗口

（2）颜色设置

颜色设置具体操作如下。

① 在“个性化”设置窗口左侧窗格单击“颜色”命令，在右侧窗口的“选择颜色”下拉列表框中选择“浅色”“深色”或“自定义”命令。

② 在“选择你的主题色”栏中单击“从我的背景自动选取一种主题色”复选框。

③ 在下方的“在以下区域显示主题色”栏中单击选中“‘开始’菜单、任务栏和操作中心”与“标题栏和窗口边框”复选框。

④ 设置完成后，关闭窗口返回桌面，打开“开始”菜单可查看效果。

（3）锁屏界面设置

在锁屏界面可设置锁屏背景，选择在锁屏界面上显示详细状态的应用，也可进行屏幕超时设置和屏幕保护程序设置。

屏幕保护程序设置具体操作如下。

① 在“个性化”设置窗口左侧窗格单击“锁屏界面”命令，右侧窗口显示“锁屏界面”设置内容。

② 单击“屏幕保护程序设置”命令项，打开“屏幕保护程序设置”对话框。在“屏幕保护程序”下拉列表框中选择一种具体的屏幕保护程序名称。

③ 单击“设置”按钮，对选择的屏幕保护程序做进一步设置。

④ 设置等待时间。

⑤ 单击“确定”按钮，返回“屏幕保护程序设置”对话框。

（4）主题设置

① 在“个性化”设置窗口左侧窗格单击“主题”命令，右侧窗口显示“主题”设置内容。

② 可以自定义主题，设置背景、颜色、声音以及鼠标光标等内容，最后保存主题。

③ 在“更改主题”选项组中单击主题，完成主题更改。

④ 在“相关的设置”选项组中，单击“桌面图标设置”命令，打开“桌面图标设置”对话框，在“桌面图标”选项卡下可以选择要在桌面上显示的图标，还可以更改图标。

（5）开始设置

在“个性化”设置窗口左侧窗格单击“开始”命令，可以设置“开始”菜单显示的应用和显示方式等。

（6）任务栏设置

在“个性化”设置窗口左侧窗格单击“任务栏”命令，可以设置任务栏在屏幕上的显示位置和显示内容等。

说明

即使都是 Windows 10 操作系统，不同的 Windows 10 版本也会有差别，而且由于其他软件安装和外部连接设备存在差别，同一版本的 Windows 10 系统在个性化设置时也会有所不同。因此，反复实践才能灵活掌握个性化设置的技巧！

实训 1.2　文件管理

实训内容与要求

（1）在 D 盘上创建文件夹 exam。

（2）在 exam 文件夹下，建立 test1 和 test2 两个子文件夹，并在 test1 文件夹下建立文本文件 moon.txt。

（3）将 test1 文件夹中的文件 moon.txt 复制到 test2 文件夹中。

（4）将 test1 文件夹中的 moon.txt 文件重命名为 sun.docx。

（5）将 sun.docx 文件移动到 test2 文件夹中。

（6）删除文件夹 test1。

（7）将 sun.docx 文件的属性改为只读、隐藏。

（8）不显示隐藏属性的文件。

（9）隐藏文件的扩展名。

（10）新建一个库，名称为“学习”，把 test2 文件夹放到学习库中。

实训步骤

（1）打开“文件资源管理器”或“此电脑”窗口。在文件资源管理器的导航窗格中单击 D 盘。在“主页”选项卡中单击“新建文件夹”命令；或在窗口工作区的空白处单击鼠标右键，在快捷菜单中选择“新建”命令，在级联菜单中选择“文件夹”命令，窗口中出现名称为“新建文件夹”的文件夹，键入文件夹名称“exam”，按【Enter】键或者鼠标单击其他任何地方完成操作。

（2）打开 exam 文件夹，在“主页”选项卡中单击“新建文件夹”命令，创建 test1 文件夹；同样创建 test2 文件夹。打开 test1 文件夹，在窗口工作区单击鼠标右键，在弹出的快捷菜单中选择“新建”命令，在级联菜单中选择“文本文档”，键入文件名称“moon”。

（3）打开 test1 文件夹，单击选中 moon.txt 文件，在“主页”选项卡“组织”命令组中单击“复制到”命令，在下拉菜单中选择目标位置“D: \test2”，完成复制操作；或者选中 moon.txt 文件后，单击鼠标右键，在右键菜单中选择“复制”命令，定位到 test2 文件夹，在窗口工作区单击鼠标右键，在快捷菜单中选择“粘贴”命令。

（4）选中 test1 文件夹中的 moon.txt 文件，在“主页”选项卡“组织”命令组中单击“重命名”命令，输入新名称“sun.docx”，单击“确定”后弹出重命名确认更改对话框，单击“是”即可。

（5）选中 sun.docx 文件，在“主页”选项卡“组织”命令组中单击“移动到”命令，在下拉菜单中选择目标位置“D: \test2”，完成移动操作；或者选中 sun.docx 文件后，单击鼠标右键，在右键菜单中选择“剪切”命令，定位到 test2 文件夹，在窗口工作区单击鼠标右键，在快捷菜单中选择“粘贴”命令。

（6）选中文件夹 test1，在“主页”选项卡“组织”命令组中单击“删除”命令，默认情况下，将选中对象送入“回收站”。也可以打开“删除”命令的下拉菜单，选择将选中对象送入回收站还是永久删除；还可以设置删除对象时弹出“删除文件”对话框，确认删除。删除文件夹 test1，也可以在选定文件夹 test1 后按【Del】键；或选定文件夹 test1 后，单击鼠标右键，在快捷菜单中选择“删除”命令。

（7）选中 sun.docx 文件，单击“主页”选项卡，在“打开”命令组中单击“属性”命令；也可以右击 sun.docx 文件，在快捷菜单中单击“属性”命令。在弹出的“属性”对话框“常规”选项卡中，设置文件的属性为只读、隐藏，最后单击“确定”按钮。文件“属性”对话框如图 1.3 所示。

（8）在“文件资源管理器”窗口“查看”选项卡中，单击“选项”命令项，弹出“文件夹选项”对话框。在“查看”选项卡“高级设置”列表框中，选中“不显示隐藏的文件、文件夹和驱动器”项。“文件夹选项”对话框如图1.4所示。也可以在“文件资源管理器”窗口，“查看”选项卡的“显示/隐藏”命令组中，选中“隐藏的项目”，具有隐藏属性的文件或文件夹就显示了出来；如果取消复选框“隐藏的项目”，则不显示被隐藏的文件或文件夹。

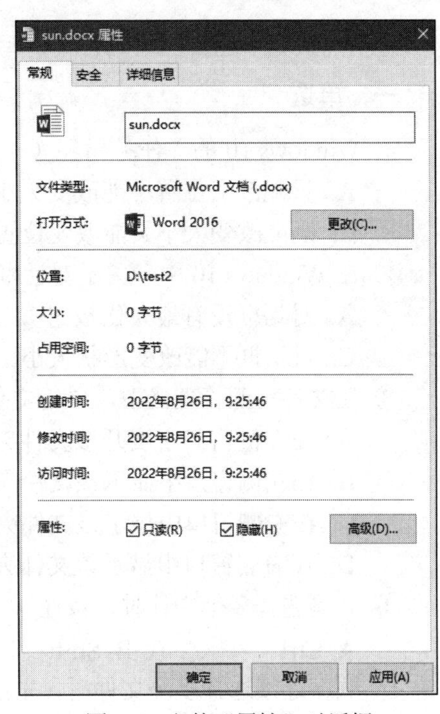

图1.3 文件“属性”对话框

（9）在“文件资源管理器”窗口，“查看”选项卡中，单击“选项”命令项，弹出“文件夹选项”对话框。在“查看”选项卡，“高级设置”列表框中，选中“隐藏已知文件类型的扩展名”复选框。也可以在“文件资源管理器”窗口“查看”选项卡“显示/隐藏”命令组中，通过选中或不选中“文件扩展名”复选框，设置是否显示文件的扩展名。

（10）打开“文件资源管理器”窗口，在导航窗格就能看到“库”。在“库”上单击鼠标右键，在快捷菜单“新建”命令的级联菜单中选择“库”，如图1.5所示，将“新建库”重命名为“学习”。打开刚建好的学习库，因为这个库是新建的，所以库里什么都没有。单击“包括一个文件夹”，在弹出的对话框中选择“D：\test2”，然后单击“加入文件夹”按钮，这样就把test2文件夹添加到了学习库中。

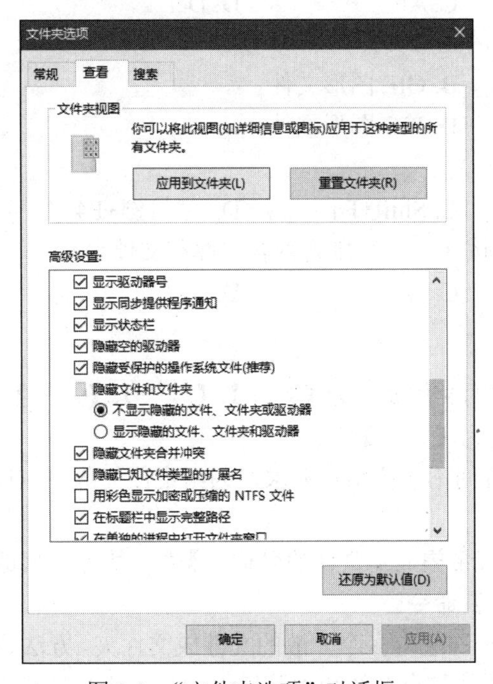

图1.4 “文件夹选项”对话框

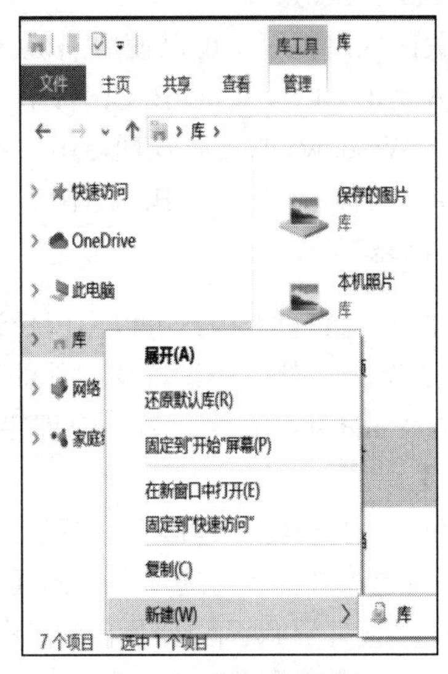

图1.5 新建库操作

实训1.3 综合应用

实训内容与要求

上机确认如下题目的正确答案，写出完整的理由和实训步骤。

一、单选

① Windows 10 的“任务栏”（　　）。

A. 只能改变位置不能改变大小　　B. 只能改变大小不能改变位置

C. 既能改变大小又能改变位置　　D. 不能改变大小也不能改变位置

② 在 Windows 10 中，关于对话框的叙述不正确的是（　　）。

A. 对话框没有最大化按钮　　B. 对话框没有最小化按钮

C. 对话框不能改变形状大小　　D. 对话框不能移动

③ 在文件资源管理器中，单击文件夹左边的▷符号，将（　　）。

A. 在左侧窗口中展开该文件夹

B. 在左侧窗口中显示该文件夹的子文件夹和文件

C. 在右侧窗口中显示该文件夹的子文件夹

D. 在右侧窗口中显示该文件夹的子文件夹和文件

④ 间隔选择多个文件时，按住（　　）键不放，单击每个要选择文件的文件名。

A. Ctrl　　B. Shift　　C. Alt　　D. Del

⑤ 顺序连续选择多个文件时，先单击要选择的第一个文件的文件名，然后在键盘上按住（　　）键，移动鼠标单击要选择的最后一个文件的文件名，则一组连续文件即被选定。

A. Shift　　B. Ctrl　　C. Alt　　D. Del

⑥ Windows 下的“画图”程序，默认的图形文件为（　　）。

A. BMP 图形文件　　B. GIF 图形文件

C. PCX 图形文件　　D. PIC 图形文件

⑦ 关闭应用程序，可以使用热键（　　）。

A. Alt+F4　　B. Ctrl+F4　　C. Shift+F4　　D. 空格键+F4

⑧ 在 Windows 的资源管理器中，不能按（　　）排列查看文件和文件夹。

A. 名称　　B. 类型　　C. 大小　　D. 页眉

二、填空

① 在 Windows 10 中，可以由用户设置的文件属性为【　　】、【　　】、【　　】。为了防止他人修改某一文件，应设置该文件的属性为【　　】。

② 在 Windows 10 中，若一个程序长时间不响应用户要求，为结束该任务，应使用组合键【　　】。

③ 在“文件资源管理器”右窗口中，若希望显示文件的名称、类型、大小、修改时间等信息，应该选择“查看”选项卡中的【　　】命令。

④ 在“文件资源管理器”右窗口中想一次选定多个分散的文件或文件夹，方法是【　　】。

⑤ 在“文件资源管理器”窗口中，为了使具有系统和隐藏属性的文件或文件夹不显示出

来，首先应进行的操作是选择【　　】选项卡中的“文件夹选项”。

⑥ 在 Windows 10 中，要整体移动一个窗口，可以利用鼠标【　　】。

⑦ 在 Windows 10 中，应用程序窗口标题栏中显示的内容有【　　】。

⑧ 选定文件或文件夹后，不将其放入“回收站”中，而是直接将其删除的操作是【　　】。

三、简答

① 如何打开 Windows 设置窗口？简述 Windows 设置窗口的作用。

② 在 Windows 10 中，“文件资源管理器”有什么作用？

③ 在 Windows 10 中，如何查看隐藏文件、文件夹？

④ 在 Windows 10 中，如何复制文件、删除文件或为文件更名？如何恢复被删除的文件？

实训 2

Word 文档编辑与排版

实训目的

（1）掌握 Word 文档的建立、保存与打开方法。
（2）掌握文档的输入、复制、移动、删除、查找和替换等编辑操作。
（3）掌握文档的字符格式、段落格式和页面格式设置功能。
（4）掌握 Word 图形处理功能。
（5）掌握 Word 表格建立和属性设置及有关操作方法。
（6）掌握 Word 文档的高级编辑排版操作方法。

实训 2.1　Word 文档基本操作

任务一

在 D 盘根目录下创建一个新文档 Example211.docx，并录入图 2.1 所示文字。之后按照【实训内容与要求】完成文档格式设置，效果如图 2.17 所示。

随着硬盘容量和速度的飞速增加，硬盘借口也经历了很多次革命性的改变，从最早的 PIO 模式到今天的串行 ATA 及 UltraATA133，传输速率已经翻了几十倍。
串行 ATA 规范是计算机行业工作组制定的，它采用与并行 ATA 借口相同的传输协议，但硬件借口则不同，串行 ATA 借口的电压更低，而且数据线也更少。
随着硬盘内部传输率逐渐上升，外部借口也必须提高传输速率才不至于成为数据传输时的瓶颈，在这种环境下，串行 ATA 及 UltraATA133 规范诞生了。
由于串行 ATA 并不能向下兼容并行 ATA 设备，所以从并行 ATA 全面过渡到串行 ATA 要相当长的一段时间，在这期间，硬盘的发展速度不可能因此而停下来。而 UltraATA133 作为这一过渡期的折中解决方案，很可能成为最后一种并行 ATA 借口规范。

图 2.1　输入文字内容

实训内容与要求

（1）在文档的开头插入一空行，输入文字“新型硬盘接口——串行 ATA 及 UltraATA133”

作为文章标题。

（2）将标题段文字（“新型硬盘接口——串行ATA及UltraATA133”）设置为16磅蓝色宋体（西文使用中文字体）、倾斜、居中，字符间距加宽1.5磅并添加红色阴影边框。

（3）将正文中所有错词“借口”替换为“接口”，且将“接口”设置为绿色、加粗。

（4）将正文第2段、第3段互换位置。

（5）将正文第一段文字（“随着硬盘容量……几十倍”）的中文设置为10.5磅宋体，英文设置为10.5磅Times New Roman字体；段落左右缩进1字符，首行缩进2字符，段前间距0.5行，1.5倍行距。

（6）使用格式刷设置第二、三、四段（“随着硬盘内部……并行ATA接口规范”）的格式与正文第一段文字的格式相同。

（7）设置正文第一段（“随着硬盘容量……几十倍”）首字下沉2行，距正文10磅；为正文第二段（“随着硬盘内部……规范诞生了”）和第三段（“串行ATA规范……数据线也更少”）添加项目符号■。

（8）设置正文第四段（“由于串行ATA……最后一种并行ATA接口规范”）的边框为“阴影”，颜色为红色，线型为“实线”，宽度为“1磅”，底纹填充颜色为“绿色，个性色6，淡色60%”，应用于“段落”。

（9）将页面颜色设置为“白色大理石”纹理填充效果。

实训任务完成后在原路径下以原文件名保存文档，并关闭Word。

实训步骤

启动“文件资源管理器”，在D盘根目录下单击鼠标右键，在弹出的快捷菜单中选择“新建”→“Microsoft Word文档”，将文件命名为Example211.docx。双击文档启动Word 2016，选择一种输入法，录入图2.1所示文字内容。按下列方法之一切换输入法：

① 使用【Win】+【空格键】完成各种输入法之间的切换。

② 使用【Ctrl】+【Shift】可在各种中文输入法之间进行切换。

③ 鼠标单击任务栏上的“输入法”图标，从弹出的菜单中选择所需输入法。

说明

① 在输入文本时，如需另起一个段落，按【Enter】键，系统产生一个段落标记↵，否则不要按【Enter】键，系统会自动换行。

② 按【Delete】键删除光标之后的字符，按【Backspace】键删除光标之前的字符。

③ 单击状态栏上的“插入”按钮或按【Insert】键切换插入/改写状态。

（1）将光标定位在文档的开始位置，按【Enter】键，插入新空行，然后输入标题“新型硬盘接口——串行ATA及UltraATA133”。

（2）选中标题，在“开始”选项卡“字体”选项组中进行设置，单击“字体”下拉列表，从中选择“宋体”；单击“字号”下拉列表，从中选择“16”；单击“字体颜色”下拉列表，从中选择“蓝色”；单击“倾斜”命令使其处于选中状态；单击“字体”选项组右下角“对话框启动器”按钮，弹出“字体”对话框，在“字体”选项卡的“西文字体”列表中选择“(使用中文字体)”，单击“高级”选项卡，在“间距”下拉列表中选择“加宽”，并输入“磅值”为“1.5 磅”，单击“确定”按钮；在“段落”选项组中单击“居中”对齐按钮，使标题居中，然后单击“边框”→在下拉列表中选择“边框和底纹”→在弹出的对话框中选择“边框”选项卡→在“设置”区域选择“阴影”→在“颜色”下拉列表中选择“红色”→在“应用于”下拉列表中选择“文字”→单击“确定”按钮。“边框和底纹”对话框如图 2.2 所示。

(3) 选中正文各段落，单击“开始”选项卡→“编辑”选项组→“替换”按钮，弹出“查找和替换”对话框。

① 在当前的“替换”选项卡中，在“查找内容”列表框中输入“借口”，在“替换为”列表框中输入“接口”。

② 单击“更多”按钮，如图 2.3 所示，然后将光标定位在“替换为”列表框内，单击“格式”按钮，选择“字体”命令，如图 2.4 所示，进入“替换字体”对话框。

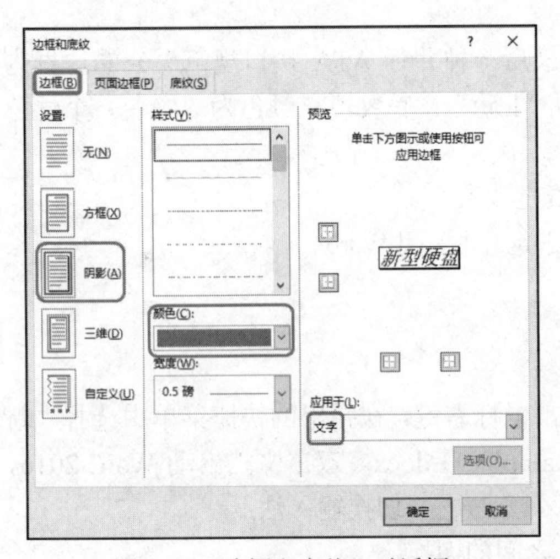

图 2.2 “边框和底纹”对话框

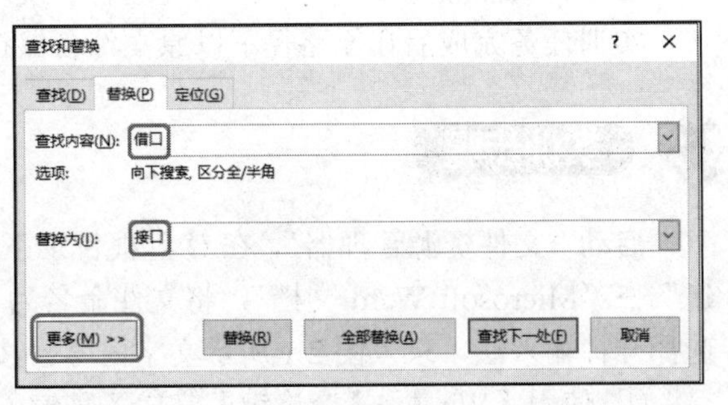

图 2.3 “查找和替换”对话框

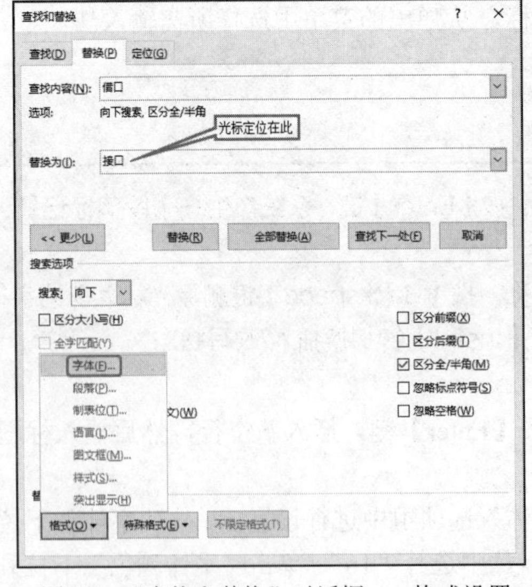

图 2.4 “查找和替换”对话框——格式设置

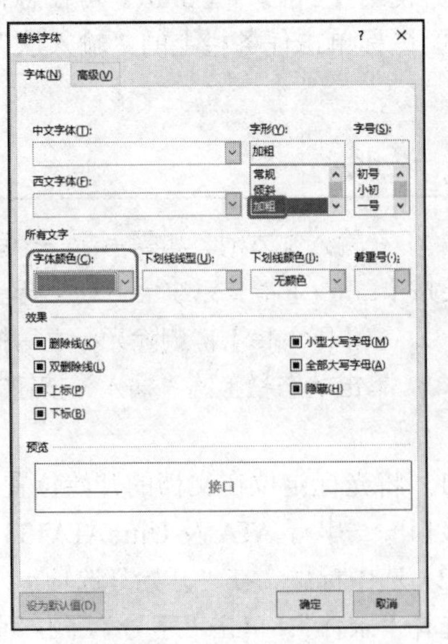

图 2.5 “替换字体”对话框

③ 按要求进行字体格式设置，如图 2.5 所示，设置完毕后，单击“确定”按钮，返回“查找和替换”对话框，如图 2.6 所示。

④ 单击“全部替换”按钮，系统弹出如图 2.7 所示的提示框，单击“否”按钮，最后单击“查找和替换”对话框中的“关闭”按钮关闭对话框。

图 2.6　“查找和替换”对话框——显示替换格式

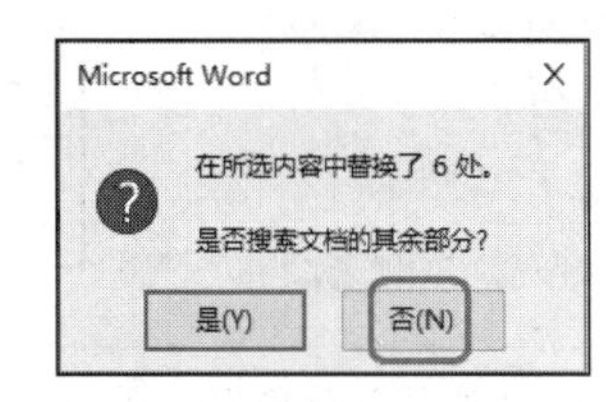

图 2.7　“查找和替换”确认对话框

说明

（1）如果不小心将格式设置错了，可以单击图 2.8 底部的“不限定格式”按钮将其取消，重新设置。

（2）也可通过“特殊格式”按钮打开特殊字符列表进行特殊字符的格式替换，如：将文档中的所有西文全部更改为 Arial Black 字体，颜色为红色。

操作方法：在如图 2.8 所示的“查找和替换”对话框中，将光标定位在“查找内容”列表框内，单击“特殊格式”按钮，在弹出的列表中选择“任意字母”。然后，单击“替换为”列表框，不输入内容，再单击“格式”按钮，按要求设置格式。

（4）选中正文第二段，按【Ctrl】+【X】剪切快捷键，然后移动鼠标定位到第四段的开始，按【Ctrl】+【V】粘贴快捷键（保留源格式粘贴），即实现第二段和第三段位置互换。或者，在第二段的左侧空白区双击鼠标左键选中第二段，然后拖动第二段到第三段的段落标记之后（即光标停留在第四段的起始位置），松开左键完成操作。也可以选中正文第二段，按住【Alt】+【Shift】快捷键后，再按向下的光标键【↓】即可将本段移动到文档的下一段。注意此时每按一次【↓】光标键则向下移动一段直至成为文档最后一段，而每按一次【↑】光标键则向上

移动一段，直至成为文档第一段。

（5）① 选中正文第一段文字（“随着硬盘容量……几十倍”），单击“开始”选项卡→“字体”选项组中的“对话框启动器”按钮，弹出“字体”对话框。在“字体”选项卡“中文字体”列表中选择“宋体”，“西文字体”列表中选择“Times New Roman”，“字号”列表中选择“10.5”，如图 2.9 所示，单击“确定”按钮。

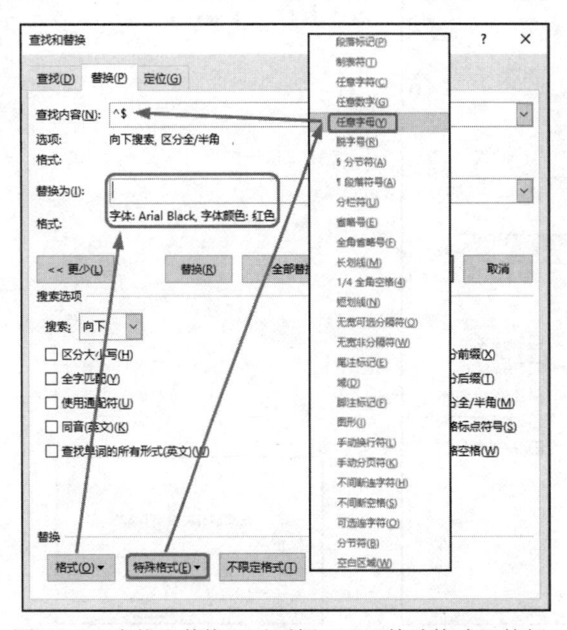

图 2.8 “查找和替换”对话框——“特殊格式”按钮

图 2.9 “字体”对话框——“字体”选项卡

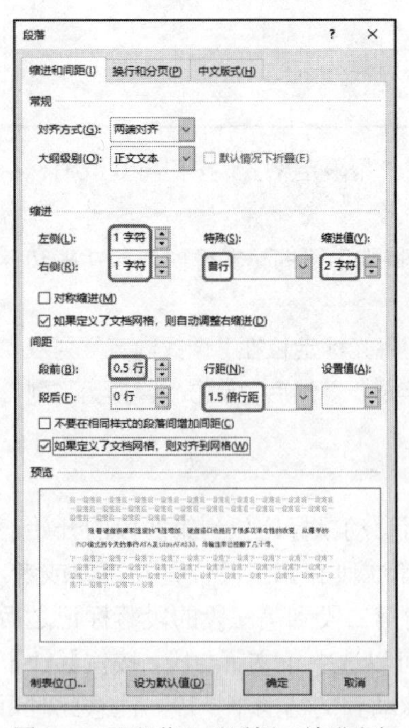

图 2.10 “段落”对话框“缩进和间距”选项卡

② 选中正文第一段，单击“开始”选项卡→“段落”选项组中的“对话框启动器”按钮，弹出“段落”对话框。单击“缩进和间距”选项卡，在“缩进”组“左侧”区域输入“1 字符”，“右侧”区域输入“1 字符”，在“特殊”下拉列表框中选择“首行”，在“缩进值”中选择“2 字符”；在“间距”组的“段前”中输入“0.5 行”，“行距”下拉列表框中选择“1.5 倍行距”，如图 2.10 所示，单击“确定”按钮。

（6）选中正文第一段，单击“开始”选项卡，在“剪贴板”选项组中双击“格式刷”按钮，然后用鼠标拖曳第二、三、四段（“随着硬盘内部……并行 ATA 接口规范”），即可完成格式的复制。再单击一次“格式刷”按钮，即取消格式刷功能。

（7）① 将光标定位在第一段中的任意位置，单击“插入”选项卡→“文本”选项组→“首字下沉”按钮，从弹出的下拉菜单中选择“首字下沉选项”命令，打开“首字下沉”对话框，单击“位置”栏中的“下沉”图标，在“下沉行数”列表框中输入“2”，在“距正文”列表框中输入“10

磅”，如图 2.11 所示，单击“确定”按钮。

说明

当度量值的单位与要求的单位不同时，最简单的方法就是连同单位和数值一起输入，但要注意不能写错字。如果要求设置距正文 10 磅，而当前系统默认显示单位不是“磅”时，可直接输入“10 磅”。系统默认显示单位可在“文件”→“选项”→左侧栏中选择“高级”→右侧栏“显示”区域中的“度量单位”下拉列表框中设置，系统默认显示单位可以为“磅”“厘米”“英寸”等。注意：直接输入了与系统默认不同的单位，关闭后再次打开核查时，显示的是与用户输入等值的默认单位。

② 选中第二段和第三段文字，单击“开始”选项卡→“段落”选项组→“项目符号”按钮旁边的下三角按钮，在打开的“项目符号”下拉列表框（图 2.12）中单击项目符号“■”，完成操作。

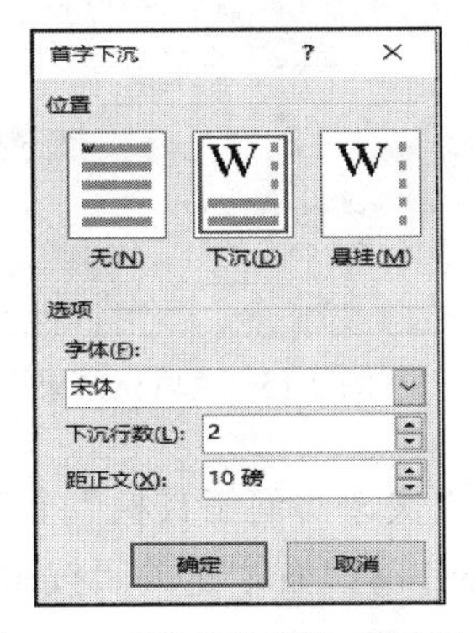

图 2.11　“首字下沉”对话框

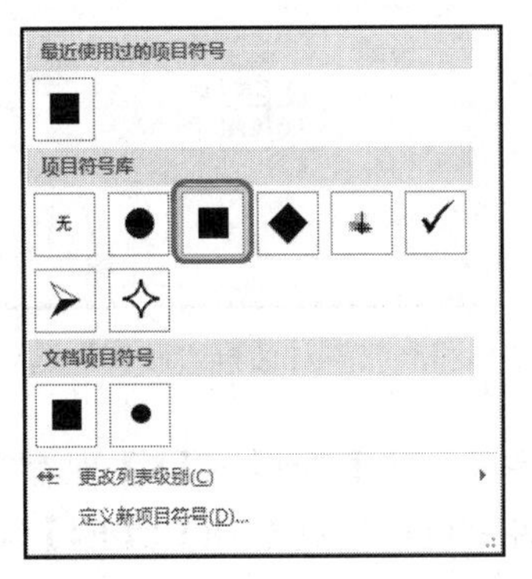

图 2.12　“项目符号”下拉列表框

（8）① 选中正文第四段文字（“由于串行 ATA……最后一种并行 ATA 接口规范”），单击“开始”选项卡→“段落”选项组→“边框”按钮旁边的下三角按钮，从弹出的菜单中选择“边框和底纹”命令，打开“边框和底纹”对话框。

② 单击“边框”选项卡，在“设置”栏内单击“阴影”选项，在“样式”下拉列表中选择“实线”，在“颜色”下拉列表中选择“红色”，在“宽度”下拉列表中选择“1.0 磅”，在“应用于”下拉列表中选择“段落”，如图 2.13 所示。

③ 单击“底纹”选项卡，在“填充”栏内选择标准色“绿色，个性色 6，淡色 60%”，在“应用于”下拉列表中选择“段落”，如图 2.14 所示，单击“确定”按钮。

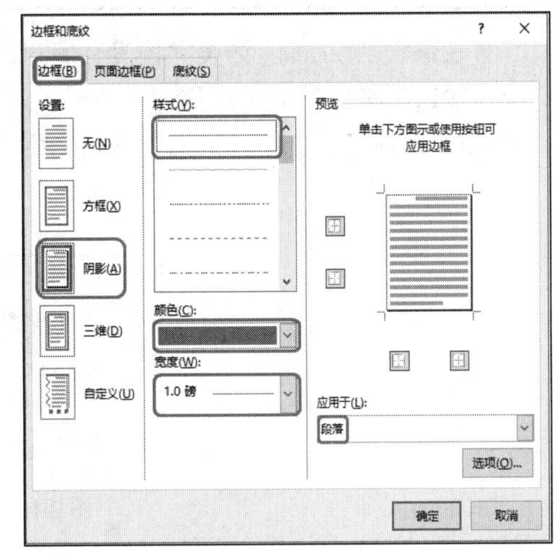

图 2.13　“边框和底纹”对话框“边框”选项卡

（9）① 单击“设计”选项卡→“页面背景”选项组→“页面颜色”按钮，在下拉列表中选择“填充效果”命令，弹出“填充效果”对话框。

② 单击“纹理”选项卡，在“纹理”列表中选择“白色大理石”样式，然后单击“确定”按钮，如图 2.15 所示。

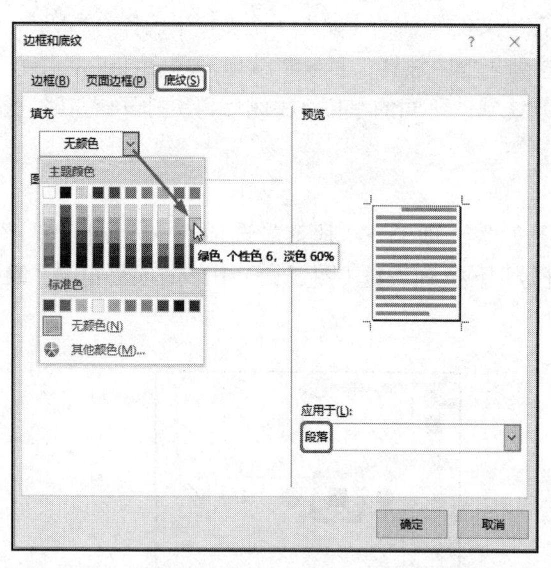

图 2.14 “边框和底纹”对话框“底纹”选项卡

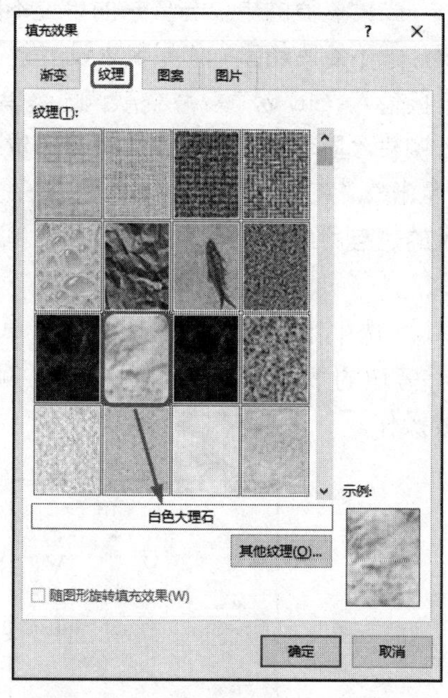

图 2.15 “填充效果”对话框

实训任务完成，按【Ctrl】+【S】保存文件或单击“快速访问工具栏”上的“保存”按钮。保存完文件后可以通过【Alt】+【F4】快捷键或 Word 窗口右上角关闭按钮退出 Word。

说明

在退出 Word 时，如果文档没有保存，会出现如图 2.16 所示的保存提示对话框。选择“保存”按钮，将保存文档并退出 Word 应用程序；选择“不保存”按钮，将不保存文档并退出 Word 应用程序；选择“取消”按钮，将回到原编辑状态。

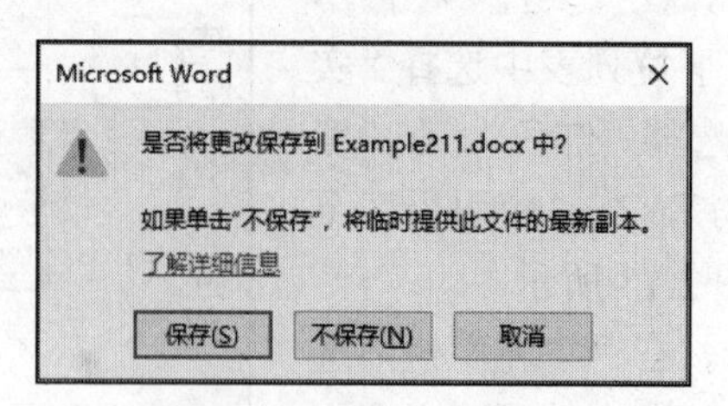

图 2.16 保存提示对话框

Example211.docx 文档格式设置效果如图 2.17 所示。

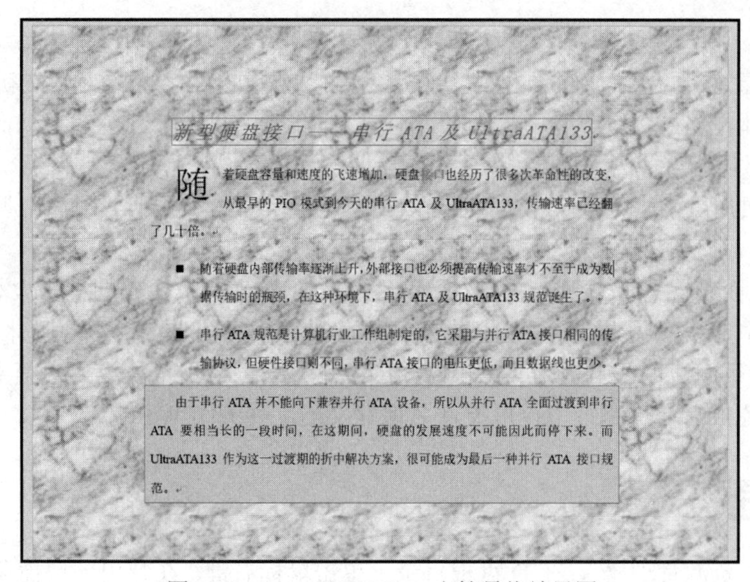

新型硬盘接口——串行 ATA 及 UltraATA133

随着硬盘容量和速度的飞速增加，硬盘接口也经历了很多次革命性的改变，从最早的 PIO 模式到今天的串行 ATA 及 UltraATA133，传输速率已经翻了几十倍。

- 随着硬盘内部传输率逐渐上升，外部接口也必须提高传输速率才不至于成为数据传输时的瓶颈，在这种环境下，串行 ATA 及 UltraATA133 规范诞生了。
- 串行 ATA 规范是计算机行业工作组制定的，它采用与并行 ATA 接口相同的传输协议，但硬件接口则不同，串行 ATA 接口的电压更低，而且数据线也更少。

由于串行 ATA 并不能向下兼容并行 ATA 设备，所以从并行 ATA 全面过渡到串行 ATA 要相当长的一段时间，在这期间，硬盘的发展速度不可能因此而停下来。而 UltraATA133 作为这一过渡期的折中解决方案，很可能成为最后一种并行 ATA 接口规范。

图 2.17 Example211.docx 文档最终效果图

任务二

在 D 盘根目录下创建一个新文档 Example212.docx，并录入图 2.18 所示文字。之后按照【实训内容与要求】完成文档格式设置，效果如图 2.37 所示。

神舟十四号飞船
神舟十四号，简称“神十四”，为中国载人航天工程发射的第十四艘飞船。神十四是中国空间站建造阶段第二次飞行任务，也是该阶段首次载人飞行任务，航天员乘组将在轨工作生活 6 个月。
北京时间 2022 年 6 月 5 日 10 时 44 分，在甘肃酒泉卫星发射中心，搭载神舟十四号载人飞船的长征二号 F 遥十四运载火箭在酒泉卫星发射中心点火发射，约 577 秒后，神舟十四号载人飞船与火箭成功分离，进入预定轨道，飞行乘组状态良好，发射取得圆满成功。

图 2.18 输入文字内容

实训内容与要求

（1）设置标题文字“神舟十四号飞船”字体为“华文行楷”，字号为“一号”，颜色为“红色”，对齐方式为“居中”，段前、段后间距均为“0.5 行”。

（2）设置正文字体为“黑体”，字号为“小四”，左右各缩进 1 厘米，首行缩进为“2 字符”。

（3）为正文第一句“神舟十四号……第十四艘飞船”添加着重号。

（4）将“神十四是中国空间站建造阶段……在轨工作生活 6 个月”这句话的字符间距设置为“加宽 2 磅”，并为这句话添加标准色浅绿色底纹。

（5）在正文的右侧插入“第 2 行第 2 列”样式的艺术字，设置文字内容为“庆祝神舟十四号飞船发射成功”，将艺术字设置为“艺术字竖排文字”效果，环绕方式为“紧密型”。

（6）将正文最后一段设置为等宽两栏，栏间添加分隔线。

（7）设置正文第一段首字悬挂，行数为“2 行”，距正文“15 磅”，首字字体为隶书、

红色。

（8）在文章适当位置插入文本框“历史性突破”，设置文字格式为华文新魏、二号字、红色；设置文本框格式为填充色“橙色，个性色 2，淡色 60%”、红色边框，高度为 1.2cm，宽度为 4.5cm，环绕方式为“四周型”，并适当调整其位置。

（9）设置页眉文字为“神舟十四号”，宋体，五号字。设置页脚，“居中”，插入页码，页码格式为“1，2，3”。

（10）将页面设置为上、下、左、右页边距均为 3 厘米，将文档的纸张大小设置为 16 开（18.4 厘米×26 厘米），页眉距纸张上边界 0.4 厘米，页脚距纸张下边界 1 厘米。

（11）设置页面边框艺术型为“第 1 行”的“苹果”，应用范围为“整篇文档”。

实训任务完成后在原路径下以原文件名保存文档，并关闭 Word。

实训步骤

启动“文件资源管理器”，在 D 盘根目录下单击鼠标右键，在弹出的快捷菜单中选择“新建”→“Microsoft Word 文档”，将文件命名为 Example212.docx。双击文档启动 Word 2016，选择一种输入法，录入图 2.18 所示文字内容。

（1）① 选中标题文字“神舟十四号飞船”，在“开始”选项卡→“字体”选项组中进行设置，单击“字体”下拉列表，从中选择“华文行楷”；单击“字号”下拉列表，从中选择“一号”；单击“字体颜色”下拉列表，从中选择“红色”；在“段落”选项组中单击“居中”对齐按钮，使标题居中，如图 2.19 所示。

② 单击“开始”选项卡→“段落”选项组→“对话框启动器”按钮，弹出“段落”对话框，在“间距”选项组的“段前”“段后”均输入 0.5 行，如图 2.20 所示，单击“确定”按钮。

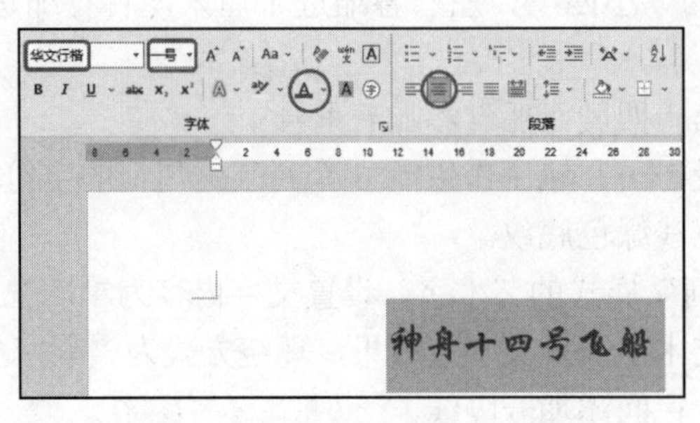

图 2.19　字体和对齐方式设置

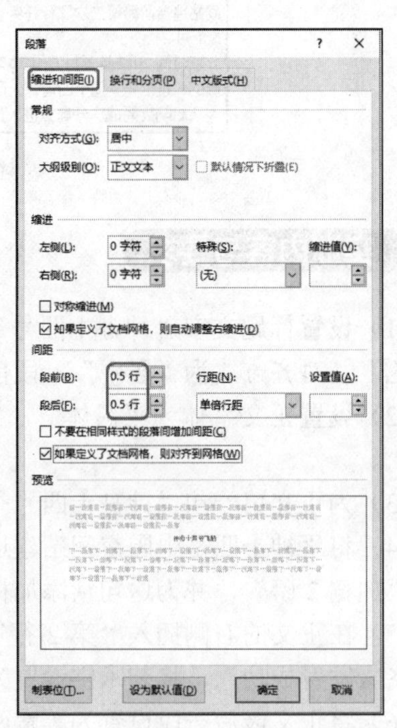

图 2.20　在“段落”对话框中设置段落间距

（2）① 选中正文各段落，在“开始”选项卡→“字体”选项组中进行设置，单击“字体”下拉列表，从中选择“黑体”；单击“字号”下拉列表，从中选择“小四”。

② 单击“开始”选项卡→“段落”选项组→“对话框启动器”按钮，弹出“段落”对话框，单击“缩进和间距”选项卡，在“缩进”选项组中的“左侧”和“右侧”分别输入“1 厘米”，“特殊”下拉列表选择“首行”，“缩进值”列表中输入“2 字符”，如图 2.21 所示，单击“确定”按钮。

说明

当前系统显示的度量值单位与需要设置的单位不同时，可直接连同度量值和单位一起输入。比如要求设置行距 0.4 厘米，则可在图 2.22 中的行距下拉列表中选择“固定值”，在“设置值”列表中输入“0.4 厘米”。

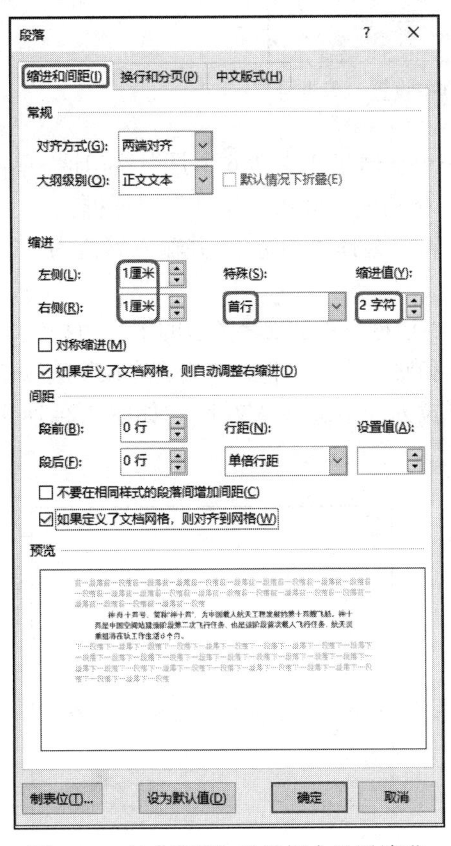

图 2.21　在“段落”对话框中设置缩进

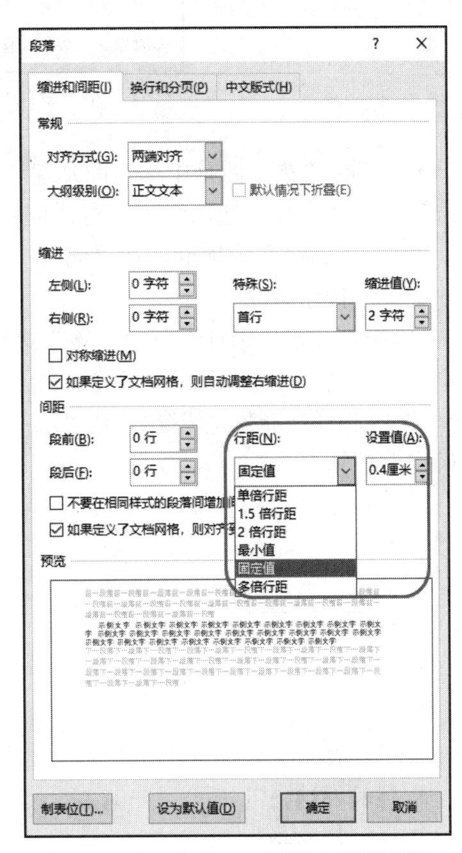

图 2.22　在“段落”对话框中设置行距

（3）① 选中正文第一句“神舟十四号……第十四艘飞船”，单击“开始”选项卡→“字体”选项组→“对话框启动器”按钮，弹出“字体”对话框。

② 在“字体”对话框的“字体”选项卡中“所有文字”组中的“着重号”列表中选择“•”，单击“确定”完成设置，如图 2.23 所示。

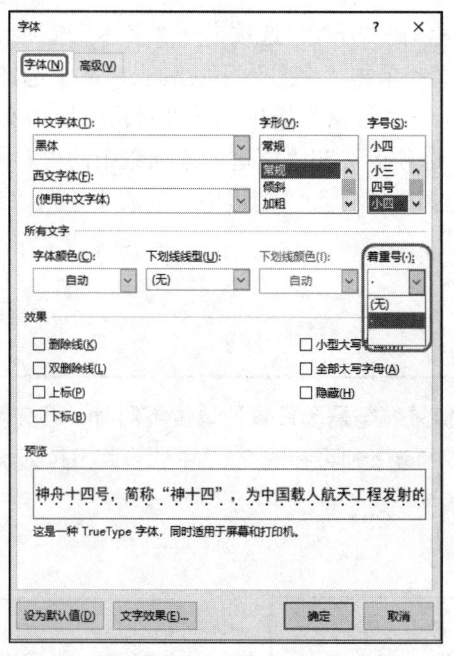

图 2.23　在“字体”对话框中设置“着重号”

(4)① 选中“神十四是中国空间站建造阶段……在轨工作生活 6 个月”这句话，单击“开始”选项卡→“字体”选项组→“对话框启动器”按钮，弹出“字体”对话框。

② 单击“高级”选项卡，在“间距”下拉列表中选择“加宽”，并输入磅值为“2 磅”，单击“确定”按钮。

③ 单击“开始”选项卡→“段落”选项组→“边框”按钮旁边的下三角按钮，从弹出的菜单中选择“边框和底纹”命令，打开“边框和底纹”对话框，单击“底纹”选项卡，在“填充”栏内选择标准色“浅绿”，在“应用于”下拉列表中选择“文字”，如图 2.24 所示，单击“确定”按钮。

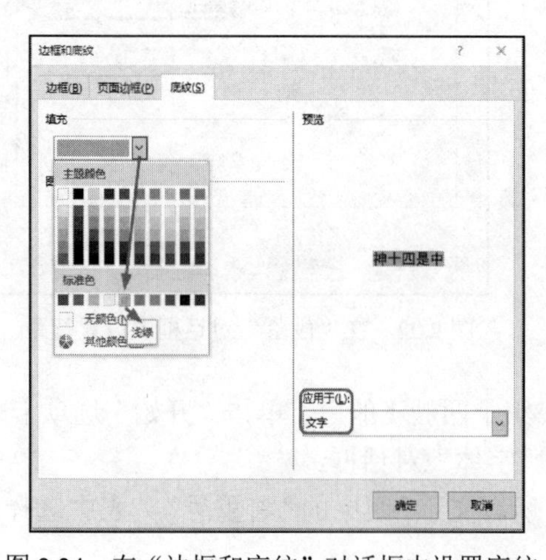

图 2.24　在“边框和底纹”对话框中设置底纹

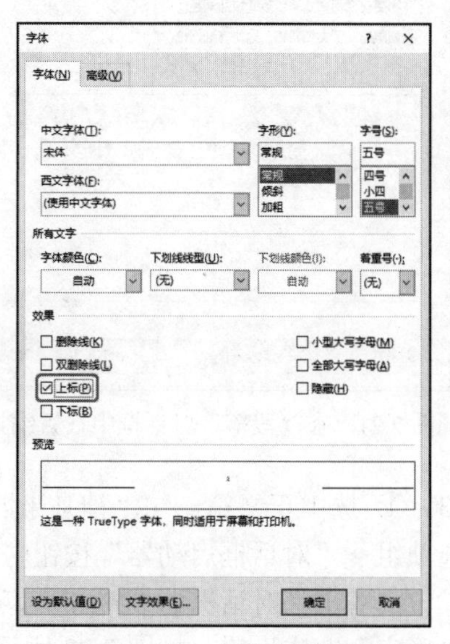

图 2.25　在“字体”对话框中设置字体效果

使用“字体”对话框可以对文字进行更复杂、更美观的排版。例如输入 170m^2，则首先输入 170m2，然后选中 2，打开“字体”对话框，在“字体”选项卡的“效果”区域中单击“上标”复选框即可，如图 2.25 所示。

（5）① 单击“插入”选项卡→“文本”选项组→“艺术字”按钮，从弹出的列表中选择第 2 行第 2 列样式的艺术字，选中文本框中的“请在此放置您的文字”，如图 2.26 所示，输入文字内容“庆祝神舟十四号飞船发射成功”。

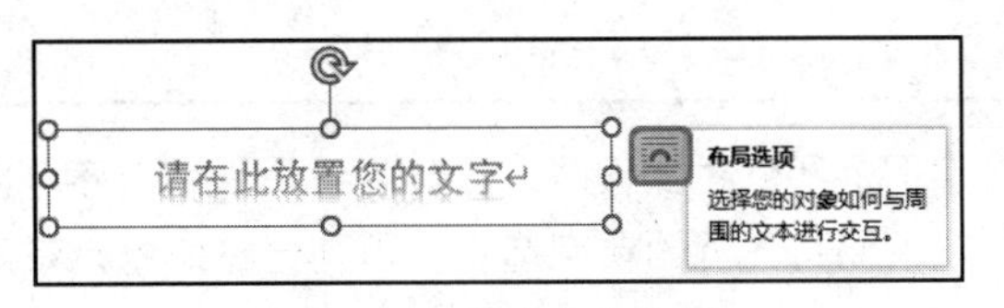

图 2.26 艺术字文本框

② 单击艺术字区域，单击功能区“绘图工具”下的“形状格式”选项卡→“文本”选项组→“文字方向”按钮，从弹出的列表中选择“垂直”。可适当调整文本框中文字大小、对齐方式以及文本框大小，保证文本框中的文字在一竖排中显示。

③ 单击文本边框边上的“布局选项”开关按钮，在弹出的“布局选项”窗口中单击“文字环绕”区域中的“紧密型环绕”选项，完成操作，如图 2.27 所示。也可以单击选定艺术字，单击“绘图工具”下的“形状格式”选项卡，单击“排列”选项组中的“环绕文字”按钮设置“紧密型环绕”；还可以选中文本框后单击鼠标右键，依次选择“其他布局选项”→“文字环绕”→“紧密型”。最后用鼠标将文本框拖移到所需位置。

（6）① 在最后一段末尾按下回车键【Enter】，然后选中正文最后一段，单击“布局”选项卡→“页面设置”选项组→“栏”按钮下面的下三角按钮，从弹出的菜单中选择“更多栏”命令，打开“栏”对话框。

② 单击“预设”栏中的“两栏”图标，选中“分隔线”复选框和“栏宽相等”复选框，单击“确定”按钮，如图 2.28 所示。

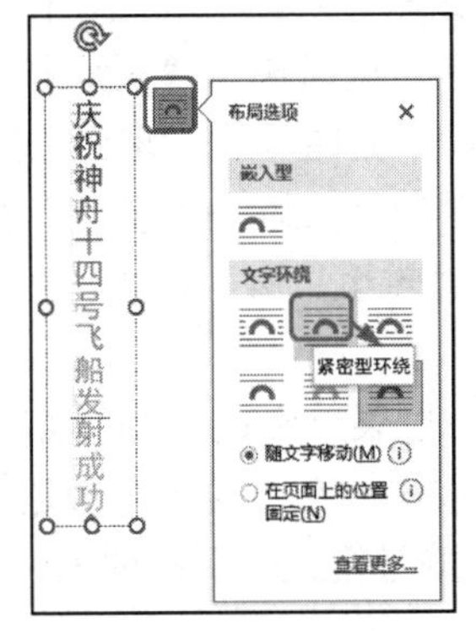

图 2.27 艺术字文字环绕方式

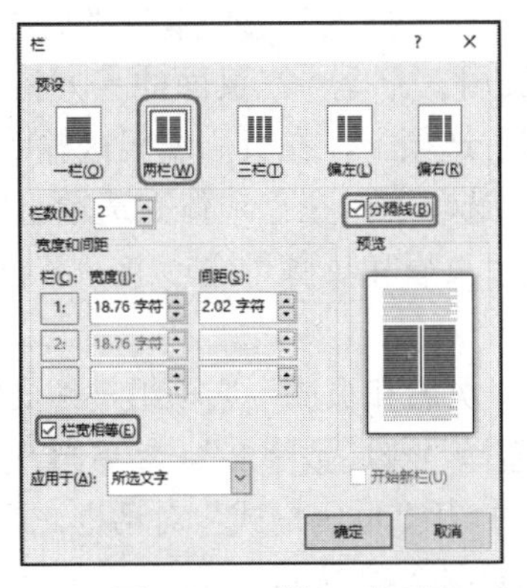

图 2.28 “栏”对话框

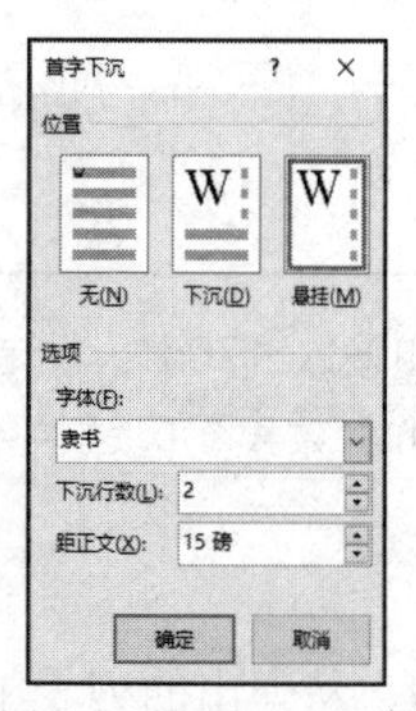

图 2.29 “首字下沉”对话框

（7）① 将光标定位在第一段中的任意位置，单击“插入”选项卡→“文本”选项组→“首字下沉”按钮，从弹出的菜单中选择“首字下沉选项”命令，打开“首字下沉”对话框。

② 在“位置”栏内单击“悬挂”按钮，在“字体”下拉列表框中选择“隶书”，在“下沉行数”列表框中输入“2”，“距正文”列表框中输入“15 磅”，单击“确定”按钮，如图 2.29 所示。

③ 选中首字，单击“开始”选项卡→“字体”选项组→“字体颜色”→选择“红色”。

说明

某一段同时进行首字下沉和分栏操作时，先分栏然后设置首字下沉较为方便。如果先设置首字下沉，再分栏，就不要将下沉的首字选中，否则分栏命令无效。

（8）① 定位光标到适当位置，单击“插入”选项卡→“文本”选项组→“文本框”按钮，选择“绘制横排文本框”命令，在文章适当位置拖动鼠标画出一个矩形文本框区域，然后在文本框区域内输入文字“历史性突破”。

② 单击文本边框，在“开始”选项卡→“字体”选项组中进行设置，在“字体”下拉列表中选择“华文新魏”，“字号”下拉列表中选择“二号”，“字体颜色”下拉列表中选择“红色”。

③ 单击文本边框，单击“绘图工具”下的“形状格式”选项卡进行设置，单击“形状样式”选项组中“形状填充”按钮，从弹出的列表中选择“主题颜色”组中的“橙色，个性色 2，淡色 60%”；单击“形状轮廓”按钮，从下拉列表中选择“标准色”组中的“红色”。

④ 单击文本边框，单击“绘图工具”下的“形状格式”选项卡，在“大小”选项组中的“高度”框中输入“1.2 厘米”，“宽度”框中输入“4.5 厘米”，适当调整其位置。

⑤ 在文本边框上单击鼠标右键，在弹出的菜单中选择“其他布局选项...”命令，在打开的“布局”对话框中单击“文字环绕”选项卡选择“四周型”环绕方式，完成操作，如图 2.30 所示。设置环绕方式的其他方法见前面的“（5）③”部分。

（9）① 单击“插入”选项卡→“页眉和页脚”选项组→“页眉”按钮，在弹出的菜单中选择“编辑页眉”命令，在页面的上方将出现页眉编辑区，同时出现“页眉和页脚工具”的“页眉和页脚”选项卡，在页眉编辑区输入“神舟十四号”，如图 2.31 所示。选中页眉文字，单击“开始”选项卡，在“字体”选项组中设置“字体”为“宋体”，“字号”为“五号”。

② 单击“页眉和页脚”选项卡→“导航”选项组→“转至页脚”按钮，即可切换至页脚编辑区。

③ 单击“页眉和页脚”选项组→“页码”按钮，在下拉菜单中选择“页面底端”，在弹出的子菜单中选择“普通数字 2”。然后再次单击“页码”按钮，在下拉菜单中选择“设置页码格式”命令，打开“页码格式”对话框。在对话框中从“编号格式”下拉列表中选择“1，2，3…”格式，如图 2.32 所示。

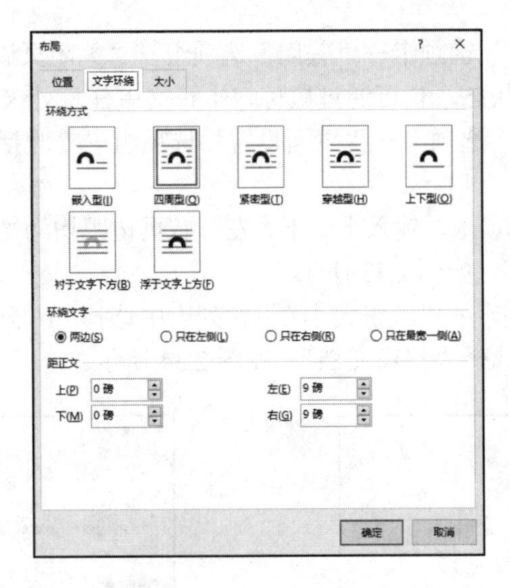

图 2.30　“布局”对话框“文字环绕”选项卡

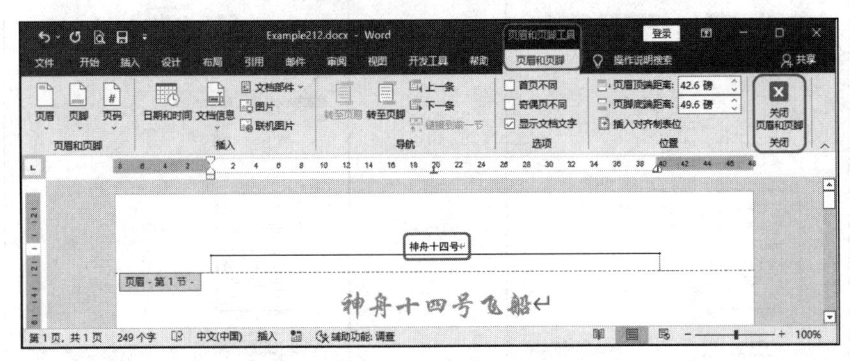

图 2.31　“页眉和页脚工具”的“页眉和页脚”选项卡

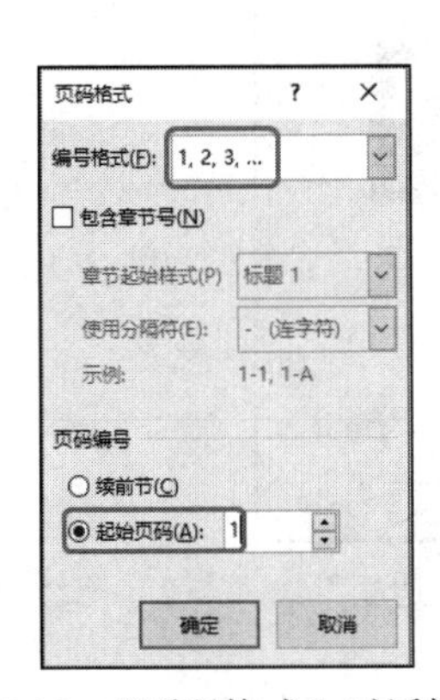

图 2.32　“页码格式”对话框

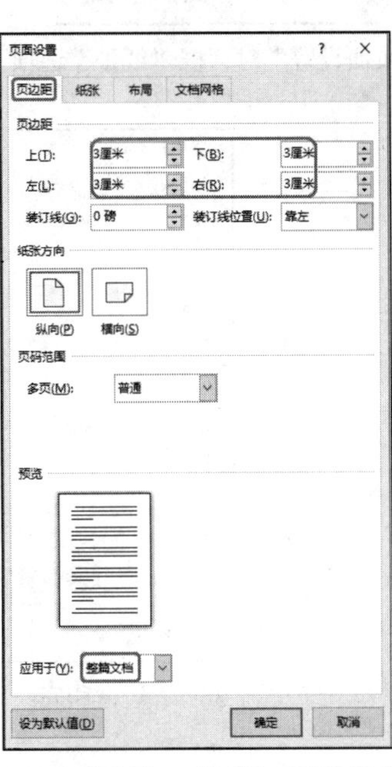

图 2.33　“页面设置”对话框“页边距”选项卡

④ 单击“页眉和页脚”选项卡→“关闭”选项组→“关闭页眉和页脚”命令，即插入了页眉和页脚并退出其编辑状态，也可通过鼠标双击正文中任意处来实现。

（10）① 单击“布局”选项卡→“页面设置”选项组→“对话框启动器”按钮，弹出“页面设置”对话框。

② 单击“页边距”选项卡，输入上、下、左、右页边距均为“3 厘米”，在“应用于”下拉列表中选择“整篇文档”，如图 2.33 所示。

③ 单击“纸张”选项卡，在“纸张大小”下拉列表中选择“16 开（18.4 厘米×26 厘米）”，在“应用于”下拉列表中选择“整篇文档”，如图 2.34 所示。

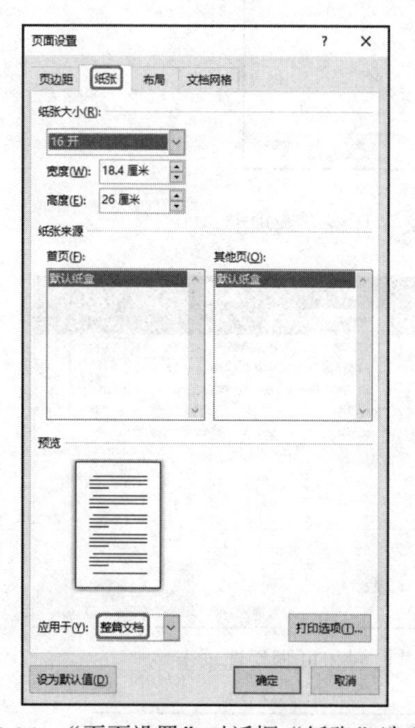

图 2.34 “页面设置”对话框“纸张”选项卡

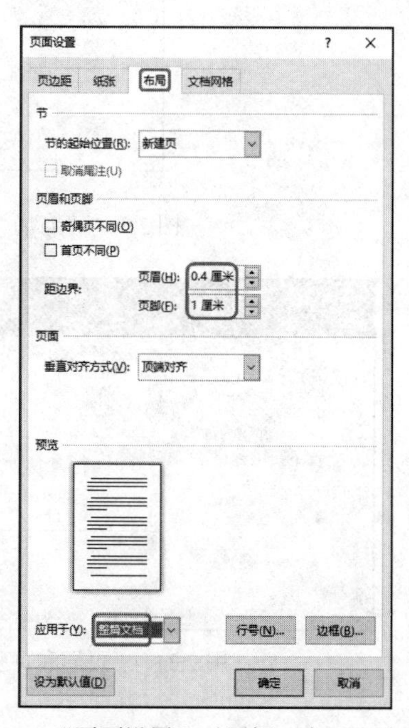

图 2.35 “页面设置”对话框“布局”选项卡

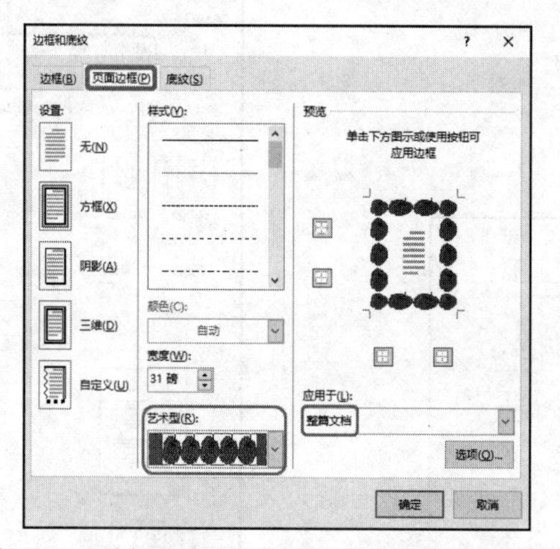

图 2.36 “边框和底纹”对话框“页面边框”选项卡

④ 单击“布局”选项卡，在“距边界”组中“页眉”域中输入“0.4 厘米”，“页脚”域

中输入“1 厘米”，在“应用于”下拉列表中选择“整篇文档”，如图 2.35 所示，单击“确定”按钮。

（11）单击“设计”选项卡→“页面背景”选项组→“页面边框”按钮，在“边框和底纹”对话框“页面边框”选项卡中，从“艺术型”下拉列表框中选择第 1 行的“苹果”，在“应用于”下拉列表框中选择“整篇文档”，如图 2.36 所示，单击“确定”按钮。

实训任务完成，按【Ctrl】+【S】保存文件，或单击“快速访问工具栏”上的“保存”按钮。保存完文件后可以通过【Alt】+【F4】快捷键或 Word 窗口右上角关闭按钮退出 Word。

Example212.docx 文档格式设置效果如图 2.37 所示。

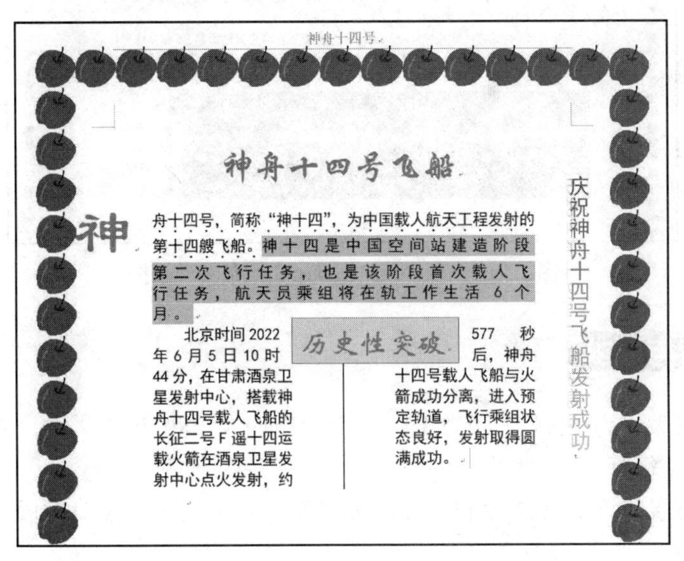
神舟十四号

神舟十四号飞船

神舟十四号，简称“神十四”，为中国载人航天工程发射的第十四艘飞船。神十四是中国空间站建造阶段第二次飞行任务，也是该阶段首次载人飞行任务，航天员乘组将在轨工作生活 6 个月。

历史性突破

北京时间 2022 年 6 月 5 日 10 时 44 分，在甘肃酒泉卫星发射中心，搭载神舟十四号载人飞船的长征二号 F 遥十四运载火箭在酒泉卫星发射中心点火发射，约 577 秒后，神舟十四号载人飞船与火箭成功分离，进入预定轨道，飞行乘组状态良好，发射取得圆满成功。

庆祝神舟十四号飞船发射成功

图 2.37　Example212.docx 文档最终效果图

实训 2.2　Word 文档高级操作之图文混排

在 D 盘根目录下创建一个新文档 Example221.docx，录入图 2.38 所示文字，之后按照【实训内容与要求】完成文档格式设置，效果如图 2.39 所示。

探月三步走完美收官
我国 2004 年正式开始实施月球探测“嫦娥工程”，整个探月工程分为“无人月球探测”、“载人登月”和“建立月球基地”三个阶段。其中第一阶段“无人月球探测”又分为“绕”、“落”、“回”三步走。
第一步为“绕”，即发射中国第一颗月球探测卫星，突破至地外天体的飞行技术，实现首次绕月飞行。
第三步为“回”，即发射月球采样返回器，软着陆在月球表面特定区域，并进行分析采样，然后将月球样品带回地球，在地面上对样品进行详细研究。这一步将主要突破返回器自地外天体自动返回地球的技术。
第二步为“落”，即发射月球软着陆器，并携带月球巡视勘察器(俗称月球车)，在着陆器落区附近进行就位探测，这一阶段将主要突破在地外天体上实施软着陆技术和自动巡视勘测技术。
2020 年 12 月 17 日凌晨 1 时 59 分，嫦娥五号返回器携带月球样品成功着陆，任务获得圆满成功，标志着中国具备了地月往返能力，嫦娥工程三步走规划完美收官。

图 2.38　输入文字内容

图 2.39　Example221.docx 文档最终效果图

实训内容与要求

（1）设置纸张大小为"A4"。设置上、下页边距均为"80 磅"，左、右页边距均为"85 磅"，每页 38 行，每行 37 个字符。

（2）将正文各段首行缩进 2 字符，第三段（第三步为……）和第四段（第二步为……）相互交换位置。

（3）将文档标题"探月三步走完美收官"居中放置，字体为"华文彩云"，并设置为艺术字，样式为第 2 行第 3 列。设置艺术字的填充颜色为预设渐变"底部聚光灯-个性色 1"，线条为"红色"实线，粗细为"1 磅"，环绕方式为"四周型"，如图 2.39 所示。

（4）在文档中插入一个竖排文本框，高度为"190 磅"，宽度为"50 磅"，设置文字内容为"嫦娥五号任务圆满成功"，字体为"方正舒体"，字号为"小二"，颜色为"红色"。

（5）设置该文本框填充色为"浅绿色"，无线条颜色，形状效果为"棱台"的"圆形"，对齐方式为"顶端对齐"和"右对齐"，环绕方式为"紧密型环绕"。

（6）在文档中插入任意图片，图片高度为"90 磅"，宽度为"360 磅"，图片颜色调整为"灰度"效果，环绕方式为"衬于文字下方"，左对齐，位置如图 2.39 所示。

（7）在图 2.39 所示位置插入一幅图片，设置图片高度和宽度均为"60 磅"，环绕方式为"穿越型环绕"，左对齐，图片样式为"柔化边缘矩形"。

（8）在文档中插入一个形状图形"水平卷形"，填充颜色为"橙色，个性色 2"，透明度为"15%"，线条颜色为"灰色，个性色 3，深色 50%"，粗细为"1.25 磅"，环绕方式为"上下型"。

（9）在"水平卷形"中添加文字"第一步——绕月飞行"，字体为"华文琥珀"，字号为"小三"，颜色为"深红色"。适当调整"水平卷形"的大小，移动到如图 2.39 所示位置，形状对齐方式为"水平居中"。

（10）设置页面边框艺术型为“第 15 行”的“红心❤”，应用范围为“整篇文档”。

实训任务完成后在原路径下以原文件名保存文档，并关闭 Word。

实训步骤

启动“文件资源管理器”，在 D 盘根目录下单击鼠标右键，在弹出的快捷菜单中选择“新建”→“Microsoft Word 文档”，命名文件为 Example221.docx。双击文档启动 Word 2016，选择一种输入法，输入图 2.38 所示文字内容。

（1）① 单击“布局”选项卡→“页面设置”选项组→“对话框启动器”按钮，弹出“页面设置”对话框。

② 单击“页边距”选项卡，分别输入上、下页边距为“80 磅”，左、右页边距为“85 磅”，在“应用于”下拉列表中选择“整篇文档”，如图 2.40 所示。

③ 单击“纸张”选项卡，在“纸张大小”下拉列表中选择“A4”，在“应用于”下拉列表中选择“整篇文档”。

④ 单击“文档网格”选项卡，在“网格”组中选定“指定行和字符网格”，在“字符数”的“每行”域中输入“37”，在“行”的“每页”域中输入“38”，在“应用于”下拉列表中选择“整篇文档”，如图 2.41 所示。

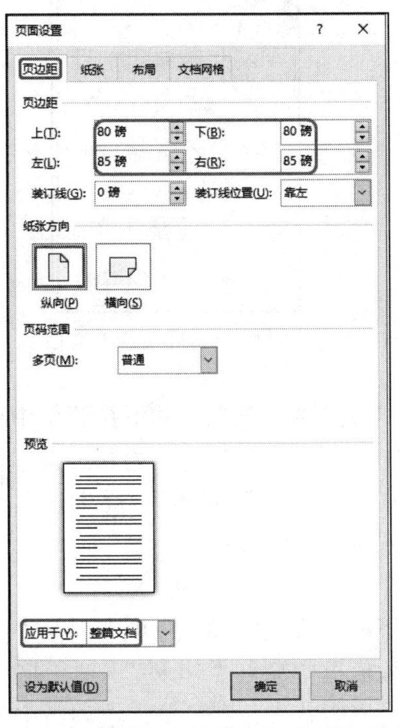

图 2.40　“页面设置”对话框“页边距”选项卡

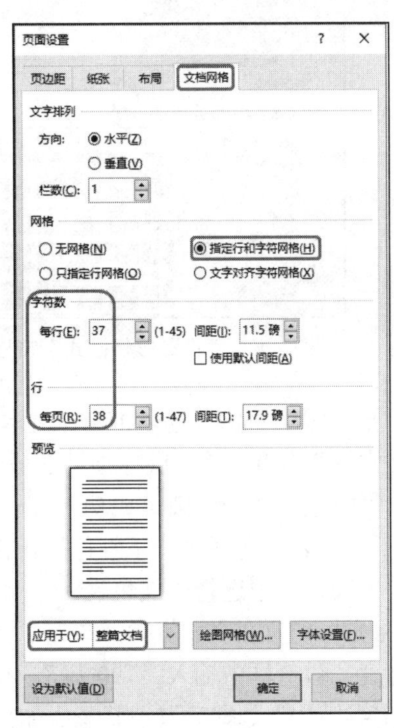

图 2.41　“页面设置”对话框“文档网格”选项卡

（2）选中正文各段，单击“开始”→“段落”选项组→“对话框启动器”按钮→“段落”对话框“缩进和间距”选项卡→在“缩进”组中的“特殊”下拉列表中选择“首行”→“缩进值”输入“2 字符”；选中第三段，用鼠标将第三段拖动到第四段之后，或按【Alt】+【Shift】+【↓】快捷键交换两段位置。

（3）① 选中文档标题“探月三步走完美收官”，单击“开始”选项卡→“段落”选项组→“居中”对齐按钮，使标题居中；在“字体”选项组“字体”下拉列表中选择“华文彩云”。

② 选中文档标题“探月三步走完美收官”，单击“插入”选项卡→“文本”选项组→“艺术字”按钮，在弹出的下拉列表中选择第2行第3列艺术字样式。

③ 单击艺术字文本边框，然后单击“绘图工具”下的“形状格式”选项卡→“形状样式”选项组→“对话框启动器”按钮→“设置形状格式”窗格→“形状选项”→“填充与线条”→单击展开“填充”→选择“渐变填充”→在“预设渐变”下拉列表中选择“底部聚光灯-个性色1”，如图2.42所示，单击折叠“填充”；单击展开“线条”→选中“实线”→在“颜色”下拉列表中选择“红色”→“宽度”设置为“1磅”。单击窗格右上角的“关闭”按钮关闭本窗格。也可以利用“形状样式”选项组中的“形状填充”设置渐变填充色，利用“形状轮廓”按钮设置线条。

④ 选择艺术字，单击右上角的“布局选项”按钮，在弹出的窗口中，在“文字环绕”区域中选择“四周型”，如图2.43所示，之后关闭窗口。

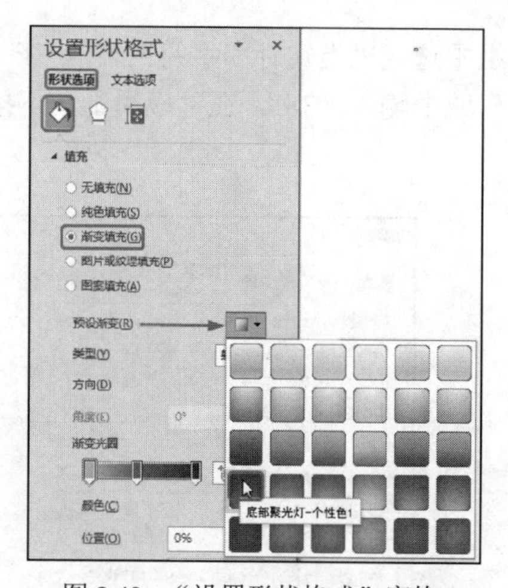

图2.42 “设置形状格式”窗格

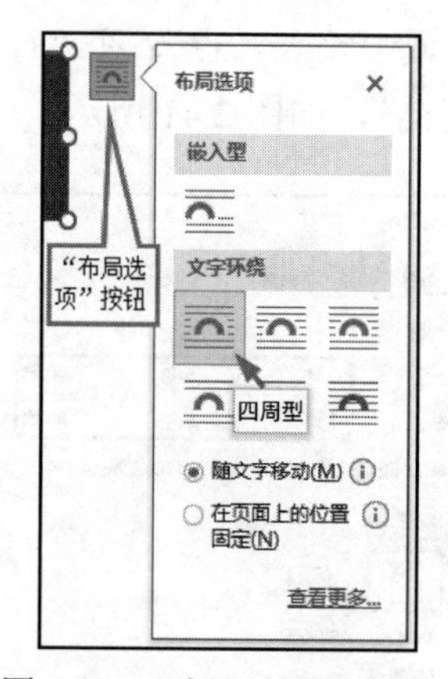

图2.43 “布局选项”窗口

（4）① 单击“插入”选项卡→“文本”选项组→“文本框”按钮，从下拉菜单中选择“绘制竖排文本框”命令，此时鼠标指针变成十字形，按住左键，拖动鼠标，绘制出文本框，并在内部输入“嫦娥五号任务圆满成功”，选中该文本，在“开始”选项卡“字体”选项组中，在“字体”下拉列表中选择“方正舒体”，在“字号”下拉列表中选择“小二”，单击“字体颜色”下拉列表，从中选择“红色”。

② 将光标定位在文本框内，单击“绘图工具”下的“形状格式”选项卡，在“大小”选项组“高度”数值框中输入“190磅”，在“宽度”数值框中输入“50磅”。对于文本框的大小，“锁定纵横比”是默认取消状态。如果已被设置为选中状态，则可单击选项组中的“对话框启动器”按钮，在弹出的“布局”对话框中选择“大小”选项卡，取消其中的“锁定纵横比”复选框选中状态。

（5）① 单击文本边框，然后单击“绘图工具”下的“形状格式”选项卡，在“形状样式”选项组中进行设置：单击“形状填充”按钮，选择标准色“浅绿色”，如图2.44所示；单击“形状轮廓”按钮，选择“无轮廓”；单击“形状效果”按钮→“棱台”→“圆形”，如图2.45所示。

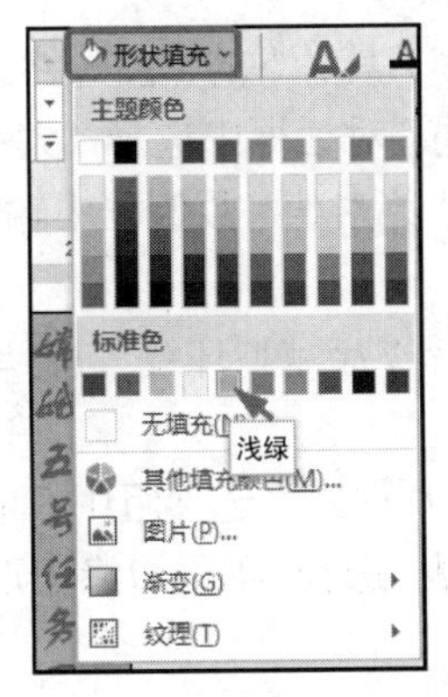

图 2.44　“形状填充”下拉菜单

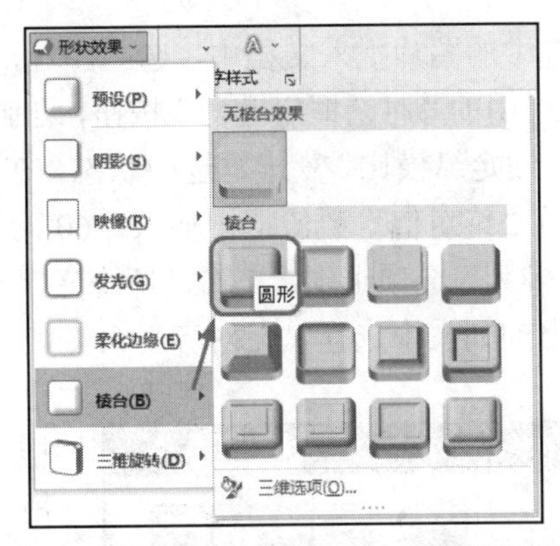

图 2.45　将形状效果设置为“棱台”的“圆形”

② 单击文本边框，单击“绘图工具”下的“形状格式”选项卡→“排列”选项组进行设置：单击“对齐”按钮，在弹出的列表中选择“顶端对齐”命令，再次选择“右对齐”命令；单击“环绕文字”按钮，选择“紧密型环绕”，完成操作。

（6）① 单击文档任意区域，选择“插入”选项卡→“插图”选项组→“图片”→“此设备”，弹出“插入图片”对话框。在对话框中选择任意图片文件，单击“插入”按钮，即将选中的图片插入文档中；选中图片，单击“图片工具”下的“图片格式”选项卡→“大小”选项组中的“对话框启动器”按钮，在弹出的“布局”对话框中选择“大小”选项卡，取消其中的“锁定纵横比”复选框选中状态，在“高度”组“绝对值”数值框中输入“90 磅”，在“宽度”组“绝对值”数值框中输入“360 磅”。

② 单击“调整”选项组→“颜色”按钮，打开如图 2.46 所示的下拉列表，在“重新着色”组中选取“灰度”效果，按图 2.39 所示调整图片所放位置。

③ 单击“排列”选项组→“环绕文字”按钮，在打开的下拉列表中选择“衬于文字下方”环绕方式；再单击“对齐”按钮，在弹出的列表中选择“左对齐”命令。

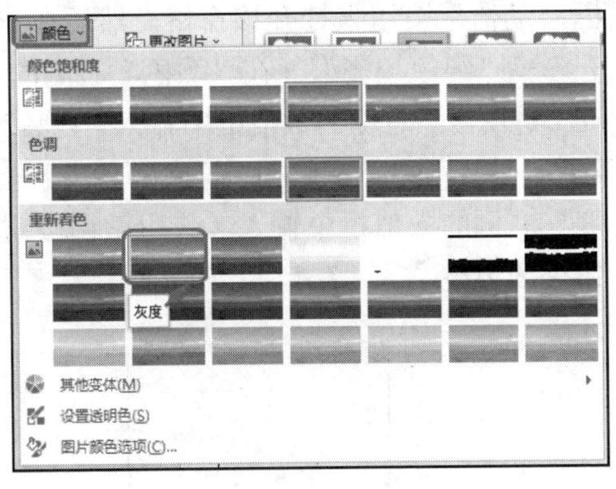

图 2.46　设置图片为“灰度”效果

说明

（1）当图片衬于文字下方时，如果要选中图片，单击“开始”选项卡→“编辑”选项组中“选择”按钮右侧的下拉箭头，从弹出的下拉列表中选中“选择对象”按钮，然后用鼠标单击图片，即可选定图片。

（2）设置图片大小，高度与宽度的缩放比例不一致时，必须取消选中“锁定纵横比”复选框。

（7）① 将光标定位在要插入图片的位置，选择“插入”选项卡→“插图”选项组→“图片”→“此设备”，弹出“插入图片”对话框。在对话框中选择任意图片文件，单击“插入”

按钮，即将选中的图片插入文档中。选中图片，单击“图片工具”下的“图片格式”选项卡→“大小”选项组中的“对话框启动器”按钮，在弹出的“布局”对话框中选择“大小”选项卡，取消其中的“锁定纵横比”复选框选中状态，在“高度”组“绝对值”数值框中输入“60 磅”，在“宽度”组“绝对值”数值框中输入“60 磅”。

② 在“排列”选项组中，单击“环绕文字”按钮，选择“穿越型环绕”；再单击“对齐”按钮，在弹出的列表中选择“左对齐”命令。

③ 在“图片样式”选项组中，单击打开图片样式库下拉列表，选择“柔化边缘矩形”，如图 2.47 所示。

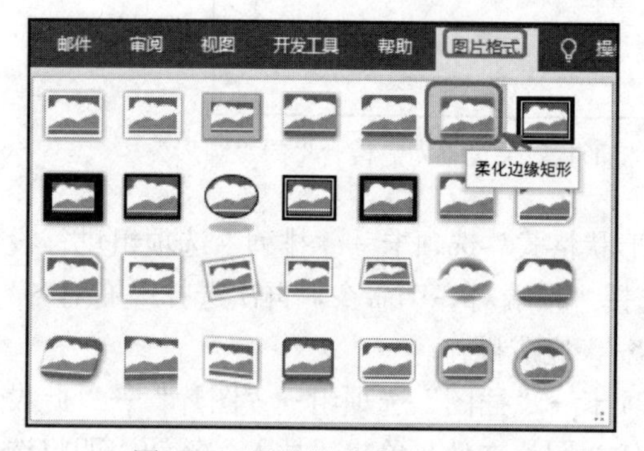

图 2.47　图片样式库下拉列表

（8）① 将光标定位在要插入形状图形的位置，单击“插入”选项卡→“插图”选项组→“形状”按钮，在弹出的形状下拉列表中选择“星与旗帜”中的“卷形：水平”，如图 2.48 所示。此时鼠标指针变成十字形，按住鼠标左键，向右下方拖动，绘制出形状。

② 右击形状图形，从快捷菜单中选择“设置形状格式”命令，打开“设置形状格式”任务窗格。也可以通过单击“绘图工具”下的“形状格式”选项卡→“形状样式”选项组→“对话框启动器”按钮来打开该窗格。然后在该窗格中，依次执行“填充与线条”→单击展开“填充”→“纯色填充”→在“颜色”右侧的“填充颜色”下拉列表中选择“橙色，个性色 2”→在“透明度”右侧的数值框中输入“15%”（图 2.49）→折叠“填充”；单击展开“线条”→“实线”→在“颜色”右侧的“轮廓颜色”下拉列表中选择“灰色，个性色 3，深色 50%”→在“宽度”右侧的数值框中输入（或用微调按钮调整）“1.25 磅”（图 2.50）→单击右上角的关闭按钮关闭窗格。

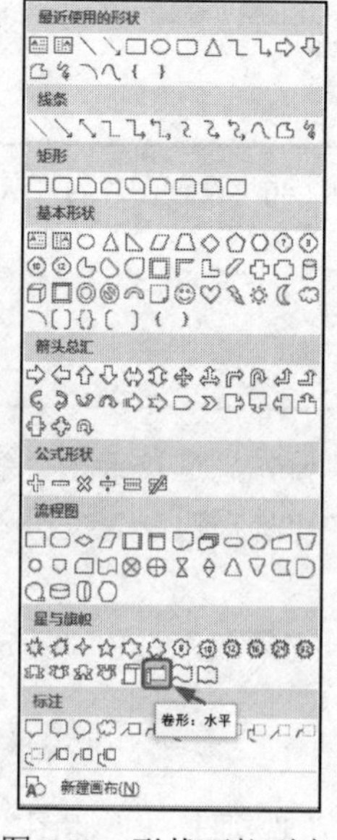

图 2.48　形状下拉列表

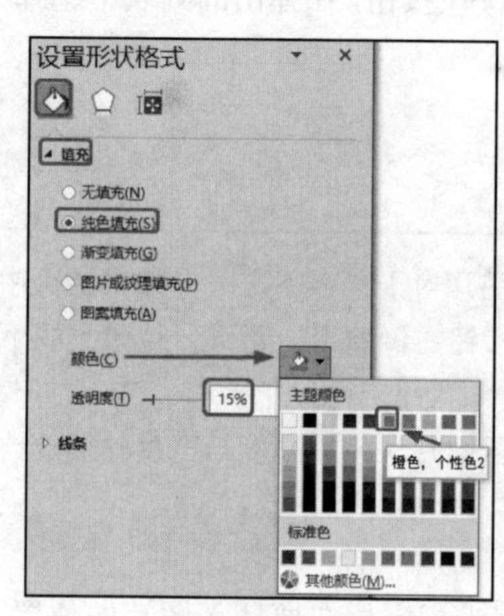

图 2.49　在“设置形状格式”窗格中设置纯色填充

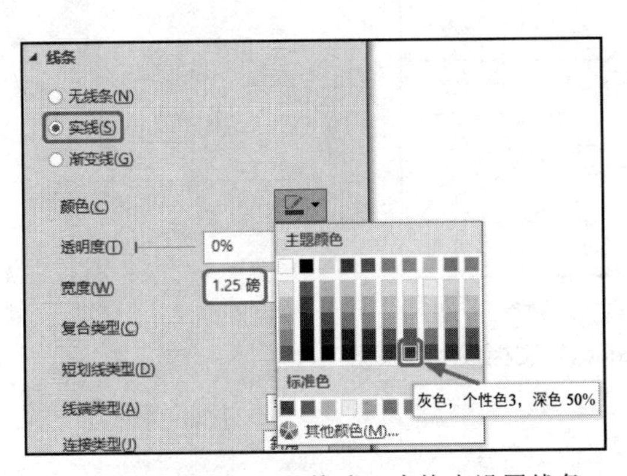

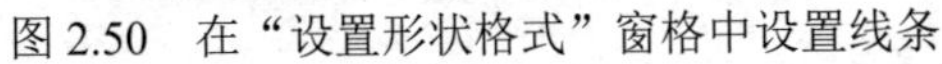
图 2.50　在“设置形状格式”窗格中设置线条

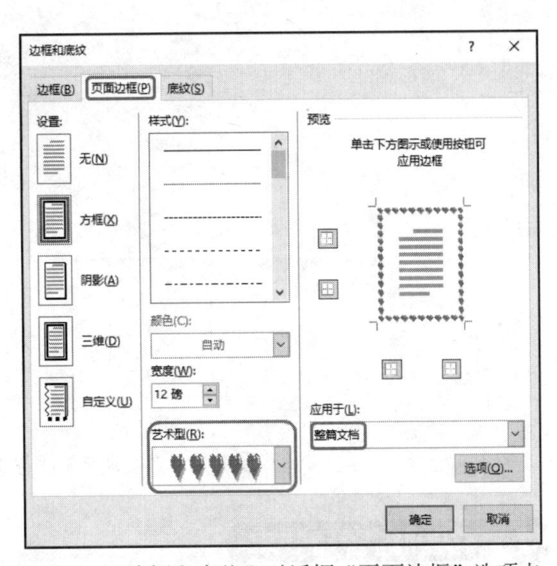

图 2.51　“边框和底纹”对话框“页面边框”选项卡

③ 选中形状图形，单击“绘图工具”下的“形状格式”选项卡→“排列”选项组→“环绕文字”按钮→选择“上下型环绕”方式。或者选中图形后，单击右上角的“布局选项”按钮设置环绕方式。

（9）单击水平卷形，输入“第一步——绕月飞行”；选中该文字，单击“开始”选项卡，在“字体”选项组中设置其字体为“华文琥珀”，字号为“小三”，颜色为“深红色”；适当调整“水平卷形”的大小，移动到如图 2.39 所示位置，选中形状图形，单击“绘图工具”下的“形状格式”选项卡→“排列”选项组→“对齐”按钮→选择“水平居中”命令。

（10）单击“设计”选项卡→“页面背景”选项组→“页面边框”按钮，弹出“边框和底纹”对话框并直接切换到“页面边框”选项卡，从“艺术型”下拉列表框中选择第 15 行的“红心♥”，在“应用于”下拉列表框中选择“整篇文档”，如图 2.51 所示，单击“确定”按钮。

实训任务完成，按【Ctrl】+【S】保存文件，或单击“快速访问工具栏”上的“保存”按钮。保存完文件后可以通过【Alt】+【F4】快捷键或 Word 窗口右上角的关闭按钮退出 Word。文件 Example221.docx 文档格式设置效果如图 2.39 所示。

实训 2.3　Word 文档高级操作之表格处理

任务一

在新建的文件名为“实训 2.3 任务 1.docx”的 Word 文档中，进行插入表格、设置表格属性、输入文本等操作，最终结果如图 2.52 所示。标题行和最下面一行都是表格的组成部分，但不显示相关框线。

学生成绩表

科目 姓名	高等数学	大学英语	大学物理
张冰	56	70	61
杨天	89	68	96
孙方	78	89	68
王元	76	85	80
李雪	68	92	70
赵敬	90	88	96

制表人：班导员

图 2.52 “实训 2.3 任务 1.docx”文档最终效果图

实训内容与要求

（1）插入一 4 列 9 行的表格，行高为“30 磅”，列宽为“70 磅”，将第 1 行所有单元格合并为一个单元格，将末行即第 9 行所有单元格合并为一个单元格。

（2）第 1 行不显示左、右和上边框线，末行即第 9 行不显示左、右和下边框线，如图 2.52 所示。设置表格外边框（如图 2.52 所示，应显示图中呈现出来的外边框而不是表格真正的外边框）线型为“单实线”，颜色为“红色”，宽度为“1.5 磅”，内边框为“单实线”“0.75 磅”，颜色为“蓝色”，结果如图 2.52 所示。

（3）在显示出来的表格左上角设置斜线表头，并如图 2.52 所示输入文字。

（4）按图 2.52 所示输入其余文本，设置除表头中文本外的其他所有文本在表格里的水平和垂直方向上都居中对齐，把最后一行的“制表人……”水平方向调整为右对齐。将第 1 行的“学生成绩表”设置为宋体、三号，文本突出显示颜色为“青绿”，表内所有其他文字设置为“宋体”“五号”。

（5）设置表格的对齐方式为“居中”，文字环绕为“无”。

实训步骤

启动“文件资源管理器”，在文件夹下单击鼠标右键，在弹出的快捷菜单中选择“新建”→“Microsoft Word 文档”，将新建的文档命名为“实训 2.3 任务 1.docx”。双击文档启动 Word 2016，进行以下操作。

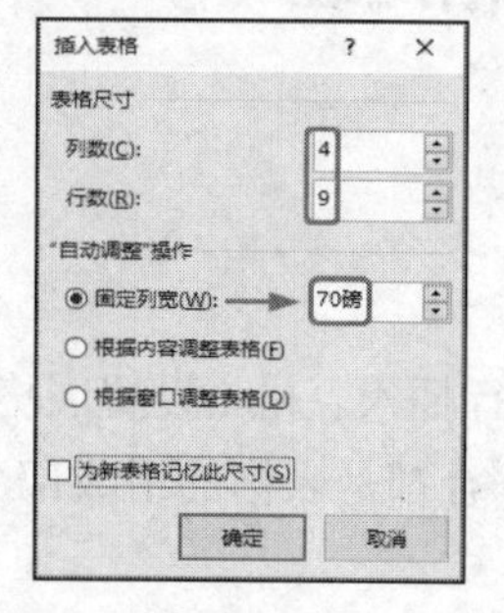

图 2.53 “插入表格”对话框

（1）创建表格并合并单元格

① 单击“插入”选项卡→“表格”选项组→“表格”按钮，从弹出的菜单中选择“插入表格”命令，打开“插入表格”对话框，输入列数为“4”，行数为“9”，固定列宽为“70 磅”，如图 2.53 所示，单击“确定”按钮，即插入了一个 4 列 9 行的表格。

② 选中整个表格，单击“表格工具/布局”选项卡，在“单元格大小”选项组高度框中输入“30 磅”，可见“宽度”框中自动填入“70 磅”，如图 2.54 所示。

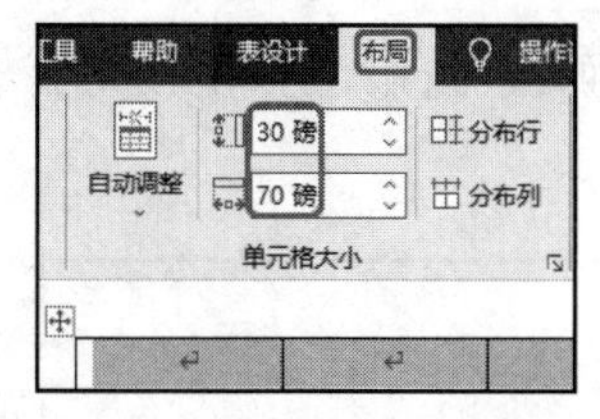

图 2.54　设置表格行高和列宽

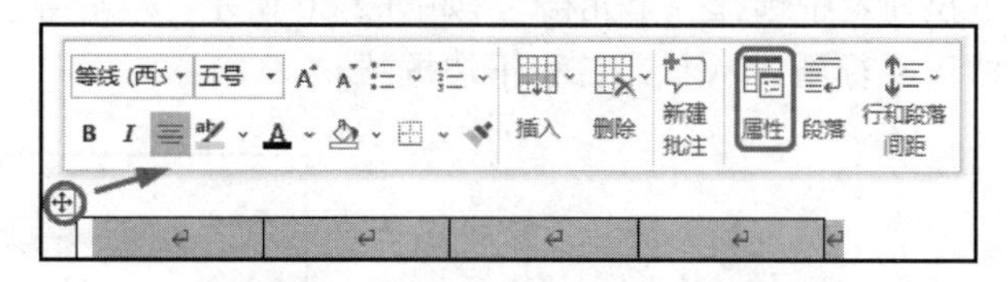

图 2.55　浮动工具栏“属性”按钮

也可用下述任意一种方法。

a. 选中整个表格，在弹出的浮动工具栏上点击“属性”按钮，如图 2.55 所示。注意浮动工具栏根据用户近期操作智能弹出相关选项，所以有时没有“属性”按钮。

b. 选中整个表格，单击“表格工具/布局”选项卡→“表”选项组→“属性”按钮，如图 2.56 所示。

c. 在表格内任意点上单击鼠标右键，从弹出的快捷菜单中选择“表格属性”，如图 2.57 所示。

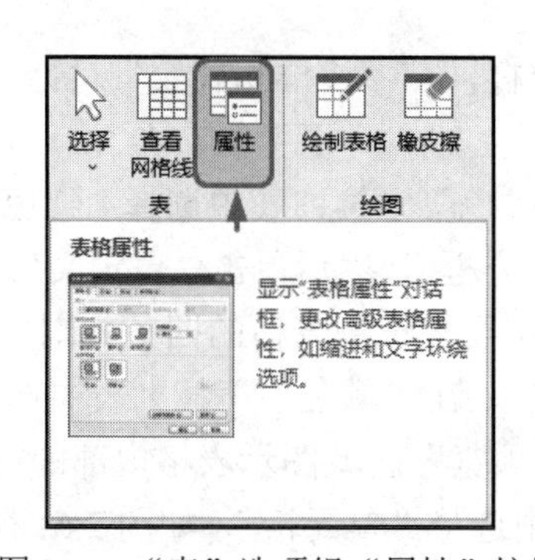

图 2.56　“表”选项组“属性”按钮

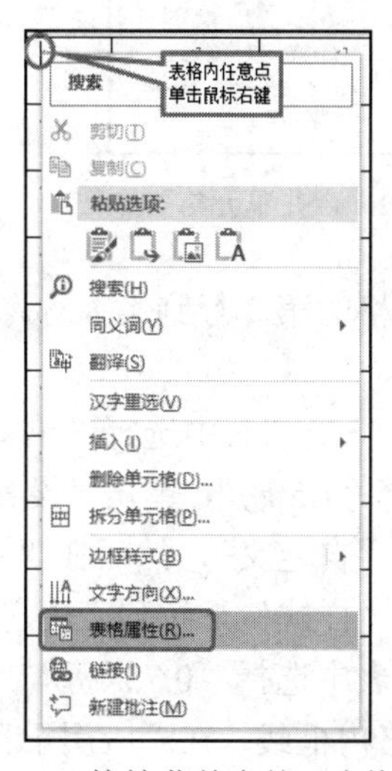

图 2.57　快捷菜单中的“表格属性”

这些方法都会弹出“表格属性”对话框，在对话框“行”选项卡中选中“指定高度”复选框，在其后的微调框中输入“30 磅”，如图 2.58 所示，检查确认“列”选项卡中已经选中“指定宽度”复选框，其后的微调框中为“70 磅”，单击“确定”按钮。

③ 选中表格的第 1 行所有列，单击“表格工具/布局”选项卡→“合并”选项组→“合并单元格”按钮，如图 2.59 所示，合并上述单元格。同样将第 9 行所有列的单元格合并。

（2）设置表格边框

① 选中表格的第 1 行，单击“表格工具/表设计”选项卡→“边框”选项组→“对话框启动器”按钮→弹出“边框和底纹”对话框→“边框”选项卡。在“预览”区域，单击控制左、右和上边框线的按钮，不显示这些框线，在“应用

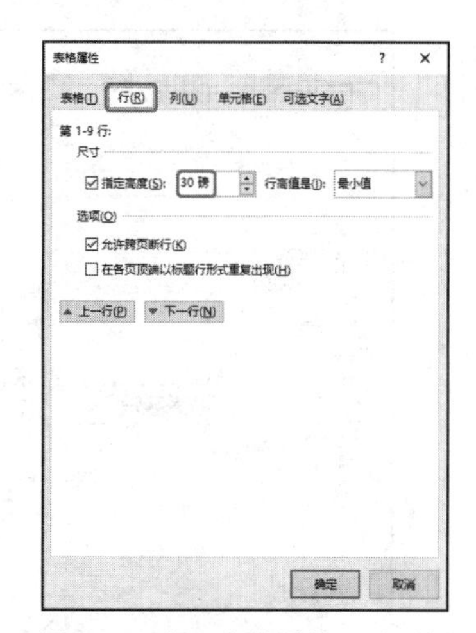

图 2.58　在“表格属性”对话框中设置“行”

于”下拉列表中选择“单元格”，如图2.60所示，最后点击“确定”按钮。采用类似方法设置末行即第9行不显示左、右和下边框线。

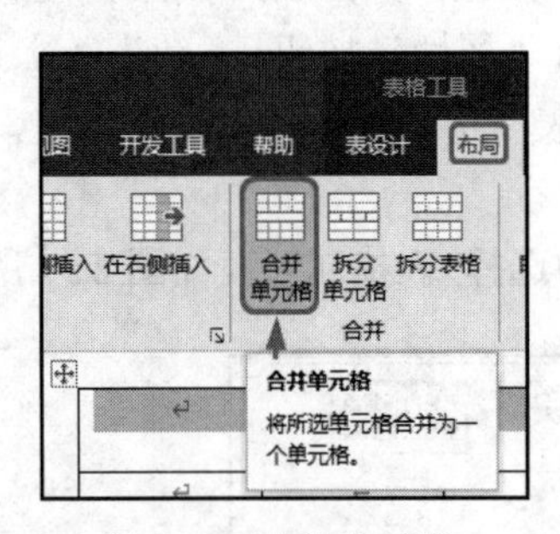

图2.59　合并单元格

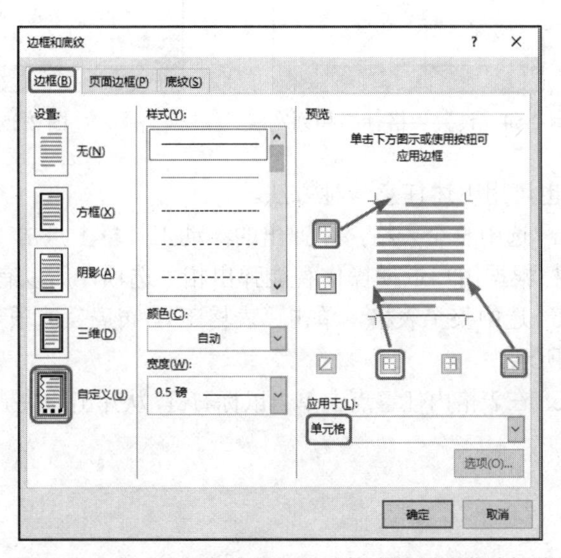

图2.60　在“边框和底纹”对话框中设置隐藏边框线

② 选中表格的第2行到第8行，与上一步一样，在“边框和底纹”对话框“边框”选项卡中进行设置。

在“样式”下拉列表中选择“单实线”，在“颜色”下拉列表中选择“红色”，在“宽度”下拉列表中选择“1.5磅”，单击“设置”区域的“方框”，然后单击“自定义”；也可以先单击“设置”区域的“自定义”，然后在“预览”区域按要求设置表格的四条外围框线。

③ 同样在“样式”下拉列表中选择“单实线”，在“颜色”下拉列表中选择“蓝色”，在“宽度”下拉列表中选择“0.75磅”，然后单击“预览”区域图示表格内部的横竖两条中间框线以便更改表格内框线，在“应用于”下拉列表中选择“单元格”，如图2.61所示，单击“确定”按钮，即可得到表格的边框效果。

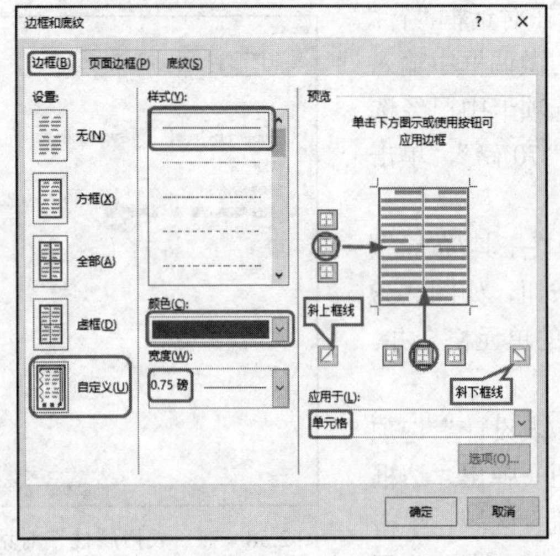

图2.61　在“边框和底纹”对话框中设置内外框线

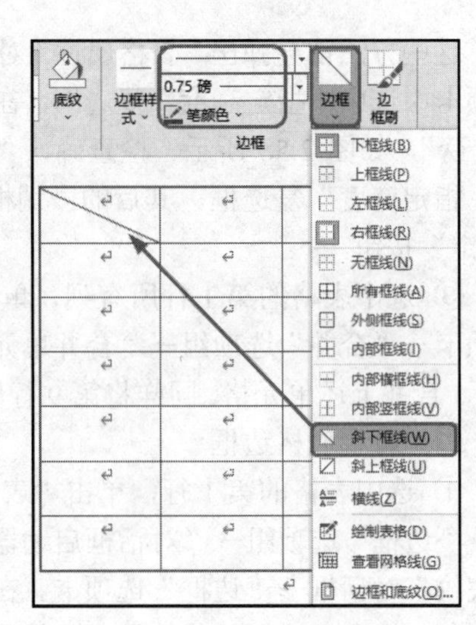

图2.62　设置斜下框线

（3）设置斜线表头并输入文字

单击鼠标定位于显示出来的表格左上角（实际是表格的第 2 行第 1 列），单击“表格工具/表设计”选项卡→“边框”选项组，确认“笔划粗细”“笔颜色”“笔样式”是 0.75 磅蓝色单实线，如果不是，则调整设置，单击“边框”选项组中的“边框”按钮，在弹出的下拉菜单中选择“斜下框线”，如图 2.62 所示。

也可以单击“表格工具/表设计”选项卡→“边框”选项组→“对话框启动器”按钮→弹出“边框和底纹”对话框→“边框”选项卡，如图 2.61 所示，先在“应用于”下拉列表中选择“单元格”，确认线条为 0.75 磅蓝色单实线，在“预览”区域单击控制斜下框线表头的按钮，注意还有控制斜上框线表头的按钮，从中选择所需的一种，也可以根据需要两种都选择，再单击控制下框线的按钮，最后点击“确定”按钮。

单击该单元格，输入“科目”后按回车键，再输入“姓名”，适当调整位置，可按【Ctrl】+【L】和【Ctrl】+【R】快捷键实现左对齐和右对齐，或用“开始”选项卡“段落”选项组中的“左对齐”和“右对齐”按钮来调整位置。

（4）在表格内输入并设置文本文字

① 按图 2.52 所示输入其余文本。

② 选中整张表格，单击“表格工具”下的“布局”选项卡→“对齐方式”选项组→“水平居中”按钮，如图 2.63 所示，确认表格中的所有文本在水平和垂直方向上都居中对齐；再重新调整斜线表头中文字的位置，操作方法见步骤（3）；单击最后一行的“制表人……”任意处，按【Ctrl】+【R】快捷键调整为右对齐，或使用“开始”选项卡→“段落”选项组→“右对齐”命令。

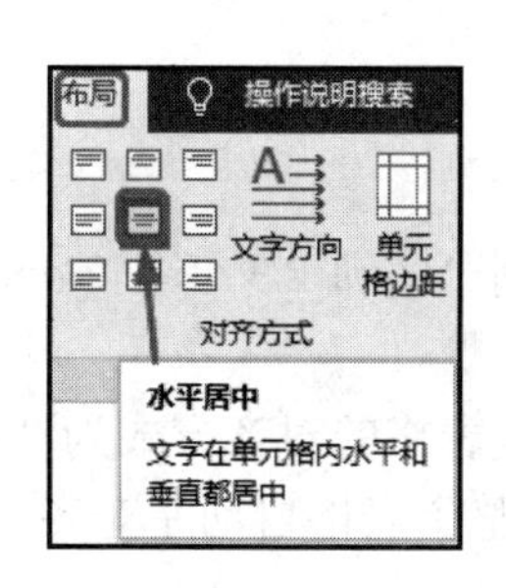

图 2.63　“对齐方式”选项组

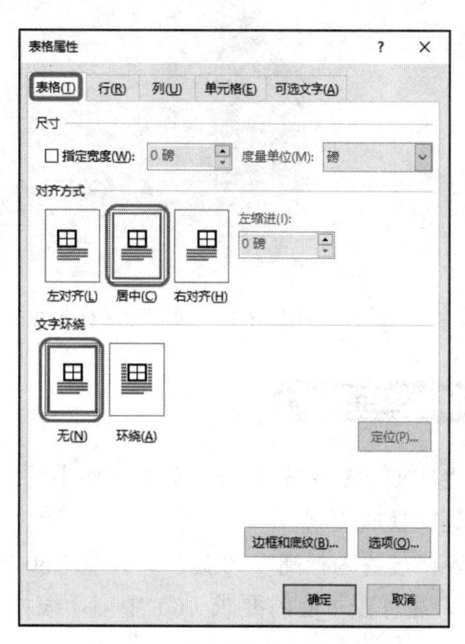

图 2.64　“表格属性”对话框

③ 选中整张表格，在“开始”选项卡“字体”选项组中设置字体为“宋体”，字号为“五号”；再选中第 1 行的“学生成绩表”，在“开始”选项卡“字体”选项组中设置字号为“三号”，单击“文本突出显示颜色”按钮右侧的下三角按钮，在下拉列表中选择“青绿”色。

（5）设置表格对齐和文字环绕方式

选中整个表格，在弹出的浮动工具栏上点击“属性”按钮，如图 2.55 所示，弹出如图 2.64 所示的“表格属性”对话框。还有其他几种操作方式都可以打开该对话框，详见前面步骤“（1）②”中的介绍。

在“表格”选项卡“对齐方式”区域中选择“居中”按钮，则表格相对页面居中。在“文字环绕”区域中选择“无”，则表格不环绕正文。

实训任务完成，按【Ctrl】+【S】快捷键保存文件，或单击“快速访问工具栏”上的“保存”按钮。保存完文件后可以通过按【Alt】+【F4】快捷键或单击 Word 窗口右上角的关闭按钮退出 Word。

完成任务后，“实训 2.3 任务 1.docx”文档设置效果如图 2.52 所示。

任务二

新建一个文件名为“实训 2.3 任务 2.docx”的文档，按要求制作表格，并对成绩进行简单的数据处理，最终效果如图 2.65 所示。

姓名	高等数学	大学英语	大学物理	总分	平均分
赵敬	90	88	96	274	91.3
杨天	89	68	96	253	84.3
王元	76	85	80	241	80.3
孙方	78	89	68	235	78.3
李雪	68	92	70	230	76.7
张冰	56	70	61	187	62.3
最高分	90	92	96	274	91.3
最低分	56	68	61	187	62.3

图 2.65 “实训 2.3 任务 2.docx”文档最终效果图

实训内容与要求

（1）把“实训 2.3 任务 2.txt”文本文件中的内容复制到“实训 2.3 任务 2.docx”Word 文档中，并将其转换成表格。

（2）将表格设置为行高“30 磅”、列宽“60 磅”。设置表格的对齐方式为“居中”，文字环绕为“无”。注意在下面的要求（6）中应用表格样式后，整个表格自动左对齐，可再次设置为“居中”。

（3）在表格的最后插入两行、两列，并分别输入行标题“最高分”“最低分”，以及列标题“总分”“平均分”。

（4）利用函数计算每个人的总分、平均分（保留一位小数）以及各科最高分、最低分。

（5）将表格按“总分”递减排序，如果“总分”分数相同，则以“高等数学”成绩递减排序（不包括标题行和最后两行）。

（6）设置表格样式为“网格表 5 深色-着色 5”。然后设置表内所有文字为“宋体”“五号”，所有单元格对齐方式为水平垂直均居中。

（7）将表格边框线设置为绿色 1.5 磅双实线，表内线设置为红色 0.5 磅单实线，将第 8 行上框线设置为 1.5 磅单实线，为最后两行的数值区域（不包括“最高分”“最低分”两个单元格）添加填充颜色为橙色的底纹。

（8）将表格中 6 个人的三门成绩中 90～99 分之间的分数用绿色、加粗、二号字体表示。

实训步骤

启动“文件资源管理器”，在文件夹下单击鼠标右键，在弹出的快捷菜单中选择“新建”→“Microsoft Word 文档”，将文件重命名为“实训 2.3 任务 2.docx”。双击文档启动 Word 2016，进行以下操作。

预备知识：

（1）在输入计算公式时，要用到单元格地址。单元格的地址用其所在的列号和行号表示。列号依次用字母 A、B、C……表示，行号依次用数字 1、2、3……表示，如 B5 表示第 2 列第 5 行的单元格。

（2）注意公式中不能使用全角的标点符号，否则将显示“语法错误”。

（3）可依据公式进行表格的数据计算。

比如：如图 2.66 所示，计算合格率（公式：合格率=合格数/总数*100），并以百分比（0.00%）的形式表示。

操作方法：将光标定位到合格率列的第 2 行，单击“布局”选项卡→“数据”选项组→“公式”按钮，在“公式”文本框中输入公式“=C2/B2*100”，并在“编号格式”列表框中选择“0.00%”形式，单击“确定”按钮，如图 2.66 所示；按同样方法计算 B 班合格率。

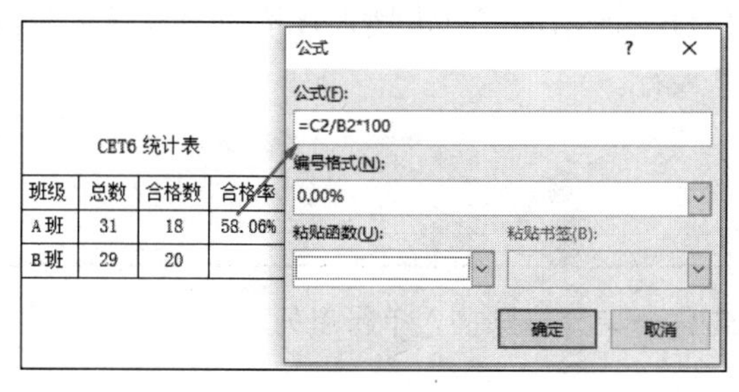

图 2.66　用公式计算合格率

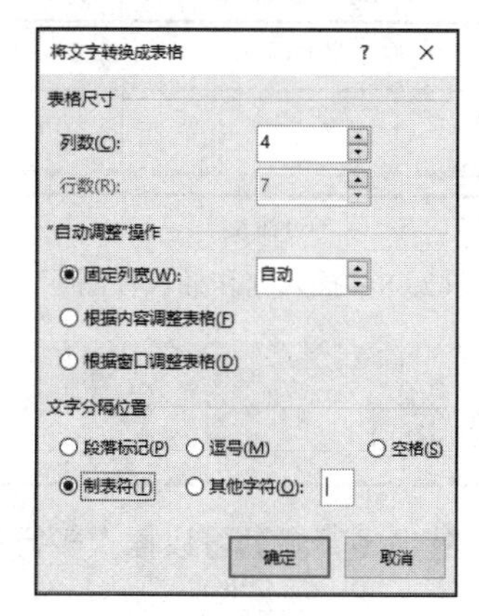

图 2.67　“将文字转换成表格”对话框

（1）将文字转换为表格

① 双击打开“实训 2.3 任务 2.txt”文本文件，把所有内容复制到打开的 Word 文档中。

② 选中复制过来的所有文本，单击“插入”选项卡→“表格”选项组→“表格”按钮，从弹出的菜单中选择“文本转换成表格”命令，打开“将文字转换成表格”对话框，如图 2.67

所示。

③ 在对话框中，根据所选文本自动设置表格的行数、列数、文字分隔位置等，单击“确定”按钮，则将选定的文本转换成一个7行4列的表格。

（2）调整表格的行高、列宽、对齐方式和文字环绕

① 选中整个表格，单击“表格工具/布局”选项卡→“表”选项组→“属性”按钮，弹出“表格属性”对话框。

② 参考前面的图2.58，在对话框“行”选项卡中选中“指定高度”复选框，在其后的微调框中输入“30磅”，在“列”选项卡中选中“指定宽度”复选框，在其后的微调框中输入“60磅”，单击“确定”按钮。

或者选中整个表格，单击“布局”选项卡，在“单元格大小”选项组高度和宽度文本框中分别输入“30”和“60”，参考前面图2.54。

③ 在表格内任意点上单击鼠标右键→从弹出的快捷菜单中选择“表格属性”，弹出如图2.64所示的“表格属性”对话框。还有其他几种操作方式都可以打开该对话框，详见前面的介绍。

在“表格”选项卡的“对齐方式”区域中选择“居中”按钮，则表格相对页面居中。在“文字环绕”区域中选择“无”，则表格不环绕正文。注意在第（6）步应用表格样式后，整个表格左对齐，可再次通过“表格属性”对话框将表格设置回“居中”。

（3）插入行、列

① 选中表格最后两列，单击“布局”选项卡→“行和列”选项组→“在右侧插入”按钮，插入两列，输入列标题分别为“总分”“平均分”。也可以通过以下操作方式插入列：将鼠标移动到列线的顶部，如图2.68（a）所示，列线显示为双实线，顶端出现带加号的圆圈图标按钮⊕，单击该插入列按钮⊕，则在列线右侧插入一列。这种方法比较快捷。

姓名	高等数学	大学英语	大学物理
张冰	56	70	61

(a) 插入列

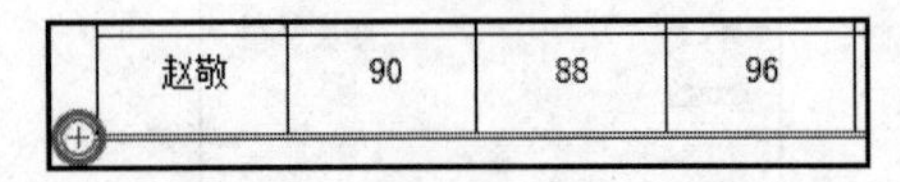

赵敬	90	88	96

(b) 插入行

图2.68　插入列和插入行图标

② 选中表格最后两行，单击“布局”选项卡→“行和列”选项组→“在下方插入”按钮，插入两行，输入行标题分别为“最高分”“最低分”。也可用类似插入列的方法，将鼠标移动到行线的最左侧（表格外），如图2.68（b）所示，可单击插入行按钮⊕在选中行线的下面插入行。

说明

选中多行多列可以插入多行多列，单击任一单元格则插入单行单列。

（4）表格的数据计算

① 将光标定位到“总分”列的第2行，计算“张冰”的总分。

单击“布局”选项卡→“数据”选项组→“公式”按钮，弹出“公式”对话框，在“公式”文本框中输入公式“=SUM（LEFT）”[或输入公式“=SUM（b2:d2）”]，如图2.69所示，然后单击“确定”按钮，系统根据此公式计算出“张冰”的总分，结果显示在单元格里。

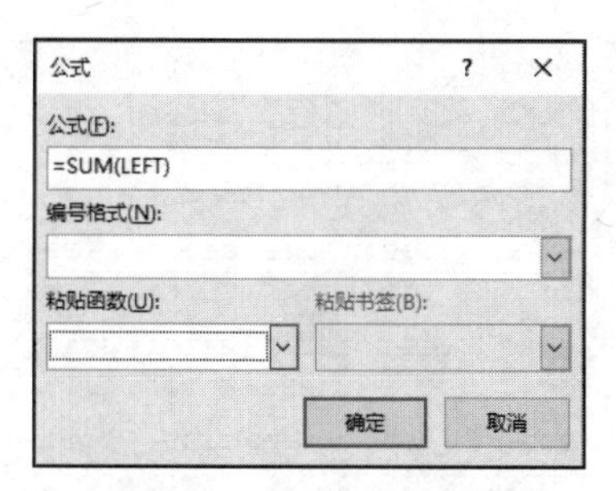

图 2.69 用函数计算总分

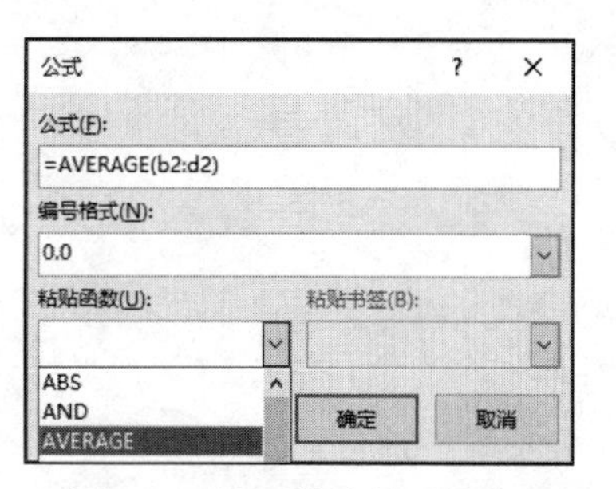

图 2.70 用函数计算平均分

② 将光标定位到“平均分”列的第 2 行，计算“张冰”的平均分。

a. 单击“布局”选项卡→“数据”选项组→“公式”按钮，弹出“公式”对话框。

b. 在“公式”文本框中，删除系统自动给出的公式“=SUM（LEFT）”，但是等号“=”一定要保留。

c. 单击“粘贴函数”下拉列表，选择 AVERAGE 函数，在该函数的括号内输入“b2:d2”，单击“编号格式”下拉列表，从中选择“0.0”格式，即保留小数点后一位小数，单击“确定”按钮，如图 2.70 所示。

③ 以同样方式计算其余行的总分和平均分。为提高操作效率，可以采用复制粘贴的方法：首先，单击选中单元格，按【Ctrl】+【C】快捷键，拖动鼠标选择多个可以粘贴该公式的单元格，按【Ctrl】+【V】快捷键粘贴；然后，在每个单元格复制过来的结果上单击鼠标右键，在弹出的快捷菜单中选择“更新域”。但注意粘贴过去的公式不会自动调整参数，所以公式“=SUM（LEFT）”复制粘贴后再更新域就可以了，而公式“=SUM（b2:d2）”会原样粘贴过去，需要修改参数行号“2”为行号“3～7”，方法为：单击每个复制过来结果的单元格，再单击“布局”选项卡上的“公式”按钮，在弹出的“公式”对话框中修改参数，最后单击“确定”按钮。

④ 将光标定位到“最高分”行的第 2 列，计算“高等数学”的最高分。

a. 单击“布局”选项卡→“数据”选项组→“公式”按钮，弹出“公式”对话框。

b. 在“公式”对话框中，删除系统自动给出的公式“=SUM（ABOVE）”，但是“=”一定要保留。

c. 单击“粘贴函数”下拉列表，从中选择 MAX 函数，在该函数的括号内输入“ABOVE”（或“b2:b7”），单击“确定”按钮，系统自动计算出“高等数学”的最高分。同理，用“=MIN（b2:b7）”函数求出“高等数学”的最低分，注意这里的单元格范围参数不能使用“ABOVE”。

⑤ 同理，计算其余列的最高分和最低分。

（5）表格的数据排序

① 选择表格的前 7 行，单击“布局”选项卡→“数据”选项组→“排序”按钮，弹出“排序”对话框，如图 2.71 所示。

② 在“排序”对话框“列表”区域选中“有标题行”单选按钮，然后从“主要关键字”列表中选择“总分”，单击“总分”的排序“类型”下拉列表，从中选择“数字”类型，单击“降序”单选按钮。

③ 从“次要关键字”列表中选择“高等数学”，选择排序“类型”为“数字”，排序方式为“降序”，单击“确定”按钮。

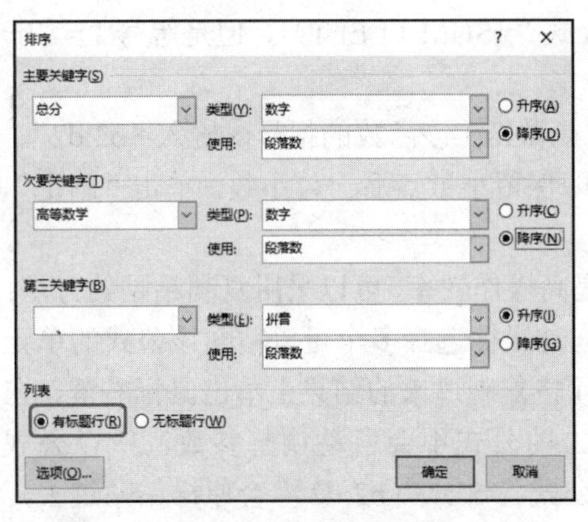

图 2.71 “排序”对话框

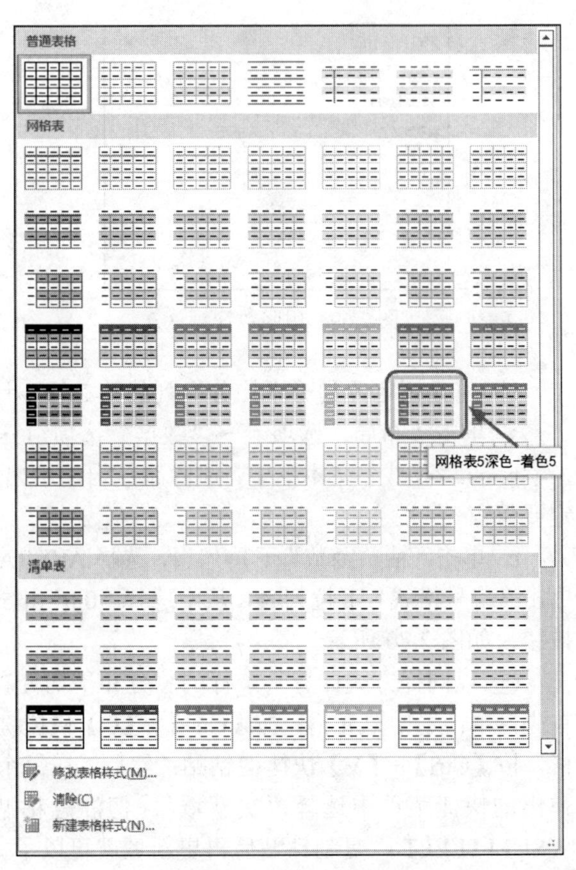

图 2.72 设置表格样式

（6）设置表格样式和表格内文字

① 选中整个表格，单击“表格工具”下“表设计”选项卡→“表格样式”选项组“表格样式库”右侧的“其他”按钮，在展开的表格样式下拉列表中，选择“网格表”组内的“网格表 5 深色-着色 5”，如图 2.72 所示。注意应用此表格样式后，整个表格左对齐，可再通过表格属性设置回“居中”。

② 选中整个表格，单击“开始”选项卡→“字体”选项组→设置“字体”为“宋体”→设置“字号”为“五号”。

③ 选中整个表格，单击“布局”选项卡→“对齐方式”选项组中的“水平居中”按钮，则整个表格中所有文本文字相对单元格水平和垂直方向都居中对齐。

（7）设置表格的边框和底纹

① 选中整个表格，单击“表设计”选项卡→“边框”选项组→“边框”按钮下面的小箭头，从弹出的菜单中选择“边框和底纹”命令，打开“边框和底纹”对话框。或者直接单击“边框”选项组右下角的“对话框启动器”按钮，也可打开“边框和底纹”对话框。

② 单击“边框”选项卡，在“样式”下拉列表中选择“双实线”，在“颜色”下拉列表中选择“绿色”，在“宽度”下拉列表中选择“1.5 磅”，先单击“设置”区域的“方框”，再单击“自定义”；也可以先单击“设置”区域的“自定义”，然后单击“预览”区域控制表格四条外框线的命令图标，可以独立设置表格的四条外框线。

③ 按同样方式在“样式”下拉列表中选择“单实线”，在“颜色”下拉列表中选择“红

色”，在“宽度”下拉列表中选择“0.5 磅”，然后单击“预览”区域图示表格内部的横竖两条中间框线命令图标，以便更改表格内框线，在“应用于”下拉列表中选“表格”，如图 2.73 所示，单击“确定”按钮，即可得到表格的边框效果。

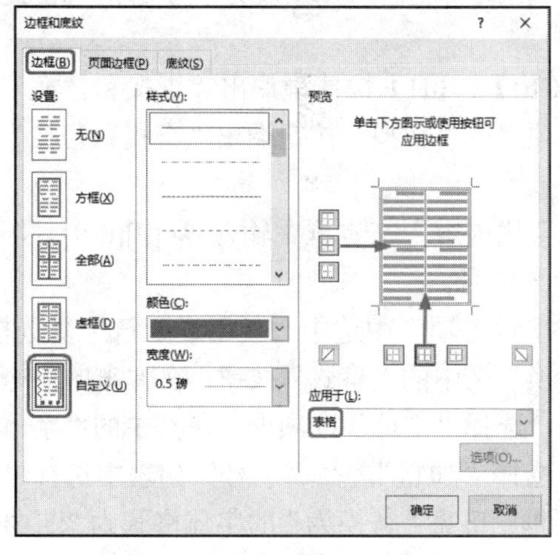

图 2.73　“边框和底纹”对话框

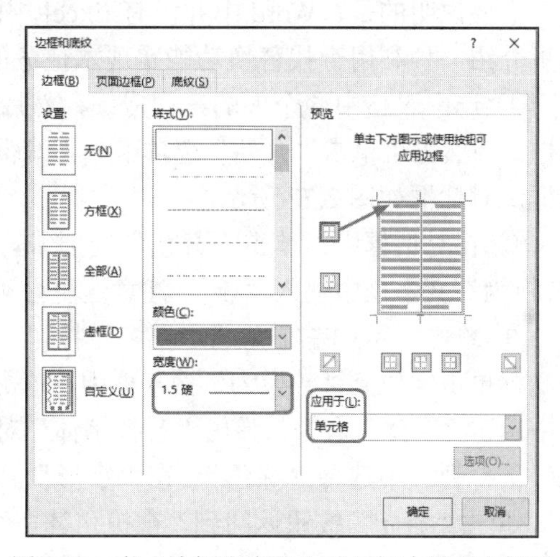

图 2.74　在“边框和底纹”对话框中设置上框线

④ 选择表格第 8 行（“最高分”行），用上述方法设置上框线为 1.5 磅单实线，如图 2.74 所示。也可以在“表设计”选项卡“边框”选项组中，在“笔划粗细”“笔颜色”“笔样式”中选择 1.5 磅红色单实线，在“边框”命令的下拉列表中选择“上框线”，如图 2.75 所示。

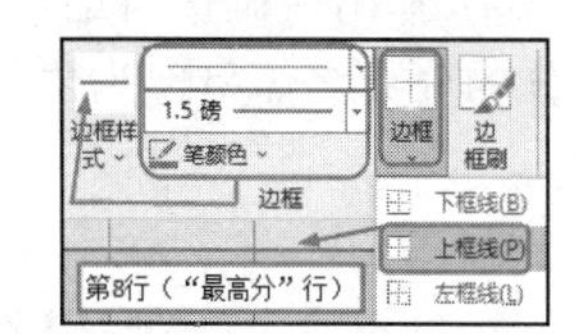

图 2.75　在“边框”选项组中设置上框线

⑤ 选中表格最后两行的数值区域（不包括“最高分”“最低分”两个单元格），在“边框和底纹”对话框中单击“底纹”选项卡，在“填充”区域的下拉列表中选择“橙色”，在“应用于”下拉列表中选择“单元格”，点击“确定”按钮。

或者选中表格最后两行的数值区域后，单击“表格工具/表设计”选项卡→“表格样式”选项组→“底纹”下面的小箭头，从弹出的窗口中选择橙色，如图 2.76 所示。

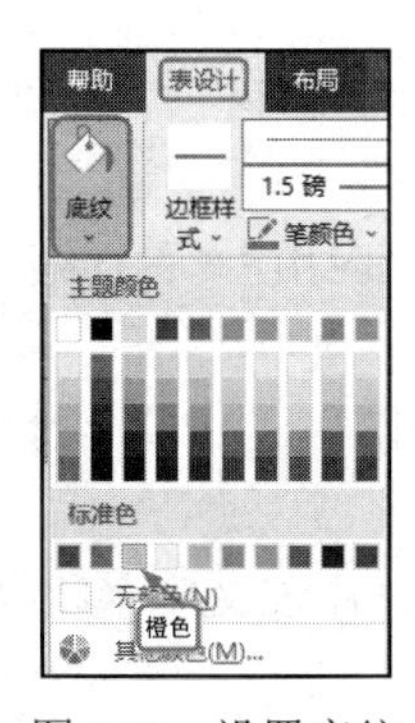

图 2.76　设置底纹

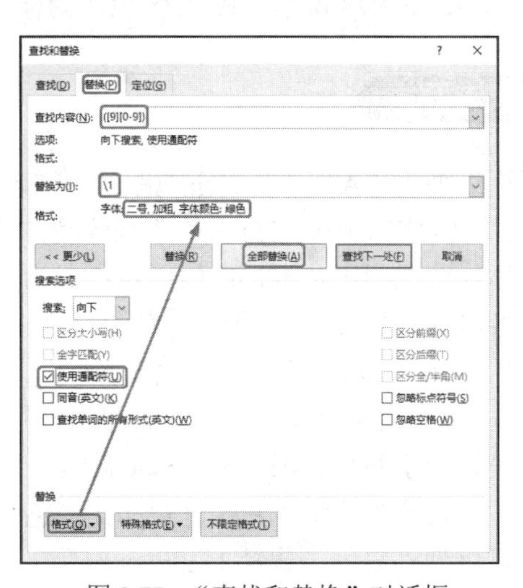

图 2.77　“查找和替换”对话框

或者选中表格最后两行的数值区域后，单击弹出的浮动工具栏中的“底纹”按钮进行设置。

（8）标记优秀分数

需要说明的是，Word 中并没有 Excel 中的条件格式功能，所以实现方法不够简单便捷。这里介绍一种利用查找替换功能实现本任务的方法。

① 选中表格中 6 个人的三门成绩，然后按【Ctrl】+【H】快捷键调出“查找和替换”对话框；当然也可单击“开始”选项卡→“编辑”选项组→“替换”按钮调出“查找和替换”对话框。对话框如图 2.77 所示。

② 在对话框中，单击“替换”选项卡，在“查找内容”文本框中输入“([9][0-9])”，在“替换为”文本框中输入“\1”。注意这里必须是半角符号。

③ 单击对话框左下角的“更多”按钮，在“搜索选项”中选中“使用通配符”复选框；将光标单击定位到“替换为”输入框中，单击“替换”区中的“格式”按钮，在弹出的命令列表中单击“字体”命令，弹出“替换字体”对话框，选择“字体”选项卡；在其中的“字体颜色”下拉列表中选择“绿色”，在“字形”列表中选择“加粗”，在“字号”列表中选择“二号”，单击“确定”按钮返回到“查找和替换”对话框；可见“替换为”的字体格式为“二号，加粗，字体颜色：绿色”，点击“全部替换”。

④ 弹出待确认对话框，单击“否”按钮，完成操作。可见表格中 4 个人的三门成绩中 90 多分的分数字体呈现为二号、加粗、绿色。

实训 2.4　Word 文档操作之综合实训

任务一

打开素材文件“实训 2.4 任务 1 素材.docx”，完成如下要求。最终结果保存为“实训 2.4 任务 1 结果.docx”，如图 2.78 所示（图 2.78 也作为样张图片）。

实训内容与要求

（1）设置页面纸型为“A4”，上、下边距各 2 厘米。

（2）标题段[“电动汽车……（FCEV）”]设置为二号黑体、加粗、字符间距加宽 3 磅，居中，并为标题段添加蓝色阴影边框，底纹图案样式为 15%。

（3）将正文各段（“电动汽车是指以车载……推进产业化应用”）首行缩进 2 字符，段后间距 0.2 行，1.35 倍行距，对齐方式为两端对齐。

（4）将正文（“电动汽车是指以车载……推进产业化应用”）的中文字体设置为小四号、宋体，西文字体设置为小四号、Arial Unicode MS。

（5）将页面颜色设置为“绿色，个性色 6，淡色 60%”，添加文字水印“新能源汽车”，并设置水印文字颜色为“白色，背景 1”。

（6）将文中所有的“电动汽车”加着重号。

电动汽车

电动汽车

电动汽车是指以车载电源为动力，用电机驱动车轮行驶，符合道路交通、安全法规各项要求的车辆。由于对环境影响相对传统汽车较小，其前景被广泛看好。电动汽车可分为：纯电动汽车(BEV)、混合动力汽车(HEV)、燃料电池汽车(FCEV)。

纯电动汽车由电动机驱动的汽车。电动机的驱动电能来源于车载可充电蓄电池或其他能量储存装置。大部分车辆直接采用电机驱动，有一部分车辆把电动机装在发动机舱内，也有一部分直接以车轮作为四台电动机的转子，其难点在于电力储存技术。由于电力可以从多种一次能源获得，如煤、核能、水力、风力、光、热等，解除人们对石油资源日见枯竭的担心。电动汽车还可以充分利用晚间用电低谷时富余的电力充电，使发电设备日夜都能充分利用，大大提高其经济效益。正是这些优点，使电动汽车的研究和应用成为汽车工业的一个“热点”。有专家认为，对于电动车而言，目前最大的障碍就是基础设施建设以及价格影响了产业化的进程，与混合动力相比，电动车更需要基础设施的配套，而这不是一家企业能解决的，需要各企业联合起来与当地政府部门一起建设，才会有大规模推广的机会。

- 混合动力汽车指能够从可消耗的燃料或可再充电能/能量储存装置中获得动力的汽车。
- 通常采用传统燃料的，同时配以电动机/发动机来改善低速动力输出和燃油消耗。
- 国内市场混合动力车辆的主流都是汽油混合动力，而国际市场上柴油混合动力车型发展也很快。

燃料电池汽车是以燃料电池作为动力电源的汽车。燃料电池的化学反应过程不会产生有害产物，因此燃料电池车辆是无污染汽车，燃料电池的能量转换效率比内燃机要高两倍以上，因此从能源的利用和环境保护方面，燃料电池汽车是一种理想的车辆。单个的燃料电池必须结合成燃料电池组，以便获得必需的动力，满足车辆使用的要求。近几年来，燃料电池技术已经取得了重大的进展。目前，燃料电池轿车的样车正在进行试验，以燃料电池为动力的运输大客车在北美的几个城市中正在进行示范项目。在开发燃料电池汽车中仍然存在着技术性挑战，如燃料电池组的一体化，提高商业化电动汽车燃料处理器和辅助部汽车制造厂都在朝着集成部件和减少部件成本的方向努力，并已取得了显著的进步。

电动汽车无内燃机汽车工作时产生的废气，不产生排气污染，对环境保护和空气的洁净是十分有益的，几乎是“零污染”。众所周知，内燃机汽车废气中的 CO、HC 及 NOX、微粒、臭气等污染物形成酸雨酸雾及光化学烟雾。电动汽车无内燃机产生的噪声，电动机的噪声也较内燃机小。噪声对人的听觉、神经、心血管、消化、内分泌、免疫系统也是有危害的。

在城市中，传统汽车走走停停，行驶速度不高，电动汽车更加适宜。电动汽车停止时不消耗电量，在制动过程中，电动机可自动转化为发电机，实现制动减速时能量的再利用。有些研究表明，同样的原油经过粗炼，送至电厂发电，经充入电池，再由电池驱动汽车，其能量利用效率比经过精炼变为汽油，再经汽油机驱动汽车高，因此有利于节约能源和减少二氧化碳的排量。

电动汽车结构简单维修方便。电动汽车较内燃机汽车结构简单，运转、传动部件少，维修保养工作量小。当采用交流感应电动机时，电机无需保养维护，更重要的是电动汽车易操纵。

目前电动汽车尚不如内燃机汽车技术完善，尤其是动力电源（电池）的寿命短，使用成本高。电池的储能量小，一次充电后行驶里程不理想，电动车的价格较贵。但从发展的角度看，随着科技的进步，投入相应的人力物力，电动汽车的问题会逐步得到解决。扬长避短，电动汽车会逐渐普及，其价格和使用成本必然会降低。

电动汽车的行业发展。从国外发展情况来看，国外主要发达国家的充电设施建设还处于起步阶段，不过政府支持力度非常大。尽管充电基础设施建设在国内外普遍得到高度重视，但是目前世界各国都面临着相关技术标准与运营模式不明确等一系列问题，我国亟待在试点基础上加大研究和创新力度，探索一条适合我国国情的充电基础设施发展道路。

经过十年一剑的历程，我国的电动汽车已经开始从研究开发的阶段进入了产业化的阶段。我国已经是世界汽车产业大国，但“大而不强”，我国未来的汽车工业必须探求新的思路。电动汽车产业有望为我国汽车工业开拓新的增长点。未来 10 年我国将重点发展插电式混合动力汽车、纯电动汽车和燃料电池汽车技术，开展插电式混合动力汽车、纯电动汽车研发及大规模商业化示范工程，推进产业化应用。

电动汽车参数[1]

电动汽车品牌及车型	续航里程（KM）	百公里耗电(Kwh)
比亚迪 E6	316	21.40
荣威 E50	190	18.00
一汽奔腾奔腾 B50	300	16.00
奇瑞 QQ3	120	15.00
众泰 5008	200	13.00
北汽 C30	200	12.10
荣威 E1	36	12.00

图 2.78　“实训 2.4 任务 1 结果.docx”文档最终效果图

（7）正文第 1 段文字[“电动汽车是指以……燃料电池汽车（FCEV）”]应用样式“要点”。

（8）将正文第 2 段（“纯电动汽车由……才会有大规模推广的机会”）分为等宽两栏，栏间距为 0.5 厘米，栏间加分隔线。将“纯”首字下沉 2 行。

（9）将正文第 3 段（“混合动力汽车指……柴油混合动力车型发展也很快”）按句号分成三段，并给这三段添加如样张所示的项目符号（符号的颜色自定义为 R 100，G 100，B 100）。

（10）插入页眉，内容为“电动汽车”，居中；在页面底端插入“普通数字型 2”页码，起始页码为“-3-”。如样张所示。

（11）参照样张在第 3 段右侧插入试题文件夹下的图片“实训 2.4 任务 1-car.jpg”，设置图片的高度和宽度均为 4 厘米，四周型环绕。

（12）参照图 2.78 在正文最后一段的左侧插入形状“星形：八角”，添加文字“电动汽车的发展”，字号为五号字，设置形状的格式为绿色填充、四周型环绕方式。

（13）将文中最后 8 行文本（从“电动汽车品牌及车型”到“13.00”）转换为一个 8 行 3 列的表格。设置行高 1 厘米，列宽 4 厘米。设置单元格左右边距为 0.17 厘米。

（14）将表格居中，文字水平居中；设置外框线为 1.5 磅蓝色双实线，内框为 0.75 磅蓝色单实线；为表格第一行加金色、个性色 4、淡色 60%的底纹。

（15）按“百公里耗电（kW • h）”降序对表格进行排序，设置标题行为重复标题行。为表格标题“电动汽车参数”添加脚注，脚注内容为“电动汽车新能源”。

实训步骤

在给定的文件夹下，双击打开素材文件“实训 2.4 任务 1 素材.docx”，进行如下操作。

（1）单击“布局”选项卡→“页面设置”选项组→“对话框启动器”按钮→“页面设置”对话框→“纸张”选项卡中“纸张大小”→“A4”→“页边距”选项卡中“页边距”组内“上”和“下”中输入“2 厘米”。

（2）① 选中标题段[“电动汽车……（FCEV）”]→“开始”选项卡→“字体”选项组→“字体”→“黑体”→“字号”→“二号”→“加粗”；

②“字体”选项组“对话框启动器”按钮→“字体”对话框→“高级”选项卡→“字符间距”组内的“间距”→“加宽”→“磅值”输入“3 磅”；

③“段落”选项组→“居中”→“边框”右边下三角按钮→“边框和底纹”→弹出对话框中选择“边框”选项卡→“颜色”→“蓝色”→“设置”组内“阴影”→“应用于”→“段落”→“底纹”选项卡→“图案”组“样式”→“15%”→“应用于”→“段落”→“确定”。

（3）选中正文各段（“电动汽车是指以车载……推进产业化应用”）→“段落”选项组→“对话框启动器”按钮→“段落”对话框中选择“缩进和间距”选项卡→“常规”组“对齐方式”→“两端对齐”→“缩进”组“特殊”下拉列表中选择“首行”→“缩进值”输入“2 字符”→“间距”组“段后”输入“0.2 行”→“行距”下拉列表中选择“多倍行距”→“设置值”输入“1.35”。

（4）选中正文各段（“电动汽车是指以车载……推进产业化应用”）→“开始”选项卡→“字体”选项组→“对话框启动器”按钮→弹出“字体”对话框中选择“字体”选项卡→“中文字体”下拉列表中选择“宋体”→“字号”→“小四”→“西文字体”中输入（选择）“Arial Unicode MS”→“确定”。

（5）单击“设计”选项卡→“页面背景”选项组→“页面颜色”→“主题颜色”中选择

“绿色，个性色 6，淡色 60%”→“水印”→“自定义水印”→弹出“水印”对话框→“文字水印”→“文字”框输入“新能源汽车”→“颜色”→“白色，背景 1”，如图 2.79 所示。

（6）单击鼠标定位光标到文档开始处，即标题开始前，单击“开始”选项卡→“编辑”选项组→“替换”，或直接按【Ctrl】+【H】快捷键，在弹出的“查找和替换”对话框“替换”选项卡中，在“查找内容”文本框中输入“电动汽车”，在“替换为”文本框中也输入相同内容，单击“更多”→“格式”→下拉命令列表中“字体”→在弹出的“替换字体”对话框中“所有文字”组“着重号”下拉列表中选择“点▪”→“确定”→返回“查找和替换”对话框“替换”选项卡，如图 2.80 所示，可见“替换为”下方的“格式”处显示出“点”→“全部替换”→在弹出的确认对话框中选择“确定”。

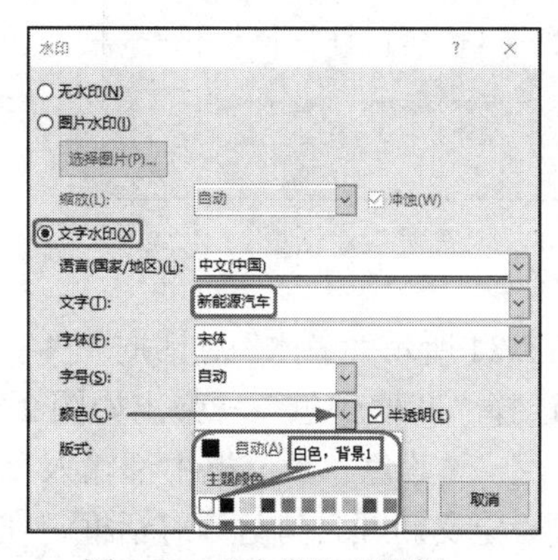

图 2.79　“水印”对话框

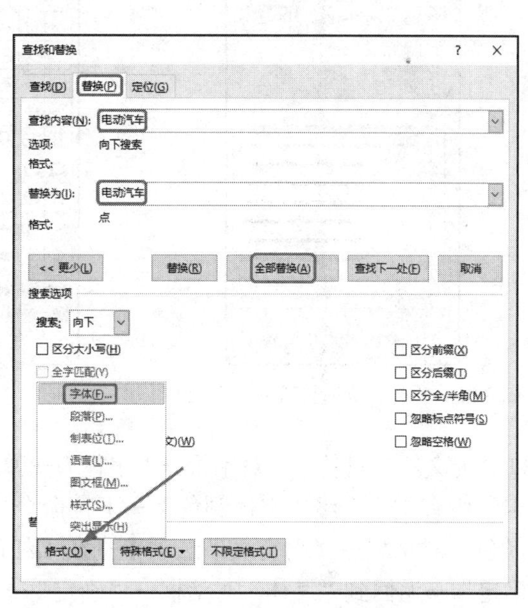

图 2.80　“查找和替换”对话框

（7）选中正文第 1 段文字[“电动汽车是指以……燃料电池汽车（FCEV）”]，单击“开始”选项卡→“样式”选项组→“样式列表”中的“要点”。

（8）① 选中正文第 2 段（“纯电动汽车由……才会有大规模推广的机会”），单击“布局”选项卡→“页面设置”选项组→“栏”→“更多栏”→如图 2.81 所示，选择“两栏”（或在“栏数”框输入“2”）→选中“分隔线”→选中“栏宽相等”→栏“间距”框输入“0.5 厘米”→“应用于”选择“所选文字”→“确定”。

② 单击第 2 段任意处→“插入”选项卡→“文本”选项组→“首字下沉”→“首字下沉选项”→“首字下沉”对话框“位置”组选择“下沉”→“选项”组“下沉行数”框中输入“2”→“确定”。

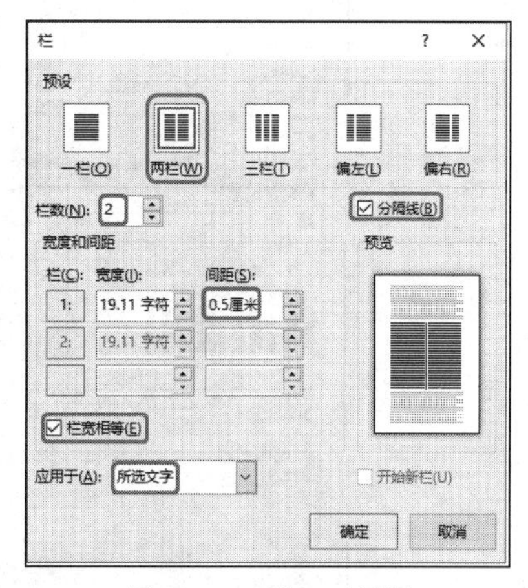

图 2.81　“栏”对话框

（9）① 在正文第 3 段（“混合动力汽车指……柴油混合动力车型发展也很快”）中，用鼠标在句号后单击，然

后按【Enter】键，本段就分成了三段；如果句号很多，可以用"替换"功能实现分段，就是把句号替换为句号加硬回车符号，可参见后面"任务二"中的"【实训内容与要求】（10）"。

② 选中刚分出来的三段文字，单击"开始"选项卡→"段落"选项组→"项目符号"右侧的下三角按钮→下拉命令列表中选择"定义新项目符号"→弹出如图 2.82 所示同名对话框。

③"定义新项目符号"对话框→"项目符号字符"组中的"符号"→弹出如图 2.83 所示的"符号"对话框→选择所需符号→"确定"→返回到如图 2.82 所示"定义新项目符号"对话框。

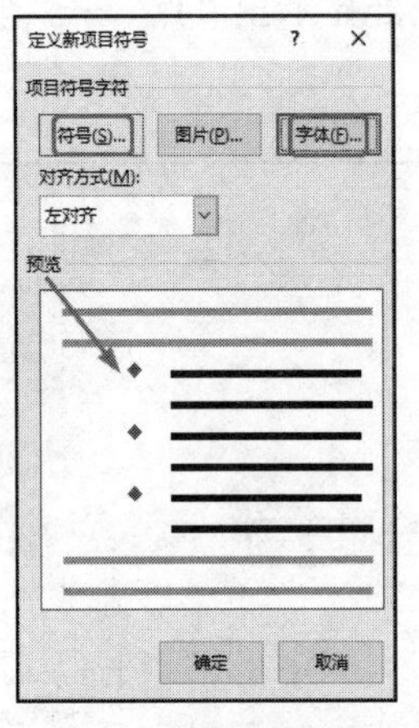

图 2.82 "定义新项目符号"对话框

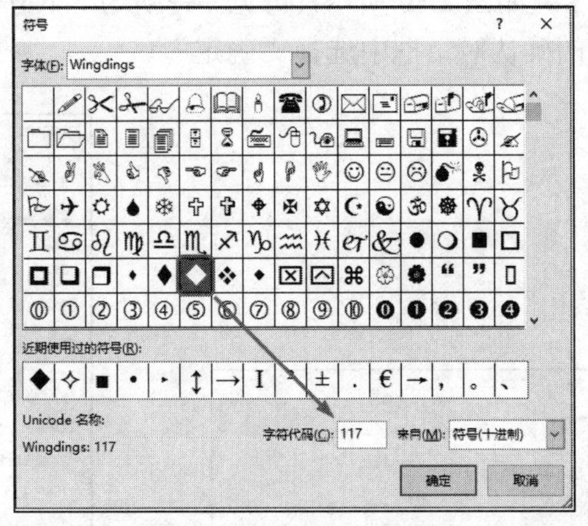

图 2.83 "符号"对话框

④"定义新项目符号"对话框→"字体"→弹出如图 2.84 所示"字体"对话框→"字体"选项卡"所有文字"组"字体颜色"→下拉命令列表中选择"其他颜色"→弹出如图 2.85 所示"颜色"对话框→"自定义"选项卡→在"红色""绿色""蓝色"数值框中都输入"100"→"确定"→返回到"字体"对话框→"确定"→返回到"定义新项目符号"对话框→在"预览"区域中确认所定义的新项目符号符合要求→"确定"。

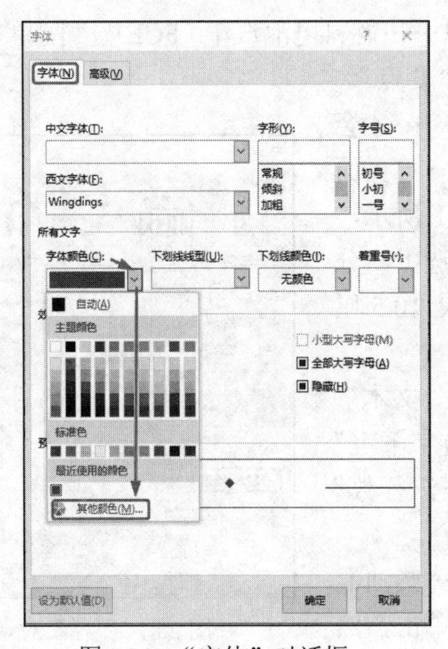

图 2.84 "字体"对话框

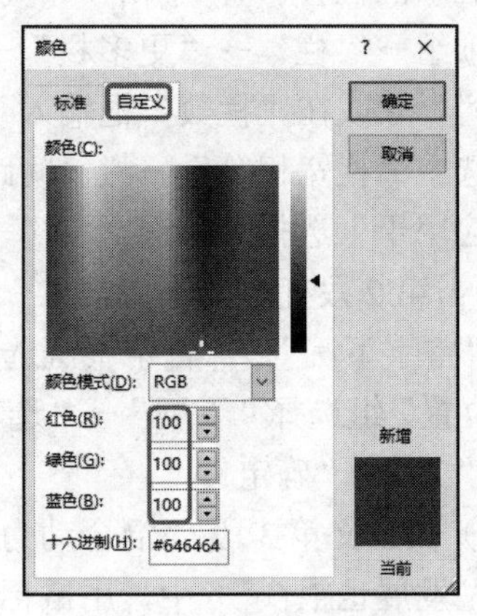

图 2.85 "颜色"对话框

（10）① 单击“插入”选项卡→“页眉和页脚”选项组→“页眉”→“编辑页眉”→输入“电动汽车”，如果没居中，则使用“开始”选项卡→“段落”选项组→“居中”命令。

② 单击“页眉和页脚工具”选项卡→“导航”选项组→“转至页脚”→“页眉和页脚”选项组内的“页码”→“页面底端”→“普通数字 2”。

③ 单击“页眉和页脚工具”选项卡→“页眉和页脚”选项组内的“页码”→“设置页码格式”→“页码格式”对话框→“编号格式”下拉列表中选择“-1-，-2-，-3-，…”→“页码编号”中“起始页码”用微调杆调整为“-3-”→“确定”→“关闭”选项组“关闭页眉和页脚”命令。

更便捷的操作方法是：双击文档中页眉或页脚位置编辑添加页眉或页脚，页眉页脚位置在文档中的上、下页边距区域内；按【Esc】键或双击文档页面区域内任意点退出页眉页脚编辑状态。

（11）① 参照样张将光标适当定位→“插入”选项卡→“插图”选项组→“图片”→“此设备”→定位图片文件→插入文档中→选中图片→单击鼠标右键→在弹出的快捷菜单中选择“大小和位置”→“布局”对话框“大小”选项卡→取消“锁定纵横比”复选框→“高度”“宽度”均输入“4 厘米”→“确定”。

② 选中图片→单击图片右上角的“布局选项”按钮→弹出同名对话框→“文字环绕”组内选择“四周型”。

③ 参照样张将图片拖动到适当位置。

（12）① 将光标定位在正文最后一段的最左侧→“插入”选项卡→“插图”组→“形状”→“星与旗帜”组内的“星形：八角”→光标变成黑色十字形状→在文档中按住鼠标左键沿对角线方向拖动画出该形状；

② 选中形状→输入文字“电动汽车的发展”→选中文字→设置字号为五号；

③ 选中形状的轮廓→单击右键→弹出浮动工具栏和快捷菜单两个独立窗口→浮动工具栏中的“填充”→下拉列表中“标准色”组选择“绿色”；

④ 选中形状→单击右上角的“布局选项”按钮→弹出同名对话框→“文字环绕”组内选择“四周型”，参照样张调整形状的大小及位置。

（13）① 选中文中最后 8 行文本（从“电动汽车品牌及车型”到“13.00”）→“插入”选项卡→“表格”组中“表格”→“文本转换成表格”→弹出窗口中“确定”；

② 选中整个表格→“表格工具”下的“布局”选项卡→“单元格大小”选项组→“高度”和“宽度”中输入“1 厘米”和“4 厘米”；

③“对齐方式”选项组“单元格边距”→弹出“表格选项”对话框→“左”“右”数值框中均输入“0.17 厘米”，如图 2.86 所示。

（14）① 选中整个表格→“表格工具”下的“布局”选项卡→“表”选项组“属性”按钮→“表格属性”对话框→“表格”选项卡→“对齐方式”组选择“居中”→“确定”→“对齐方式”选项组→“水平居中”（该命令控制文字水平和垂直方向都居中）。

② 选中整个表格→弹出的浮动工具栏中选择“边框”右边下三角按钮→“边框和底纹”（或“表格工具”下的“设计”选项卡→“边框”选项组→“对话框启动器”按钮）→“边框和底纹”对话框“边框”选项卡→“样式”→选择“双实线”→“颜色”→“蓝色”→“宽度”→“1.5 磅”→“设置”区域先选择“方框”→再选择“自定义”→“样式”→选择“单实线”→“颜色”→“蓝色”→“宽度”→“0.75 磅”→“预览”区域点击控制水平和垂直内

框线的两个图标按钮→“应用于”→“表格”→“确定”。

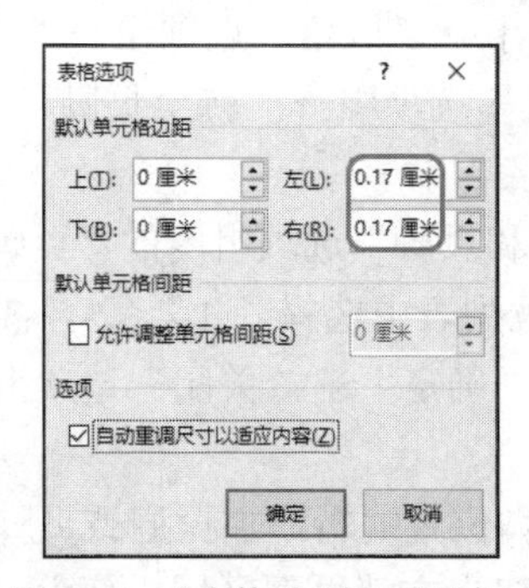

图 2.86 “表格选项”对话框

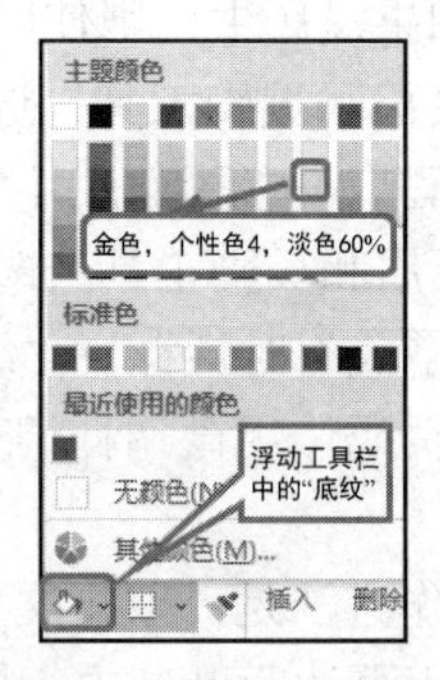

图 2.87 “底纹”对话框

③ 选中表格第一行→弹出的浮动工具栏中选择“底纹”→弹出的对话框中选择“主题颜色”中的“金色，个性色 4，淡色 60%”，如图 2.87 所示。在“开始”选项卡→“段落”选项组中也有该“底纹”按钮。还可在“边框和底纹”对话框“底纹”选项卡中进行设置。

（15）① 选中整个表格→“表格工具”下“布局”选项卡→“数据”选项组→“排序”按钮→弹出的“排序”对话框“列表”区中选择“有标题行”单选按钮→“主要关键字”下拉列表中选择“百公里耗电（kW・h）”→“类型”下拉列表中选择“数字”→右侧选择“降序”单选按钮；

② 选中整个表格或表格首行标题行→“表格工具”下“布局”选项卡→“数据”选项组→“重复标题行”，如图 2.88 所示；

③ 选中表格标题“电动汽车参数”→“引用”选项卡→“脚注”选项组→如图 2.89 所示的“插入脚注”按钮→在脚注处输入“电动汽车新能源”。

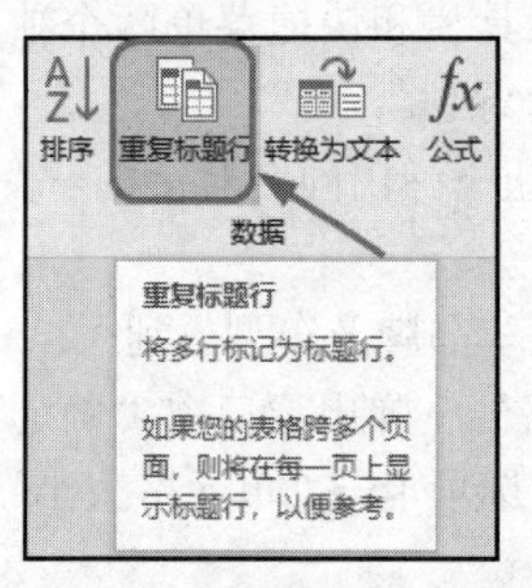

图 2.88 设置重复标题行

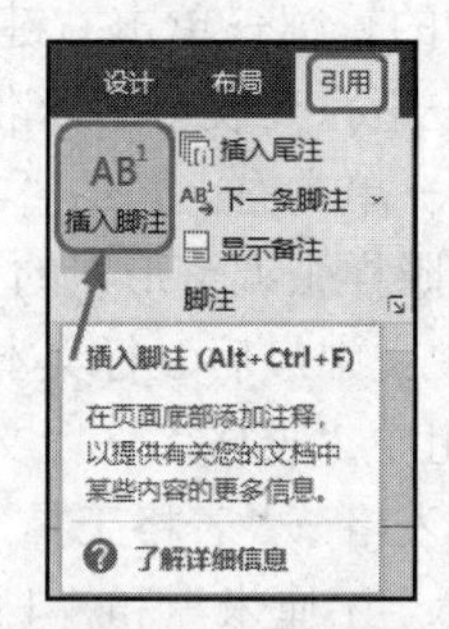

图 2.89 插入脚注

实训任务完成，按【Ctrl】+【S】快捷键保存文件，或单击“快速访问工具栏”上的“保存”按钮。之后可通过【Alt】+【F4】快捷键或 Word 窗口右上角的关闭按钮退出 Word。将结果文档重命名为“实训 2.4 任务 1 结果.docx”即可。

任务二

打开素材文件“实训 2.4 任务 2 素材.docx”，完成如下要求。最终结果保存为“实训 2.4 任务 2 结果.docx”，如图 2.90 所示（图 2.90 同时作为样张图片）。

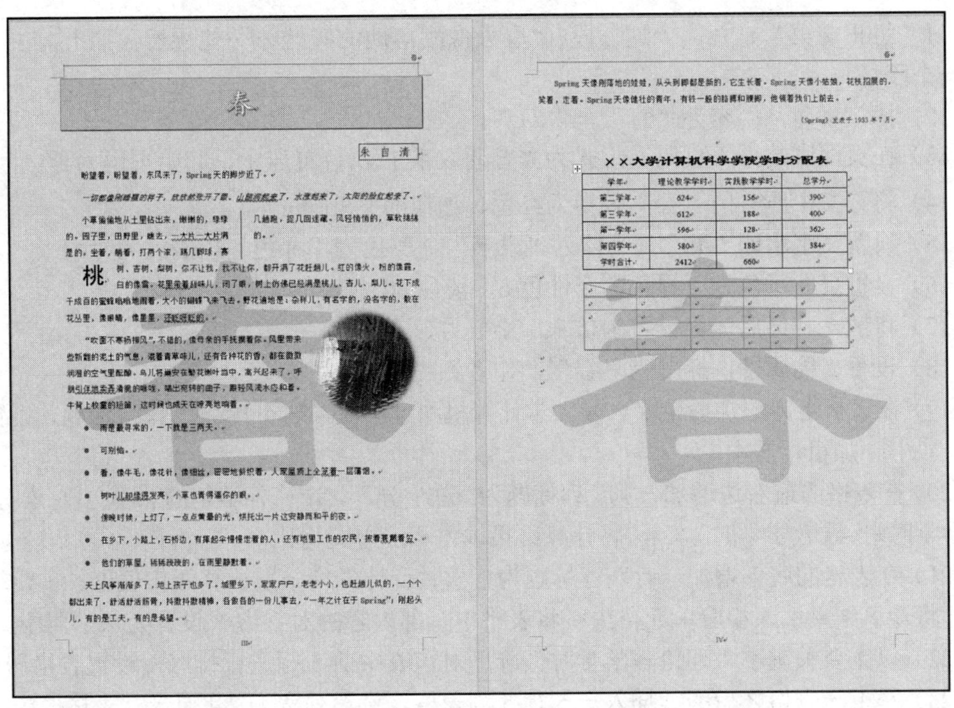

春

朱 自 清

盼望着，盼望着，东风来了，Spring 天的脚步近了。

一切都像刚睡醒的样子，欣欣然张开了眼。山朗润起来了，水涨起来了，太阳的脸红起来了。

小草偷偷地从土里钻出来，嫩嫩的，绿绿的。园子里，田野里，瞧去，一大片一大片满是的。坐着，躺着，打两个滚，踢几脚球，赛几趟跑，捉几回迷藏。风轻悄悄的，草软绵绵的。

桃树、杏树、梨树，你不让我，我不让你，都开满了花赶趟儿。红的像火，粉的像霞，白的像雪。花里带着甜味儿，闭了眼，树上仿佛已经满是桃儿、杏儿、梨儿。花下成千成百的蜜蜂嗡嗡地闹着，大小的蝴蝶飞来飞去。野花遍地是：杂样儿，有名字的，没名字的，散在花丛里，像眼睛，像星星，还眨呀眨的。

"吹面不寒杨柳风"，不错的，像母亲的手抚摸着你。风里带来些新翻的泥土的气息，混着青草味儿，还有各种花的香，都在微微润湿的空气里酝酿。鸟儿将巢安在繁花嫩叶当中，高兴起来了，呼朋引伴地卖弄清脆的喉咙，唱出宛转的曲子，跟轻风流水应和着。牛背上牧童的短笛，这时候也成天在嘹亮地响着。

- 雨是最寻常的，一下就是三两天。
- 可别恼。
- 看，像牛毛，像花针，像细丝，密密地斜织着，人家屋顶上全笼着一层薄烟。
- 树叶儿却绿得发亮，小草也青得逼你的眼。
- 傍晚时候，上灯了，一点点黄晕的光，烘托出一片这安静而和平的夜。
- 在乡下，小路上，石桥边，有撑起伞慢慢走着的人；还有地里工作的农民，披着蓑戴着笠。
- 他们的草屋，稀稀疏疏的，在雨里静默着。

天上风筝渐渐多了，地上孩子也多了。城里乡下，家家户户，老老小小，也赶趟儿似的，一个个都出来了。舒活舒活筋骨，抖擞抖擞精神，各做各的一份儿事去，"一年之计在于 Spring"；刚起头儿，有的是工夫，有的是希望。

III

Spring 天像刚落地的娃娃，从头到脚都是新的，它生长着。Spring 天像小姑娘，花枝招展的，笑着，走着。Spring 天像健壮的青年，有铁一般的胳膊和腰脚，他领着我们上前去。

（Spring）发表于 1933 年 7 月

××大学计算机科学学院学时分配表

学年	理论教学学时	实践教学学时	总学分
第二学年	624	156	390
第三学年	612	188	400
第一学年	596	128	362
第四学年	580	188	384
学时合计	2412	660	

IV

图 2.90　"实训 2.4 任务 2 结果.docx"文档最终效果图

实训内容与要求

（1）设置纸张大小为"A4"，页边距为上、下、左、右各 2.5 厘米。

（2）将标题段（"春"）设置为小初号、华文楷体、加粗、居中，文本效果为填充-白色、轮廓-着色 2（主题色 2）、清晰阴影-着色 2（主题色 2），为标题行添加绿色阴影边框，底纹图案样式 15%，段后间距设置为 0.8 行。

（3）将副标题（第二行）设置为仿宋、小三号、右对齐，添加字符边框，字符间距加宽 5 磅。

（4）将正文各段首行缩进 2 字符，段后间距 0.5 行，1.3 倍行距，对齐方式为两端对齐。

（5）将正文设置为五号、宋体。

（6）将正文第二段文字（"一切都像刚睡醒的样子……太阳的脸红起来了"）应用样式"强调"。

（7）将正文第三段（"小草偷偷地从土里钻出来……风轻悄悄的，草软绵绵的"）分为等宽两栏，栏间距为 3 字符，栏间加分隔线。

（8）将正文第四段（"桃树、杏树、梨树……像星星，还眨呀眨的"）首字下沉，下沉 2 行，字体为"黑体"，距正文 0.5 厘米。

（9）在正文第五段（"'吹面不寒杨柳风'……这时候也成天在嘹亮地响着"）中插入当前试题文件夹下图片"实训 2.4 任务 2-杨柳风.jpg"，设置图片的高度和宽度均为 5 厘米，"四周型环绕"，图片样式为"柔化边缘椭圆"，在该段落中的位置参见样张。

（10）将正文第六段（"雨是最寻常的……在雨里静默着"）按句号分成 7 段，并给这 7 段添加红色项目符号"●"。

（11）将正文第八、九、十这三段（“春天像刚落地的娃娃……他领着我们上前去”）合并成一个段。

（12）插入页眉，内容为“春”，右对齐。

（13）在页面底端插入页码，形式为“普通数字 1”，位置居中，起始页码为Ⅲ。

（14）将正文中所有的“春”替换为红色、加粗的“Spring”。

（15）设置文字水印“春”，字体为“隶书”，颜色为“绿色”，版式为“水平”。

（16）设置页面颜色为“绿色，个性色 6，淡色 80%”。

（17）将散文中最后一行设置为仿宋、小五号、右对齐。

（18）设置文档属性，标题为“春”，作者为“朱自清”。

（19）在表格上方添加段落“××大学计算机科学学院学时分配表”作为标题，设置为小二号、隶书、加粗、居中。

（20）在表格的最右边增加一列，列标题为“总学分”，计算各学年的总学分[总学分=（理论教学学时+实践教学学时）/2]，将计算结果填入相应单元格内。

（21）在表格的底部增加一行，行标题为“学时合计”，分别计算四年理论、实践教学总学时，将计算结果填入相应单元格内；将表格中全部内容的对齐方式设置为水平居中。

（22）以主要关键字“理论教学学时”降序对该表中前 5 行进行排序，设置表格居中。

（23）在上一表格之后继续插入一 5 行 5 列表格，设置列宽为 2.4 厘米，表格居中；设置外框线为绿色 1.5 磅单实线，内框为绿色 0.75 磅单实线。

（24）对表格进行如下修改：在第 1 行第 1 列单元格中添加一绿色 0.75 磅单实线对角线，将第 1 行与第 2 行之间的表内框线修改为绿色 0.75 磅双窄线；将第 1 列第 3 至 5 行单元格合并；将第 4 列第 3 至 5 行单元格平均拆分为 2 列，行数不变。

实训步骤

在给定的文件夹下，双击打开素材文件“实训 2.4 任务 2 素材.docx”，进行如下操作。

（1）单击“布局”选项卡→“页面设置”选项组→“对话框启动器”按钮→选择“页面设置”对话框的“纸张”选项卡→“纸张大小”下拉列表中选择“A4”→选择“页边距”选项卡→“页边距”组内的“上”“下”“左”“右”框中均输入“2.5 厘米”→“确定”。

（2）① 选中标题段（“春”），单击“开始”选项卡→“字体”选项组→“字体”下拉列表中选择“华文楷体”→“字号”下拉列表中选择“小初”→选中“加粗”→“段落”选项组“居中”。

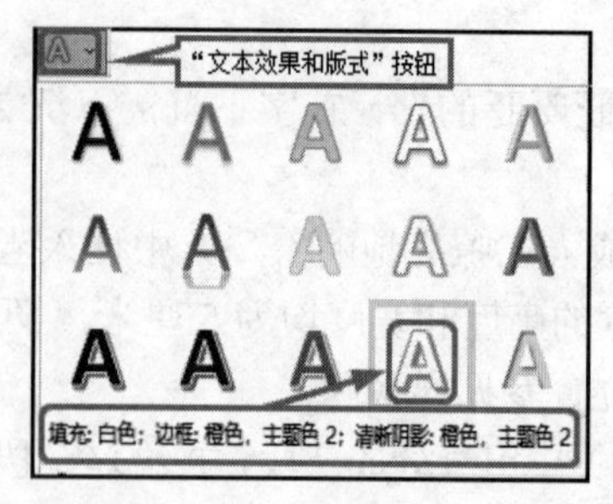

图 2.91 “文本效果和版式”列表

②“字体”选项组→“文本效果和版式”按钮→列表中选择“填充-白色；边框：橙色，主题色 2；清晰阴影：橙色，主题色 2”，如图 2.91 所示。注意所选项即为要求的效果，因某些原因导致术语不完全相符。

③ 单击“段落”选项组→“边框”右侧下三角按钮→“边框和底纹”→同名对话框“边框”选项卡→“颜色”列表框中选择“绿色”→“设置”组下选择“阴影”→单击“底纹”选项卡→“图案”组“样式”列表框中选择“15%”→“应用于”列表框选择“段落”→“确定”。

④ 单击“段落”选项组“对话框启动器”按钮→“段落”对话框“缩进和间距”选项卡的“间距”组“段后”数值框中输入“0.8 行”。

（3）① 选中副标题（第二行），单击“开始”选项卡→“字体”选项组→“字体”下拉列表中选择“仿宋”→“字号”下拉列表中选择“小三”→选中“字符边框”按钮A→“段落”选项组“右对齐”；

② 单击“字体”选项组“对话框启动器”按钮→“字体”对话框“高级”选项卡→“字符间距”组“间距”下拉列表中选择“加宽”→其后“磅值”框输入“5 磅”。

（4）选中正文各段，单击“段落”组“对话框启动器”按钮→“段落”对话框“缩进和间距”选项卡→“缩进”组“特殊”下拉列表中选择“首行”→其后“缩进值”输入“2 字符”→“间距”组“段后”数值框中输入“0.5 行”→“行距”下拉列表框中选择“多倍行距”→其后“设置值”输入“1.3”→“常规”组“对齐方式”列表框中选择“两端对齐”→“确定”，如图 2.92 所示，图中裁剪了对话框中的无关内容。

（5）选中正文各段，单击“开始”选项卡→“字体”选项组→“字体”下拉列表中选择“宋体”→“字号”下拉列表中选择“五号”。

（6）选中正文第二段文字（“一切都像刚睡醒的样子……太阳的脸红起来了”），单击“开始”选项卡→“样式”选项组→“样式库”列表中选择“强调”，如图 2.93 所示。

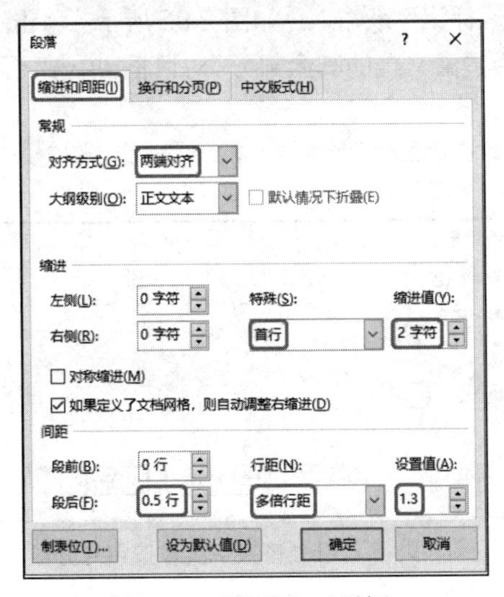

图 2.92 “段落”对话框

图 2.93 “样式库”列表

（7）选中正文第三段（“小草偷偷地从土里钻出来……风轻悄悄的，草软绵绵的”）→“布局”选项卡→“页面设置”选项组→“栏”→“更多栏”→“栏”对话框“预设”组“两栏”→选中“分隔线”复选框→“宽度和间距”组内选中“栏宽相等”复选框→“间距”中输入“3 字符”→“应用于”→“所选文字”→“确定”。

（8）单击正文第四段（“桃树、杏树、梨树……像星星，还眨呀眨的”）内任意处→“插入”选项卡→“文本”选项组“首字下沉”→“首字下沉选项”→“首字下沉”对话框“位置”组“下沉”→“选项”组中“下沉行数”→“2”→“字体”→“黑体”→“距正文”→“0.5 厘米”→“确定”。

（9）① 单击正文第五段（“‘吹面不寒杨柳风’……这时候也成天在嘹亮地响着”）最右

侧→“插入”选项卡→“插图”组→“图片”→“此设备”→定位图片文件→插入文档中→选中图片→单击鼠标右键→弹出快捷菜单中选择“大小和位置”→“布局”对话框“大小”选项卡→取消“锁定纵横比”复选框→“高度”“宽度”均输入“5 厘米”→“确定”。

② 选中图片→单击图片右上角的“布局选项”按钮→弹出同名对话框→“文字环绕”组内选择“四周型”。

③ 选中图片→“图片工具”下的“图片格式”选项卡→“图片样式”选项组→“图片样式库”列表的“其他”按钮→如图 2.94 所示，从样式列表中选择“柔化边缘椭圆”。

④ 参照样张将图片拖动到适当位置，垂直方向手动微调，水平方向可利用“图片格式”选项卡→“排列”选项组“对齐”→“右对齐（对齐边距）”。

（10）① 选中正文第六段（“雨是最寻常的……在雨里静默着”），注意不要选中最后的句号，按【Ctrl】+【H】快捷键，在“查找和替换”对话框“替换”选项卡“查找内容”中输入全角句号“。”，“替换为”中输入“。^p”。

说明

“替换为”中输入的内容是句号后面加上“段落标记”，也就是硬回车符号“^p”，可直接输入，也可通过“更多”→“特殊格式”→“段落标记”来输入，如图 2.95 所示。单击“全部替换”即可把第六段按句号分成 7 段，弹出“是否搜索文档的其余部分”对话框，单击“否”，最后关闭“查找和替换”对话框。

图 2.94 “图片样式库”列表

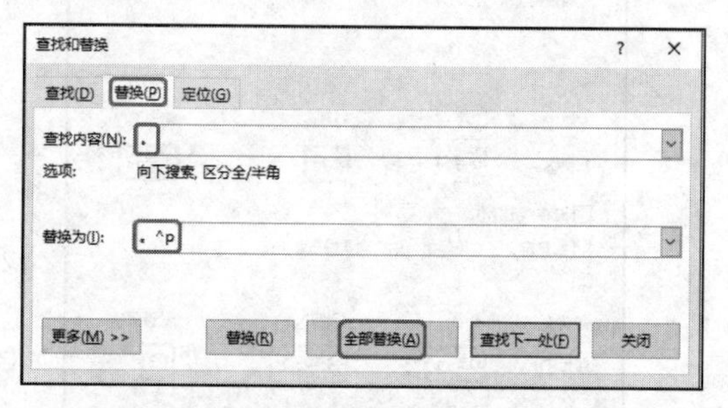

图 2.95 利用“替换”实现按句号分段

② 选中这 7 段→“开始”选项卡→“段落”选项组“项目符号”右侧的下三角按钮→“定义新项目符号”，其后的操作参见前面的“任务一【实训内容与要求】(9)”。确认这 7 段应用刚才新建的红色项目符号“●”。

（11）选中正文原第八、九段，利用“替换”功能把句号加段落标记（就是“。^p”）替换为句号（“。”）即可实现三段合并成一段，相当于上一步“(10)”中“查找内容”和“替换为”交换内容。

（12）① 单击“插入”选项卡→“页眉和页脚”选项组→“页眉”→“空白页眉”→“[在此处键入]”处输入“春”→按【Delete】键删除段落标记，确保页眉区域的横线显示位置正常。

② 输入“春”后不用改变光标位置→“开始”选项卡→“段落”选项组→“右对齐”命令或直接按【Ctrl】+【R】快捷键即可实现右对齐。

也可以将光标定位在“春”前→“页眉和页脚”选项卡“位置”选项组→“插入对齐制表位”→弹出的“对齐制表位”对话框“对齐”组选择“右对齐”，如图 2.96 所示。

（13）在页面底端插入页码“普通数字 1”，位置居中，起始页码为Ⅲ。

① 单击“页眉和页脚”选项卡→“页眉和页脚”选项组内的“页码”→“页面底端”→“普通数字 1”；

② 按【Ctrl】+【E】快捷键居中，或“开始”选项卡→“段落”选项组→“居中”；

③ 单击“页眉和页脚”选项组“页码”→“设置页码格式”→“页码格式”对话框→“编号格式”下拉列表中选择“Ⅰ，Ⅱ，Ⅲ，…”→“页码编号”中“起始页码”用微调杆调整为“Ⅲ”，如图 2.97 所示→“确定”；

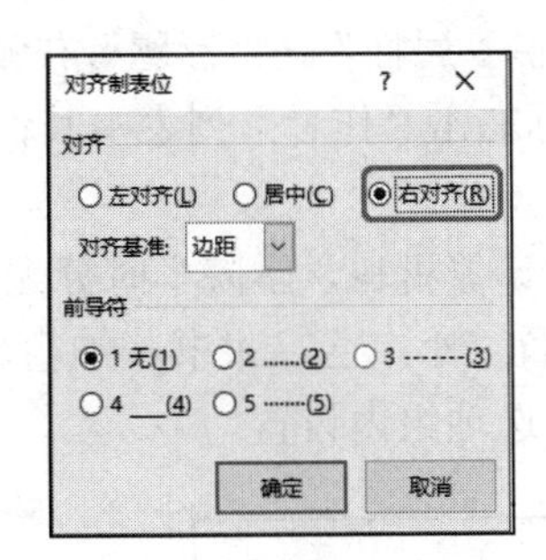

图 2.96　“对齐制表位”对话框

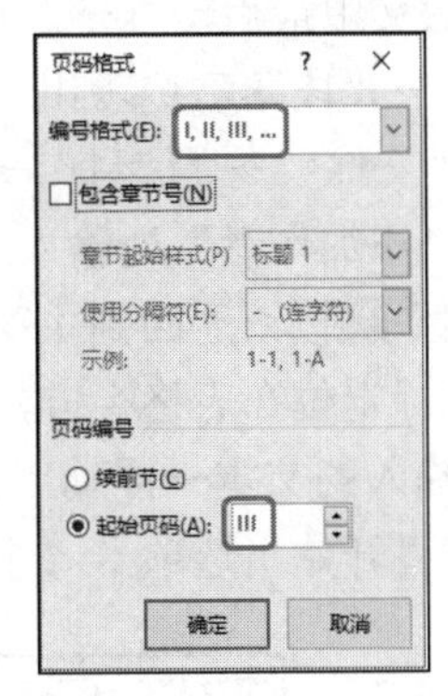

图 2.97　“页码格式”对话框

④ 单击“导航”选项组“下一条”→“页眉和页脚”选项组“页码”→“设置页码格式”→“页码格式”对话框→“编号格式”下拉列表中选择“Ⅰ，Ⅱ，Ⅲ，…”→“页码编号”中选择“续前节”单选按钮→“确定”→“关闭”选项组“关闭页眉和页脚”命令。

（14）① 选中正文→【Ctrl】+【H】快捷键→如图 2.98 所示的“查找和替换”对话框“替换”选项卡→“查找内容”中输入“春”→“替换为”中输入“Spring”→“更多”；

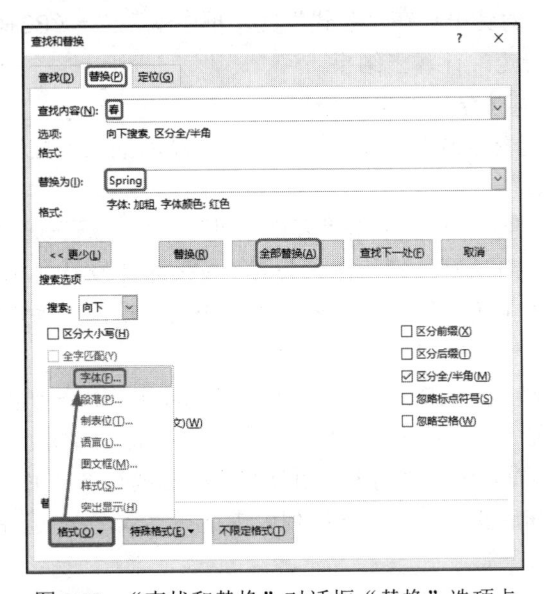

图 2.98　“查找和替换”对话框“替换”选项卡

② 如图 2.98 所示→“格式”→“字体”→“替换字体”对话框中“字体”选项组→“字体颜色”下拉列表选择“红色”→“字形”下拉列表中选择“加粗”→“确定”；

③ 返回到如图 2.98 所示的“查找和替换”对话框“替换”选项卡→“全部替换”→在“是否搜索文档的其余部分”确认框中选择“否”→“关闭”对话框。

（15）单击“设计”选项卡→“页面背景”选项组“水印”→“自定义水印”→“水印”对话框中选择“文字水印”单选按钮→“文字”框输入“春”→“字体”列表框中选择“隶书”→“颜色”列表框中选择“绿色”→“版式”中选择“水平”单选按钮→“确定”。

（16）单击“设计”选项卡→“页面背景”选项组→“页面颜色”下拉列表中选择“绿色，个性色 6，淡色 80%”。

（17）选中散文中最后一行→“开始”选项卡“字体”选项组→“字体”→“仿宋”→“字号”→“小五”→“段落”选项组“右对齐”。

（18）单击“文件”→“信息”→“信息”窗口右侧“属性”→“标题”右侧输入“春”→“相关人员”中“添加作者”处输入“朱自清”→鼠标右击“作者”列表中其他作者→“删除人员”→“返回”按钮返回到主窗口。

（19）① 光标定位在表格上方，输入“××大学计算机科学学院学时分配表”；

② 选中刚输入的文本→浮动工具栏中按要求设置“小二号、隶书、加粗、居中”，如图 2.99 所示，或在“开始”选项卡“字体”和“段落”选项组内设置。

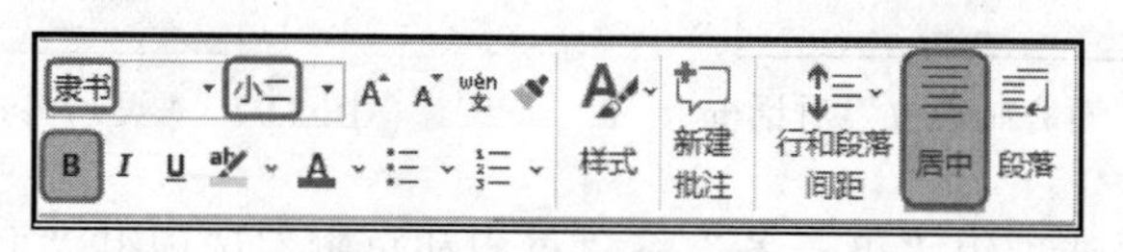

图 2.99　浮动工具栏

（20）① 鼠标移动到表格最右列线顶端，单击出现的插入列按钮，在新增列的列标题单元格中输入“总学分”。

② 定位光标到该列的下一行，单击“表格工具”下“布局”选项卡“数据”选项组“公式”按钮，弹出“公式”对话框；在“公式”文本框中输入“=（B2+C2）/2”，注意输入的应该为半角字符，单击“确定”计算出结果。

③ 用同样方法求出其余学年的总学分。

（21）① 鼠标移动到表格最下行线左端，单击出现的插入行按钮，在新增行的行标题单元格中输入“学时合计”。

② 定位光标到该行的下一列，单击“表格工具”下“布局”选项卡“数据”选项组“公式”按钮，弹出“公式”对话框；确认在“公式”文本框中默认显示“=SUM（ABOVE）”，否则照此修改，注意输入半角字符且不区分字母大小写，单击“确定”计算出结果。

③ 用同样方法求出下一列结果。

④ 选中整个表格，单击“表格工具”下“布局”选项卡“对齐方式”选项组“水平居中”。

（22）① 选中该表前 5 行，单击“表格工具”下“布局”选项卡“数据”选项组“排序”按钮，弹出“排序”对话框，确认“列表”组选择“有标题行”，“主要关键字”下拉列表中选择“理论教学学时”，其后的“类型”下拉列表中选择“数字”，选择“降序”单选框，单击“确定”按钮；

② 在表格中任意处单击鼠标右键，在弹出的快捷菜单中选择“表格属性”命令，弹出同名对话框，默认打开“表格”选项卡，在“对齐方式”组选择“居中”，在“文字环绕”组选择“无”。

（23）① 光标定位在上一表格之后（间隔一个段落符号以免自动连接在上个表格后）→“插入”选项卡→“表格”选项组内“表格”按钮→“插入表格”→在同名对话框“表格尺寸”组“列数”“行数”中均输入“5”→“自动调整操作”组“固定列宽”中输入“2.4 厘米”→“确定”。

② 表格中任意处单击鼠标右键→弹出的快捷菜单中选择“表格属性”→弹出同名对话框，默认打开“表格”选项卡→“对齐方式”组选择“居中”→在“文字环绕”组选择“无”。

③ 选中整个表格→弹出的浮动工具栏中选择“边框”右边下三角按钮→“边框和底纹”（或“表格工具”下的“表设计”选项卡→“边框”选项组→“对话框启动器”按钮）→“边框和底纹”对话框“边框”选项卡→“样式”→选择“单实线”→“颜色”→“绿色”→“宽度”→“1.5 磅”→“位置”区域先选择“方框”→再选择“自定义”→“样式”→选择“单实线”→“颜色”→“绿色”→“宽度”→“0.75 磅”→“预览”区域点击控制水平和垂直内框线的两个图标按钮→“应用于”→“表格”→“确定”。

（24）① 单击鼠标定位在第 1 行第 1 列单元格中，单击“表格工具”下的“表设计”选项卡，在“边框”选项组中，确保“笔颜色”“笔划粗细”“笔样式”是目前的绿色 0.75 磅单实线设置，单击“边框”下方的下三角按钮，在下拉列表中选择“斜下框线”。

② 选中第 1 行，在“边框”选项组“笔样式”列表中选中“双窄线”，保持“笔划粗细”“笔颜色”是目前的 0.75 磅绿色不变，单击“边框”下方的下三角按钮，在下拉列表中选择“下框线”。

③ 选中第 1 列第 3 至 5 行单元格，在弹出的浮动工具栏中选择“合并单元格”。因为浮动工具栏中包含的命令列表是智能化的，有时可能没有此命令，此时可单击“表格工具”下的“布局”选项卡，单击“合并”选项组“合并单元格”按钮。

④ 选中第 4 列第 3 至 5 行单元格，单击“表格工具”下的“布局”选项卡，单击“合并”选项组“拆分单元格”按钮，弹出如图 2.100 所示的“拆分单元格”对话框，在“列数”中输入“2”，行数保持不变，单击“确定”按钮完成任务。

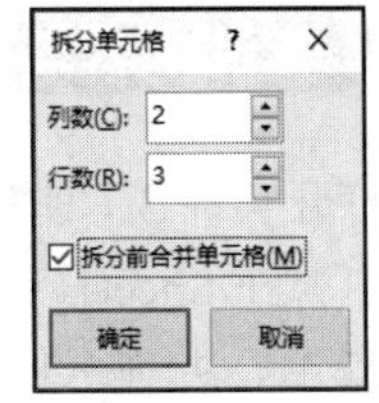

图 2.100 “拆分单元格”对话框

实训任务完成，按【Ctrl】+【S】快捷键保存文件，或单击“快速访问工具栏”上的“保存”按钮。之后可通过【Alt】+【F4】快捷键或 Word 窗口右上角的关闭按钮退出 Word。将结果文档重命名为“实训 2.4 任务 2 结果.docx”即可。

实训 3

Excel 电子表格制作

实训目的

（1）掌握 Excel 文件的建立、保存与打开。
（2）掌握工作表的选择、添加、删除、重命名、复制与移动。
（3）掌握单元格的输入、编辑、删除、修改、插入、复制与移动。
（4）掌握工作表的修饰、公式与函数的应用。
（5）掌握文本的版面格式设计。
（6）掌握工作表的高级应用。

实训 3.1　Excel 2016 基本操作

任务一

实训内容与要求

打开实训 3.1 任务一素材文档，在文档中完成如下操作。

（1）在 Sheet1 工作表的第一行前插入一空行，输入标题“水果销售表”，设置字体为等线、22 号，并在 A1:G1 区域合并后居中；

（2）在 Sheet1 工作表的“0104001”前插入一行记录，内容为 0103800、焦柑、YB-22、江西、2.85、5332；

（3）将 Sheet1 工作表内容复制到 Sheet2 工作表中，自 A1 单元格开始存放，并将 Sheet2 工作表重命名为“水果销售表”；

（4）在“水果销售表”工作表的 G2 单元格输入“销售额”，用公式计算各货物的“销售额”（销售额=单价×销售量），结果保留两位小数；

（5）在“水果销售表”工作表中，设置 A1:G14 区域外边框为最粗实线，内边框为最细单线，A1 单元格的下框线为双线，A2:G14 区域数据水平居中显示；

（6）在“水果销售表”工作表中自动筛选出产地除“海南”以外的数据，并将A2:G2单元格字体设为黑体、蓝色，红色底纹；

（7）在A15单元格输入“合计”，在A15:E15范围内合并后居中，利用SUM函数在F15、G15单元格分别计算“销售量”合计和“销售额”合计（区域范围分别为F3:F13，G3:G13）；

（8）在H2单元格输入“比例”，在H3:H13区域使用公式求出各货物“销售额”占总销售额的比例（要求使用绝对地址计算），数据格式为百分比，保留两位小数。

实训步骤

（1）单击Sheet1工作表的A1单元格，在“开始”选项卡“单元格”命令组“插入”按钮的下拉列表中选择“插入工作表行”命令，此时在第一行前插入了一个空行。在A1单元格输入标题“水果销售表”；选中A1:G1单元格区域，在“开始”选项卡“对齐方式”命令组中单击“合并后居中”按钮；双击A1单元格，选中标题“水果销售表”，在“开始”选项卡“字体”命令组“字体”下拉列表中选择字体为“等线”，在“字号”下拉列表中选择字号为“22”。

也可以单击“开始”选项卡下“字体”命令组或“对齐方式”命令组或“数字”命令组的“对话框启动器”按钮，打开“设置单元格格式”对话框，在“字体”标签下设置字体和字号，如图3.1所示。

图3.1 “设置单元格格式”对话框

（2）单击Sheet1工作表的A13单元格，在“开始”选项卡“单元格”命令组“插入”按钮的下拉列表中选择“插入工作表行”命令，此时在第13行前插入了一个空行；按照题目要求在空行内输入指定内容。注意，A13单元格输入内容应为“’0103800”。

（3）选中Sheet1工作表的A1:G14单元格区域，在“开始”选项卡“剪贴板”命令组中单击“复制”按钮，单击Sheet2工作表标签，此时A1为活动单元格，在“开始”选项卡“剪贴板”命令组中单击“粘贴”按钮，完成数据复制；在Sheet2工作表标签上单击鼠标右键，

在快捷菜单中单击“重命名”命令，此时 Sheet2 工作表标签处于可编辑状态，输入新的工作表名称“水果销售表”，如图 3.2 所示。

水果销售表

编号	货物名称	规格	产地	单价	销售量
0103791	砀山梨	DB-2	山东	4.45	4123
0103792	砀山梨	DB-3	山东	4.3	5369
0103793	鸭梨	DB-1A	山东	4.56	2511
0103794	莱阳梨	GB-2A	辽宁	3.98	2720
0103796	雪梨	GB-3D0	山东	4.65	1360
0103795	莱阳梨	GB-1A2	吉林	3.8	2105
0103797	雪梨	GB-1D2	天津	4.25	2565
0103798	芦柑	PB-3.0	江西	3.9	4630
0103799	芦柑	PB-2.2	江苏	3.65	4563
0104002	香蕉	XX-31	广西	2	5000
0103800	焦柑	YB-22	江西	2.85	5332
0104001	香蕉	XJ-33	海南	1.25	5500

图 3.2 重命名后的 Sheet2 工作表

（4）选中“水果销售表”工作表的 G2 单元格，输入“销售额”；双击 G3 单元格，输入公式“=E3*F3”，回车确认；鼠标移到 G3 单元格的右下角，当鼠标形状变成黑色十字状（填充柄）时，按住鼠标左键向下拖动到 G14 单元格释放鼠标；结果如图 3.3 所示。

单击“数字”选项卡“对话框启动器”按钮，打开“设置单元格格式”对话框，在“数字”选项卡“分类”列表中选择“数值”，此时可以看到“小数位数”列表中的值为“2”，如图 3.4 所示。

水果销售表

编号	货物名称	规格	产地	单价	销售量	销售额
0103791	砀山梨	DB-2	山东	4.45	4123	18347.35
0103792	砀山梨	DB-3	山东	4.3	5369	23086.7
0103793	鸭梨	DB-1A	山东	4.56	2511	11450.16
0103794	莱阳梨	GB-2A	辽宁	3.98	2720	10825.6
0103796	雪梨	GB-3D0	山东	4.65	1360	6324
0103795	莱阳梨	GB-1A2	吉林	3.8	2105	7999
0103797	雪梨	GB-1D2	天津	4.25	2565	10901.25
0103798	芦柑	PB-3.0	江西	3.9	4630	18057
0103799	芦柑	PB-2.2	江苏	3.65	4563	16654.95
0104002	香蕉	XX-31	广西	2	5000	10000
0103800	焦柑	YB-22	江西	2.85	5332	15196.2
0104001	香蕉	XJ-33	海南	1.25	5500	6875

图 3.3 计算“销售额”

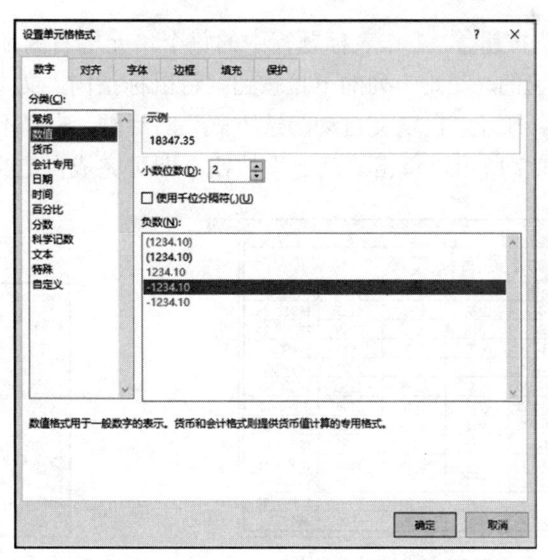

图 3.4 “设置单元格格式”对话框

（5）打开“水果销售表”工作表，选中数据区域 A1:G14，单击“开始”选项卡“对齐方式”命令组的“对话框启动器”按钮，弹出“设置单元格格式”对话框，选择“边框”选项卡，在“线条”中的“样式”里选中最粗实线，然后单击“预置”中的“外边框”按钮；再在“线条”中的“样式”里选中最细实线，然后单击“预置”中的“内部”按钮，如图 3.5 所示，单击“确定”按钮。

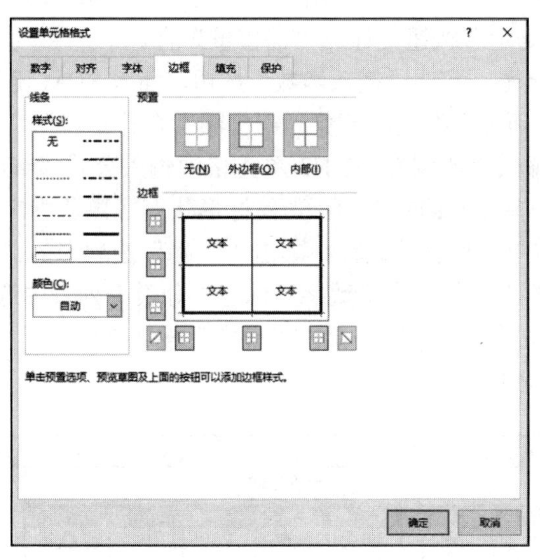

图 3.5 表格边框设置

选中 A1 单元格，再次单击“开始”选项卡“对齐方式”命令组的“对话框启动器”按钮，弹出“设置单元格格式”对话框，选择“边框”选项卡，在“线条”中的“样式”里选中双实线，然后单击“边框”中的“下边框”，单击“确定”按钮；选中数据区域 A2:G14，单击“开始”选项卡“对齐方式”命令组的“居中”按钮。最后效果如图 3.6 所示。

（6）打开“水果销售表”工作表，选定任意非空单元格。单击“数据”选项卡“排序和筛

选”命令组中的“筛选”按钮，工作表标题行中的每个单元格右侧都会出现一个筛选下拉按钮。点击需要进行筛选的“产地”列的下拉按钮，将鼠标指向“文本筛选”命令，在子列表中选择“不等于”命令。打开“自定义自动筛选方式”对话框，在“不等于”右侧的下拉列表中选择“海南”，如图 3. 7 所示，单击“确定”按钮，即可完成自定义筛选。

	A	B	C	D	E	F	G
1	水果销售表						
2	编号	货物名称	规格	产地	单价	销售量	销售额
3	0103791	砀山梨	DB-2	山东	4.45	4123	18347.35
4	0103792	砀山梨	DB-3	山东	4.3	5369	23086.70
5	0103793	鸭梨	DB-1A	山东	4.56	2511	11450.16
6	0103794	莱阳梨	GB-2A	辽宁	3.98	2720	10825.60
7	0103796	雪梨	GB-3D0	山东	4.65	1360	6324.00
8	0103795	莱阳梨	GB-1A2	吉林	3.8	2105	7999.00
9	0103797	雪梨	GB-1D2	天津	4.25	2565	10901.25
10	0103798	芦柑	PB-3.0	江西	3.9	4630	18057.00
11	0103799	芦柑	PB-2.2	江苏	3.65	4563	16654.95
12	0104002	香蕉	XX-31	广西	2	5000	10000.00
13	0103800	焦柑	YB-22	江西	2.85	5332	15196.20
14	0104001	香蕉	XJ-33	海南	1.25	5500	6875.00

图 3.6　设置边框及对齐方式后的效果图

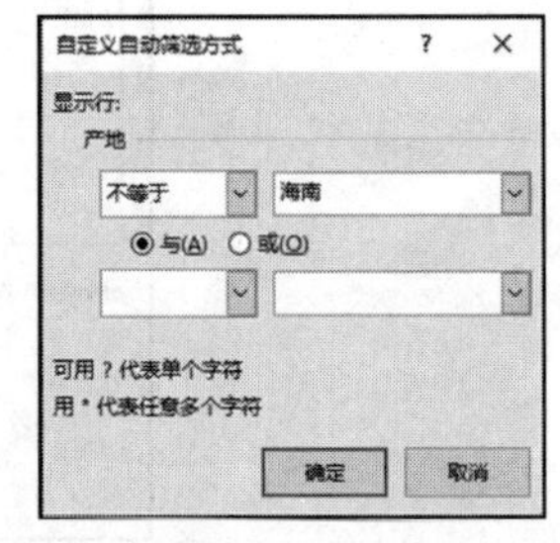

图 3.7　“自定义自动筛选方式”对话框

选中工作表中 A2:G2 区域，单击“开始”选项卡“对齐方式”命令组中的“对话框启动器”按钮，在弹出的“设置单元格格式”对话框中选择“字体”标签，将字体设为黑体，字体颜色设置为蓝色；选择“填充”标签，设置背景色为红色。

（7）① 在 A15 单元格输入“合计”；选中 A15:E15 单元格区域，在“开始”选项卡“对齐方式”命令组中单击“合并后居中”按钮。

② 单击“F15”单元格，点击“插入函数”按钮，插入 SUM 函数，函数参数设置为单元格区域 F3:F13，单击“确定”按钮，计算“销售量”合计。

③ 单击“G15”单元格，点击“插入函数”按钮，插入 SUM 函数，函数参数设置为单元格区域 G3:G13，单击“确定”按钮，计算“销售额”合计。

（8）在 H2 单元格输入“比例”；在 H3 单元格中输入公式“=G3/SUM（$G$3:$G$13）”，回车确认；鼠标移到 H3 单元格的右下角，当鼠标形状变成黑色十字状（填充柄）时，按住鼠标左键向下拖动到 H13 单元格释放鼠标；单击“数字”选项卡的“对话框启动器”按钮，打开“设置单元格格式”对话框，在“数字”标签“分类”列表中选择“百分比”，此时可以看到“小数位数”列表中的值为“2”，单击“确定”按钮。

任务一最终效果如图 3.8 所示。

	A	B	C	D	E	F	G	H
1	水果销售表							
2	编号	货物名	规格	产地	单价	销售	销售额	比例
3	0103791	砀山梨	DB-2	山东	4.45	4123	18347.35	12.33%
4	0103792	砀山梨	DB-3	山东	4.3	5369	23086.70	15.51%
5	0103793	鸭梨	DB-1A	山东	4.56	2511	11450.16	7.69%
6	0103794	莱阳梨	GB-2A	辽宁	3.98	2720	10825.60	7.27%
7	0103796	雪梨	GB-3D0	山东	4.65	1360	6324.00	4.25%
8	0103795	莱阳梨	GB-1A2	吉林	3.8	2105	7999.00	5.37%
9	0103797	雪梨	GB-1D2	天津	4.25	2565	10901.25	7.32%
10	0103798	芦柑	PB-3.0	江西	3.9	4630	18057.00	12.13%
11	0103799	芦柑	PB-2.2	江苏	3.65	4563	16654.95	11.19%
12	0104002	香蕉	XX-31	广西	2	5000	10000.00	6.72%
13	0103800	焦柑	YB-22	江西	2.85	5332	15196.20	10.21%
15	合计					40278	148842.21	

图 3.8　任务一最终效果图

任务二

实训内容与要求

打开实训3.1任务二素材文档，在文档中完成如下操作。

● 在工作表Sheet1中完成如下操作。

（1）利用公式计算销售额和税额（销售额=单价*销售量，税额=销售额*17%），结果用人民币货币符号表示（均保留2位小数）；

（2）利用函数统计销售量、销售额和税额的总计；

（3）将C3:F12区域设置水平对齐方式为“居中”，字形为“倾斜”；

（4）将标题A1:F1区域中的内容设置为“合并后居中”；

（5）将A1:F2区域设置填充色为“红色，个性色2，淡色60%”，字体为“等线”，字号为“14”，颜色为“白色，背景1”，“加粗”显示；

（6）创建一张三维饼图，比较一分店的4种图书的销售额占该店总额的百分比，图表标题为“一分店4种图书销售额比较”，显示图书名和百分比，设置图表样式为“样式10”，如样张所示。

● 在工作表Sheet2中完成如下操作。

（1）在Sheet2工作表中删除第一列，在A1单元格中输入标题 “体育考试成绩统计”，将标题设置为等线、16号、红色、加粗，并在A1:G1范围内合并后居中；

（2）在Sheet2工作表中的第一列从A3单元格开始输入学号“02010001”直到“02010017”；

（3）将Sheet2工作表复制到工作簿最后，并重命名为“成绩统计”；

（4）在“成绩统计”工作表的F列用公式计算各位学生的总成绩（总成绩=田径+武术+足球），结果为数值型整数；

（5）在“成绩统计”工作表中合并A20和B20单元格，输入“大于85分的人数”，在C20:E20单元格区域用COUNTIF函数求出田径、武术和足球成绩大于85分的人数；

（6）在“成绩统计”工作表的G列用IF函数标注评估等级，标准为“田径”“武术”和“足球”三项的平均值大于等于80分时标注“优秀”，否则标注“一般”；

（7）在“成绩统计”工作表中按主要关键字“总成绩”的降序、次要关键字 “足球”的降序排序（不包括第20行）；

（8）在“成绩统计”工作表中给A2:G20单元格区域添加最粗实线外边框、最细实线内边框，表格内所有数据水平居中对齐，字体大小为13号。

实训步骤

● 在工作表Sheet1中完成如下操作。

（1）① 选中E3单元格，输入公式“=C3*D3”，按下【Enter】键，单击E3单元格，将鼠标放在单元格右下角的黑色小方块上，当鼠标指针变成黑十字形状✚时，按住鼠标左键拖动

至 E10 单元格，释放鼠标，计算出销售额；

② 选中 F3 单元格，输入公式“=E3*17%”，按下【Enter】键，单击 F3 单元格，将鼠标放在单元格右下角的黑色小方块上，当鼠标指针变成黑十字形状➕时，按住鼠标左键拖动至 F10 单元格，释放鼠标，计算出税额；

③ 选中 E3:F10 单元格区域，单击“开始”选项卡下“数字”命令组中的“对话框启动器”按钮，打开“设置单元格格式”对话框，在“数字”标签的“分类”列表中选择“货币”，“小数位数”后的文本框中输入“2”，货币符号选择“¥”，结果如图 3.9 所示。

	A	B	C	D	E	F
1	计算机类图书销售情况					
2	销售部门	图书名称	单价（元）	销售量（本）	销售额（元）	税额（元）
3	二分店	动画制作基础	45	4500	¥202,500.00	¥34,425.00
4	二分店	网页制作大全	35.5	5230	¥185,665.00	¥31,563.05
5	二分店	网络管理及应用	55.6	3430	¥190,708.00	¥32,420.36
6	一分店	操作系统基础	52	4680	¥243,360.00	¥41,371.20
7	一分店	数据库应用技术	38.2	4580	¥174,956.00	¥29,742.52
8	二分店	数据库应用技术	38.2	3582	¥136,832.40	¥23,261.51
9	一分店	网页制作大全	35.5	1328	¥47,144.00	¥8,014.48
10	一分店	网络管理及应用	55.6	2643	¥146,950.80	¥24,981.64
11						
12		总计				

图 3.9　销售额及税额的计算

（2）① 单击“E12”单元格，点击“插入函数”按钮，插入 SUM 函数，函数参数设置为单元格区域 E3:E10，单击“确定”按钮，计算“销售额”合计。

② 单击“F12”单元格，点击“插入函数”按钮，插入 SUM 函数，函数参数设置为单元格区域 F3:F10，单击“确定”按钮，计算“税额”合计。

（3）选中工作表中 C3:F12 区域，在“开始”选项卡“对齐方式”命令组中单击“居中”按钮；单击“开始”选项卡“对齐方式”命令组中的“对话框启动器”按钮，在弹出的“设置单元格格式”对话框中选择“字体”标签，将字形设为“倾斜”。

（4）选中 A1:F1 的数据区域，在“开始”选项卡“对齐方式”命令组中单击“合并后居中”按钮。

（5）选中 A1:F2 的数据区域，单击“开始”选项卡“对齐方式”命令组中的“对话框启动器”按钮，在弹出的“设置单元格格式”对话框中选择“字体”标签，将字体设置为“等线”，字形设置为“加粗”，字号设置为“14”，颜色设置为“白色，背景 1”；选择“填充”标签，设置背景色为“红色，个性色 2，淡色 60%”。

（6）选取工作表的 B2 单元格，按住【Ctrl】键，继续选取 B6:B7、B9:B10、E2、E6:E7、E9:E10 数据区域，单击“插入”选项卡下“图表”命令组中的“其他”按钮，弹出“插入图表”对话框，单击“所有图表”标签，根据题目要求选择“饼图”中的“三维饼图”，单击“确定”按钮，如图 3.10 所示。

单击图表标题，将其更改为“一分店 4 种图书销售额比较”；单击“图表工具/设计”选项卡“图表布局”命令组中的“添加图表元素”按钮，鼠标指向弹出的下拉列表中的“数据标签”右侧箭头，在层叠菜单中选择“其他数据标签选项”，窗口右侧显示“设置数据标签格式”窗格，按题目要求选中“类别名称”和“百分比”复选框，如图 3.11 所示。

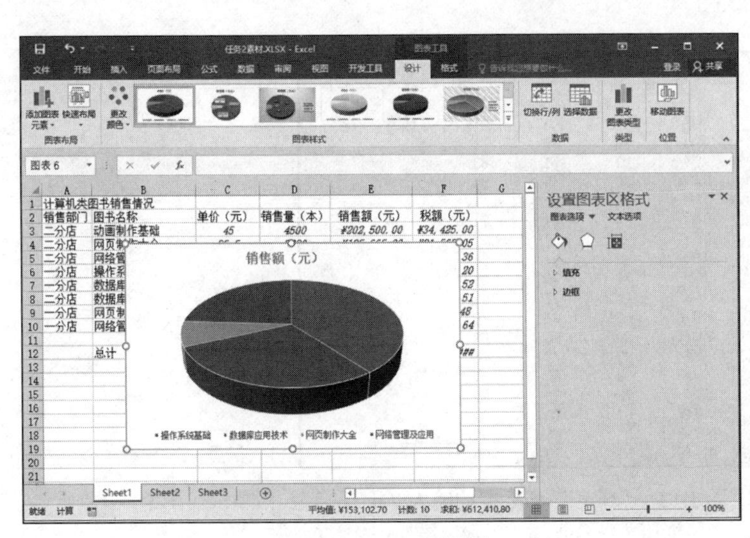

图 3.10　三维饼图

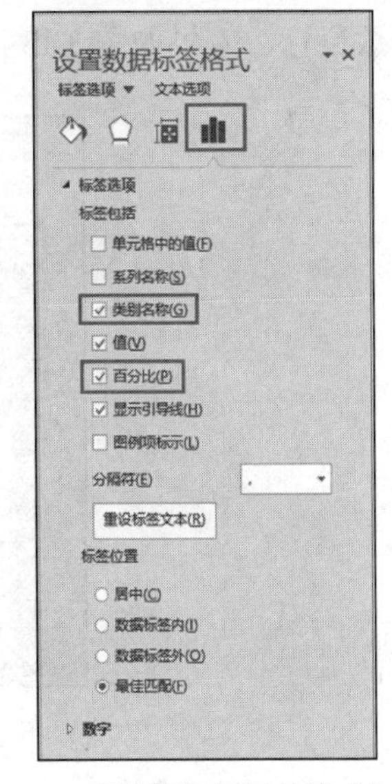

图 3.11　“设置数据标签格式”窗格

单击“图表工具/设计”选项卡“图表样式”命令组中的“其他”按钮，在弹出的下拉列表中选择“样式 10”。最终结果如图 3.12 所示。

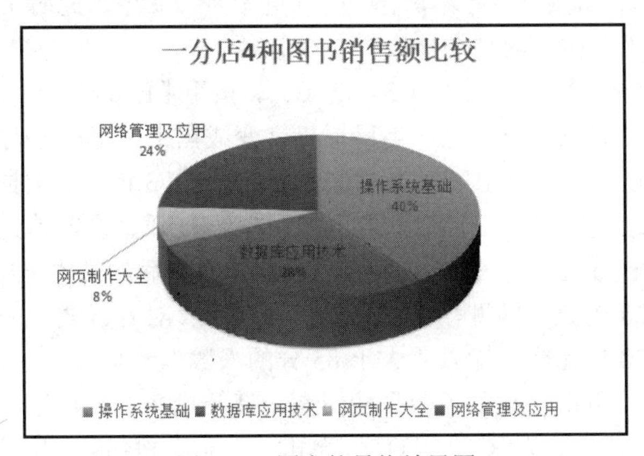

图 3.12　图表的最终效果图

- 在工作表 Sheet2 中完成如下操作。

（1）单击 Sheet2 工作表的 A1 单元格，在“开始”选项卡“单元格”命令组“删除”按钮的下拉列表中选择“删除工作表列”命令，此时将第一列删除；在 A1 单元格中输入标题“体育考试成绩统计”；双击 A1 单元格，选中标题“体育考试成绩统计”，在“开始”选项卡“字体”命令组“字体”下拉列表中选择字体为“等线”，在“字号”下拉列表中选择字号为“16”，字体颜色为“红色”，字形为“加粗”；选中 A1:G1 的数据区域，在“开始”选项卡“对齐方式”命令组中单击“合并后居中”按钮。

（2）选中 A3:A19 的数据区域，单击“开始”选项卡“数字”命令组中的“对话框启动器”按钮，在弹出的“设置单元格格式”对话框中选择“数字”标签，在数字“分类”列表中选择“文本”，单击“确定”；单击 A3 单元格，输入学号“02010001”，鼠标移到 A3 单元格的右下角，当鼠标形状变成黑色十字状（填充柄）时，按住鼠标左键向下拖动到 A19 单元

格释放鼠标，效果如图 3.13 所示。

	A	B	C	D	E	F	G
1	体育考试成绩统计						
2	学号	姓名	田径	武术	足球	总成绩	评估
3	02010001	李白	85	88	71		
4	02010002	刘静	82	71	83		
5	02010003	成宇浩	82	65	84		
6	02010004	姚姚	84	76	67		
7	02010005	黄丽虹	68	64	71		
8	02010006	萧树苹	92	88	78		
9	02010007	马光	90	67	88		
10	02010008	刘波	71	76	89		
11	02010009	邱谦	94	97	98		
12	02010010	赵雅丽	62	68	76		
13	02010011	朱仁珊	94	96	88		
14	02010012	杨荣	89	77	74		
15	02010013	孙岩	78	80	61		
16	02010014	王娜	78	82	59		
17	02010015	孟凯歌	67	79	90		
18	02010016	张子善	81	85	91		
19	02010017	李小杉	59	73	90		

图 3.13 “学号”列数据的输入

（3）在 Sheet2 工作表标签上单击鼠标右键，在快捷菜单中单击“移动或复制”命令，系统弹出“移动或复制工作表”对话框，如图 3.14 所示。在“下列选定工作表之前”列表框中选择“(移至最后)”，选中“建立副本”前的复选按钮，单击“确定”按钮。在新建的副本工作表标签上单击鼠标右键，在快捷菜单中单击“重命名”命令，此时工作表标签处于可编辑状态，输入新的工作表名称“成绩统计”。

（4）选中 F3 单元格，输入公式“=C3+D3+E3”，按下【Enter】键，单击 F3 单元格，将鼠标放在单元格右下角的黑色小方块上，当鼠标指针变成黑十字形状✚时，按住鼠标左键拖动至 F19 单元格，释放鼠标，计算出所有人的总成绩；选中 F3:F19 的数据区域，单击“开始”选项卡“数字”命令组中的“对话框启动器”按钮，打开“设置单元格格式”对话框，在“数字”标签的“分类”列表中选择“数值”，“小数位数”后的文本框中输入“0”。

（5）选中 A20:B20 的数据区域，在“开始”选项卡“对齐方式”命令组中单击“合并后居中”按钮；选中 A20 单元格，输入“大于 85 分的人数”。

单击 C20 单元格，点击“插入函数”按钮，打开“插入函数”对话框，选择函数的类别为“常用函数”，选择函数为“COUNTIF”，单击“确定”按钮。打开“函数参数”对话框，在“Range”中输入“C3:C19”，在“Criteria”中输入“">85"”，如图 3.15 所示，单击“确定”按钮，计算出田径成绩大于 85 分的人数。

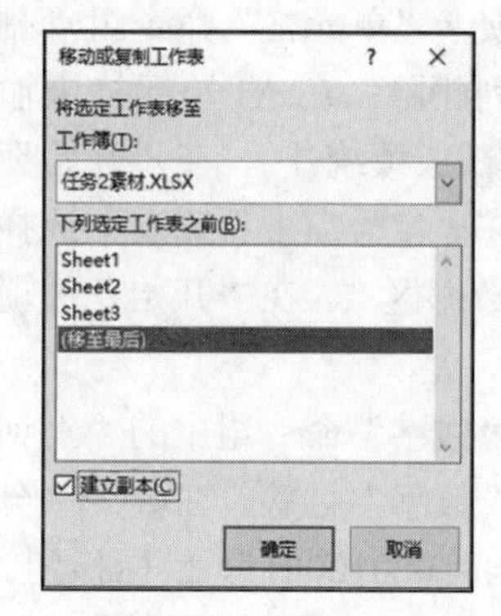

图 3.14 “移动或复制工作表”对话框

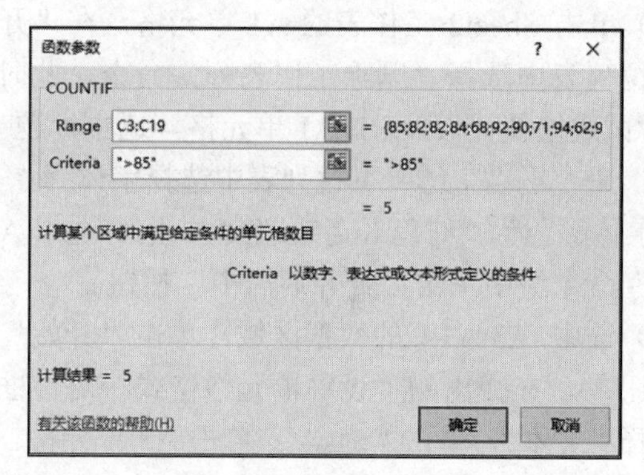

图 3.15 “COUNTIF”函数的“函数参数”对话框

使用同样的方法在 D20 和 E20 单元格分别计算出武术成绩和足球成绩大于 85 分的人数。

说明

也可以直接在 C20 单元格输入公式“=COUNTIF(C3:C19,">85")”，COUNTIF 函数的功能是计算某个区域中满足给定条件的单元格数目。

COUNTIF 函数的基本格式为 COUNTIF (range,criteria)，其中“range”是要计算其中满足条件单元格数目的区域，“criteria”为以数字、表达式或文本形式定义的条件。

（6）选中 G3 单元格，单击编辑栏中的“插入函数”按钮，打开“插入函数”对话框，选择函数的类别为“常用函数”，选择函数为“IF”，单击“确定”按钮。打开“函数参数”对话框 1，在“Valual_if_true”文本框中输入“优秀”，在“Valual_if_false”文本框中输入“一般”，再单击“Valual_if_false”文本框，如图 3.16 所示；在“插入函数”对话框中选择“AVERAGE”函数，打开“函数参数”对话框 2，在“Number1”中输入“C3:E3”，如图 3.17 所示，最后单击“确定”按钮。单击 G3 单元格，将单元格中的公式由“=IF(AVERAGE(C3:E3),"优秀","一般")”修改成“=IF(AVERAGE(C3:E3)>=80，"优秀","一般")”，回车确认。此时已完成 02010001 号同学的成绩标注。

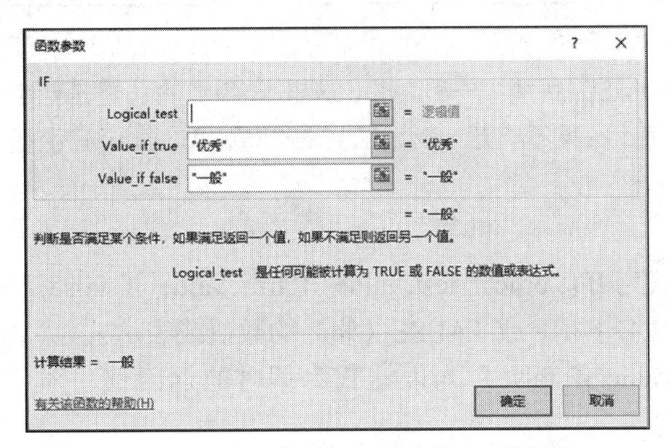

图 3.16　IF 函数的“函数参数”对话框

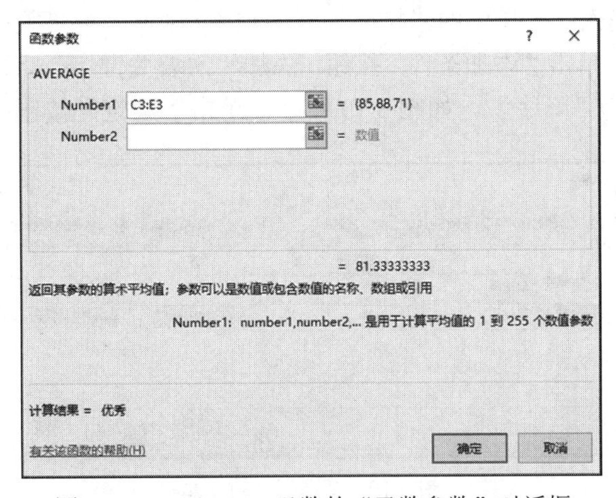

图 3.17　AVERAGE 函数的“函数参数”对话框

单击 G3 单元格，将鼠标放在单元格右下角的黑色小方块上，当鼠标指针变成黑十字形状✚时，按住鼠标左键向下拖曳至 G19 单元格，释放鼠标，结果如图 3.18 所示。

	A	B	C	D	E	F	G
1	体育考试成绩统计						
2	学号	姓名	田径	武术	足球	总成绩	评估
3	02010001	李白	85	88	71	244	优秀
4	02010002	刘静	82	71	83	236	一般
5	02010003	成宇洁	82	65	84	231	一般
6	02010004	姚姚	84	76	67	227	一般
7	02010005	黄丽虹	68	64	71	203	一般
8	02010006	萧树芊	92	88	78	258	优秀
9	02010007	马光	90	67	88	245	优秀
10	02010008	刘波	71	76	89	236	一般
11	02010009	邱谦	94	97	98	289	优秀
12	02010010	赵雅丽	62	68	76	206	一般
13	02010011	朱仁册	94	96	88	278	优秀
14	02010012	杨荣	89	77	74	240	优秀
15	02010013	孙岩	78	80	61	219	一般
16	02010014	王娜	78	82	59	219	一般
17	02010015	孟凯歌	67	79	90	236	一般
18	02010016	张子喜	81	85	91	257	优秀
19	02010017	李小杉	59	73	90	222	一般
20	大于85分的人数		5	4	7		

图 3.18　完成评估标注的效果图

说明

也可以直接在 G3 单元格中输入公式“=IF(AVERAGE(C3:E3)>=80,"优秀","一般")”或者“=IF(((C3+D3+E3)/3)>=80,"优秀","一般")”，这里 IF 函数的功能是判断是否满足某个条件，如果满足，返回一个值，如果不满足，则返回另一个值。AVERAGE 函数的功能是计算某数据区域的平均值。

IF 函数的基本格式为 IF(Logical_test,Value_if_true,Value_if_false)，其中“Logical_test”是任何可能被计算为 TRUE（真）或 FALSE（假）的数值或表达式，“Value_if_true”为表达式为真时的返回值，“Value_if_false”为表达式为假时的返回值。本次应用为 IF 函数嵌套 AVERAGE 函数的应用。

（7）选中“成绩统计”工作表中 A2:G19 单元格区域，单击“数据”选项卡“排序和筛选”命令组中的排序按钮，在弹出的“排序”对话框中，设置“主要关键字”为“总成绩”，“次序”为“降序”，单击“添加条件”按钮，添加“次要关键字”，设置“次要关键字”为“足球”，“次序”为“降序”，如图 3.19 所示，单击“确定”按钮。

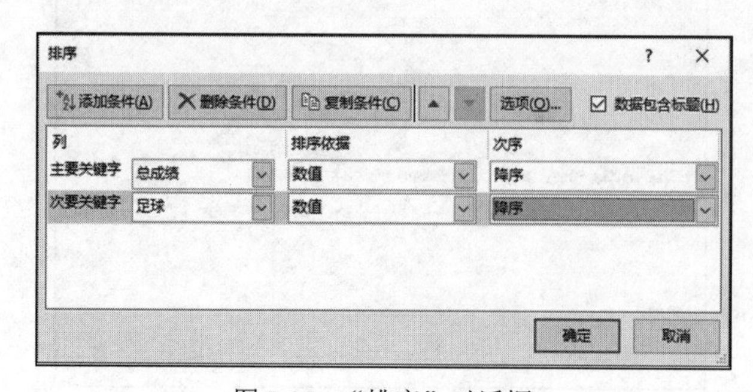

图 3.19　“排序”对话框

（8）选中 A2:G20 单元格区域，单击“开始”选项卡“对齐方式”命令组中的“对话框启动器”按钮，在弹出的“设置单元格格式”对话框中选择“边框”标签，设置外边框为最粗实线，内边框为最细实线。

选中 A2:G20 单元格区域，单击“开始”选项卡“对齐方式”命令组中的“居中”按钮，在“开始”选项卡“字体”命令组的“字号”下拉列表中选择“13”。

最终效果如图 3.20 所示。

	A	B	C	D	E	F	G
1	体育考试成绩统计						
2	学号	姓名	田径	武术	足球	总成绩	评估
3	02010009	邱谦	94	97	98	289	优秀
4	02010011	朱仁珊	94	96	88	278	优秀
5	02010006	萧树苹	92	88	78	258	优秀
6	02010016	张子善	81	85	91	257	优秀
7	02010007	马光	90	67	88	245	优秀
8	02010001	李白	85	88	71	244	优秀
9	02010012	杨荣	89	77	74	240	优秀
10	02010015	孟凯歌	67	79	90	236	一般
11	02010008	刘波	71	76	89	236	一般
12	02010002	刘静	82	71	83	236	一般
13	02010003	成宇浩	82	65	84	231	一般
14	02010004	姚姚	84	76	67	227	一般
15	02010017	李小杉	59	73	90	222	一般
16	02010013	孙岩	78	80	61	219	一般
17	02010014	王娜	78	82	59	219	一般
18	02010010	赵雅丽	62	68	76	206	一般
19	02010005	黄丽虹	68	64	71	203	一般
20	大于85分的人数		5	4	7		

图 3.20　任务二最终效果图

实训 3.2　Excel 2016 高级应用

任务一

实训内容与要求

打开实训 3.2 任务一素材文档，在文档中完成如下操作。

- 在工作表 Sheet1 中完成如下操作。

（1）通过合并单元格，将表名“东方公司 2014 年 3 月员工工资表”放于整个表的上端，水平居中，并调整字体“黑体”、字号“20”。

（2）在“序号”列中分别填入 1～15，将其数据格式设置为数值、保留 0 位小数、居中。

（3）将“基础工资”（含）往右各列设置为会计专用格式、保留 2 位小数、无货币符号。

（4）调整表格各列宽度为“12”，“水平居中”，使得显示更加美观，并设置纸张大小为 A4，纸张方向为横向。

（5）利用公式计算“实发工资”列，公式为：实发工资=应付工资合计–扣除社保–应交个人所得税。

（6）复制工作表“2014 年 3 月”，将副本放置到原表的右侧，并命名为“分类汇总”。

（7）在“分类汇总”工作表中通过分类汇总功能求出各部门“应付工资合计”的和与

“实发工资”的和，每组数据不分页。

- 在工作表 Sheet2 中完成如下操作。

（1）将 Sheet2 工作表的 A1:H1 单元格合并为一个单元格，文字居中对齐；计算“第一季度销售额（元）”列的内容（数值型，保留小数点后 0 位），计算各产品的总销售额，置于 G15 单元格内（数值型，保留小数点后 0 位），计算各产品销售额排序（利用 RANK.EQ 函数，降序），置于 H3:H14 单元格区域；计算各类别产品销售额（利用 SUMIF 函数），置于 J5:J7 单元格区域；计算各类别产品销售额占总销售额的比例，置于“所占比例”列（百分比型，保留小数点后 2 位）。

（2）选取“产品型号”列（A2:A14）和“第一季度销售额（元）”列（G2:G14）数据区域的内容，建立“三维簇状条形图”，图表标题位于图表上方，图表标题为“产品第一季度销售统计图”，无图例，设置数据系列格式为纯色填充“橄榄色，个性色 3，深色 25%”；将图插入 A16:F36 单元格区域，将工作表命名为“产品第一季度销售统计表”，原文件保存。

实训步骤

- 在工作表 Sheet1 中完成如下操作。

（1）选中 Sheet1 工作表的 A1:M1 单元格区域，单击“开始”选项卡下“对齐方式”命令组中的“合并后居中”按钮，就可以将 A1:M1 单元格合并为一个单元格，其中内容水平居中；在“开始”选项卡下“字体”命令组的“字体”下拉列表中选择“黑体”，“字号”下拉列表中选择“20”。

（2）选中 A3:A17 单元格区域，单击“开始”选项卡下“数字”命令组中的“对话框启动器”按钮，在弹出的“设置单元格格式”对话框中选择“数字”标签，在“分类”列表中选择“数值”，然后在“小数位数”右侧的文本框中输入“0”，如图 3.21 所示；选择“对齐”标签，在“文本对齐方式”的“水平对齐”中选择“居中”。

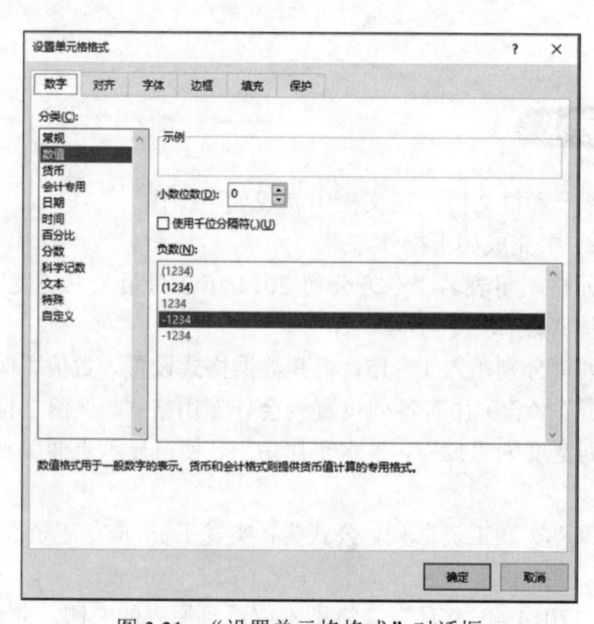

图 3.21 “设置单元格格式”对话框

单击A3单元格，输入数字1，再单击A3单元格，将鼠标放在单元格右下角的黑色小方块上，当鼠标指针变成黑十字形状➕时，按住鼠标左键拖至A17单元格，释放鼠标，单击A17单元格右下角的“自动填充选项”按钮，弹出如图3.22所示的下拉菜单，选择“填充序列”命令，A3:A17单元格区域的值变为“1、2……14、15”，完成上述设置后的效果如图3.23所示。

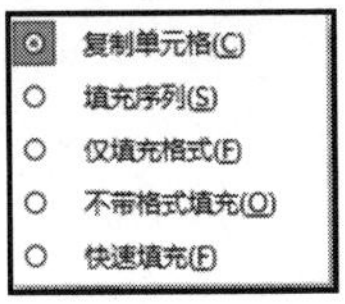

复制单元格(C)
填充序列(S)
仅填充格式(F)
不带格式填充(O)
快速填充(F)

图3.22　“自动填充选项”按钮下拉菜单

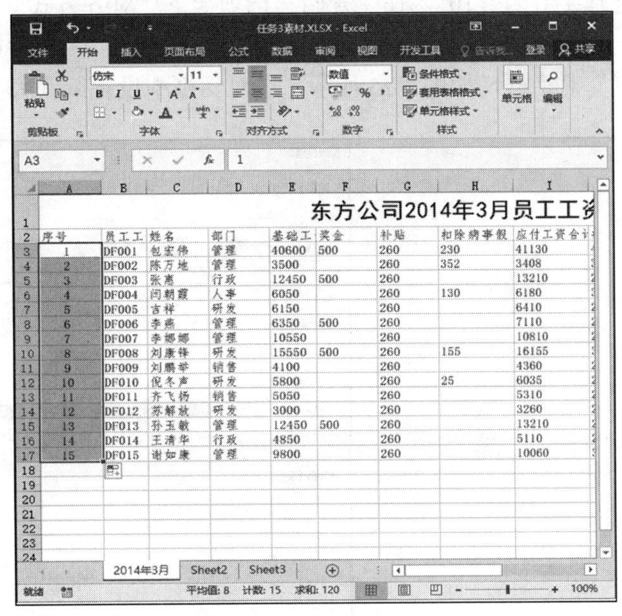

图3.23　填充序列结果

（3）选中E3:M17单元格区域，单击“开始”选项卡下“数字”命令组中的“对话框启动器”按钮，在弹出的“设置单元格格式”对话框中选择“数字”标签，在“分类”列表中选择“会计专用”，然后在“小数位数”右侧文本框中输入“2”，在“货币符号（国家/地区）”右侧文本框中选择“无”，如图3.24所示。

图3.24　在“设置单元格格式”对话框中设置数字类型

（4）选中工作表的 A1:M17 单元格区域，单击“开始”选项卡下“对齐方式”命令组的“居中”按钮；单击“开始”选项卡下“单元格”命令组“格式”按钮的下拉菜单，选择“列宽”命令，打开“列宽”对话框，在对话框中的“列宽”文本框中输入“12”，单击“确定”按钮。

选中 A2:F12 单元格区域，在“开始”选项卡下“字体”命令组中的“字号”下拉列表中选择字号为“10”，在“开始”选项卡下“对齐方式”命令组中选择“居中”对齐按钮。

单击“页面布局”选项卡下“页面设置”命令组中“对话框启动器”按钮，打开“页面设置”对话框，如图 3.25 所示。在对话框中设置纸张大小为 A4，方向为横向。

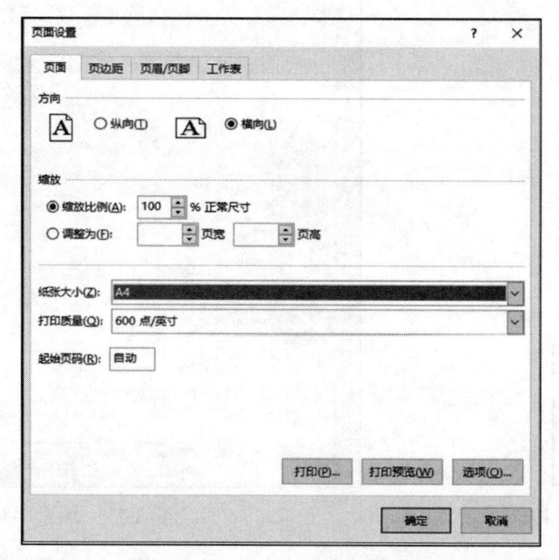

图 3.25 “页面设置”对话框

（5）选中 M3 单元格，输入公式“=I3-J3-L3”，按下【Enter】键，单击 M3 单元格，将鼠标放在单元格右下角的黑色小方块上，当鼠标指针变成黑十字形状✚时，按住鼠标左键拖动至 M17 单元格，释放鼠标，计算出所有人的实发工资。

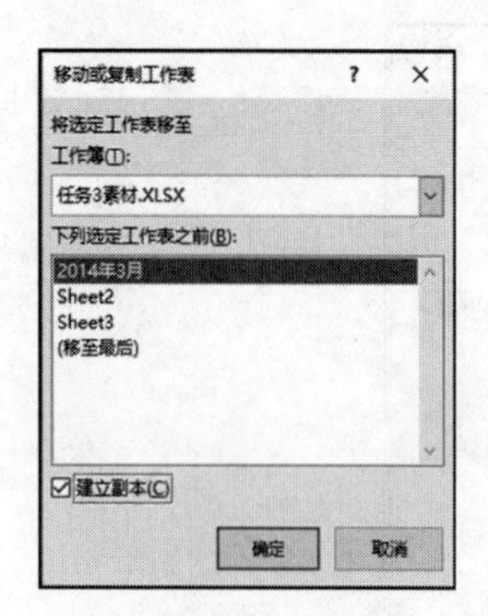

图 3.26 “移动或复制工作表”对话框

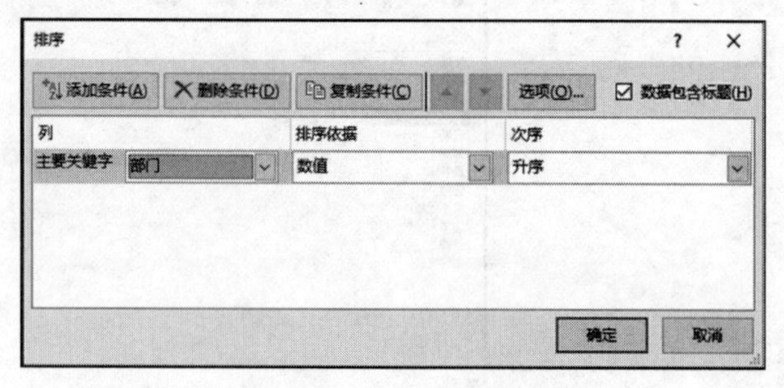

图 3.27 按照“部门”对表中数据进行排序

（6）鼠标右键单击工作表“2014 年 3 月”标签，在弹出的菜单中选择“移动或复制工作表”，打开“移动或复制工作表”对话框，如图 3.26 所示。在对话框中“下列选定工作表之前”列表选择“Sheet2”，同时选中“建立副本”复选框，单击“确定”按钮（或者按住【Ctrl】

键，鼠标左键按住工作表标签横向拖动也可复制工作表）。在“2014 年 3 月”工作表右侧多出一个名为“2014 年 3 月（2）”的工作表副本。在工作表副本标签上单击鼠标右键，在弹出的菜单中选择“重命名”命令，输入“分类汇总”作为新工作表名称。

（7）选中 A2:M17 单元格区域，单击“数据”选项卡下“排序和筛选”命令组中的排序按钮，打开“排序”对话框，在“主要关键字”下拉列表中选择“部门”，单击“确定”按钮，即可按部门对工作表中的数据进行排序，如图 3.27 所示。

单击“数据”选项卡下“分级显示”命令组中的“分类汇总”按钮，打开“分类汇总”对话框，如图 3.28 所示。在“分类字段”下拉列表框中选择分类字段“部门”；在“汇总方式”下拉列表框中选择汇总方式“求和”；在“选定汇总项”列表框中选择需汇总的项目“应付工资合计”“实发工资”，单击“确定”按钮完成分类汇总，如图 3.29 所示。

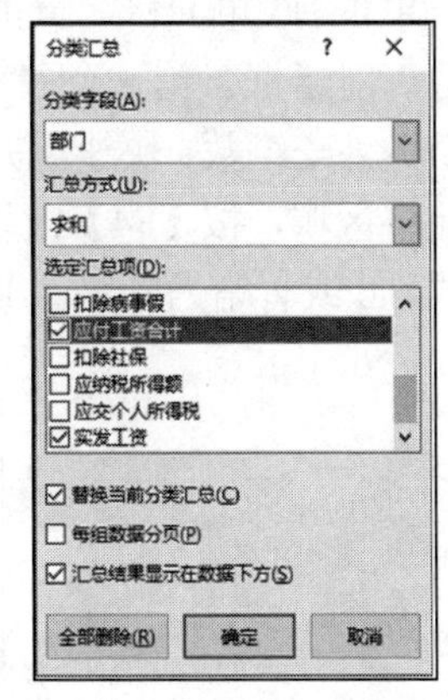

图 3.28 “分类汇总”对话框

A2 序号

	A	B	C	D	E	F	G	H	I	J	K	L	M
2	序号	员工工号	姓名	部门	基础工资	奖金	补贴	扣除病事假	应付工资合计	扣除社保	应纳税所得额	应交个人所得	实发工资
3	1	DF001	包宏伟	管理	40,600.00	500.00	260.00	230.00	41,130.00	460.00	37,170.00	8,396.00	32,274.00
4	2	DF002	陈万地	管理	3,500.00		260.00	352.00	3,408.00	309.00	-	-	3,099.00
5	6	DF006	李燕	管理	6,350.00	500.00	260.00		7,110.00	289.00	3,321.00	227.10	6,593.90
6	7	DF007	李娜娜	管理	10,550.00		260.00		10,810.00	206.00	7,104.00	865.80	9,738.20
7	13	DF013	孙玉敏	管理	12,450.00	500.00	260.00		13,210.00	289.00	9,421.00	1,350.25	11,570.75
8	15	DF015	谢如康	管理	9,800.00		260.00		10,060.00	309.00	6,251.00	695.20	9,055.80
9				管理 汇总					85,728.00				72,331.65
10	4	DF004	闫朝霞	人事	6,050.00		260.00	130.00	6,180.00	360.00	2,320.00	127.00	5,693.00
11				人事 汇总					6,180.00				5,693.00
12	9	DF009	刘鹏举	销售	4,100.00		260.00		4,360.00	289.00	571.00	17.13	4,053.87
13	11	DF011	齐飞扬	销售	5,050.00		260.00		5,310.00	289.00	1,521.00	47.10	4,973.90
14				销售 汇总					9,670.00				9,027.77
15	3	DF003	张惠	行政	12,450.00	500.00	260.00		13,210.00	289.00	9,421.00	1,350.25	11,570.75
16	14	DF014	王清华	行政	4,850.00		260.00		5,110.00	289.00	1,321.00	39.63	4,781.37
17				行政 汇总					18,320.00				16,352.12
18	5	DF005	吉祥	研发	6,150.00		260.00		6,410.00	289.00	2,621.00	157.10	5,963.90
19	8	DF008	刘康锋	研发	15,550.00	500.00	260.00	155.00	16,155.00	308.00	12,347.00	2,081.75	13,765.25
20	10	DF010	倪冬声	研发	5,800.00		260.00	25.00	6,035.00	289.00	2,246.00	119.60	5,626.40
21	12	DF012	苏解放	研发	3,000.00		260.00		3,260.00	289.00	-	-	2,971.00
22				研发 汇总					31,860.00				28,326.55
23				总计					151,758.00				131,731.09
24													

2014年3月 分类汇总 Sheet2 Sheet3

图 3.29 分类汇总结果

说明

分类汇总前必须先对“分类汇总”字段排序。例如，题中要求按“部门”进行分类汇总，就必须先将工作表中数据依据“部门”进行排序。

- 在工作表 Sheet2 中完成如下操作。

（1）选中 Sheet2 工作表的 A1:H1 单元格区域，单击“开始”选项卡下“对齐方式”命令组中的“合并后居中”按钮。

选中 G3 单元格，输入公式“=C3*F3+D3*F3+E3*F3”或“=SUM(C3:E3)*F3”，按下【Enter】键，单击 G3 单元格，将鼠标放在单元格右下角的黑色小方块上，当鼠标指针变成黑十字形状**+**时，按住鼠标左键拖动至 G14 单元格，释放鼠标，计算出所有产品第一季度的销售额。

选中 G15 单元格，输入公式“=SUM(G3:G14)”，计算出各产品的总销售额。

选中 G3:G15 单元格区域，单击“开始”选项卡下“数字”命令组中的“对话框启动器”

按钮，在弹出的“设置单元格格式”对话框中选择“数字”标签，在“分类”列表中选择“数值”，然后在“小数位数”右侧的文本框中输入“0”。

单击H3单元格，点击“插入函数”按钮，插入RANK.EQ函数，弹出“RANK.EQ函数参数”对话框。第一个参数“Number”为要排序的数字，此处选择G3单元格；第二个参数“Ref”为一组数，快速填充时，此范围应保持不变，因此使用绝对引用，此处选择“G3:G14”单元格区域，按【F4】键切换至绝对引用“$G$3:$G$14”形式；第三个参数“Order”为排序方式，0或省略为降序，非0值为升序，此处输入“0”。对话框设置如图3.30所示。

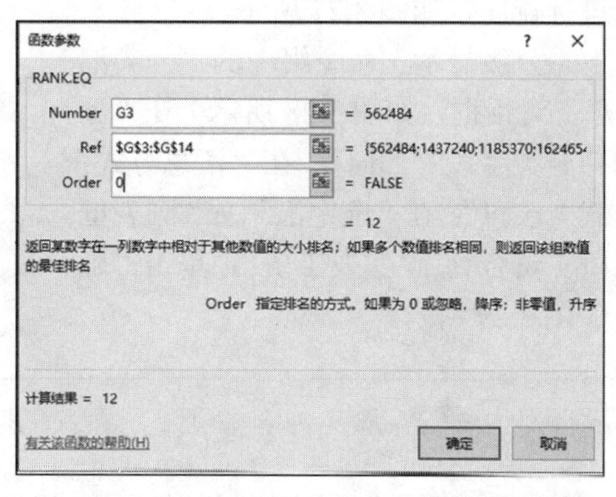

图3.30 “RANK.EQ函数参数”对话框设置

单击“确定”按钮，然后快速填充至H14，如图3.31所示。

	A	B	C	D	E	F	G	H	I	J	K
1	产品第一季度销售情况表										
2	产品型号	类别	1月销售量（台）	2月销售量（台）	3月销售量（台）	单价（元）	第一季度销售额（元	销售排名			
3	P-1	C	223	178	345	754	562484	12			
4	P-2	B	453	198	219	1652	1437240	4	类别	销售额（元）	所占比例
5	P-3	A	156	111	298	2098	1185370	5	A		
6	P-4	A	266	189	239	2341	1624654	3	B		
7	P-5	C	101	167	367	896	568960	11	C		
8	P-6	B	179	189	230	1371	819858	9			
9	P-7	A	362	254	411	3124	3208348	1			
10	P-8	A	168	122	256	2981	1627626	2			
11	P-9	B	191	189	248	1729	1085812	7			
12	P-10	B	189	167	345	1561	1094261	6			
13	P-11	C	265	198	375	986	826268	8			
14	P-12	C	345	211	521	742	799134	10			
15						总销售额	14840015				

图3.31 RANK.EQ函数排序结果

说明

RANK.EQ 函数的功能是返回某数字在一组数字中相对于其他数值的大小排名，如果多个数值排名相同，则返回该组数值的最佳排名。函数格式为“RANK.EQ(Number, Ref, Order)”，其中“Number”为指定数据，“Ref”为一组数或对一个数据列表的引用，“Order”指定排名的方式。

单击J5单元格，点击“插入函数”按钮，插入SUMIF函数，弹出“函数参数”对话框。第一个参数“Range”为作条件的单元格区域，此处选择“B3:B14”；第二个参数“Criteria”

为条件，此处输入“A”；第三个参数“Sum_range”为要求和的单元格区域，此处选择“G3:G14”。参数设置如图 3.32 所示。

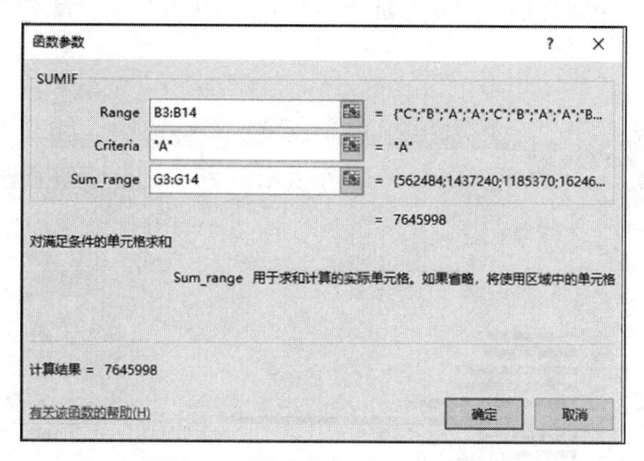

图 3.32　SUMIF 函数参数设置

单击“确定”按钮，以同样的方法计算出“B”“C”的数据。

说明

SUMIF 函数的功能是对区域中满足条件的单元格数值求和。函数格式为“SUMIF (Range，Criteria，Sum_range)”，其中“Range”为进行条件计算的区域，“Criteria”用于确定条件，“Sum_range”为需要求和的实际范围。例如，SUMIF (B3:B15，"笔试"，C3:C15) 表示计算“笔试”总成绩。

选中 K5 单元格，输入公式“=J5/$G$15”，计算出 A 类别产品销售额占总销售额的比例；单击 K5 单元格，将鼠标放在单元格右下角的黑色小方块上，当鼠标指针变成黑十字形状✚时，按住鼠标左键拖动至 K7 单元格，释放鼠标。

选中 K5:K7 单元格区域，单击“开始”选项卡下“数字”命令组中的“对话框启动器”按钮，在弹出的“设置单元格格式”对话框中选择“数字”标签，在“分类”列表中选择“百分比”，然后在“小数位数”右侧的文本框中输入“2”，单击“确定”按钮，如图 3.33 所示。

	A	B	C	D	E	F	G	H	I	J	K
1	产品第一季度销售情况表										
2	产品型号	类别	1月销售量（台）	2月销售量（台）	3月销售量（台）	单价（元）	第一季度销售额（元	销售排名			
3	P-1	C	223	178	345	754	562484	12			
4	P-2	B	453	198	219	1652	1437240	4	类别	销售额（元）	所占比例
5	P-3	A	156	111	298	2098	1185370	5	A	7645998	51.52%
6	P-4	A	266	189	239	2341	1624654	3	B	4437171	29.90%
7	P-5	C	101	167	367	896	568960	11	C	2756846	18.58%
8	P-6	B	179	189	230	1371	819858	9			
9	P-7	A	362	254	411	3124	3208348	1			
10	P-8	A	168	122	256	2981	1627626	2			
11	P-9	B	191	189	248	1729	1085812	7			
12	P-10	B	189	167	345	1561	1094261	6			
13	P-11	C	265	198	375	986	826268	8			
14	P-12	C	345	211	521	742	799134	10			
15						总销售额	14840015				

图 3.33　分类计算销售额及各类销售额所占比例

（2）选取工作表的 A2:A14 单元格区域，按住【Ctrl】键，继续选取 G2:G14 单元格区域，单击“插入”选项卡下“图表”命令组中的“其他”按钮，在弹出的“插入图表”对话框中单击“所有图表”标签，根据题目要求选择“条形图”中的“三维簇状条形图”，单击“确定”按钮，如图 3.34 所示。

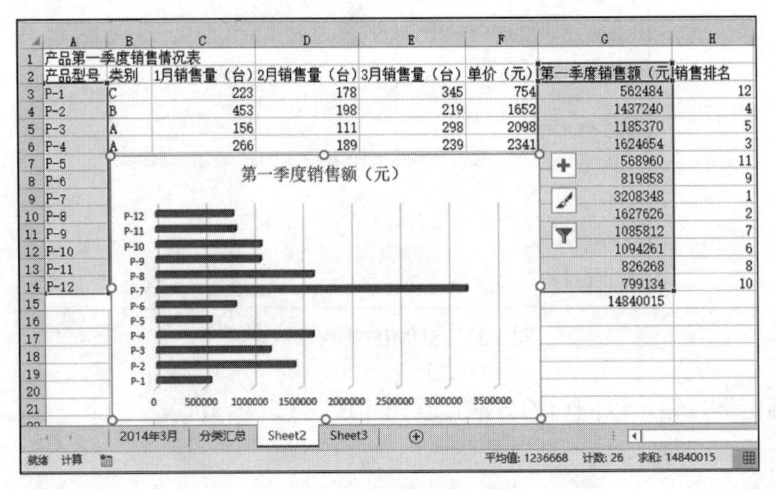

图 3.34　三维簇状条形图

单击图表标题，将其更改为“产品第一季度销售统计图”；在图表的任意数据系列上单击鼠标，所有数据系列处于被选中状态，单击鼠标右键，在快捷菜单中选择“设置数据系列格式”，窗口右侧显示“设置数据系列格式”窗格，按题目要求选择填充与线条选项，选择纯色填充，颜色为“橄榄色，个性色 3，深色 25%”，如图 3.35 所示。

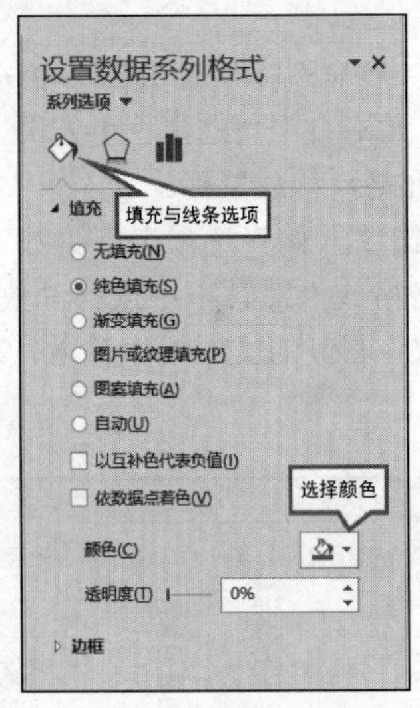

图 3.35　“设置数据系列格式”窗格

调整图表大小，并将其拖动到工作表的 A16:F36 单元格区域。

在工作表标签上单击鼠标右键，在弹出的菜单中选择“重命名”命令，输入“产品第一季度销售统计表”，保存工作簿。Sheet2 工作表的最终效果如图 3.36 所示。

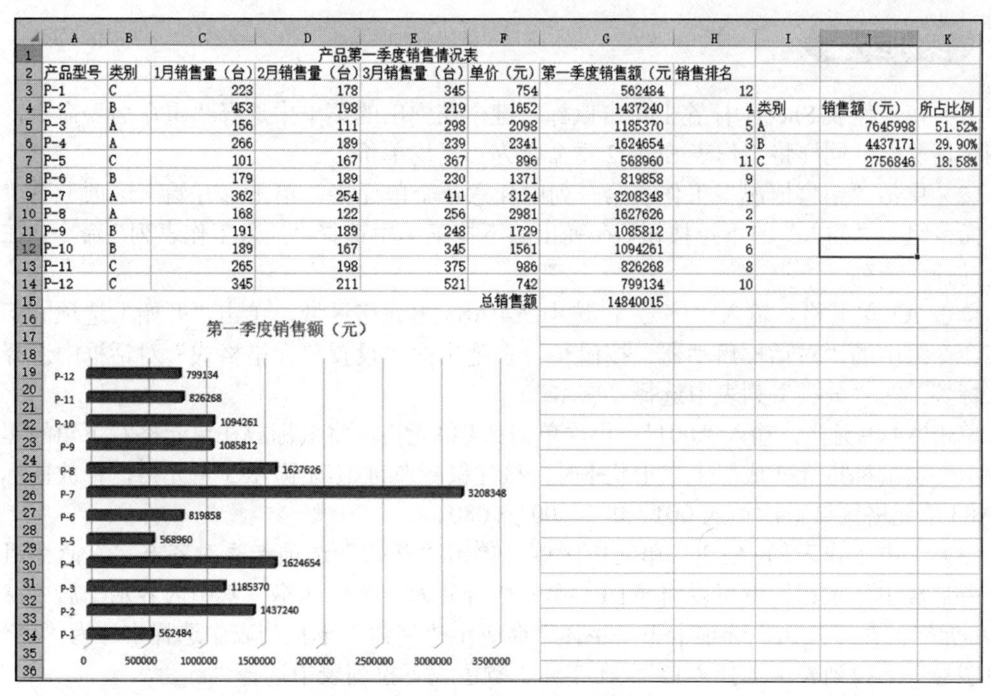

产品型号	类别	1月销售量（台）	2月销售量（台）	3月销售量（台）	单价（元）	第一季度销售额（元	销售排名			
P-1	C	223	178	345	754	562484	12			
P-2	B	453	198	219	1652	1437240	4	类别	销售额（元）	所占比例
P-3	A	156	111	298	2098	1185370	5	A	7645998	51.52%
P-4	A	266	189	239	2341	1624654	3	B	4437171	29.90%
P-5	C	101	167	367	896	568960	11	C	2756846	18.58%
P-6	B	179	189	230	1371	819858	9			
P-7	A	362	254	411	3124	3208348	1			
P-8	A	168	122	256	2981	1627626	2			
P-9	B	191	189	248	1729	1085812	7			
P-10	B	189	167	345	1561	1094261	6			
P-11	C	265	198	375	986	826268	8			
P-12	C	345	211	521	742	799134	10			
					总销售额	14840015				

图 3.36 Sheet2 工作表的最终效果

任务二

实训内容与要求

打开实训 3.2 任务二素材文档，在文档中完成如下操作。

（1）将“Sheet1”命名为“销售情况”，“Sheet2”命名为“平均单价”。

（2）在“销售情况”工作表“店铺”列左侧插入一个空列，输入列标题为“序号”，并以“001、002、003…”的方式向下填充该列到最后一个数据行。

（3）将工作表标题在 A1:F1 区域合并后居中，并设置为“黑体”、“12”号、“红色”，设置数据区域行高和列宽为自动调整，所有数据水平居中，设置“销售额”数据列为数值格式，保留 2 位小数，设置数据区域内外边框线均为细实线。

（4）将“平均单价”工作表中的区域 B3:C7 定义名称为“商品均价”。在“销售情况”工作表的销售额左侧插入一列，标题输入“平均单价”，运用公式计算工作表“销售情况”中 F 列的“平均单价”，要求在公式中通过 VLOOKUP 函数在工作表“平均单价”中自动查找相关商品的单价，并在公式中引用所定义的名称“商品均价”，根据计算后的平均单价计算出销售额。

（5）为工作表“销售情况”中的销售数据创建一个数据透视表，放置在一个名为“数据透视分析”的新工作表中，要求针对各类商品比较各门店每个季度的销售额。其中，商品名称为报表筛选字段，店铺为行标签，季度为列标签，并对销售额求和。

（6）根据生成的数据透视表，在透视表下方创建一个簇状柱形图，图表中仅对各门店四个季度笔记本的销售额进行比较。

实训步骤

（1）在工作表 Sheet1 标签上单击鼠标右键，在弹出的菜单中选择“重命名”命令，输入“销售情况”；同样将工作表 Sheet2 重命名为“平均单价”。

（2）单击“销售情况”工作表第一列中任意一个单元格，单击“开始”选项卡下“单元格”命令组中“插入”的下拉按钮，在弹出的下拉菜单中选择“插入工作表列”命令，在第一列之前插入一列。

单击 A3 单元格，输入“序号”；选中 A4:A83 单元格区域，单击“开始”选项卡下“数字”命令组中的“对话框启动器”按钮，在弹出的“设置单元格格式”对话框中选择“数字”标签，在“分类”列表中选择“文本”。

单击 A4 单元格，输入“001”；再次单击 A4 单元格，将鼠标放在单元格右下角的黑色小方块上，当鼠标指针变成黑十字形状✚时，按住鼠标左键拖动至 A83 单元格，释放鼠标，则 A4:A83 单元格区域依次填入 001、002、003…080。

（3）选中工作表的 A1:F1 单元格区域，单击“开始”选项卡“对齐方式”命令组中的“合并后居中”按钮，就可以将 A1:F1 单元格合并为一个单元格，其中内容水平居中。选中 A1 单元格，在“开始”选项卡下“字体”命令组“字体”下拉列表中选择字体为“黑体”，在“字号”下拉列表中选择“12”，在字体“颜色”下拉列表中选择“红色”。

选中工作表的 A3:F83 单元格区域，单击“开始”选项卡下“单元格”命令组“格式”命令的下拉按钮，分别单击“自动调整行高”和“自动调整列宽”两个命令。在“开始”选项卡“对齐方式”命令组中单击“居中”按钮。

选中工作表的 E3:F83 单元格区域，单击“开始”选项卡下“数字”命令组中的“对话框启动器”按钮，在弹出的“设置单元格格式”对话框中选择“数字”标签，在“分类”列表中选择“数值”，并在“小数位数”右侧的文本框中输入“2”。

选中 A3:F83 单元格区域，单击“开始”选项卡下“对齐方式”命令组中的“对话框启动器”按钮，弹出“设置单元格格式”对话框，选中“边框”标签，设置内外边框为细实线，单击“确定”按钮。结果如图 3.37 所示。

（4）单击“平均单价”工作表标签，选中 B3:C7 数据区域，单击名称框，输入“商品均价”，按【Enter】键确认。

单击“销售情况”工作表标签，单击 F 列中任意一个单元格，单击“开始”选项卡下“单元格”命令组中“插入”的下拉按钮，在弹出的下拉菜单中选择“插入工作表列”命令，在第五列之前插入一列。单击 F3 单元格，输入“平均单价”。

单击 F4 单元格，点击“插入函数”按钮，在“插入函数”对话框中的“或选择类别”中选“查找与引用”，在“选择函数”列表中单击“VLOOKUP”函数，单击“确定”按钮，弹出 VLOOKUP 函数参数对话框。第一个参数“Lookup_value”为要查找的值，此处单击 D4 单元格，即要查 D4 这个单元格的商品名称所对应的平均单价；第二个参数“Table_array”为查找的范围，此处单击“平均单价”工作表的 B3:C7 单元格区域，函数参数显示为“商品均价”；第三个参数“Col_index_num”为查找到符合要求的一行数据，第几列是想要的结果，此处输入“2”，因为要查找区域的第二列为平均单价；第四个参数“Range_lookup”用于设置查找时是精确匹配还是大致匹配，FALSE 或 0 为精确匹配，TRUE 或 1 为近似匹配[1]，此处输入

[1] 关于第四个参数，中文版的 Excel 2016 及之前的版本中，此函数的帮助中的说明一直是错误的，需要教师在讲课中说明。

"FALSE"。参数设置如图 3.38 所示。

大地公司某品牌计算机设备全年销量统计表					
序号	店铺	季度	商品名称	销售量	销售额
001	西直门店	1季度	笔记本	200.00	
002	西直门店	2季度	笔记本	150.00	
003	西直门店	3季度	笔记本	250.00	
004	西直门店	4季度	笔记本	300.00	
005	中关村店	1季度	笔记本	230.00	
006	中关村店	2季度	笔记本	180.00	
007	中关村店	3季度	笔记本	290.00	
008	中关村店	4季度	笔记本	350.00	
009	上地店	1季度	笔记本	180.00	
010	上地店	2季度	笔记本	140.00	
011	上地店	3季度	笔记本	220.00	
012	上地店	4季度	笔记本	280.00	
013	亚运村店	1季度	笔记本	210.00	
014	亚运村店	2季度	笔记本	170.00	
015	亚运村店	3季度	笔记本	260.00	
016	亚运村店	4季度	笔记本	320.00	
017	西直门店	1季度	台式机	260.00	
018	西直门店	2季度	台式机	243.00	
019	西直门店	3季度	台式机	362.00	
020	西直门店	4季度	台式机	377.00	

图 3.37　设置格式后的表格

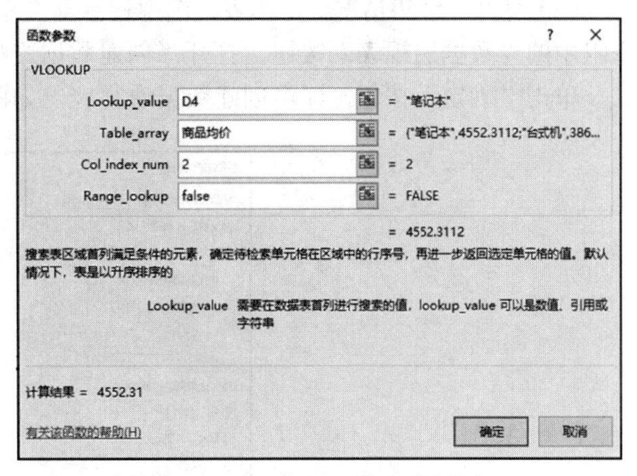

图 3.38　VLOOKUP 函数参数设置

单击"确定"按钮，然后快速填充至 F83，如图 3.39 所示。

大地公司某品牌计算机设备全年销量统计表						
序号	店铺	季度	商品名称	销售量	平均单价	销售额
001	西直门店	1季度	笔记本	200.00	4552.31	
002	西直门店	2季度	笔记本	150.00	4552.31	
003	西直门店	3季度	笔记本	250.00	4552.31	
004	西直门店	4季度	笔记本	300.00	4552.31	
005	中关村店	1季度	笔记本	230.00	4552.31	
006	中关村店	2季度	笔记本	180.00	4552.31	
007	中关村店	3季度	笔记本	290.00	4552.31	
008	中关村店	4季度	笔记本	350.00	4552.31	
009	上地店	1季度	笔记本	180.00	4552.31	
010	上地店	2季度	笔记本	140.00	4552.31	
011	上地店	3季度	笔记本	220.00	4552.31	
012	上地店	4季度	笔记本	280.00	4552.31	
013	亚运村店	1季度	笔记本	210.00	4552.31	
014	亚运村店	2季度	笔记本	170.00	4552.31	
015	亚运村店	3季度	笔记本	260.00	4552.31	
016	亚运村店	4季度	笔记本	320.00	4552.31	
017	西直门店	1季度	台式机	260.00	3861.23	
018	西直门店	2季度	台式机	243.00	3861.23	
019	西直门店	3季度	台式机	362.00	3861.23	
020	西直门店	4季度	台式机	377.00	3861.23	
021	中关村店	1季度	台式机	261.00	3861.23	
022	中关村店	2季度	台式机	349.00	3861.23	
023	中关村店	3季度	台式机	400.00	3861.23	
024	中关村店	4季度	台式机	416.00	3861.23	
025	上地店	1季度	台式机	247.00	3861.23	
026	上地店	2季度	台式机	230.00	3861.23	

图 3.39　VLOOKUP 函数计算出的平均单价

说明

VLOOKUP 函数用于搜索表区域首列满足条件的元素，确定待检索单元格在区域中的行序号，再进一步返回选定单元格的值。该函数完整格式为：

VLOOKUP（Lookup_value，Table_array，Col_index_num，Range_lookup）

在 G4 单元格中输入公式“=F4*E4”，单击【Enter】键；单击 G4 单元格，将鼠标放在单元格右下角的黑色小方块上，当鼠标指针变成黑十字形状✚时，按住鼠标左键拖至 G83 单元格，释放鼠标，计算出所有销售额。

（5）打开“销售情况”工作表，选中任意非空单元格。单击“插入”选项卡下“表格”命令组中的“数据透视表”按钮，打开“创建数据透视表”对话框，如图 3.40 所示。

单击“确定”按钮，即可创建数据透视表，如图 3.41 所示。

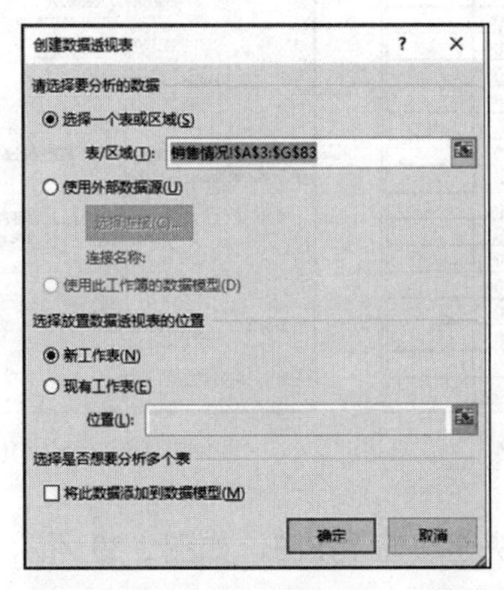

图 3.40 “创建数据透视表”对话框

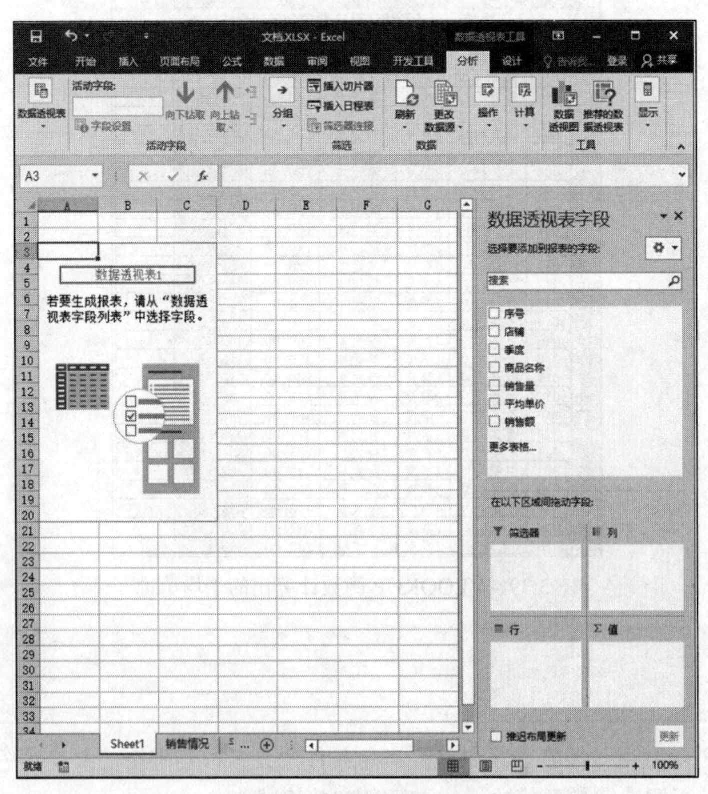

图 3.41 创建数据透视表

在“数据透视表字段”任务窗格中选择以“商品名称”为筛选器，以“店铺”为行标签，以“季度”为列标签，以“销售额”为求和项放入数值区域，如图3.42所示。

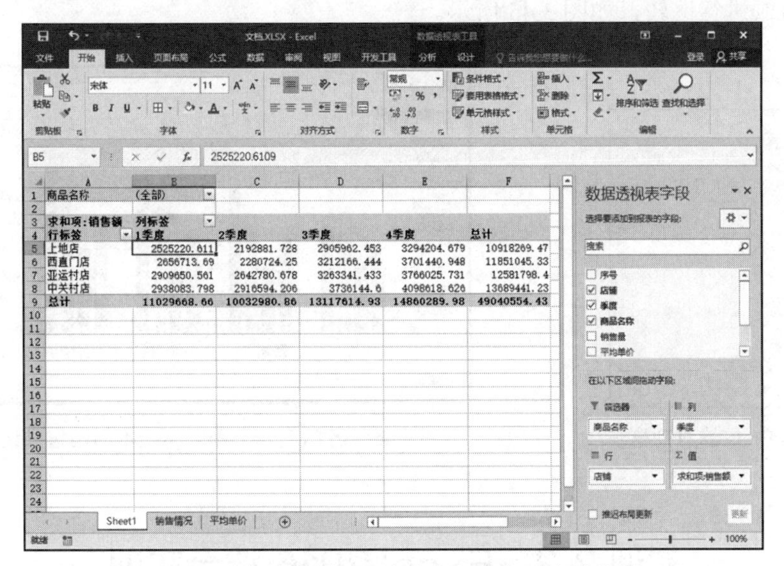

图3.42　创建数据透视表求各门店每季度销售额

在工作表Sheet1标签上单击鼠标右键，在弹出的菜单中选择“重命名”命令，输入“数据透视分析”。

（6）打开“数据透视分析”工作表，单击“数据透视表工具/分析”选项卡下“工具”命令组中的“数据透视图”命令按钮，弹出“插入图表”对话框，选择“簇状柱形图”，单击“确定”按钮，如图3.43所示。

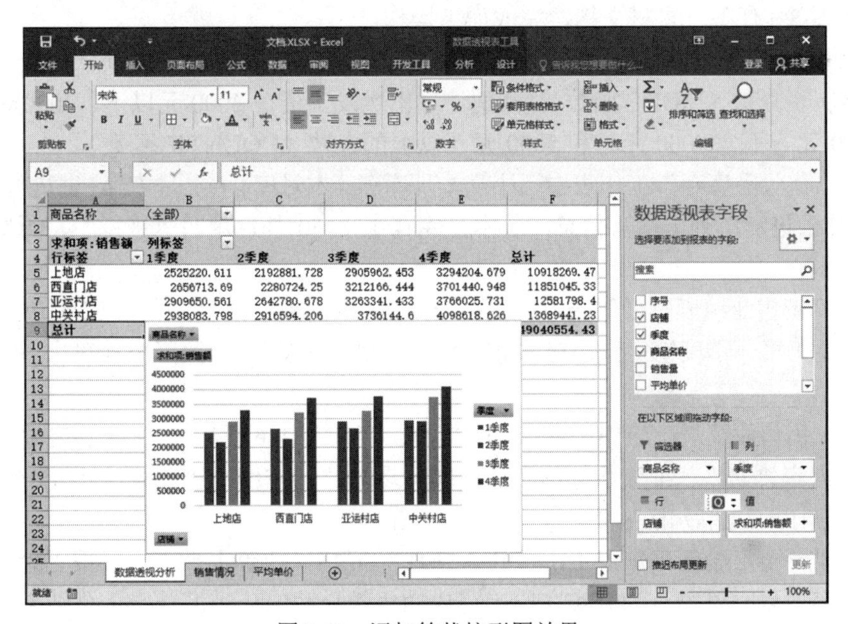

图3.43　添加簇状柱形图效果

根据题目要求，图表仅对各门店四个季度笔记本的销售额进行比较，此时需要对图表依据商品名称进行过滤，单击图表中“商品名称”右侧的下拉按钮，弹出如图3.44所示的过滤

对话框。先选中“选择多项”复选框，再选择“笔记本”，图表就更改为仅对各门店四个季度笔记本的销售额进行比较，如图 3.45 所示。

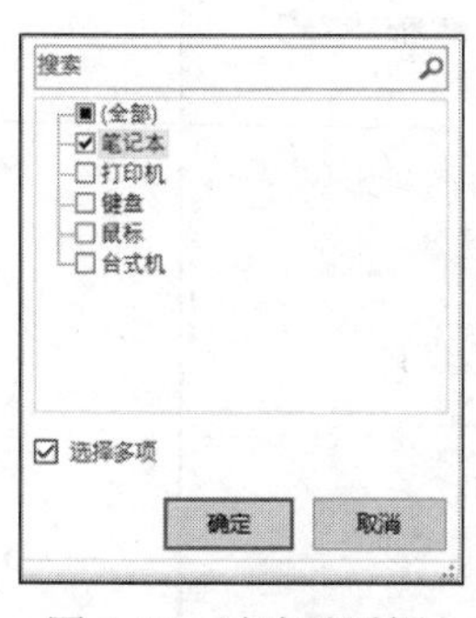

图 3.44　过滤对话框

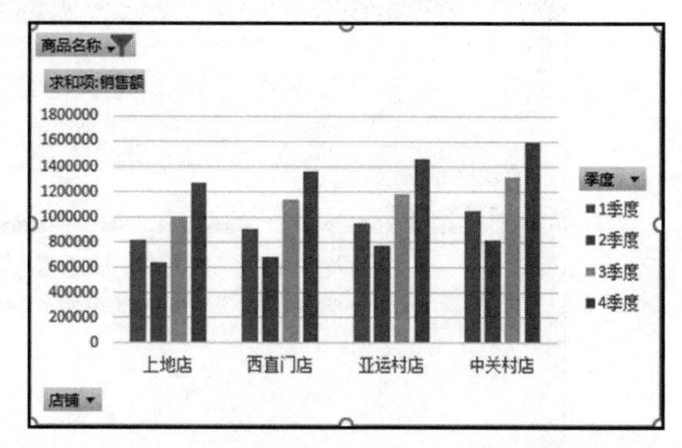

图 3.45　各门店四个季度笔记本的销售额比较

实训 3.3　Excel 2016 综合实训

任务一

实训内容与要求

打开实训 3.3 任务一素材文档，完成如下操作。

（1）在“工资统计表”工作表中，分别计算出实发最高工资、实发最低工资、实发平均工资、基本工资众数（MODE 函数）；分别计算出实发工资在 2000 元以下、2000～5000 元之间（含 2000 元，不含 5000 元）和 5000 元及以上的人数（COUNTIF 函数）。

（2）在“化妆品库存”工作表中，计算本月库存（本月库存=上月库存+进货数量−出货数量）。在“是否进货”列中填写信息，若本月库存小于 50 件，填写“进货”，否则填写“不进货”。

（3）在“销售业绩表”工作表中，根据 B3:C44 中的数据内容，利用 SUMIF 函数计算出 J3:J16 中各员工第一季度销售额；在 K3:K16 中，利用 RANK 函数降序计算出各员工的销售额排名。

（4）在“销售业绩表”工作表中，选取“姓名”列（I2:I16）和“一季度销售额”列（J2:J16）数据区域的内容建立“三维簇状柱形图”，图标题为“一季度销售额统计图”；将图表移动到工作表的 H19:N37 单元格区域内。

（5）在“分类汇总”工作表中，合并 A1:D1 单元格，内容水平居中。按“姓名”列升序排序表格内容。以“姓名”为分类字段，完成销售额总和的分类汇总，汇总结果显示在数据下方。

（6）在“销售记录”工作表中，对工作表内数据清单的内容建立数据透视表，以“地区”和“省份”为行字段，“性质”为列字段，数据项为求和项，计算毛利，将数据透视表置于现工作表的N1:Q35单元格区域。

（7）在“自动筛选”工作表中，筛选出地区为“西南”或“华南”，实际销售金额小于100000元的数据。

（8）在“高级筛选”工作表中，筛选出属于西南地区且实际销售额在100000元以上或者属于华南地区且实际销售额在80000元以上的数据（条件区域设在J1:Q3单元格区域），将筛选结果放在J5:Q18区域。

实训步骤

（1）打开“工资统计表”工作表，单击E16单元格，点击“插入函数”按钮，插入MAX函数，弹出“函数参数”对话框，选中单元格区域“L4:L13”，单击“确定”按钮。

单击E17单元格，点击“插入函数”按钮，插入MIN函数，弹出“函数参数”对话框，选中单元格区域“L4:L13”，单击“确定”按钮。

单击E18单元格，点击“插入函数”按钮，插入AVERAGE函数，弹出“函数参数”对话框，选中单元格区域“L4:L13”，单击“确定”按钮。

单击E19单元格，点击“插入函数”按钮，插入MODE函数，弹出“函数参数”对话框，选中单元格区域“D4:D13”，单击“确定”按钮。

K18 =COUNTIF(L4:L13,">=5000")

19年12月份书稿部工资表

编号	姓名	应领工资				应扣工资				实发工资
		基本工资	提成	奖金	小计	迟到	事假	旷工	小计	
BH001	杨娟	¥2,400	¥4,600	¥800	¥7,800	50			50	¥7,750
BH002	李聃	¥1,800	¥3,800	¥600	¥6,200			100	100	¥6,100
BH003	薛敏	¥1,200	¥2,900	¥300	¥4,400		80		80	¥4,320
BH004	万邦舟	¥1,200	¥2,670	¥400	¥4,270	150			150	¥4,120
BH005	李涛	¥1,200	¥3,150	¥400	¥4,750				0	¥4,750
BH006	刘以达	¥1,400	¥3,689	¥400	¥5,489		120		120	¥5,369
BH007	赵磊	¥800	¥1,500	¥200	¥2,500				0	¥2,500
BH008	张炜	¥800	¥690	¥200	¥1,690	100			100	¥1,590
BH009	刘岩	¥800	¥320	¥200	¥1,320				0	¥1,320
BH010	康新如	¥800	¥1,000	¥200	¥2,000		50		50	¥1,950

类别	数额
实发最高工资	¥7,750
实发最低工资	¥1,320
实发平均工资	¥3,977
基本工资众数	800

实发工资	人数统计
2000元以下	3
2000~5000元之间	4
5000元及以上	3

图3.46 实发最高、最低、平均工资，基本工资众数，以及人数统计

（2）打开“化妆品库存”工作表，单击G3单元格，输入公式“=D3+E3-F3”，按【Enter】键确认。单击G3单元格，将鼠标放在单元格右下角的黑色小方块上，当鼠标指针变成黑十字形状✚时，按住鼠标左键向下拖曳至G17单元格，释放鼠标。

单击H3单元格，单击编辑栏中的“插入函数”按钮，打开“插入函数”对话框，选择函数的类别为“常用函数”，选择函数“IF”，单击“确定”按钮。打开“函数参数”对话框，在“Logical_test”中输入“G3<50”，在“Value_if_true”中输入“进货”，在“Value_if_false”中输入“不进货”，如图3.47所示，最后单击“确定”按钮。

单击H3单元格，将鼠标放在单元格右下角的黑色小方块上，当鼠标指针变成黑十字形

状✚时，按住鼠标左键向下拖曳至 H17 单元格，释放鼠标，结果如图 3.48 所示。

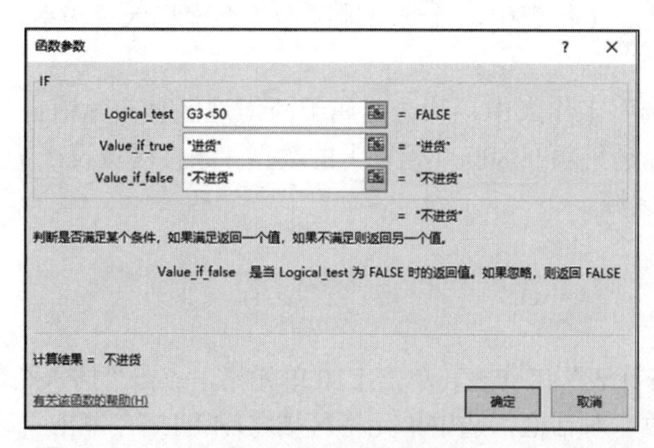

图 3.47　IF 函数参数设置

魅力化妆品公司产品库存表

产品名称	规格	上月库存	进货数量	出货数量	本月库存	是否进货
×××舒活滋养乳	100ml	78	83	65	96	不进货
×××舒活滋养洗颜霜	110g	37	36	55	18	进货
×××活泉深层补水霜	50g	84	53	74	63	不进货
×××活泉补水洁面乳	125g	42	45	56	31	进货
×××修颜美白隔离霜SPF1	30ml	22	76	68	30	进货
×××亮润美白活肤水	100ml	23	42	32	33	进货
×××舒活啫喱柔肤水	100ml	45	74	63	56	不进货
×××娇颜再生紧肤水	120ml	74	64	95	43	进货
×××娇颜再生全效修护眼	18ml	95	64	97	62	不进货
×××亮润美白活肤乳	100ml	26	16	25	17	进货
×××双重美白亮润防护乳	80ml	35	25	5	55	不进货
×××娇颜再生紧致眼霜	18g	34	58	12	80	不进货
×××娇颜再生精华乳	100ml	45	20	35	30	进货
××× 活泉保湿修护精华水	120ml	58	25	63	20	进货
×××亮润美白活肤霜	50g	78	12	30	60	不进货

图 3.48　IF 函数计算结果

说明

也可以直接在 H3 单元格中输入公式“=IF(G3<50，"进货","不进货")”。

需要注意的是，函数中的值“进货”和“不进货”必须使用西文双引号作定界符。

（3）打开“销售业绩表”工作表，单击 J3 单元格，点击“插入函数”按钮，插入 SUMIF 函数，弹出“函数参数”对话框。第一个参数“Range”作条件的单元格区域，此处选择“A3:A44”，快速填充时，此范围应保持不变，因此使用绝对引用，按【F4】功能键切换至绝对引用“$A$3:$A$44”形式；第二个参数“Criteria”为条件，此处输入“H3”；第三个参数“Sum_range”为要求和的单元格区域，快速填充时此范围应保持不变，所以此处选择“$C$3:$C$44”。参数设置如图 3.49 所示。

单击“确定”按钮，然后快速填充至 J16 单元格。

单击 K3 单元格，点击“插入函数”按钮，插入 RANK 函数，弹出 RANK 函数参数对话框。第一个参数“Number”为要排序的数字，此处选择 J3 单元格；第二个参数“Ref”为一组数，快速填充时，此范围应保持不变，因此使用绝对引用，此处选择“J3:J16”单元格区域，按【F4】键切换至绝对引用“$J$3:$J$16”形式；第三个参数“Order”为排序方式，0 或省略为降序，非 0 值为升序，此处输入“0”。对话框设置如图 3.50 所示。

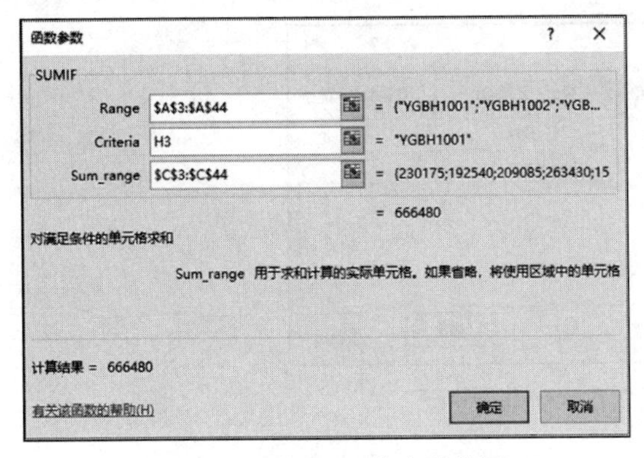

图 3.49　SUMIF 函数参数设置

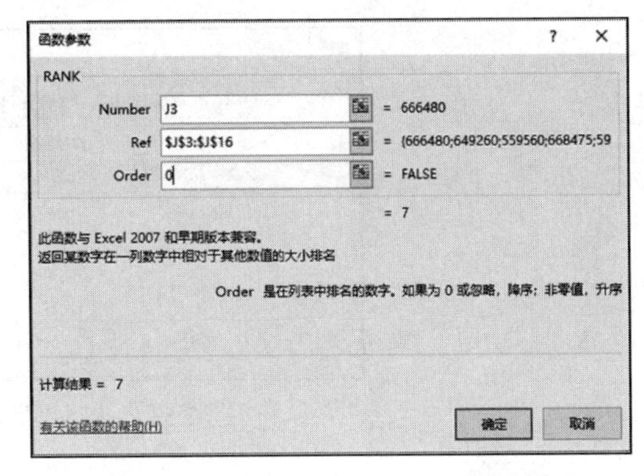

图 3.50　RANK 函数参数对话框设置

单击“确定”按钮，然后快速填充至 K16，如图 3.51 所示。

（4）打开“销售业绩表”工作表，选取工作表的 I2:I16 单元格区域，按住【Ctrl】键，继续选取 J2:J16 单元格区域，单击“插入”选项卡下“图表”命令组中的“其他”按钮，在弹出的“插入图表”对话框中单击“所有图表”标签，根据题目要求选择“柱形图”中的“三维簇状柱形图”，单击“确定”按钮。单击图表标题，将其更改为“一季度销售额统计图”；调整图表大小，将图表移动到工作表的 H19:N37 单元格区域内，如图 3.52 所示。

员工一季度销售额			
员工编号	姓名	一季度销售额	销售额排名
YGBH1001	蔡妹妹	666480	7
YGBH1002	陈圆圆	649260	8
YGBH1003	黄浩洋	559560	13
YGBH1004	兰成勇	668475	6
YGBH1005	李冰艳	597945	10
YGBH1006	李矜红	714240	4
YGBH1007	李明忠	594795	11
YGBH1008	刘菲然	718455	3
YGBH1009	柳永和	600210	9
YGBH1010	孙超雷	535905	14
YGBH1011	陶晶莹	588705	12
YGBH1012	夏学元	755235	2
YGBH1013	杨利敏	695325	5
YGBH1014	张紫燕	816470	1

图 3.51　销售额计算及排序

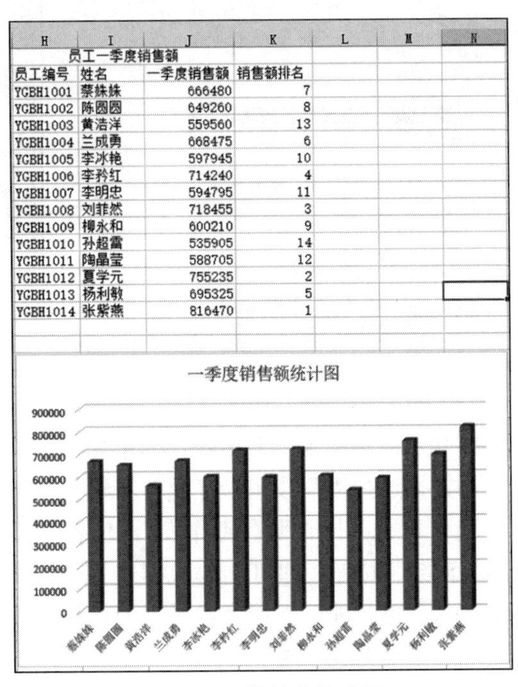

员工一季度销售额			
员工编号	姓名	一季度销售额	销售额排名
YGBH1001	蔡妹妹	666480	7
YGBH1002	陈圆圆	649260	8
YGBH1003	黄浩洋	559560	13
YGBH1004	兰成勇	668475	6
YGBH1005	李冰艳	597945	10
YGBH1006	李矜红	714240	4
YGBH1007	李明忠	594795	11
YGBH1008	刘菲然	718455	3
YGBH1009	柳永和	600210	9
YGBH1010	孙超雷	535905	14
YGBH1011	陶晶莹	588705	12
YGBH1012	夏学元	755235	2
YGBH1013	杨利敏	695325	5
YGBH1014	张紫燕	816470	1

图 3.52　三维簇状柱形图

（5）打开“分类汇总”工作表，选中工作表的A1:D1单元格区域，单击“开始”选项卡下“对齐方式”命令组中的“合并后居中”按钮。

选中A2:D44单元格区域，单击“数据”选项卡下“排序和筛选”命令组中的排序按钮，打开“排序”对话框，在“主要关键字”下拉列表中选择“姓名”，单击“确定”按钮，即可按姓名对工作表中的数据进行排序，如图3.53所示。

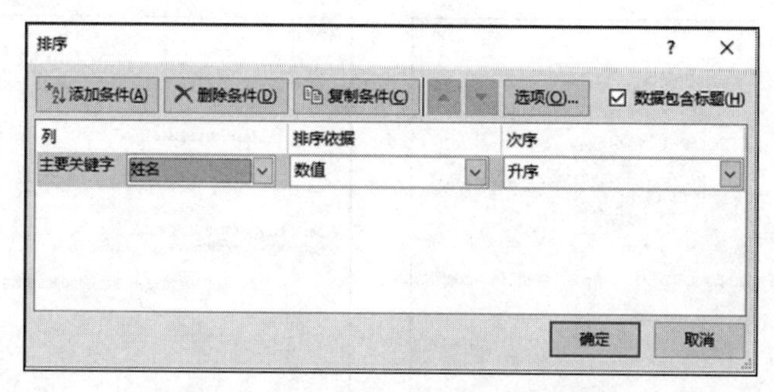

图3.53　按照“姓名”对表中数据排序

单击“数据”选项卡下“分级显示”命令组中的“分类汇总”按钮。打开“分类汇总”对话框，如图3.54所示。在“分类字段”下拉列表框中选择分类字段“姓名”，在“汇总方式”下拉列表框中选择汇总方式“求和”，在“选定汇总项”列表框中选择需汇总的项目“销售额”，单击“确定”按钮完成分类汇总，如图3.55所示。

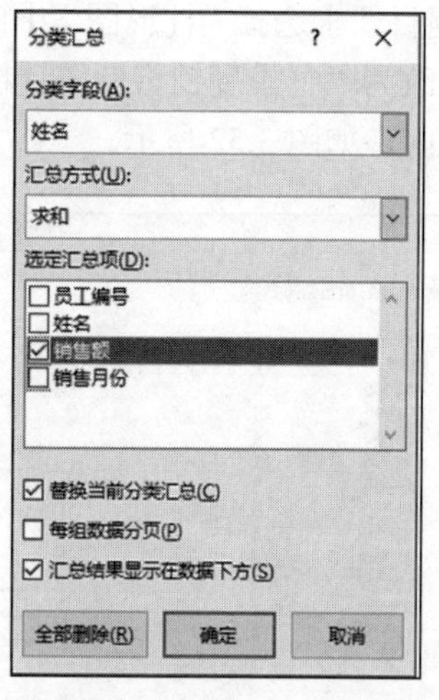

图3.54　“分类汇总”对话框

	A	B	C	D
1	一季度销售业绩			
2	员工编号	姓名	销售额	销售月份
6		蔡姝姝 汇总	666480	
10		陈圆圆 汇总	649260	
14		黄浩洋 汇总	559560	
18		兰成勇 汇总	668475	
22		李冰艳 汇总	597945	
26		李矜红 汇总	714240	
30		李明忠 汇总	594795	
34		刘菲然 汇总	718455	
38		穆永和 汇总	600210	
42		孙超雷 汇总	535905	
46		陶晶莹 汇总	588705	
50		夏学元 汇总	755235	
54		杨利敏 汇总	695325	
58		张紫燕 汇总	816470	
59		总计	9161060	

图3.55　分类汇总结果

（6）打开“销售记录”工作表，选中任意非空单元格。单击“插入”选项卡下“表格”命令组中的“数据透视表”按钮，打开“创建数据透视表”对话框，在“选择放置数据透视表的位置”单选列表中选择“现有工作表”，位置选择N1单元格，如图3.56所示。

单击“确定”按钮，即可创建数据透视表。在“数据透视表字段”任务窗格中以“商品名称”为筛选器，以“地区”和“省份”为行标签，以“性质”为列标签，以“毛利额”为求和项放入数值区域，如图3.57所示。

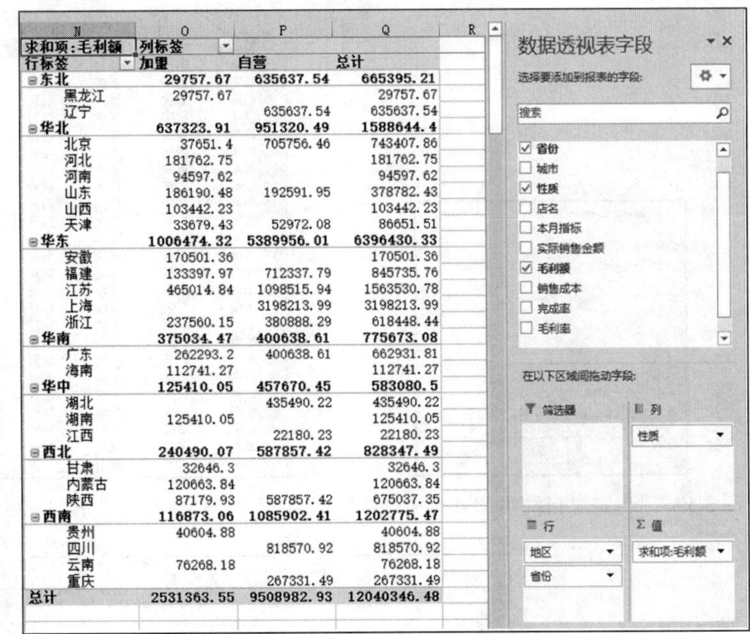

求和项:毛利额	列标签		
行标签	加盟	自营	总计
⊟东北	29757.67	635637.54	665395.21
黑龙江	29757.67		29757.67
辽宁		635637.54	635637.54
⊟华北	637323.91	951320.49	1588644.4
北京	37651.4	705756.46	743407.86
河北	181762.75		181762.75
河南	94597.62		94597.62
山东	186190.48	192591.95	378782.43
山西	103442.23		103442.23
天津	33679.43	52972.08	86651.51
⊟华东	1006474.32	5389956.01	6396430.33
安徽	170501.36		170501.36
福建	133397.97	712337.79	845735.76
江苏	465014.84	1098515.94	1563530.78
上海		3198213.99	3198213.99
浙江	237560.15	380888.29	618448.44
⊟华南	375034.47	400638.61	775673.08
广东	262293.2	400638.61	662931.81
海南	112741.27		112741.27
⊟华中	125410.05	457670.45	583080.5
湖北		435490.22	435490.22
湖南	125410.05		125410.05
江西		22180.23	22180.23
⊟西北	240490.07	587857.42	828347.49
甘肃	32646.3		32646.3
内蒙古	120663.84		120663.84
陕西	87179.93	587857.42	675037.35
⊟西南	116873.06	1085902.41	1202775.47
贵州	40604.88		40604.88
四川		818570.92	818570.92
云南	76268.18		76268.18
重庆		267331.49	267331.49
总计	2531363.55	9508982.93	12040346.48

图 3.56　“创建数据透视表”对话框　　　　图 3.57　创建数据透视表结果

（7）打开“自动筛选”工作表，选中任意非空单元格，单击“数据”选项卡下“排序和筛选”命令组中的“筛选”按钮，工作表标题行中的每个单元格右侧都会出现一个筛选下拉按钮▼。点击“地区”列的下拉按钮，弹出如图 3.58（a）所示的下拉列表，单击选中“华南”和“西南”，单击“确定”按钮；点击“实际销售金额”列的下拉按钮，在弹出的下拉列表中将鼠标指向“数字筛选”命令，展开子列表，如图 3.58（b）所示，单击选中“小于”命令，打开“自定义自动筛选方式”对话框，如图 3.59 所示。根据题目要求，在文本框中输入 100000，结果如图 3.60 所示。

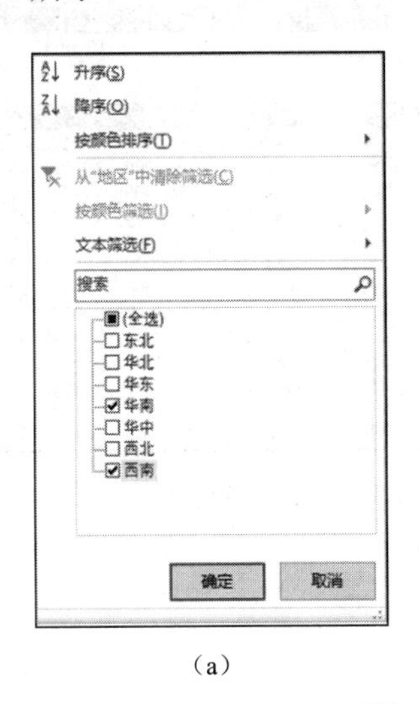

（a）

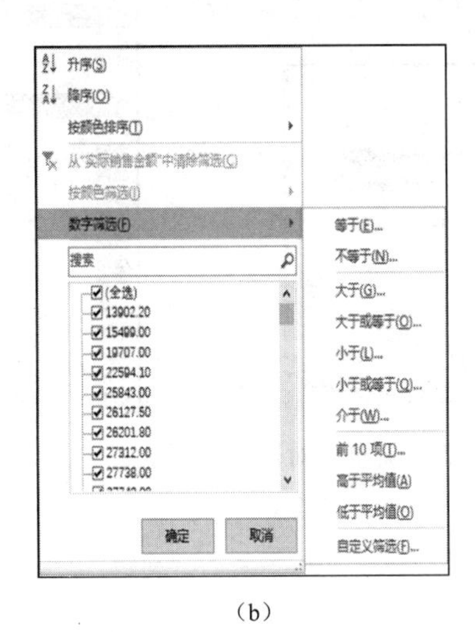

（b）

图 3.58　“筛选”子列表

（8）打开“高级筛选”工作表，首先根据题目要求创建条件区域，在 J1:Q1 区域输入列名称，在 J2:Q3 区域输入筛选条件，如图 3.61 所示。

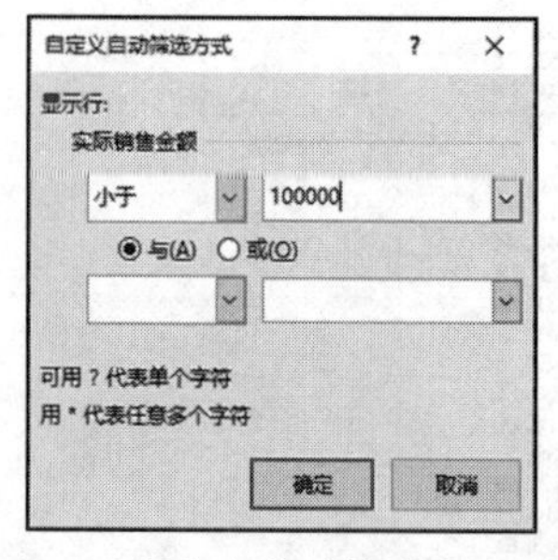

图 3.59 “自定义自动筛选方式”对话框

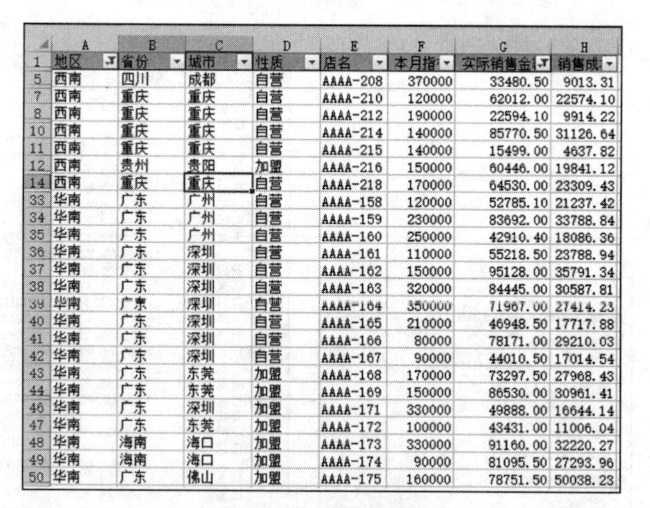

	A	B	C	D	E	F	G	H
1	地区	省份	城市	性质	店名	本月指	实际销售金	销售成
5	西南	四川	成都	自营	AAAA-208	370000	33480.50	9013.31
7	西南	重庆	重庆	自营	AAAA-210	120000	62012.00	22574.10
8	西南	重庆	重庆	自营	AAAA-212	190000	22594.10	9914.22
10	西南	重庆	重庆	自营	AAAA-214	140000	85770.50	31126.64
11	西南	重庆	重庆	自营	AAAA-215	140000	15499.00	4637.82
12	西南	贵州	贵阳	加盟	AAAA-216	150000	60446.00	19841.12
14	西南	重庆	重庆	自营	AAAA-218	170000	64530.00	23309.43
33	华南	广东	广州	自营	AAAA-158	120000	52785.10	21237.42
34	华南	广东	广州	自营	AAAA-159	230000	83692.00	33788.84
35	华南	广东	广州	自营	AAAA-160	250000	42910.40	18086.36
36	华南	广东	深圳	自营	AAAA-161	110000	55218.50	23788.94
37	华南	广东	深圳	自营	AAAA-162	150000	95128.00	35791.34
38	华南	广东	深圳	自营	AAAA-163	320000	84445.00	30587.81
39	华南	广东	深圳	自营	AAAA-164	350000	71967.00	27414.23
40	华南	广东	深圳	自营	AAAA-165	210000	46948.50	17717.88
41	华南	广东	深圳	自营	AAAA-166	80000	78171.00	29210.03
42	华南	广东	深圳	自营	AAAA-167	90000	44010.50	17014.54
43	华南	广东	东莞	加盟	AAAA-168	170000	73297.50	27968.43
44	华南	广东	东莞	加盟	AAAA-169	150000	86530.00	30961.41
46	华南	广东	深圳	加盟	AAAA-171	330000	49888.00	16644.14
47	华南	广东	东莞	加盟	AAAA-172	100000	43431.00	11006.04
48	华南	海南	海口	加盟	AAAA-173	330000	91160.00	32220.27
49	华南	海南	海口	加盟	AAAA-174	90000	81095.50	27293.96
50	华南	广东	佛山	加盟	AAAA-175	160000	78751.50	50038.23

图 3.60 自动筛选结果

J	K	L	M	N	O	P	Q
地区	省份	城市	性质	店名	本月指标	实际销售金额	销售成本
西南						>100000	
华南						>80000	

图 3.61 创建条件区域

选择工作表数据中的任意非空单元格，单击“数据”选项卡下“排序和筛选”命令组中的“高级”按钮，打开“高级筛选”对话框，如图 3.62 所示。选中“将筛选结果复制到其他位置”单选框，单击“列表区域”，选择筛选区域$A$1:$H$194，单击“条件区域”，选择条件区域$J$1:$Q$3，再单击“复制到”，选择 J5 单元格。

单击“确定”按钮，即可完成高级筛选，筛选结果如图 3.63 所示。

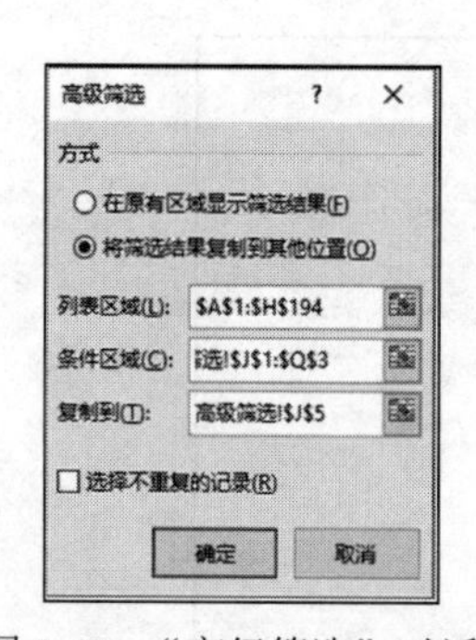

图 3.62 “高级筛选”对话框

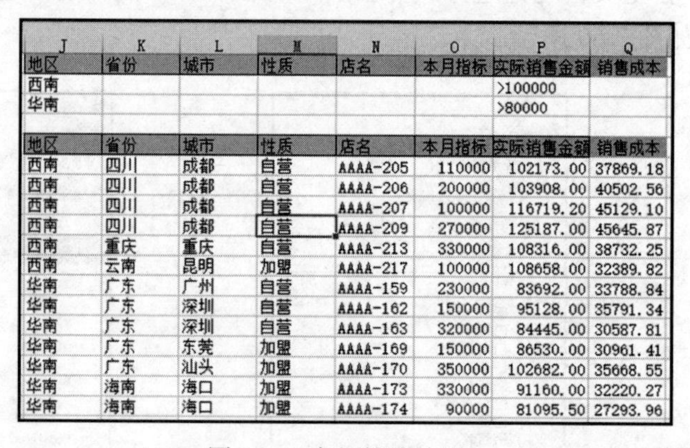

J	K	L	M	N	O	P	Q
地区	省份	城市	性质	店名	本月指标	实际销售金额	销售成本
西南						>100000	
华南						>80000	
地区	省份	城市	性质	店名	本月指标	实际销售金额	销售成本
西南	四川	成都	自营	AAAA-205	110000	102173.00	37869.18
西南	四川	成都	自营	AAAA-206	200000	103908.00	40502.56
西南	四川	成都	自营	AAAA-207	100000	116719.20	45129.10
西南	四川	成都	自营	AAAA-209	270000	125187.00	45645.87
西南	重庆	重庆	自营	AAAA-213	330000	108316.00	38732.25
西南	云南	昆明	加盟	AAAA-217	100000	108658.00	32389.82
华南	广东	广州	自营	AAAA-159	230000	83692.00	33788.84
华南	广东	深圳	自营	AAAA-162	150000	95128.00	35791.34
华南	广东	深圳	自营	AAAA-163	320000	84445.00	30587.81
华南	广东	东莞	加盟	AAAA-169	150000	86530.00	30961.41
华南	广东	汕头	加盟	AAAA-170	350000	102682.00	35668.55
华南	海南	海口	加盟	AAAA-173	330000	91160.00	32220.27
华南	海南	海口	加盟	AAAA-174	90000	81095.50	27293.96

图 3.63 高级筛选结果

任务二

实训内容与要求

打开实训 3.3 任务二素材文档，在打开的窗口中进行如下操作。

（1）在工作表“Sheet1”的 A1 单元格中输入标题“在职培训成绩表”，并设置其在 A1:I1 范围内跨列居中，字体为隶书、粗体、蓝色，字号为 20 号。

（2）在工作表“Sheet1”中，利用函数计算每人的平均分（保留一位小数），并按平均分降序排名（利用 RANK.EQ 函数）；将所有成绩在 70 分以下的分数设置为倾斜、红色、加粗。

（3）在工作表“Sheet1”中设置表格区域 A2:I13 内框线为红色最细单实线，外框线为蓝色双线。将工作表“Sheet1”重命名为“成绩表”。

（4）在工作表“Sheet2”的 F 列中计算金额（金额=单价*数量），并将结果设置为货币格式，添加人民币符号，保留两位小数；在 G 列中计算提成，当金额超过 6000 元时，按 2%的比例计算提成，否则提成为 100 元（利用 IF 函数）。将该工作表重命名为“业绩表”。

（5）在工作表“业绩表”中，选取员工姓名和金额两列数据，创建“带数据标记的折线图”，图表样式 13，图表标题为“销售业绩图”，图例置于顶部，添加纵坐标竖排标题“金额”，设置图表区填充“浅色渐变-个性色 2”，将图插入表 B15:G30 区域内。

（6）在工作表“Sheet3”中，计算季度合计和单项合计，在 B7:F7 单元格中计算单项总合计，在 B8:E8 单元格中计算每种商品的单项占比（单项占比=单项合计/单项总合计），百分比形式，保留两位小数；对 A2:F8 数据区域套用表格格式“表样式中等深浅 2”；将该工作表重命名为“统计表”。

（7）在工作表“工资表”J 列中计算每人的税前工资（税前工资=应付工资合计−扣除社保）；在 D21:D25 单元格中计算每个部门的人数（利用 COUNTIF 函数）；在 E21:E25 单元格中计算每个部门的税前平均工资（利用 AVERAGEIF 函数），保留两位小数。

（8）首先在工作表“销售表”F 列中计算销售额（销售额=销售量*平均单价），然后对该表内数据清单的内容按主要关键字“季度”的升序次序和次要关键字“店铺”的降序次序进行排序，最后完成对各季度销售额总额的分类汇总。

（9）复制工作表“销售筛选”，放在该工作表之后，命名为“销售高级筛选”。

（10）在工作表“销售筛选”中，自动筛选出商品名称为“笔记本”或“台式机”，且销售量在 300 台及以上的记录。

（11）在工作表“销售高级筛选”F3 单元格中输入“销售量排名”，在 F 列中分别计算笔记本和台式机的销售量降序排名（利用 RANK 函数，注意每种商品需各自排名）；然后对该表数据进行高级筛选（在数据清单前插入四行，条件区域设在 A1:F3 单元格区域，在对应字段列内输入条件），条件是商品名称为“笔记本”或“台式机”且销售量排名在前 5 名，在原有区域显示筛选结果。

（12）对工作表“数据源”内数据清单的内容建立数据透视表，行标签为“部门”，列标签为“性别”，计数项为“姓名”，并置于现工作表的 K2:N9 单元格区域内。

实训步骤

（1）在 Sheet1 工作表 A1 单元格中输入标题“在职培训成绩表”；选中 A1 单元格，在“开始”选项卡“字体”命令组中设置单元格内文字字体为“隶书”，字号为“20”，字体颜色为“蓝色”，字体加粗。

选中工作表的 A1:I1 区域，单击“开始”选项卡下“对齐方式”命令组中的“对话框启动器”按钮，在弹出的“设置单元格格式”对话框中选择“对齐”标签，设置文本对齐方式

中的“水平对齐”方式为“跨列居中”，单击“确定”按钮。

注意：“合并后居中”和“跨列居中”是两种不同的水平对齐方式。

（2）单击H3单元格，点击“插入函数”按钮，插入AVERAGE函数，选择要求平均值的单元格区域C3:G3，单击“确定”按钮，然后快速填充至H13单元格。也可以直接在H3单元格中输入公式“=AVERAGE(C3:G3)”，完成1001号职工的平均分计算。

选中工作表的H3:H13区域，单击“开始”选项卡下“数字”命令组中的“对话框启动器”按钮，在弹出的“设置单元格格式”对话框中选择“数字”标签，设置数字分类为“数值”，在“小数位数”右侧文本框中输入“1”，单击“确定”按钮。

单击I3单元格，点击“插入函数”按钮，插入RANK.EQ函数，弹出RANK.EQ函数参数对话框。第一个参数“Number”为要排序的数字，此处选择H3单元格；第二个参数“Ref”为一组数，快速填充时，此范围应保持不变，因此使用绝对引用，此处选择“H3:H13”单元格区域，按【F4】键切换至绝对引用“$H$3:$H$13”形式；第三个参数“Order”为排序方式，0或省略为降序，非0值为升序，此处输入“0”。对话框设置如图3.64所示。

单击“确定”按钮，然后快速填充至I13单元格。

选中C3:H13单元格区域，单击“开始”选项卡下“样式”命令组中的“条件格式”按钮，在弹出的列表中选择“新建规则”命令。打开“新建格式规则”对话框，在“选择规则类型”列表中选择“只为包含以下内容的单元格设置格式”选项，在“编辑规则说明”下设置条件“单元格值，小于，70”，单击“格式”按钮，打开“设置单元格格式”对话框，设置字体加粗、倾斜、红色，单击“确定”按钮，返回“新建格式规则”对话框，如图3.65所示，再单击“确定”按钮，完成设置。计算平均值、排名并设置条件格式后的效果如图3.66所示。

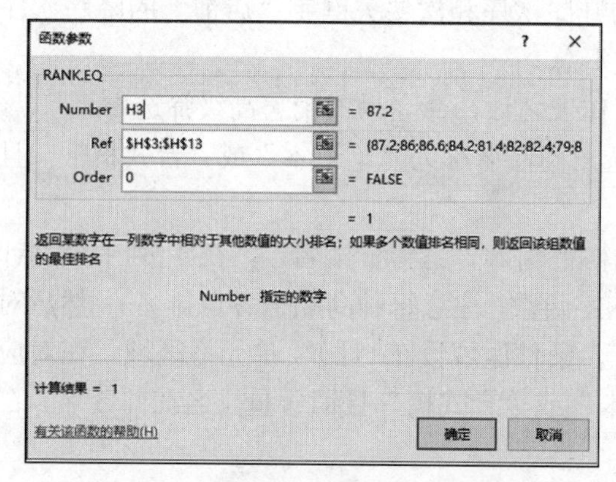

图3.64 RANK.EQ函数参数对话框

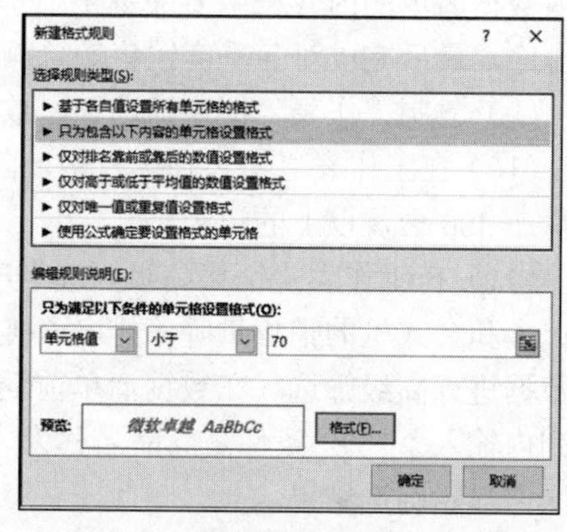

图3.65 “新建格式规则”对话框

在职培训成绩表

编号	姓名	办公软件应用	英语	电子商务	网络维护	行政办公	平均分	排名
1001	江雨薇	88	90	92	86	80	87.2	1
1002	郝思嘉	81	96	80	84	89	86.0	3
1003	林晓彤	79	87	88	89	90	86.6	2
1004	曾云儿	75	83	80	92	91	84.2	4
1005	邱月清	***60***	90	87	86	84	81.4	10
1006	沈沉	85	86	90	80	***69***	82.0	9
1007	蔡小蓓	***69***	79	89	90	85	82.4	7
1008	尹南	80	95	84	***69***	***67***	79.0	11
1009	陈小旭	81	82	83	84	85	83.0	6
1010	薛婧	79	81	83	85	92	84.0	5
1011	萧煜	86	82	85	70	89	82.4	7

图3.66 最终效果图

（3）选中“Sheet1”工作表中的 A2:I13 区域，单击“开始”选项卡下“对齐方式”命令组中的“对话框启动器”按钮，在弹出的“设置单元格格式”对话框中选择“边框”标签，设置外边框蓝色双线，内边框为红色最细单实线。

在“Sheet1”工作表标签上单击鼠标右键，在弹出的菜单中选择“重命名”命令，工作表标签将变成可编辑状态，输入“成绩表”作为新的工作表标签。

“Sheet1”工作表最终效果如图 3.67 所示。

（4）打开“Sheet2”工作表，在 F3 单元格中输入公式“=D3*E3”，单击【Enter】键；单击 F3 单元格，将鼠标放在单元格右下角的黑色小方块上，当鼠标指针变成黑十字形状✚时，按住鼠标左键拖至 F12 单元格，释放鼠标，计算出所有金额。

单击 F12 单元格右下角的“自动填充选项”按钮，在下拉列表中选择“不带格式填充”命令，如图 3.68 所示。

在职培训成绩表

编号	姓名	办公软件应用	英语	电子商务	网络维护	行政办公	平均分	排名
1001	江雨薇	88	90	92	86	80	87.2	1
1002	郝思嘉	81	96	80	84	89	86.0	3
1003	林晓彤	79	87	88	89	90	86.6	2
1004	曾云儿	75	83	80	92	91	84.2	4
1005	邱月清	60	90	87	86	84	81.4	10
1006	沈沉	85	86	90	80	69	82.0	9
1007	蔡小蓓	69	79	89	90	85	82.4	7
1008	尹南	80	95	84	69	67	79.0	11
1009	陈小旭	81	82	83	84	85	83.0	6
1010	薛婧	79	81	83	85	92	84.0	5
1011	萧煜	86	82	85	70	89	82.4	7

图 3.67　“Sheet1”工作表最终效果

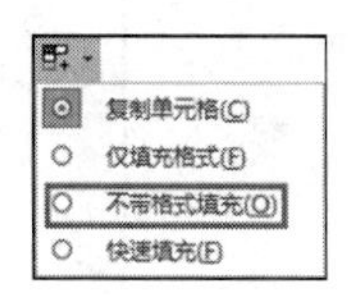

图 3.68　“自动填充选项”下拉列表

选中 F3:F12 单元格区域，单击“开始”选项卡下“数字”命令组中的“对话框启动器”按钮，在弹出的“设置单元格格式”对话框中选择“数字”标签，在“分类”中选择“货币”，设置小数位数为 2，设置货币符号为“¥”。

在 G3 单元格中输入公式“=IF(F3>6000,F3*2%,100)”，按下【Enter】键。单击 G3 单元格，将鼠标放在单元格右下角的黑色小方块上，当鼠标指针变成黑十字形状✚时，按住鼠标左键向下拖至 G12 单元格，释放鼠标。单击 G12 单元格右下角的“自动填充选项”按钮，在下拉列表中选择“不带格式填充”命令。

鼠标右键单击“Sheet2”工作表标签，在弹出的菜单中选择“重命名”命令，输入“业绩表”。

“Sheet2”工作表完成数据计算及格式设置后的效果如图 3.69 所示。

销售业绩表

销售日期	员工姓名	产品名称	单价	数量	金额	提成
2017/10/1	张欢	显示器	¥1,500	8	¥12,000.00	¥240
2017/10/2	荆京	主板	¥600	10	¥6,000.00	¥100
2017/10/3	佳雪	鼠标	¥20	200	¥4,000.00	¥100
2017/10/4	刘恒恒	显示器	¥1,500	6	¥9,000.00	¥180
2017/10/5	张会	机箱	¥18	100	¥1,800.00	¥100
2017/10/6	刘洋和	打印机	¥500	12	¥6,000.00	¥100
2017/10/7	宋辉	打印机	¥500	8	¥4,000.00	¥100
2017/10/8	徐莉莉	扫描仪	¥1,200	4	¥4,800.00	¥100
2017/10/9	杨涛	主板	¥600	8	¥4,800.00	¥100
2017/10/10	高秀展	扫描仪	¥1,200	6	¥7,200.00	¥144
				合计	¥59,600	¥1,264

图 3.69　“Sheet2”工作表完成计算及格式设置后的效果

（5）打开“业绩表”工作表，选取工作表的 B2:B12 单元格区域，按住【Ctrl】键，继续选取 F2:F12 单元格区域，单击“插入”选项卡下“图表”命令组中的“其他”按钮，在弹出的“插入图表”对话框中单击“所有图表”标签，根据题目要求选择“折线图”中的“带数据标记的折线图”，单击“确定”按钮，如图 3.70 所示。

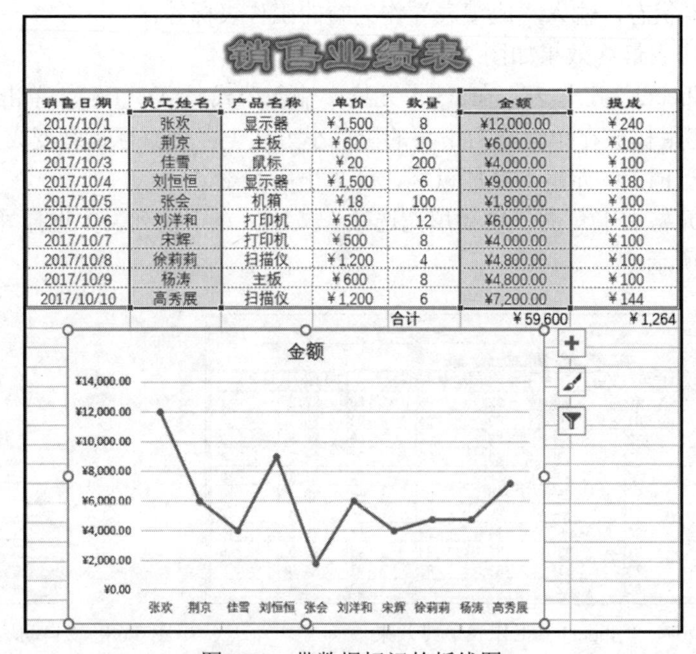

销售业绩表

销售日期	员工姓名	产品名称	单价	数量	金额	提成
2017/10/1	张欢	显示器	¥1,500	8	¥12,000.00	¥240
2017/10/2	荆京	主板	¥600	10	¥6,000.00	¥100
2017/10/3	佳雪	鼠标	¥20	200	¥4,000.00	¥100
2017/10/4	刘恒恒	显示器	¥1,500	6	¥9,000.00	¥180
2017/10/5	张会	机箱	¥18	100	¥1,800.00	¥100
2017/10/6	刘洋和	打印机	¥500	12	¥6,000.00	¥100
2017/10/7	宋辉	打印机	¥500	8	¥4,000.00	¥100
2017/10/8	徐莉莉	扫描仪	¥1,200	4	¥4,800.00	¥100
2017/10/9	杨涛	主板	¥600	8	¥4,800.00	¥100
2017/10/10	高秀展	扫描仪	¥1,200	6	¥7,200.00	¥144
				合计	¥59,600	¥1,264

图 3.70　带数据标记的折线图

单击图表标题，将其更改为“销售业绩图”；单击“图表工具/设计”选项卡，在“图表样式”命令组中单击“其他”按钮，打开图表样式表，选择“样式 13”；单击“图表工具/设计”选项卡，在“图表布局”命令组中单击“添加图表元素”右下角的下拉按钮，在下拉列表中将鼠标指向“图例”命令，在层叠菜单中选择“顶部”；在“图表布局”命令组中单击“添加图表元素”右下角的下拉按钮，在下拉列表中将鼠标指向“轴标题”命令，在层叠菜单中选择“主要纵坐标轴”，在图表中把纵坐标轴标题设置为“金额”；在“图表区”单击鼠标右键，在快捷菜单中选择“设置图表区格式”命令，打开“设置图表区格式”窗格，选择“填充与线条”选项下的“填充”，按照题目要求，选择“渐变填充”单选按钮，设置图表区填充为“浅色渐变-个性色 2”，如图 3.71 所示。

调整图表大小，并拖动到工作表的 B15:G30 单元格区域，最终图表如图 3.72 所示。

（6）打开“Sheet3”工作表，单击 F3 单元格，输入公式“=SUM(B3:E3)”，单击【Enter】键确认；再次单击 F3 单元格，将鼠标放在单元格右下角的黑色小方块上，当鼠标指针变成黑十字形状✚时，按住鼠标左键拖至 F6 单元格，释放鼠标，计算出所有季度合计。

单击 B7 单元格，输入公式“=SUM(B3:B6)”，单击【Enter】键确认；再次单击 B7 单元格，将鼠标放在单元格右下角的黑色小方块上，当鼠标指针变成黑十字形状✚时，按住鼠标左键拖至 F7 单元格，释放鼠标，计算出所有单项合计。

单击 B8 单元格，输入公式“=B7/SUM($B$7:$E$7)”，单击【Enter】键确认；再次单击 B8 单元格，将鼠标放在单元格右下角的黑色小方块上，当鼠标指针变成黑十字形状✚时，按住鼠标左键拖至 E8 单元格，释放鼠标，计算出所有单项占比。

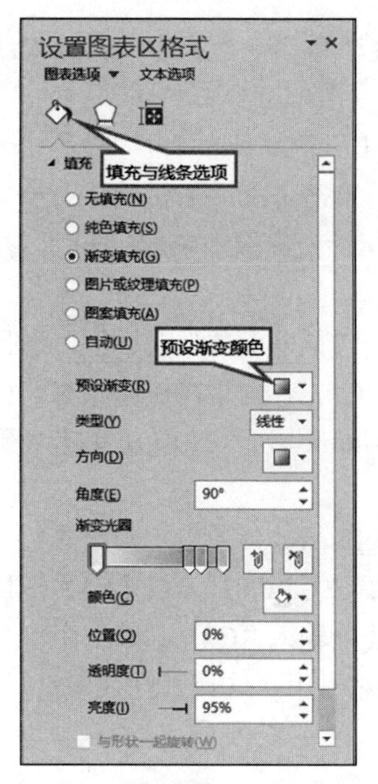

图 3.71 “设置图表区格式”窗格

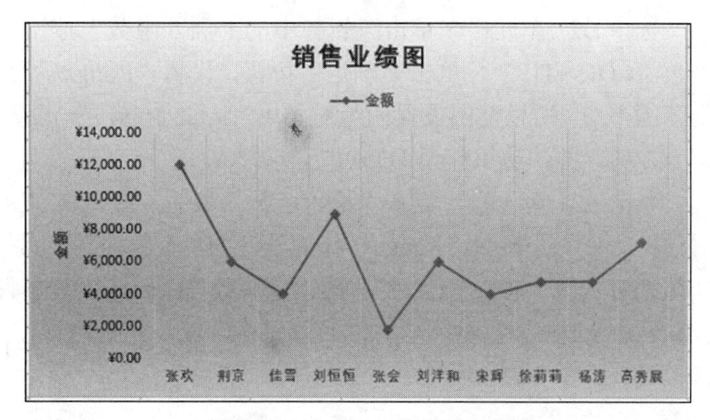

图 3.72 Sheet2 工作表中的图表

选中 B8:E8 单元格区域，单击“开始”选项卡“数字”命令组中的“对话框启动器”按钮，在弹出的“设置单元格格式”对话框中选择“数字”标签，在“分类”中选择“百分比”，设置小数位数为 2，单击“确定”按钮，退出对话框。

选中 A2:F8 单元格区域，单击“开始”选项卡“样式”命令组中的“套用表格格式”下拉按钮，在样式库中选择“表样式中等深浅 2”，如图 3.73 所示。

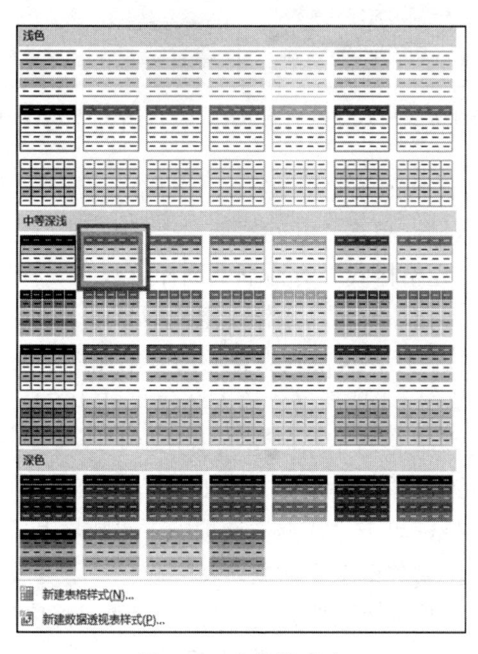

图 3.73 表格样式库

鼠标右键单击“Sheet3”工作表标签，在弹出的菜单中选择“重命名”命令，输入“统计表”。

“Sheet3”工作表完成数据计算及格式设置后的效果如图 3.74 所示。

（7）打开“工资表”，单击 J3 单元格，输入公式“=H3-I3”，单击【Enter】键确认；单击 J3 单元格，将鼠标放在单元格右下角的黑色小方块上，当鼠标指针变成黑十字形状✚时，按住鼠标左键拖至 J17 单元格，释放鼠标，计算出所有税前工资。

选中 D21 单元格，单击编辑栏中的“插入函数”按钮，打开“插入函数”对话框，选择函数“COUNTIF”，单击“确定”按钮，设置“Range”为“C3:C17”，由于在快速填充过程中范围不变，所以范围设置为绝对引用“$C$3:$C$17”，设置“Criteria”为“C21”，单击“确定”按钮，并快速填充至 D25 单元格。

单击 E21 单元格，点击“插入函数”按钮，插入 AVERAGEIF 函数，弹出“函数参数”对话框。第一个参数“Range”作为条件的单元格区域，此处选择“C3:C17”，按【F4】键切换至绝对引用“$C$3:$C$17”；第二个参数“Criteria”为条件，此处输入“C21”；第三个参数“Average_range”为要求平均值的单元格区域，此处同样使用绝对引用，选择“$J$3:$J$17”。参数设置如图 3.75 所示。

	A	B	C	D	E	F
1	地猫商城销售额统计表（单位：万元）					
2	季度	电视机	冰箱	洗衣机	空调	季度合计
3	第一季度	1450	1380	566	1300	4696
4	第二季度	2165	1856	785	3782	8588
5	第三季度	2355	2050	985	2360	7750
6	第四季度	3500	3300	1530	2516	10846
7	单项合计	9470	8586	3866	9958	31880
8	单项占比	29.71%	26.93%	12.13%	31.24%	

图 3.74 “Sheet3”工作表完成计算及格式设置后的效果

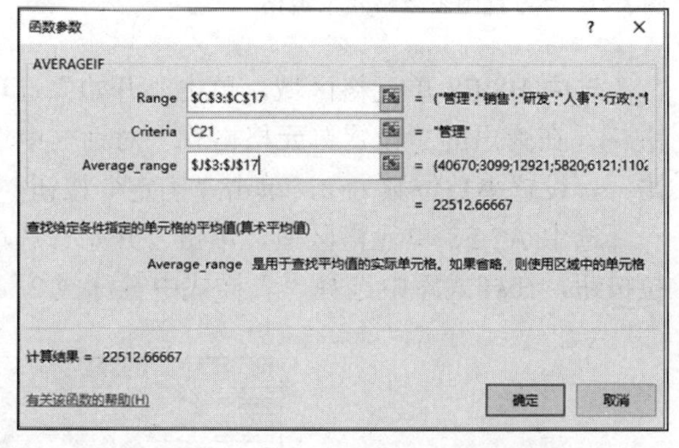

图 3.75 AVERAGEIF 函数参数设置

单击“确定”按钮，纵向快速填充至 E25。

选中 E21:E25 单元格区域，单击“开始”选项卡“数字”命令组中的“对话框启动器”按钮，在弹出的“设置单元格格式”对话框中选择“数字”标签，在“分类”中选择“数值”，设置小数位数为 2，单击“确定”按钮，退出对话框。

“工资表”工作表完成数据计算及格式设置后的效果如图 3.76 所示。

（8）打开“销售表”，单击 F4 单元格，输入公式“=D4*E4”，单击【Enter】键确认；单击 F4 单元格，将鼠标放在单元格右下角的黑色小方块上，当鼠标指针变成黑十字形状✚时，按住鼠标左键拖至 F83 单元格，释放鼠标，计算出所有销售额。

选中 A3:F83 单元格区域，单击“数据”选项卡下“排序和筛选”命令组中的排序按钮，打开“排序”对话框，在“主要关键字”下拉列表中选择“季度”，次序为“升序”，单击“添加条件”按钮，选择“店铺”作为“次要关键字”，次序为“降序”，单击“确定”按钮，即可按题目要求对工作表中的数据进行排序，如图 3.77 所示。

	A	B	C	D	E	F	G	H	I	J
1	东方公司10月份员工工资表									
2	员工工号	姓名	部门	基础工资	奖金	补贴	扣除病事假	应付工资合计	扣除社保	税前工资
3	DF001	包宏伟	管理	40600	500	260	230	41130	460	40670
4	DF002	陈万地	销售	3500		260	352	3408	309	3099
5	DF003	张惠	研发	12450	500	260		13210	289	12921
6	DF004	闫朝霞	人事	6050		260	130	6180	360	5820
7	DF005	吉祥	行政	6150		260		6410	289	6121
8	DF006	李燕	管理	10550	500	260		11310	289	11021
9	DF007	李娜娜	销售	6350		260		6610	206	6404
10	DF008	刘康锋	管理	15550	500	260	155	16155	308	15847
11	DF009	刘鹏举	销售	4100		260		4360	289	4071
12	DF010	倪冬声	销售	5800		260	25	6035	289	5746
13	DF011	齐飞扬	研发	12450	500	260		13210	289	12921
14	DF012	苏解放	销售	3800		260		4060	289	3771
15	DF013	孙玉敏	研发	12450	500	260		13210	289	12921
16	DF014	王清华	人事	7850		260		8110	289	7821
17	DF015	谢如康	行政	7200		260		7460	309	7151
18										
19										
20			部门	人数	税前平均工资					
21			管理	3	22512.66667					
22			销售	5	4618.2					
23			研发	3	12921					
24			人事	2	6820.5					
25			行政	2	6636					

图 3.76　“工资表”工作表完成计算及格式设置后的效果

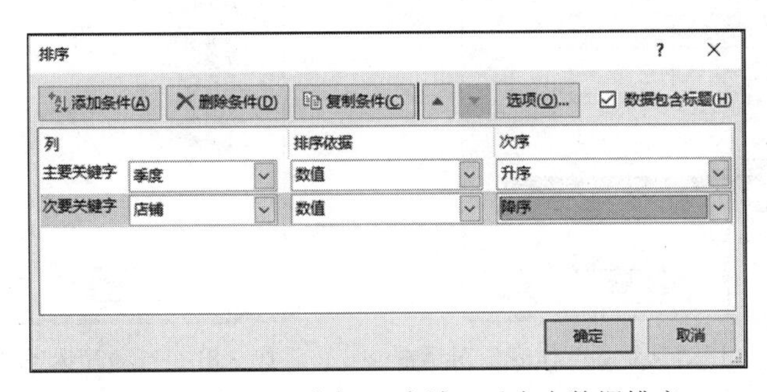

图 3.77　按照“季度”“店铺”对表中数据排序

单击“数据”选项卡下“分级显示”命令组中的“分类汇总”按钮，打开“分类汇总”对话框，如图 3.78 所示。在“分类字段”下拉列表框中选择分类字段“季度”，在“汇总方式”下拉列表框中选择汇总方式“求和”，在“选定汇总项”列表框中选择需汇总的项目“销售额”，单击“确定”按钮完成分类汇总，如图 3.79 所示。

分类汇总
分类字段(A):
季度
汇总方式(U):
求和
选定汇总项(D):
店铺
季度
商品名称
销售量
平均单价
销售额
替换当前分类汇总(C)
每组数据分页(P)
汇总结果显示在数据下方(S)
全部删除(R)　确定　取消

图 3.78　“分类汇总”对话框

	A	B	C	D	E	F
1	大地公司某品牌计算机设备全年销量统计表					
2						
3	店铺	季度	商品名称	销售量	平均单价	销售额
24		**1季度 汇总**				11029895
45		**2季度 汇总**				10033187
66		**3季度 汇总**				13117845
87		**4季度 汇总**				14860556
88		**总计**				49041483

图 3.79　分类汇总结果

（9）在“销售筛选”工作表标签上单击鼠标右键，在快捷菜单中单击“移动或复制”命令，系统弹出“移动或复制工作表”对话框，如图3.80所示。在“下列选定工作表之前”列表框中选择“数据源”，选中“建立副本”前的复选按钮，单击“确定”按钮。在新建的副本工作表标签上单击鼠标右键，在快捷菜单中单击“重命名”命令，此时工作表标签处于可编辑状态，输入新的工作表名称为“销售高级筛选”。

（10）打开“销售筛选”工作表，选中表中任意非空单元格，单击“数据”选项卡下“排序和筛选”命令组中的“筛选”按钮，工作表标题行中的每个单元格右侧都会出现一个筛选下拉按钮▾。单击“商品名称”列的下拉按钮，弹出如图3.81所示的下拉列表，单击选中“笔记本”和“台式机”，单击“确定”按钮，完成此条件的自动筛选。

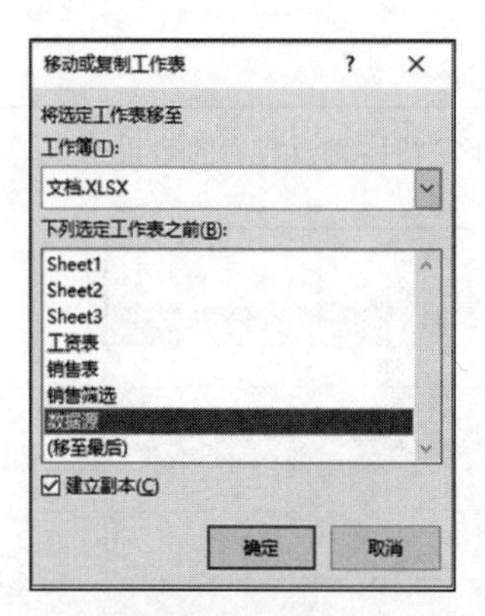

图3.80 “移动或复制工作表”对话框

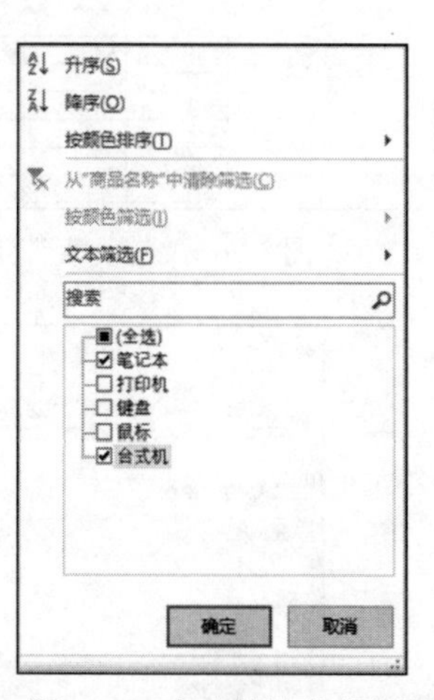

图3.81 自动筛选条件设置

单击“销售量”列的下拉按钮，在弹出的下拉列表中将鼠标指向“数字筛选”命令，展开子列表，单击选中“大于或等于”命令，打开“自定义自动筛选方式”对话框，如图3.82所示。根据题目要求，在文本框中输入300，自动筛选结果如图3.83所示。

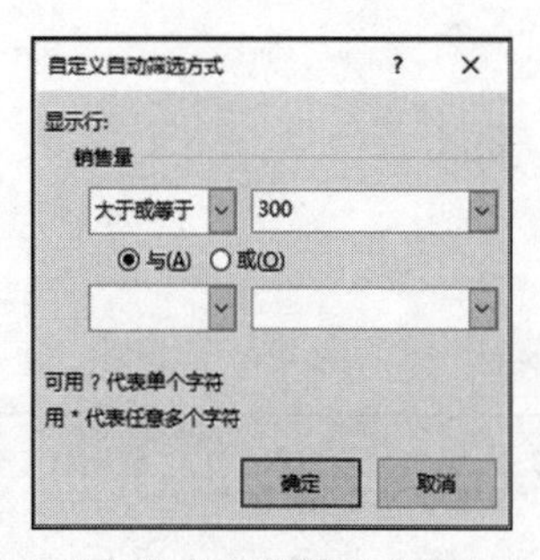

图3.82 “自定义自动筛选方式”对话框

	A	B	C	D	E
1	大地公司某品牌计算机设备全年销量统计表				
2					
3	店铺	季度	商品名称	销售量	平均单价
7	西直门店	4季度	笔记本	300	4552.31
11	中关村店	4季度	笔记本	350	4552.31
19	亚运村店	4季度	笔记本	320	4552.31
22	西直门店	3季度	台式机	362	3861.23
23	西直门店	4季度	台式机	377	3861.23
25	中关村店	2季度	台式机	349	3861.23
26	中关村店	3季度	台式机	400	3861.23
27	中关村店	4季度	台式机	416	3861.23
32	亚运村店	1季度	台式机	336	3861.23
33	亚运村店	2季度	台式机	315	3861.23
34	亚运村店	3季度	台式机	357	3861.23
35	亚运村店	4季度	台式机	377	3861.23

图3.83 自动筛选结果

（11）打开工作表“销售高级筛选”，在F3单元格中输入“销售量排名”。

单击F4单元格，点击“插入函数”按钮，插入RANK函数，弹出RANK函数参数对话框。第一个参数“Number”为要排序的数字，此处选择D4单元格；第二个参数“Ref”为一组数，快速填充时此范围应保持不变，因此使用绝对引用，此处选择“$D$4:$D$19”单元格区域；第三个参数“Order”为排序方式，0或省略为降序，非0值为升序，此处输入“0”。对话框设置如图3.84所示。

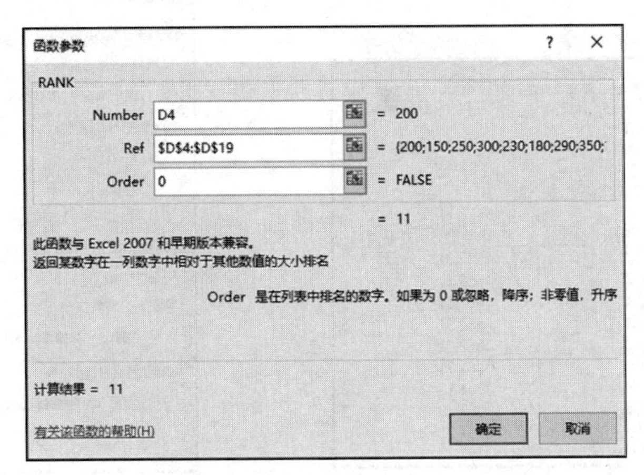

图3.84　RANK函数参数对话框设置

单击“确定”按钮，然后快速填充至F19单元格，计算出笔记本的销售量排名。

单击F20单元格，点击“插入函数”按钮，插入RANK函数，弹出RANK函数参数对话框。第一个参数“Number”为要排序的数字，此处选择D20单元格；第二个参数“Ref”为一组数，快速填充时此范围应保持不变，因此使用绝对引用，此处选择“$D$20:$D$35”单元格区域；第三个参数“Order”为排序方式，0或省略为降序，非0值为升序，此处输入“0”。单击“确定”按钮，然后快速填充至F35单元格，计算出台式机的销售量排名。

首先创建条件区域。单击A1单元格，单击鼠标右键，在快捷菜单中选择“插入”命令，选择“整行”，重复上述操作，在第一行前插入四个空行。根据题目要求，在A1:F1区域输入列名称，在A2:F3区域输入筛选条件，如图3.85所示。

选择创建好条件区域的工作表数据中的任意非空单元格，单击“数据”选项卡下“排序和筛选”组中的“高级”按钮，打开“高级筛选”对话框，如图3.86所示。单击“列表区域”，选择筛选区域“$A$7:$F$87”，单击“条件区域”，选择条件区域“$A$1:$F$3”，选择筛选方式为“在原有区域显示筛选结果”。

	A	B	C	D	E	F
1	店铺	季度	商品名称	销售量	平均单价	销售量排名
2			笔记本			<=5
3			台式机			<=5
4						

图3.85　创建条件区域

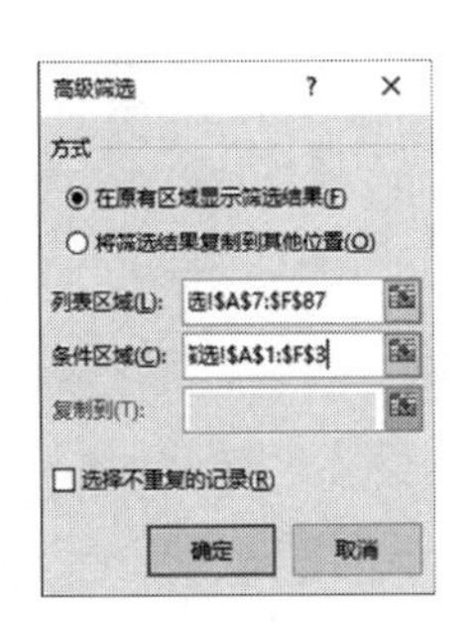

图3.86　“高级筛选”对话框

单击“确定”按钮，即可完成高级筛选，筛选结果如图3.87所示。

（12）打开“数据源”工作表，单击“插入”选项卡下“表格”命令组中的“数据透视表”

按钮，打开“创建数据透视表”对话框，在“选择放置数据透视表的位置”单选列表中选择“现有工作表”，位置选择K2单元格，如图3.88所示。

	A	B	C	D	E	F
1	店铺	季度	商品名称	销售量	平均单价	销售量排名
2			笔记本			<=5
3			台式机			<=5
4						
5	大地公司某品牌计算机设备全年销量统计表					
6						
7	店铺	季度	商品名称	销售量	平均单价	销售量排名
11	西直门店	4季度	笔记本	300	4552.31	3
14	中关村店	3季度	笔记本	290	4552.31	4
15	中关村店	4季度	笔记本	350	4552.31	1
19	上地店	4季度	笔记本	280	4552.31	5
23	亚运村店	4季度	笔记本	320	4552.31	2
26	西直门店	3季度	台式机	362	3861.23	5
27	西直门店	4季度	台式机	377	3861.23	3
30	中关村店	3季度	台式机	400	3861.23	2
31	中关村店	4季度	台式机	416	3861.23	1
39	亚运村店	4季度	台式机	377	3861.23	3

图3.87　高级筛选的筛选结果

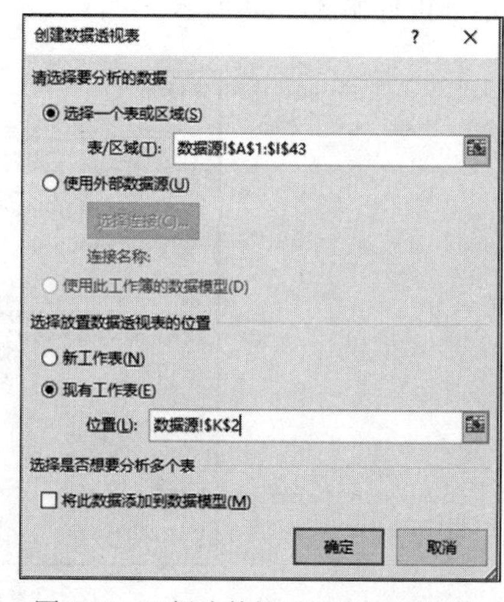

图3.88　“创建数据透视表”对话框

单击“确定”按钮，即可创建数据透视表。在“数据透视表字段”任务窗格中选择行标签为“部门”，列标签为“性别”，计数项为“姓名”，生成的数据透视表如图3.89所示。

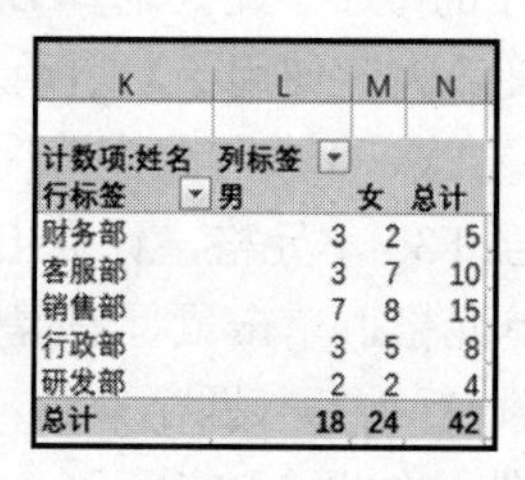

计数项:姓名	列标签		
行标签	男	女	总计
财务部	3	2	5
客服部	3	7	10
销售部	7	8	15
行政部	3	5	8
研发部	2	2	4
总计	18	24	42

图3.89　创建数据透视表结果

实训 4

PowerPoint 演示文稿制作

实训目的

（1）了解演示文稿的制作过程，掌握制作演示文稿的方法。
（2）掌握演示文稿主题、背景的设置方法。
（3）掌握幻灯片母版的设置方法。
（4）掌握在演示文稿中插入对象的方法，学会各种对象的设置方法。
（5）掌握演示文稿的编辑方法。
（6）掌握动画设置和幻灯片切换效果设置。

实训 4.1 PowerPoint 演示文稿基本操作

任务一

实训内容与要求

打开实训 4.1 任务一素材文档，在文档中完成如下操作。

（1）在最后一张幻灯片前插入一张版式为“仅标题”的新幻灯片，使其成为第四张幻灯片，标题为“领先同行业的技术”。

（2）如样张所示，在第四张幻灯片中位置（水平 3.6 厘米，从左上角；垂直 10.7 厘米，从左上角）插入样式为“图案填充：绿色，主题色 1，50%；清晰阴影：主题色 1”的艺术字“Maxtor Storage for the world”。艺术字文字效果为“转换-跟随路径-拱形”，艺术字宽度为 18 厘米。

（3）将第四张幻灯片向前移动，作为演示文稿的第一张幻灯片，并删除第五张、第二张幻灯片。将最后一张幻灯片的版式更换为“垂直排列标题与文本”。

（4）将第二张幻灯片的内容区文本动画设置为“进入/飞入”，效果选项为“自右侧”。将第一张幻灯片的背景设置为“水滴”纹理，且隐藏背景图形。

（5）将全文幻灯片切换方案设置为“棋盘”，效果选项为“自顶部”。放映方式为“观众自行浏览”。

实训步骤

（1）打开素材文档，单击“幻灯片缩略图”窗格中第三张幻灯片，然后单击“开始”选项卡中“幻灯片”命令组“新建幻灯片”右下角的下拉按钮，在“默认设计模板”中选择“仅标题”版式，生成第四张幻灯片。单击幻灯片中的标题占位符，输入标题“领先同行业的技术”。

（2）选中第四张幻灯片，单击“插入”选项卡“文本”命令组的“艺术字”按钮，弹出艺术字样式列表，如图 4.1 所示。

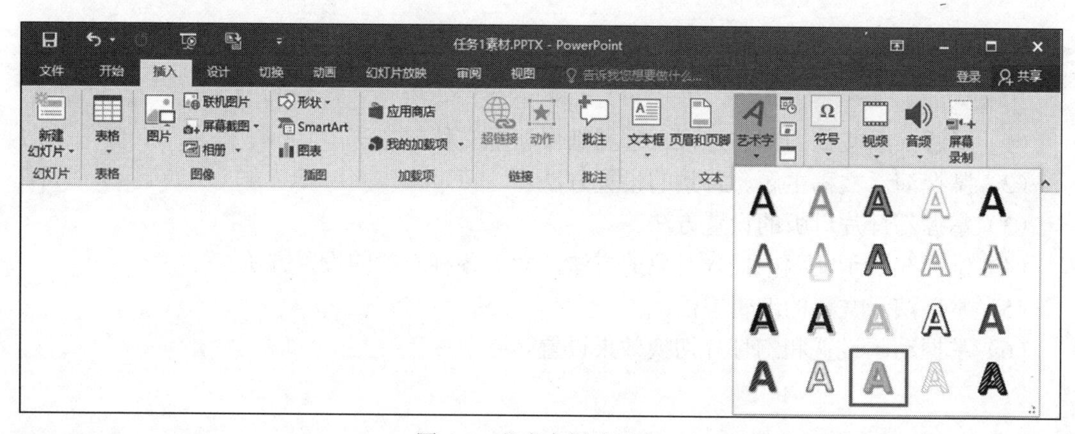

图 4.1　艺术字样式列表

在艺术字样式列表中选择“图案填充：绿色，主题色 1，50%；清晰阴影：主题色 1”样式，幻灯片中会显示艺术字编辑框，其中内容为“请在此放置您的文字”，此时需要删除原文本并输入艺术字文本“Maxtor Storage for the world”。

单击幻灯片中的艺术字，功能区显示“绘图工具/格式”选项卡，在“艺术字样式”命令组，单击“文本效果”右侧的下拉按钮，弹出“文本效果”列表，如图 4.2 所示，按题目要求选择“转换-跟随路径-拱形”效果。

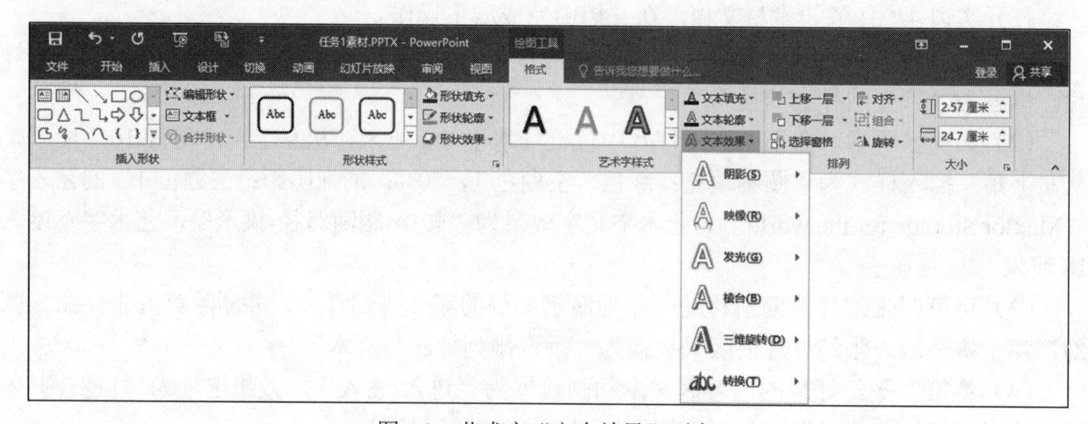

图 4.2　艺术字“文本效果”列表

在“绘图工具/格式”选项卡“大小”命令组，单击对话窗格启动按钮，窗口右侧显示“设置形状格式”窗格，按要求设置艺术字宽度为 18 厘米，位置为“水平 3.6 厘米，从左上角；垂直 10.7 厘米，从左上角”，如图 4.3 所示。

（3）在“幻灯片缩略图”窗格选中第四张幻灯片，按住鼠标左键拖动到第一张幻灯片前的位置，松开鼠标。

在“幻灯片缩略图”窗格中选取第二张幻灯片，按住【Ctrl】键，单击第五张幻灯片，此时两张幻灯片被同时选中，单击鼠标右键，选择快捷菜单中的“删除幻灯片”命令，或者直接按【Delete】键删除幻灯片。

在“幻灯片缩略图”窗格中选取第三张幻灯片，选择“开始”选项卡中“幻灯片”命令组的“版式”命令，在“默认设计模板”中为当前幻灯片选择“垂直排列标题与文本”版式。

（4）打开第二张幻灯片，选中内容占位符，打开“动画”选项卡，单击“动画”命令组中的“其他”按钮会弹出下拉菜单，如图 4.4 所示，在“进入”栏中选择“飞入”动画效果。

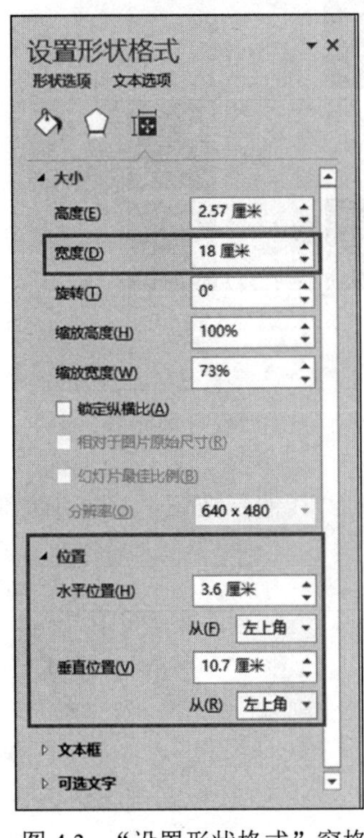

图 4.3　“设置形状格式”窗格

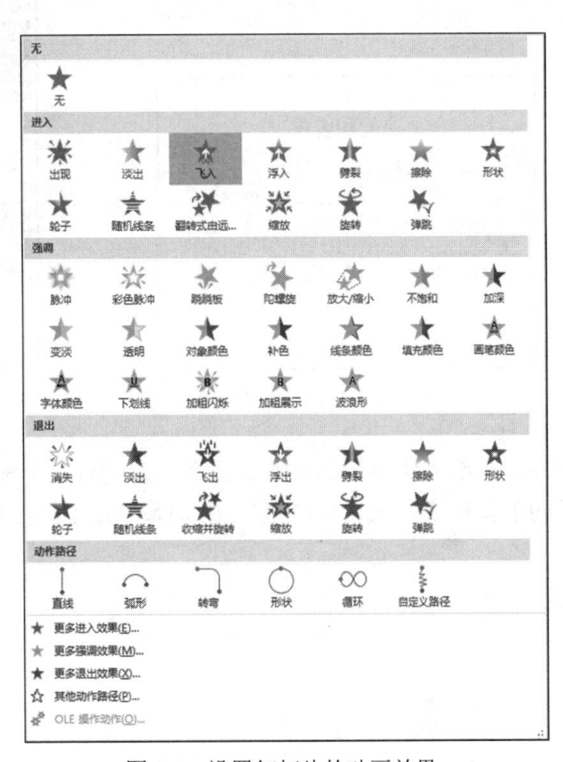

图 4.4　设置幻灯片的动画效果

单击“动画”选项卡“动画”命令组“效果选项”按钮的下拉按钮，在弹出的下拉菜单中设置动画方向为“自右侧”。设置了动画和动画效果选项的文本前会出现数字标记，以表示动画出现的次序，如图 4.5 所示。

打开第一张幻灯片，单击“设计”选项卡“自定义”命令组的“设置背景格式”按钮，打开“设置背景格式”窗格。在“填充”选项卡中单击选中“图片或纹理填充”单选按钮。单击“纹理”右侧的下三角按钮，如图 4.6 所示，从下拉列表中选择水滴纹理，选中“隐藏背景图形”复选框。套用所选择的纹理背景后，幻灯片背景会显示出纹理填充效果。

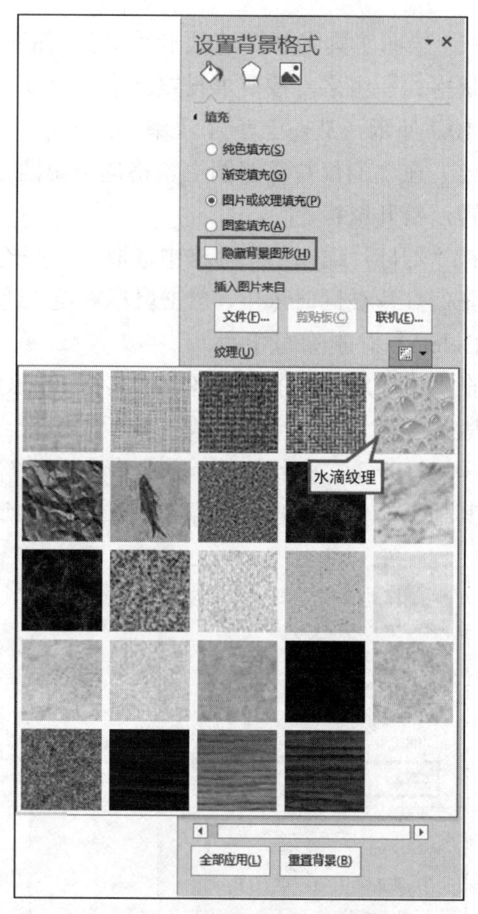

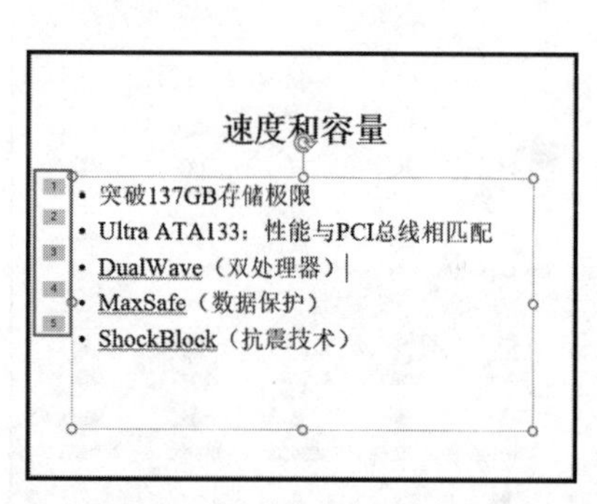

图 4.5　幻灯片中的动画顺序

图 4.6　背景的“纹理填充”

（5）单击“切换”选项卡“切换到此幻灯片”命令组中的“其他”按钮，将弹出如图 4.7 所示的下拉列表，在“华丽型”中选择“棋盘”切换效果。

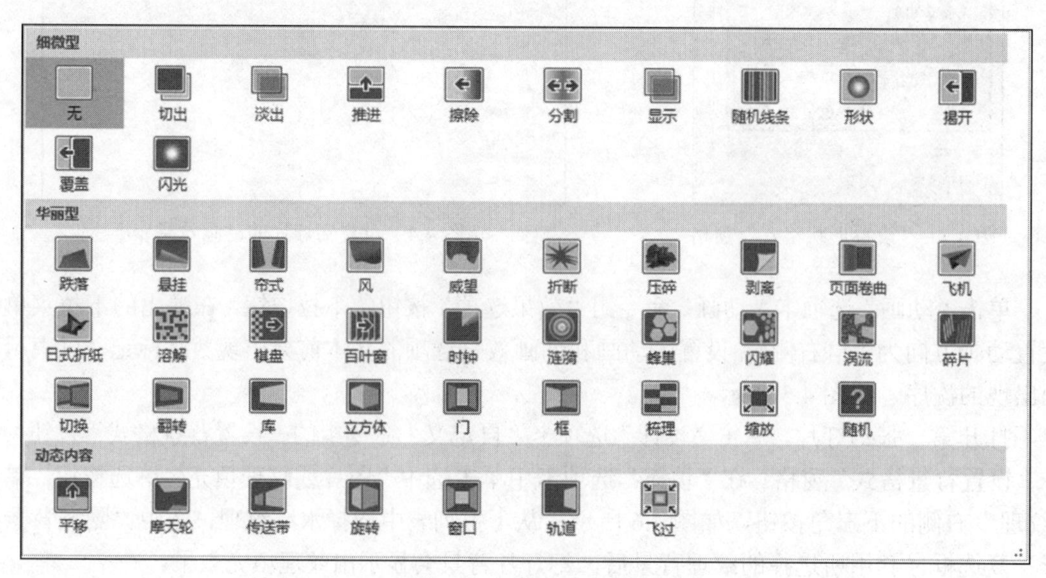

图 4.7　切换方案列表

单击“切换到此幻灯片”命令组“效果选项”按钮下面的下拉按钮，可在弹出的下拉菜单中选择“自顶部”效果选项。单击“计时”命令组的“全部应用”按钮，将切换方案和切换效果应用到所有幻灯片。

单击“幻灯片放映”选项卡中的“设置幻灯片放映”按钮，将打开“设置放映方式”对话框，如图 4.8 所示，在其中选择放映类型为“观众自行浏览”。

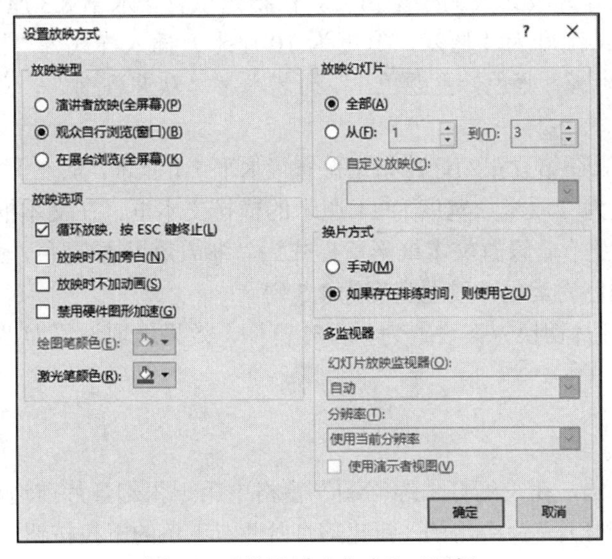

图 4.8　“设置放映方式”对话框

任务二

实训内容与要求

打开实训 4.1 任务二素材文档，在文档中完成如下操作。

（1）在第一张幻灯片前插入版式为“标题幻灯片”的新幻灯片，主标题为“云南旅游”，字号为 66，副标题为“中国青年旅行社”。

（2）为整个演示文稿应用考生文件夹下的“波形”主题。

（3）在第一张幻灯片后插入版式为“标题和内容”的新幻灯片，标题为“特价线”，在内容区插入 6 行 2 列表格，如样张所示，表格第一行第一、二列内容依次为“路线”和“价钱”，根据第四张幻灯片的内容，按顺序将五条路线及其内容填入表格的第二行到第六行。删除第三、四张幻灯片。

（4）设置表格第一列列宽 9.5 厘米，第二列列宽 7 厘米，行高 1.2 厘米；设置表格第一行和第二列的内容水平、垂直均居中，第一列第二行到第六行单元格内容垂直居中，水平方向文本左对齐。设置表格边框外框线为蓝色（标准色）3 磅实线，内框线为蓝色（标准色）1.5 磅实线。设置表格效果为阴影、外部、向右偏移。设置表格位置（水平 4.5 厘米，从左上角；垂直 8 厘米，从左上角）。

（5）将第三张幻灯片的版式改为“两栏内容”，给左侧文本添加带填充效果的钻石形项

目编号，字体设置为华文新魏，设置左侧文本框位置（垂直 8.6 厘米，从左上角）；在右侧内容区插入图片“石林.jpg”。图片动画设置为“进入”“旋转”。

（6）将第四张幻灯片版式改为“两栏内容”。

（7）将第五张幻灯片图片移到第四张幻灯片右侧内容区，并插入备注“细节将另行介绍”。将左侧文本部分动画设置为“进入/浮入”，图片动画设置为“进入/形状”。

（8）将第五张幻灯片版式改为“空白”，在指定位置（水平 8.3 厘米，从左上角；垂直 5.6 厘米，从左上角；高度为 4 厘米，宽度为 10 厘米）插入样式为“图案填充：蓝色，主题色 1，50%；清晰阴影：蓝色，主题色 1”的艺术字“欢迎咨询”，文字效果为“转换-弯曲-波形：下”。

（9）如样张所示，在第五张幻灯片指定位置（水平 7.1 厘米，从左上角；垂直 10.2 厘米，从左上角）插入高度为 2 厘米、宽度为 11 厘米的横排文本框。在文本框中添加楷体 36 号文字“业务客服：何先生”。设置文本框形状样式为“细微效果-酸橙色，强调颜色 4”。设置文本框线条为实线，颜色为紫色，线型宽度为 1.5 磅。

（10）将全部幻灯片切换方案设置为“百叶窗”，效果选项设置为“水平”。

实训步骤

（1）打开素材文档，在“幻灯片缩略图”窗格中第一张幻灯片前边单击鼠标，然后单击“开始”选项卡中“幻灯片”命令组的“新建幻灯片”右下角的下拉按钮，在“默认设计模板”中选择“标题幻灯片”版式，生成第一张幻灯片。

单击第一张幻灯片的标题占位符，输入主标题“云南旅游”；单击副标题占位符，输入副标题“中国青年旅行社”。

选中主标题文本“云南旅游”，单击“开始”选项卡，在“字体”命令组“字号”列表中设置字号为“66”。

（2）单击“设计”选项卡“主题”命令组的“其他”按钮，在下拉列表中单击“浏览主题”选项，打开“浏览主题”对话框，选择当前试题文件夹下的“波形”主题。

（3）在“幻灯片缩略图”窗格中第一张幻灯片下边单击鼠标，然后单击“开始”选项卡中“幻灯片”命令组的“新建幻灯片”右下角的下拉按钮，在“默认设计模板”中选择“标题和内容”版式，生成第二张幻灯片。

单击第二张幻灯片的标题占位符，输入标题“特价线”。

单击内容区“插入表格”按钮，出现“插入表格”对话框，输入要插入表格的行数为 6、列数为 2，单击“确定”按钮，内容区插入了一个指定行和列的表格。在表格第一行第一、二列依次输入“路线”和“价钱”，表格第二到六行的内容如图 4.9 所示。

路线	价钱
石林一日游	420 元起
西双版纳4天3晚	1100 元起
大理/丽江/泸沽湖/六晚七天	1980 元起
大理/丽江/香格里拉六晚七天	1880 元起
大理/丽江/四晚五天	1380元起

图 4.9　第二张幻灯片中的表格

在“幻灯片缩略图”窗格中选取第三张幻灯片，按住【Ctrl】键，单击第四张幻灯片，此时两张幻灯片被同时选中，单击鼠标右键，选择快捷菜单中的“删除幻灯片”命令，或者直接按【Delete】键删除幻灯片。

（4）在表格第一列任意单元格单击鼠标，功能区中出现“表格工具/设计”和“表格工具/布局”选项卡，如图 4.10 和图 4.11 所示。

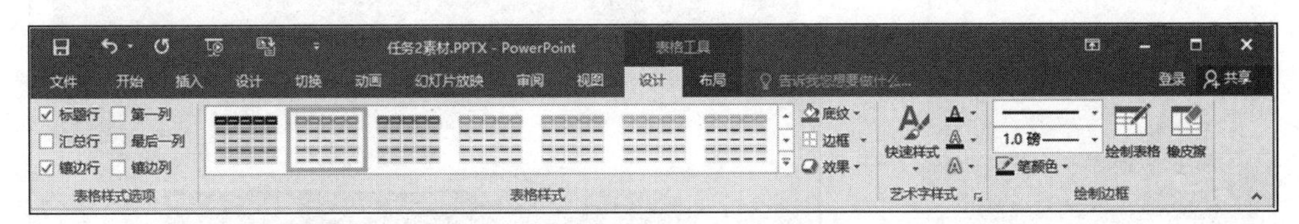

图 4.10　“表格工具/设计”选项卡

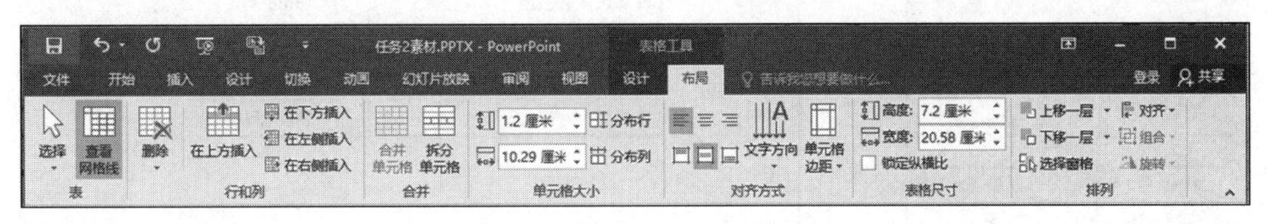

图 4.11　“表格工具/布局”选项卡

单击“表格工具/布局”选项卡，在“单元格大小”命令组的“宽度”框中输入“9.5 厘米”，鼠标单击表格第二列任意单元格，在“单元格大小”命令组的“宽度”框中输入“7 厘米”；选中表格所有单元格，在“单元格大小”命令组的“高度”框中输入“1.2 厘米”。

在“表格工具/布局”选项卡“对齐方式”命令组中单击“居中”“垂直居中”按钮，选中第二到第六行的第一列，在“对齐方式”命令组中单击“左对齐”按钮。

选中表格所有单元格，在“表格工具/设计”选项卡“绘制边框”命令组的“笔划粗细”列表选择“3.0 磅”，“笔颜色”列表选择蓝色，然后在“表格样式”命令组“边框”按钮的下拉列表中选择“外侧边框”；再在“绘制边框”命令组的“笔划粗细”列表选择“1.5 磅”，然后在“表格样式”命令组“边框”按钮的下拉列表中选择“内部边框”；在“表格样式”命令组“效果”按钮的下拉列表中选择“阴影”，继续在层叠菜单中选择“向右偏移”。

选中整个表格，单击鼠标右键，在快捷菜单中选择“设置形状格式”命令，打开“设置形状格式”窗格，选择大小与属性标签，如图 4.12 所示。在“位置”栏设置水平 4.5 厘米，从左上角，垂直 8 厘米，从左上角。

表格格式及位置设置后的效果如图 4.13 所示。

（5）在“幻灯片缩略图”窗格中选取第三张幻灯片，选择“开始”选项卡中“幻灯片”命令组的“版式”命令，将当前幻灯片设置为“两栏内容”版式。

选中左侧“内容”占位符中的文本，单击“开始”选项卡“段落”命令组“项目符号”的下拉按钮，弹出如图 4.14 所示的项目符号列表，选择“带填充效果的钻石形项目符号”，在“字体”命令组设置“字体”为“华文新魏”。

选择“绘图工具/格式”选项卡“大小”命令组的“对话框启动器”按钮，打开“设置形状格式”窗格，在“大小与属性”选项中设置位置为垂直 8.6 厘米，从左上角。

单击右侧“内容”占位符中的“图片”按钮，打开“插入图片”对话框，在对话框中选择考生试题文件夹，找到图片“石林.jpg”后单击“插入”按钮，将图片插入幻灯片中。

图 4.12　“设置形状格式”窗格

路线	价钱
石林一日游	420 元起
西双版纳4天3晚	1100 元起
大理/丽江/泸沽湖/六晚七天	1980 元起
大理/丽江/香格里拉六晚七天	1880 元起
大理/丽江/四晚五天	1380元起

图 4.13　表格格式及位置设置后的效果

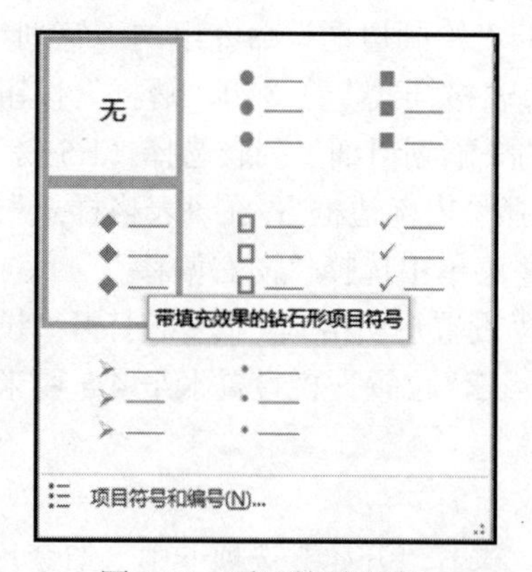

图 4.14　项目符号列表

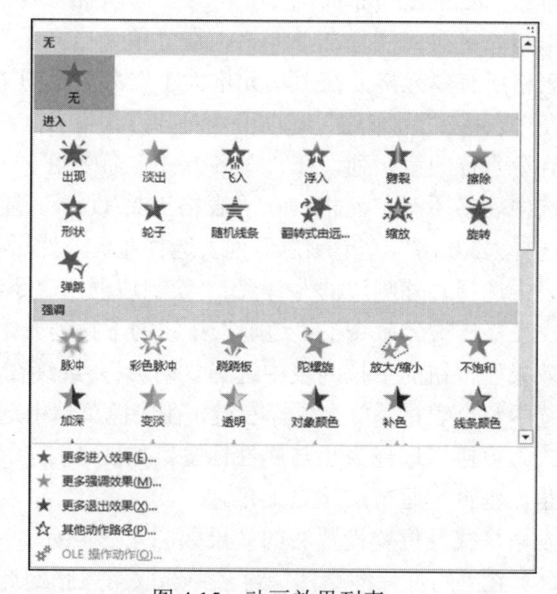

图 4.15　动画效果列表

选中图片，打开“动画”选项卡，单击“动画”命令组中的“其他”按钮会弹出下拉菜单，如图 4.15 所示，在“进入”栏中选择“旋转”动画效果。

（6）在“幻灯片缩略图”窗格中选取第四张幻灯片，选择“开始”选项卡中“幻灯片”命令组的“版式”命令，将当前幻灯片设置为“两栏内容”版式。

（7）打开第五张幻灯片，单击幻灯片中的图片，单击“开始”选项卡“剪贴板”命令组的“剪切”命令，将其移动到“剪贴板”；打开第四张幻灯片，选中右侧内容栏，单击“开始”选项卡“剪贴板”命令组的“粘贴”命令，将剪贴板中的图片移动到第四张幻灯片。

在“视图”选项卡的“演示文稿视图”命令组中单击“备注页”命令按钮，切换到“备注页”视图。在备注页视图中添加备注“细节将另行介绍”。

选中左侧内容栏，打开“动画”选项卡，单击“动画”命令组中的“其他”按钮会弹出下拉菜单，在“进入”栏中选择“浮入”动画效果。

选中右侧内容栏，打开“动画”选项卡，单击“动画”命令组中的“其他”按钮会弹出下拉菜单，在“进入”栏中选择“形状”动画效果。

图 4.16　第四张幻灯片的设置效果

第四张幻灯片的设置效果如图4.16所示。

（8）在“幻灯片缩略图”窗格中选取第五张幻灯片，选择“开始”选项卡中“幻灯片”命令组的“版式”命令，将当前幻灯片设置为“空白”版式。

单击“插入”选项卡“文本”命令组的“艺术字”按钮，弹出艺术字样式列表，在艺术字样式列表中选择“图案填充：蓝色，主题色 1，50%；清晰阴影：蓝色，主题色 1”样式，幻灯片中会显示艺术字编辑框，其中内容为“请在此放置您的文字”，删除原文本并输入艺术字文本“欢迎咨询”。

单击幻灯片中的艺术字，功能区显示“绘图工具/格式”选项卡，在“艺术字样式”命令组单击“文本效果”右侧的下拉按钮，弹出“文本效果”列表，按题目要求选择“转换-弯曲-波形”效果。

在“绘图工具/格式”选项卡“大小”命令组，单击“对话框启动器”按钮，窗口右侧显示“设置形状格式”窗格，按要求设置艺术字宽度为 10 厘米，高度为 4 厘米，位置为“水平 8.3 厘米，从左上角；垂直 5.6 厘米，从左上角”，如图 4.17 所示。

（9）打开第五张幻灯片，单击“插入”选项卡“文本”命令组“文本框”命令下的下拉按钮，选择“横排文本框”后，在幻灯片上按住鼠标左键拖动就可以绘制出文本框。在文本框中单击鼠标，文本框处于激活状态（文本框的边框为虚线），光标插入点在文本框中显示，输入文本“业务客服：何先生”。

选中文本框中的文本，单击“开始”选项卡，在“字体”命令组中设置文本的字体为“楷书”，字号为“36”。

在“绘图工具/格式”选项卡“大小”命令组中，单击“对话框启动器”按钮，窗口右侧显示“设置形状格式”窗格，按要求设置文本框宽度为 11 厘米，高度为 2 厘米，位置为“水平 7.1 厘米，从左上角；垂直 10.2 厘米，从左上角”。

在“绘图工具/格式”选项卡“形状样式”命令组中，单击“其他”按钮，打开形状主题样式库，按照题目要求，选择“细微效果-酸橙色，强调颜色 4”，如图 4.18 所示。

在“绘图工具/格式”选项卡“形状样式”命令组中，单击“形状轮廓”的下拉按钮，弹出如图 4.19 所示的形状轮廓下拉列表，按照题目要求，设置文本框线条为实线，颜色为紫色，线型宽度为 1.5 磅。

图 4.17　艺术字设置效果

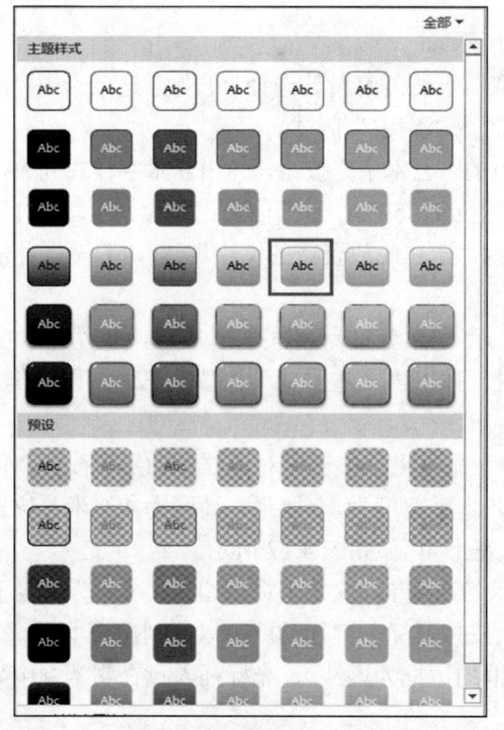

图 4.18　形状主题样式库

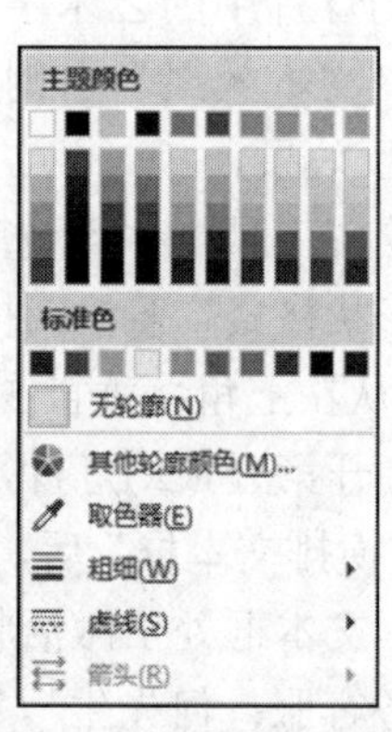

图 4.19　形状轮廓下拉列表

图 4.20　第五张幻灯片的设置效果

第五张幻灯片的设置效果如图 4.20 所示。

（10）在“幻灯片缩略图”窗格选中任一张幻灯片，然后单击“切换”选项卡“切换到此幻灯片”命令组中的“其他”按钮，在弹出的下拉列表“华丽型”分组中选择“百叶窗”切换效果。

单击“切换到此幻灯片”命令组“效果选项”按钮下面的下拉按钮，在弹出的下拉菜单中选择“水平”效果选项。单击“计时”命令组的“全部应用”按钮，将切换方案和切换效果应用到所有幻灯片。

实训 4.2　PowerPoint 演示文稿高级应用

任务一

打开实训 4.2 任务一素材文档，在文档中完成如下操作。

（1）设置幻灯片的主题为“积分”。

（2）在幻灯片母版的左上角插入当前试题文件夹下的图片“tu1.jpg”，水平和垂直从左上角均为 0。

（3）设置第一张幻灯片的文字字体为“隶书”，字号为“60”。

（4）在第一张幻灯片的右下区域插入当前试题文件夹下的图片“tu2.jpg”，并将其动画效果设置为“淡出”。

（5）设置所有幻灯片的切换效果为“涟漪”。

（6）设置幻灯片的放映类型为“观众自行浏览”。

实训步骤

（1）打开演示文稿，选择“设计”选项卡，在“主题”命令组内显示了部分主题列表，单击主题列表右下角的“其他”图标按钮，可以看到全部预置主题，如图 4.21 所示。根据题目要求选择“积分”主题，单击即可将其应用到当前演示文稿中。

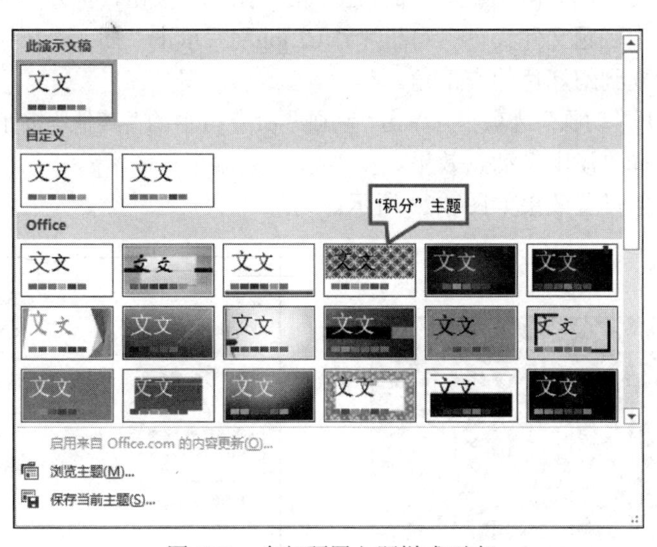

图 4.21　全部预置主题样式列表

（2）打开演示文稿，选择“视图”选项卡“母版视图”命令组中的“幻灯片母版”按钮，打开“幻灯片母版”选项卡。

进入幻灯片母版模式后，选中左边列表中最上面的“幻灯片母版”，单击“插入”选项卡

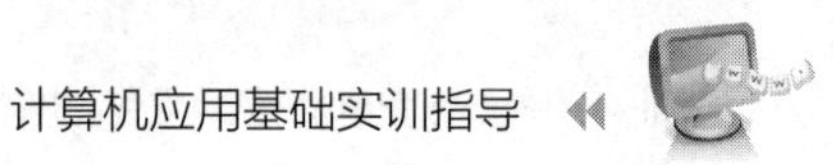

“图像”命令组的“图片”按钮，打开“插入图片”对话框，在对话框中选择考生试题文件夹，找到图片“tu1.jpg”后单击“插入”按钮，将图片插入幻灯片母版中。

在“绘图工具/格式”选项卡“大小”命令组中，单击“对话框启动器”按钮，窗口右侧显示“设置图片格式”窗格，按要求设置图片位置为“水平 0 厘米，从左上角；垂直 0 厘米，从左上角”，如图 4.22 所示。

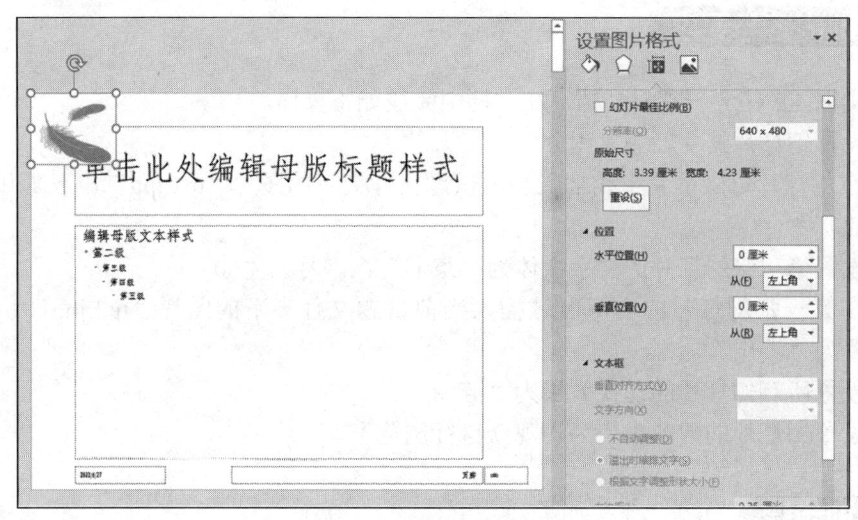

图 4.22　幻灯片母版的编辑

（3）打开第一张幻灯片，选中标题文字“母亲节”，在“开始”选项卡“字体”命令组设置文本的字体为“隶书”、字号为“60”。

（4）选择“插入”选项卡“图像”命令组中的“图片”按钮，打开“插入图片”对话框，在对话框中选择考生试题文件夹，找到图片“tu2.jpg”后单击“插入”按钮，将图片插入幻灯片中，然后将图片拖到幻灯片的右下角。

选中图片，打开“动画”选项卡，单击“动画”命令组中的“其他”按钮会弹出下拉菜单，在“进入”栏中选择“淡出”动画效果。

第一张幻灯片的设置效果如图 4.23 所示。

图 4.23　第一张幻灯片的设置效果

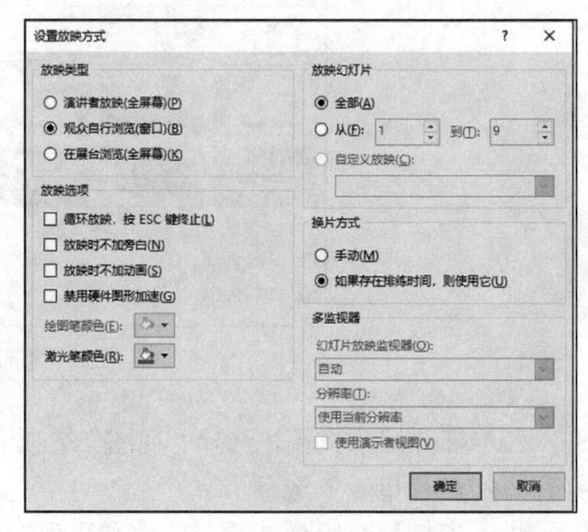

图 4.24　“设置放映方式”对话框

（5）在“幻灯片缩略图”窗格选中任一张幻灯片，然后单击“切换”选项卡“切换到此幻灯片”命令组中的“其他”按钮，在弹出的下拉列表“华丽型”分组中选择“涟漪”切换效果。

单击“切换到此幻灯片”命令组“效果选项”按钮下面的下拉按钮，在弹出的下拉菜单中选择“水平”效果选项。单击“计时”命令组的“全部应用”按钮，将切换方案和切换效果应用到所有幻灯片。

（6）单击“幻灯片放映”选项卡中的“设置幻灯片放映”按钮，打开“设置放映方式”对话框，在其中选择“观众自行浏览”放映类型，如图 4.24 所示。

任务二

实训内容与要求

打开实训 4.2 任务二素材文档，在文档中完成如下操作。

（1）为所有幻灯片应用当前试题文件夹下的主题“主要事件”，并将第一张幻灯片的标题设置为深红色、56 号。

（2）为第一张幻灯片标题设置动画，单击鼠标时标题自左侧飞入，持续时间为快速 1 秒，并伴有“鼓掌”声，为第一张幻灯片添加备注：面向未来，放眼寰球，中国特色大国外交高举和平、发展、合作、共赢的旗帜，必将不断书写新的篇章，铸就新的辉煌。为第二张幻灯片中的全部文字（除目录外）设置自左侧、逐段擦除的动画效果。

（3）为第二张幻灯片中的文字“总结”设置超链接，使其链接到第九张幻灯片总结。在第九张幻灯片的右下角插入一个名为“添加按钮：空白”的动作按钮，并将其链接到第二张幻灯片目录页，在动作按钮中添加文字“回到目录”。

（4）将第三张幻灯片版式改为两栏内容，在右侧栏里插入当前试题文件夹下的图片“长城.jpg”，设置图片样式为“透视：左上”，并为该图片设置“进入-基本缩放”动画效果，轻微放大，持续时间 1 秒；为左侧文本设置“强调-脉冲”动画效果，动画顺序为先文本后图片。

（5）设置所有幻灯片的切换效果为垂直方向的随机线条，持续时间为 1 秒，换片方式为间隔 5 秒自动换片。

（6）在除标题幻灯片之外的其他幻灯片页脚处插入幻灯片编号与日期时间（自动更新），日期样式如样张所示。

（7）在最后一张幻灯片之后插入一张“空白”幻灯片，在指定位置（水平 9 厘米，从左上角；垂直 9 厘米，从左上角）插入“填充：深红，主题色 1；阴影”样式的艺术字“谢谢观看”，76 号字，文字效果为“转换-弯曲-槽型：下”。

（8）设置放映选项为“循环放映，按 ESC 键终止”。保存。

实训步骤

（1）单击“设计”选项卡“主题”命令组的“其他”按钮，在下拉列表中选择“浏览主题”选项，打开“浏览主题”对话框，选择当前试题文件夹下的“主要事件”主题。选中标题文字

“中国特色大国外交理念”，在“开始”选项卡“字体”命令组设置文本的字体颜色为“深红色”、字号为“56”。

（2）选中第一张幻灯片的标题，打开“动画”选项卡，单击“动画”命令组中的“其他”按钮，弹出下拉菜单，在“进入”栏中选择“飞入”动画效果。单击“动画”命令组中的“效果选项”按钮，设置动画飞入方向为“自左侧”。

单击“动画”选项卡“高级动画”命令组的“动画窗格”按钮，窗口右侧显示“动画窗格”。在动画窗格找到为标题文字设置的进入动画，单击下拉按钮，显示如图 4.25 所示的下拉菜单，选择“效果选项”命令，打开“飞入”动画选项卡，如图 4.26 所示。在对话框的“效果”标签设置动画伴随声音为“鼓掌”，在“计时”标签设置持续时间为快速 1 秒。

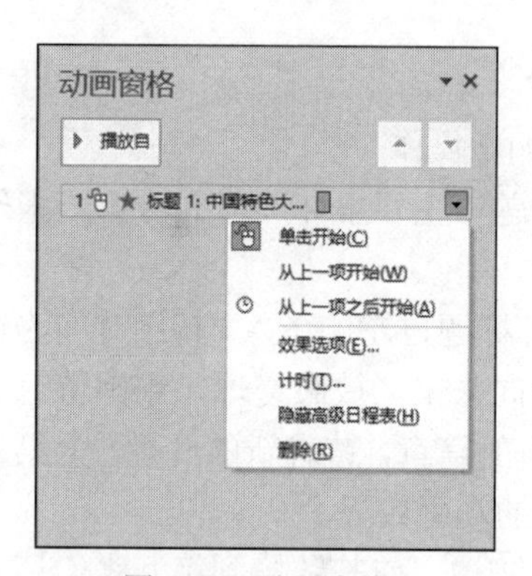

图 4.25　动画窗格

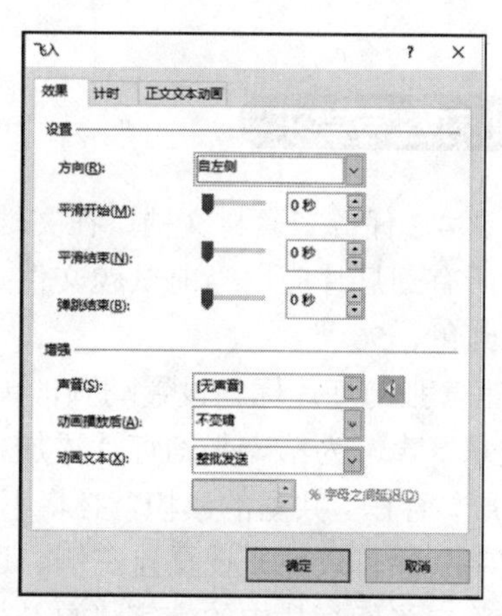

图 4.26　“飞入”动画选项卡

在“视图”选项卡的“演示文稿视图”命令组中单击“备注页”命令按钮，切换到“备注页”视图。在备注页视图中添加备注：面向未来，放眼寰球，中国特色大国外交高举和平、发展、合作、共赢的旗帜，必将不断书写新的篇章，铸就新的辉煌。

打开第二张幻灯片，选中内容占位符中的文本，打开“动画”选项卡，单击“动画”命令组中的“其他”按钮，弹出下拉菜单，在“进入”栏中选择“擦除”动画效果。

在“动画”选项卡“动画”命令组单击“效果选项”按钮的下拉按钮，可以在弹出的下拉菜单中设置“方向”为“自左侧”，“序列”为“按段落”，如图 4.27 所示。

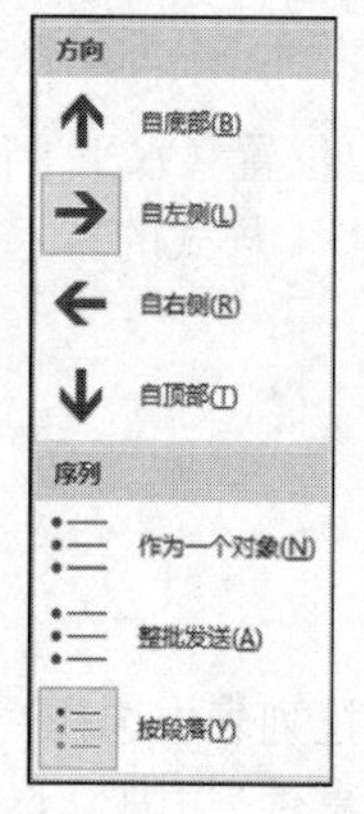

图 4.27　动画“效果选项”的下拉菜单

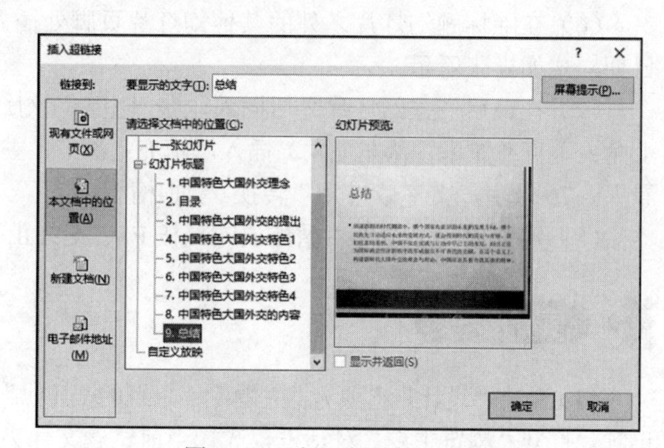

图 4.28　“插入超链接”对话框

（3）选中第二张幻灯片中的文本“总结”，然后在“插入”选项卡的“链接”命令组中单击“超链接”按钮，弹出“插入超链接”对话框，如图 4.28 所示，在对话框最左边的“链接到”列表中选中“本文档中的位置”，接着在“请选择文档中的位置”列表中选中“幻灯片标题”级别下的“9.总结”幻灯片，单击“确定”按钮，即可建立文本链接。

选中第九张幻灯片，在“插入”选项卡的“插图”命令组中单击“形状”的下拉按钮，在下拉列表“动作按钮”分组中选择“动作按钮：自定义”，返回幻灯片后，鼠标形状为十字形，在幻灯片的右下角按住鼠标左键拖动，插入动作按钮，释放鼠标，系统自动弹出如图 4.29 所示的“操作设置”对话框，在“单击鼠标”标签“超链接到”列表选择“幻灯片...”命令，弹出如图 4.30 所示的“超链接到幻灯片”对话框，选择“2.目录”，单击“确定”按钮返回上一级对话框，再次单击“确定”按钮返回幻灯片。

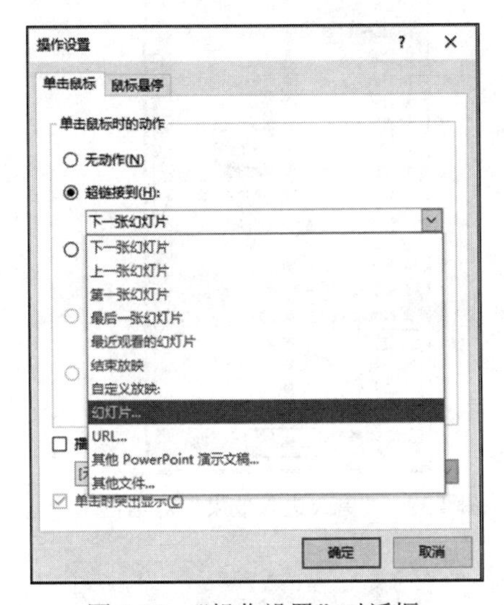

图 4.29　“操作设置”对话框

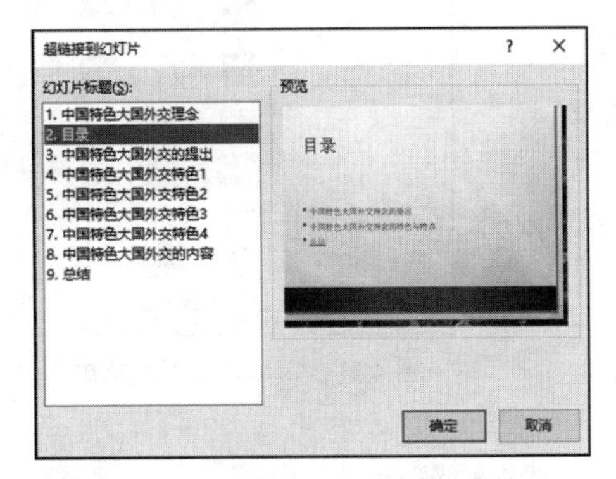

图 4.30　“超链接到幻灯片”对话框

在“自定义”动作按钮上单击鼠标右键，在快捷菜单中选择“编辑文字”命令，按照题目要求输入文字“回到目录”。

（4）打开第三张幻灯片，选择“开始”选项卡“幻灯片”命令组中的“版式”命令，将当前幻灯片版式改为“两栏内容”。

单击右侧内容占位符中的“图片”按钮，打开“插入图片”对话框，在对话框中选择考生试题文件夹，找到图片“长城.jpg”后单击“插入”按钮，将图片插入幻灯片中。

选中图片后，单击“图片工具/格式”选项卡“图形样式”命令组中“图片效果”按钮的下拉按钮，弹出图片效果下拉菜单，如图 4.31 所示，按题目要求选择图片样式“透视：左上”。

选中图片，打开“动画”选项卡，单击“动画”命令组中的“其他”按钮，弹出下拉菜单，选择“更多进入效果”命令，打开“更改进入效果”对话框，如图 4.32 所示，在对话框中选择“基本缩放”动画效果。

单击“动画”选项卡“动画”命令组“效果选项”按钮，设置“显示比例”为“轻微放大”效果。在“动画”选项卡“计时”命令组设置动画“持续时间”为 1 秒。

选中左侧内容占位符中的文本，打开“动画”选项卡，单击“动画”命令组中的“其他”按钮，弹出下拉菜单，在“强调”栏中选择“脉冲”动画效果。

单击“动画”选项卡“高级动画”命令组的“动画窗格”按钮，窗口右侧显示“动画窗格”。调整动画顺序为先文本后图片。

第三张幻灯片的设置效果如图 4.33 所示。

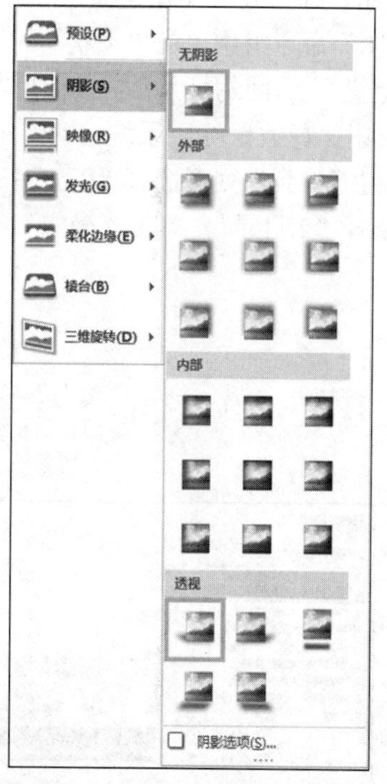

图 4.31　图片效果下拉菜单

图 4.32　“更改进入效果”对话框

图 4.33　第三张幻灯片的设置效果

（5）在“幻灯片缩略图”窗格，选中任一张幻灯片，然后单击“切换”选项卡“切换到此幻灯片”命令组中的“其他”按钮，在弹出的下拉列表“细微型”分组中选择“随机线条”切换效果。

单击“切换到此幻灯片”命令组“效果选项”按钮下面的下拉按钮，在弹出的下拉菜单中选择“垂直”效果选项。在“计时”命令组设置“持续时间”为 1 秒，换片方式为“间隔 5 秒自动换片”，最后单击“计时”命令组的“全部应用”按钮，将切换方案和切换效果应用到所有幻灯片。设置后的“切换”选项卡如图 4.34 所示。

图 4.34　“切换”选项卡

（6）在“插入”选项卡“文本”命令组中单击“页眉和页脚”按钮，打开“页眉和页脚”对话框，如图 4.35 所示，在“幻灯片”选项卡中选中“日期和时间”（默认为自动更新）、“幻灯片编号”和“标题幻灯片中不显示”左侧的复选框，按照样张选择日期格式，最后单击“全部应用”按钮。

图 4.35　“页眉和页脚”对话框

（7）单击“幻灯片缩略图”窗格中第九张幻灯片，然后单击“开始”选项卡“幻灯片”命令组“新建幻灯片”右下角的下拉按钮，在“默认设计模板”中选择“空白”版式，生成第十张幻灯片。

选中第十张幻灯片，单击“插入”选项卡“文本”命令组的“艺术字”按钮，在弹出的艺术字样式列表中选择“填充：深红，主题色 1；阴影”样式，幻灯片中会显示艺术字编辑框，其中内容为“请在此放置您的文字”，此时需要删除原文本并输入艺术字文本“谢谢观看”，选中文本，在“开始”选项卡“字体”命令组设置字号为“76”。

单击幻灯片中的艺术字，功能区显示“绘图工具/格式”选项卡，在“艺术字样式”命令组单击“文本效果”右侧的下拉按钮，弹出“文本效果”列表，选择“转换”层叠列表中的“槽型”效果，如图 4.36 所示。

在“绘图工具/格式”选项卡“大小”命令组，单击“对话框启动器”按钮，窗口右侧显示“设置形状格式”窗格，按要求设置艺术字位置为“水平 9 厘米，从左上角；垂直 9 厘米，从左上角”。第十张幻灯片设置后的效果如图 4.37 所示。

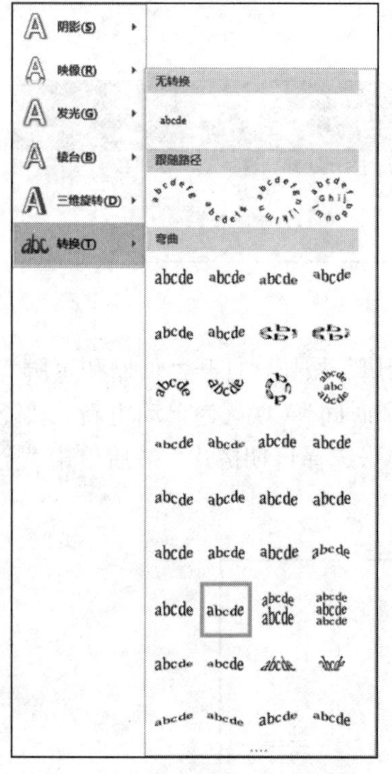

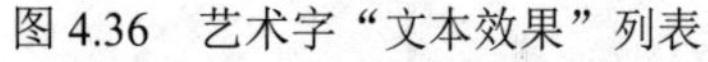

图 4.36　艺术字“文本效果”列表

图 4.37　第十张幻灯片设置后的效果

（8）单击“幻灯片放映”选项卡中的“设置幻灯片放映”按钮，打开“设置放映方式”对话框，设置放映选项为“循环放映，按 ESC 键终止”。

最后保存演示文稿，退出应用程序。

实训 4.3　PowerPoint 演示文稿综合实训

任务一

实训内容与要求

打开实训 4.3 任务一素材文档，完成如下操作。

（1）打开幻灯片母版，在母版中插入样式为第二行第三列的艺术字，艺术字内容为“电动汽车”，字号为 72，高度为 4 厘米，宽度为 12 厘米，旋转 50 度，水平位置距左上角 11 厘米，垂直位置距左上角 8 厘米。将艺术字置于底层。

（2）为整个演示文稿应用当前试题文件夹下的“画廊”主题，将幻灯片 1 中的“电动汽车”文字设置为黑体、加粗、72 磅字。移动幻灯片 4 使之成为幻灯片 2。

（3）将幻灯片 2 中文本区的内容转换为 SmartArt 图形中的“垂直项目符号列表”（选中文字直接转换为 SmartArt 图形，否则不得分），并为文字“电动汽车分类”建立超链接，链接到幻灯片 4。

（4）将幻灯片 3 更换版式为“两栏内容”，在右侧插入当前试题文件夹下图片“电动汽车.jpg”。将图片大小设置为高度 8 厘米，宽度 12 厘米。设置图片的动画效果为“进入/轮子”，效果选项为“3 轮辐图案”。设置左侧文本的动画效果为“进入/擦除”，效果选项为“自左侧”。动画顺序为先文字后图片。

（5）设置幻灯片 4 的背景为纹理“再生纸”，隐藏背景图形。插入“动作按钮：转到主页”，将其超链接到幻灯片 2“内容提要”。

（6）在幻灯片 6 后插入版式为“标题和内容”的幻灯片，输入标题“电动汽车参数”。在内容区插入 4 行 3 列的表格。将幻灯片 6 内容区的内容移动到该表格中。如第一行第一列中的内容为“电动汽车品牌及车型”，第一行第二列中的内容为“续航里程（km）”，第一行第三列中的内容为“百公里耗电（kW・h）”，以此类推。

（7）删除幻灯片 6。插入幻灯片编号。

（8）将全部幻灯片的切换方案设置为“旋转”。

实训步骤

（1）打开演示文稿，选择“视图”选项卡“母版视图”命令组中的“幻灯片母版”按钮，打开“幻灯片母版”选项卡。进入幻灯片母版模式后，选中左边列表中最上面的“幻灯片母版”。

在幻灯片母版编辑区，单击“插入”选项卡“文本”命令组的“艺术字”按钮，在弹出的艺术字样式列表中选择第二行第三列的艺术字样式，幻灯片中会显示艺术字编辑框，其中内容为“请在此放置您的文字”，此时需要删除原文本并输入艺术字文本“电动汽车”，选中文本，在“开始”选项卡“字体”命令组设置字号为“72”。

在“绘图工具/格式”选项卡“大小”命令组，单击“对话框启动器”按钮，窗口右侧显示“设置形状格式”窗格，按要求设置艺术字宽度为 12 厘米，高度为 4 厘米，旋转 50 度，位置为“水平 11 厘米，从左上角；垂直 8 厘米，从左上角”。

在“绘图工具/格式”选项卡“排列”命令组的“下移一层”下拉菜单中选择“置于底层”，效果如图 4.38 所示。

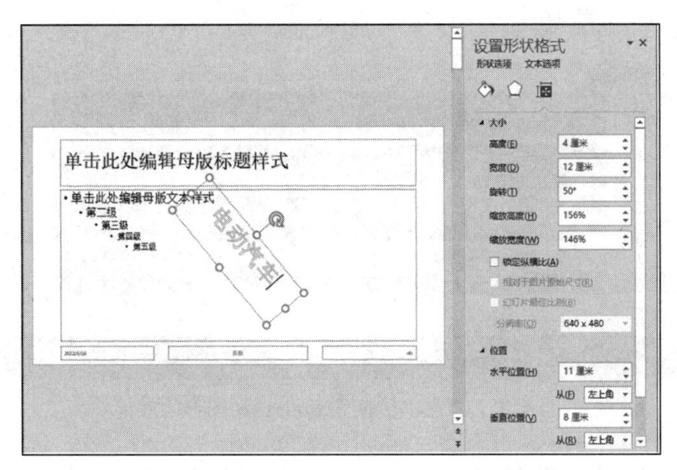

图 4.38　幻灯片母版中艺术字的设置效果

关闭“幻灯片母版”视图，返回幻灯片编辑状态。

（2）单击“设计”选项卡“主题”下拉列表中的“浏览主题”选项，打开“浏览主题”对话框，选择当前试题文件夹下的主题样式“画廊”。

打开第一张幻灯片，选中标题文字“电动汽车”，选择“开始”选项卡“字体”命令组，设置文本的字体为“黑体”、字号为“72”，设置字体加粗效果。

在“幻灯片缩略图”窗格选中第四张幻灯片，按住鼠标左键拖动到第二张幻灯片前面的位置释放鼠标。

（3）选中第二张幻灯片中的文本区内容，单击鼠标右键，选择“转换为 SmartArt”命令，如图 4.39 所示，在子菜单中选择“垂直项目符号列表”SmartArt 图形类型。

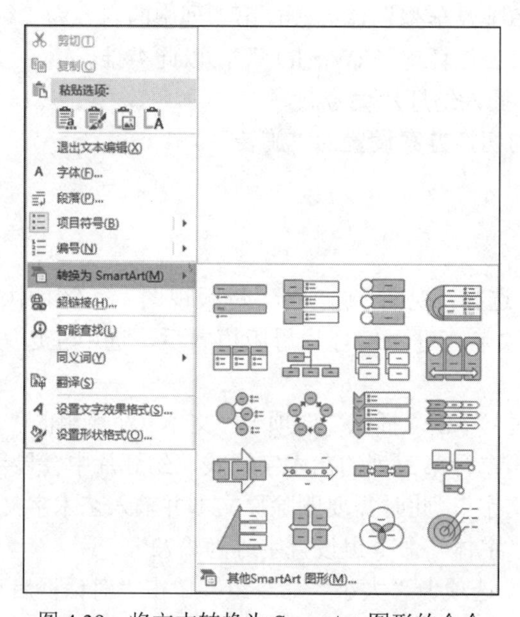

图 4.39 将文本转换为 SmartArt 图形的命令

所选文本被转换为指定类型的 SmartArt 图形，效果如图 4.40 所示。

图 4.40 将文本转换为 SmartArt 图形的效果

选中第二张幻灯片中的文本“电动汽车分类”，然后在“插入”选项卡的“链接”命令组中单击“超链接”按钮，弹出“插入超链接”对话框，如图 4.41 所示。在对话框最左边的“链接到”中选中“本文档中的位置”，接着在“请选择文档中的位置”列表中选中“幻灯片标题”级别下的“4.电动汽车分类”幻灯片，单击“确定”按钮，即可建立文本超链接。

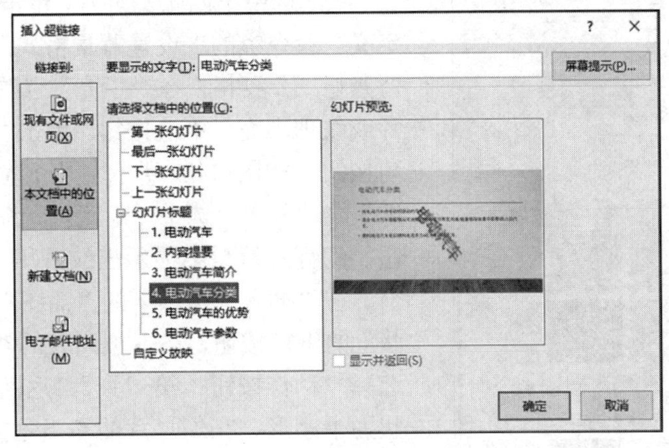

图 4.41　“插入超链接”对话框

（4）打开第三张幻灯片，选择“开始”选项卡中“幻灯片”命令组的“版式”命令，将当前幻灯片版式改为“两栏内容”。

单击右侧内容占位符中的“图片”按钮，打开“插入图片”对话框，在对话框中选择考生试题文件夹，找到图片“电动汽车.jpg”后单击“插入”按钮，将图片插入幻灯片中。

选中图片后，在“图片工具/格式”选项卡下“大小”命令组中设置图片高度为 8 厘米，宽度为 12 厘米。

选中图片，打开“动画”选项卡，单击“动画”命令组中的“其他”按钮会弹出下拉菜单，选择“进入”分组中的“轮子”动画效果。

单击“动画”选项卡“动画”命令组“效果选项”按钮，设置“轮辐图案”为“3 轮辐图案”效果。

选中左侧内容占位符中的文本，打开“动画”选项卡，单击“动画”命令组中的“其他”按钮会弹出下拉菜单，在“进入”分组中选择“擦除”动画效果，继续设置“效果选项”为“自左侧”。

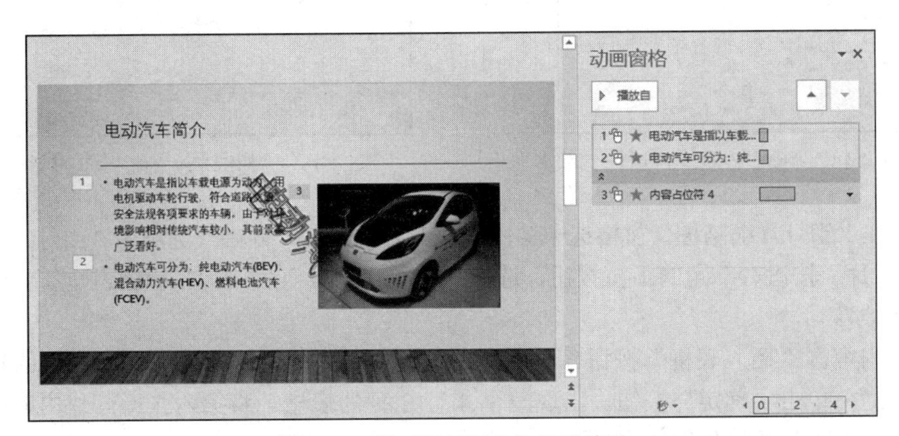

图 4.42　第三张幻灯片的设置效果

单击“动画”选项卡“高级动画”命令组的“动画窗格”按钮，窗口右侧显示“动画窗格”。选中图片动画，单击“向下”顺序设置按钮，调整动画顺序为先文本后图片。

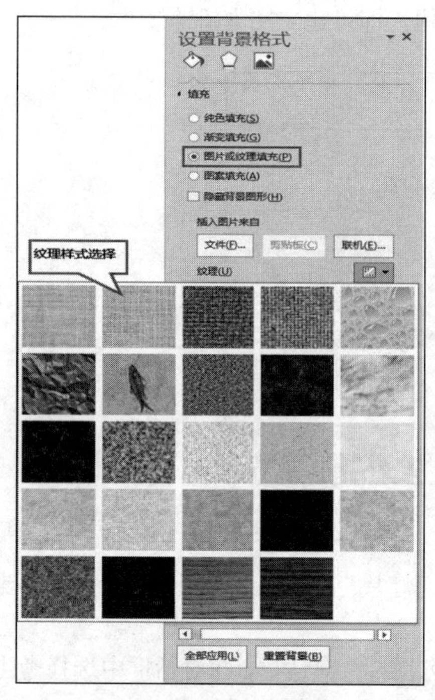

图 4.43　背景的纹理填充

第三张幻灯片的设置效果如图 4.42 所示。

（5）选中第四张幻灯片，单击“设计”选项卡“自定义”命令组的“设置背景格式”按钮，打开“设置背景格式”窗格，在“填充”选项卡中单击选中“图片或纹理填充”单选按钮。单击“纹理”右侧的下三角按钮，如图 4.43 所示，从下拉列表中选择“再生纸”纹理效果，选中“隐藏背景图形”左侧的复选按钮，幻灯片背景会显示出纹理填充效果。

在“插入”选项卡的“插图”命令组中单击“形状”的下拉按钮，在下拉列表的“动作按钮”分组中选择“动作按钮：第一张”，返回幻灯片后，鼠标形状为十字形，在幻灯片的右下角按住鼠标左键拖动，插入动作按钮，释放鼠标，系统自动弹出如图 4.44 所示的“操作设置”对话框，在“单击鼠标”标签“超链接到”列表中选择“幻灯片…”命令，弹出如图 4.45 所示的“超链接到幻灯片”对话框，选择“2.内容提要”，单击“确定”按钮返回上一级对话框，再次单击“确定”按钮返回幻灯片。

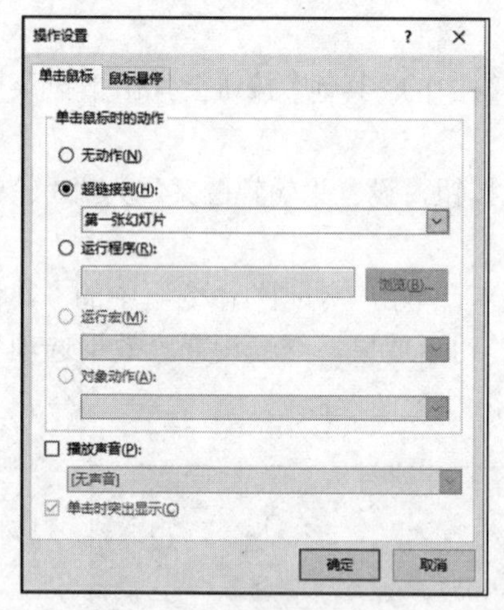

图 4.44　“操作设置”对话框

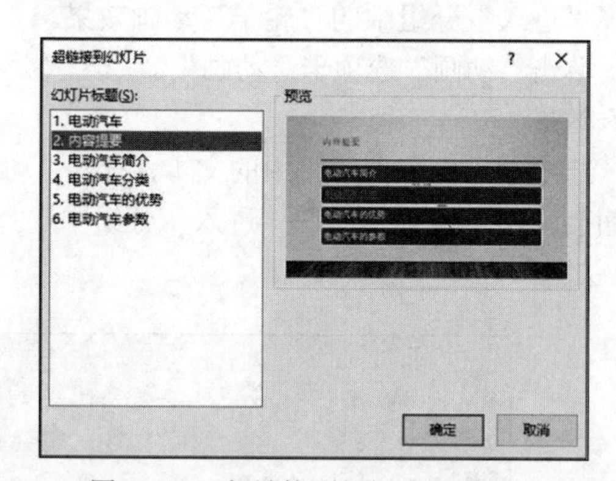

图 4.45　“超链接到幻灯片”对话框

（6）在“幻灯片缩略图”窗格选中第六张幻灯片，单击“开始”选项卡“幻灯片”命令组“新建幻灯片”按钮右下角的下拉按钮，选择“标题和内容”版式，在标题占位符中输入“电动汽车参数”。

单击内容区“插入表格”按钮，出现“插入表格”对话框，输入要插入表格的行数“4”和列数“3”，单击“确定”按钮，出现一个 4 行 3 列的表格。将第六张幻灯片内容区的内容移动到该表格中，效果如图 4.46 所示。

电动汽车品牌及车型	续航里程（km）	百公里耗电(kW·h)
奇瑞QQ3	120	15.00
荣威E1	36	12.00
比亚迪E6	316	21.40

图4.46 第六张幻灯片中的表格

（7）在“幻灯片缩略图”窗格中选中第六张幻灯片，单击鼠标右键，选择快捷菜单中的“删除幻灯片”命令，或者直接按【Delete】键删除幻灯片。

在“插入”选项卡“文本”命令组中单击“页眉和页脚”按钮，打开“页眉和页脚”对话框，在“幻灯片”选项卡中选中“幻灯片编号”左侧的复选框，单击“全部应用”按钮。

（8）在“幻灯片缩略图”窗格中选中任一张幻灯片，然后单击“切换”选项卡“切换到此幻灯片”命令组中的“其他”按钮，在弹出的下拉列表的“动态内容”分组中选择“旋转”切换效果。

单击“计时”命令组的“全部应用”按钮，将切换方案和切换效果应用到所有幻灯片。

任务二

实训内容与要求

打开实训4.3任务二素材文档，在打开的窗口中进行如下操作。

为进一步提升北京旅游行业整体队伍素质，打造高水平、懂业务的旅游景区建设与管理队伍，北京市有关部门将对工作人员进行一次业务培训，主要围绕北京主要景点进行介绍，使用的演示文稿包括文字、图片、音频等内容。请根据当前试题文件夹下的素材文档“北京主要景点介绍.docx”帮助主管人员完成演示文稿制作任务，具体要求如下。

（1）插入八张幻灯片，第一张幻灯片版式为“标题幻灯片”，第二至七张幻灯片版式为“标题和内容”，第八张幻灯片版式为“空白”。

（2）将第一张标题幻灯片中的标题设置为“北京主要旅游景点介绍”，副标题设置为“历史与现代的完美融合”。

（3）在第一张幻灯片中插入歌曲“北京欢迎你.mp3”，设置为自动播放、在放映时隐藏。

（4）将第二张幻灯片的版式设置为“标题和内容”，标题为“北京主要景点”，在文本区域中以项目符号列表方式依次添加下列内容：天安门、故宫博物院、八达岭长城、颐和园、鸟巢。

（5）自第三张幻灯片开始按照天安门、故宫博物院、八达岭长城、颐和园、鸟巢的顺序依次介绍北京各主要景点，相应的文字素材“北京主要景点介绍.docx”以及图片文件均存放于考生文件夹下，要求每个景点介绍占用一张幻灯片。

（6）在最后一张幻灯片中插入第一行第五列的艺术字“谢谢”，设置其自定义动画为“旋转”。

（7）将第二张幻灯片列表中的内容分别超链接到后面对应的幻灯片。

（8）设置幻灯片的主题为“柏林”，将幻灯片的切换效果依次设置为“切出”“推进”“擦

除”“分割”“显示”“随机线条”“形状”“闪光”，设置所有文字动画效果为“飞入”，设置图片动画效果为“轮子”。

（9）除标题幻灯片外，其他幻灯片的页脚均包含幻灯片编号、自动更新日期和时间。

（10）设置演示文稿放映选项为“循环放映，按 ESC 键终止”，换片方式为“手动”。

实训步骤

（1）在“开始”菜单中打开 PowerPoint 2016，新建一个 PowerPoint 演示文稿。此时，演示文稿中将包含一张标题版式幻灯片，根据题目要求，在“开始”选项卡下“幻灯片”命令组中单击“新建幻灯片”下拉按钮，在下拉列表中选择“标题和内容”版式，插入第二张幻灯片；单击“新建幻灯片”按钮，插入第三到第七张幻灯片；再次单击“新建幻灯片”下拉按钮，在下拉列表中选择“空白”版式，插入第八张幻灯片。

说明

如果不选择版式，直接单击“新建幻灯片”按钮，新插入的幻灯片将延续使用上一次的版式。

（2）在“幻灯片缩略图”窗格，选中第一张幻灯片，将幻灯片中的标题设置为“北京主要旅游景点介绍”，将副标题设置为“历史与现代的完美融合”。

（3）打开第一张幻灯片，单击“插入”选项卡“媒体”命令组“音频”按钮下面的下拉按钮，在弹出的下拉菜单中选择插入“PC 上的音频”，打开“插入音频”对话框，选择当前试题文件夹中的歌曲“北京欢迎你.mp3”，单击“插入”按钮，即可在幻灯片中看到音频图标，如图 4.47 所示。

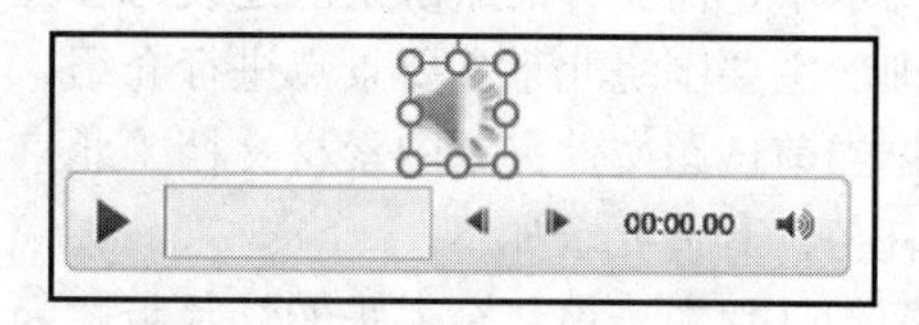

图 4.47　幻灯片中的音频图标

单击“音频工具/播放”选项卡“音频选项”命令组“开始”的下拉按钮，将出现“自动”“单击时”两种播放方式，根据题目要求选择“自动”，选中“放映时隐藏”左侧的复选框，如图 4.48 所示。

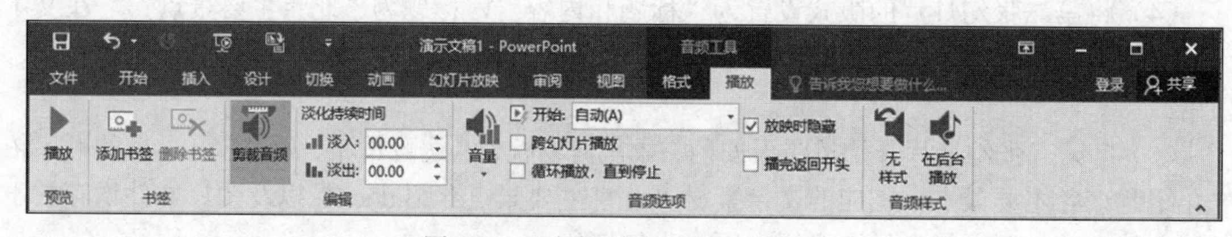

图 4.48　“音频工具/播放”选项卡

（4）打开第二张幻灯片，输入标题“北京主要景点”，在文本区域中以项目符号列表方式依次添加下列内容：天安门、故宫博物院、八达岭长城、颐和园、鸟巢。内容如图 4.49 所示。

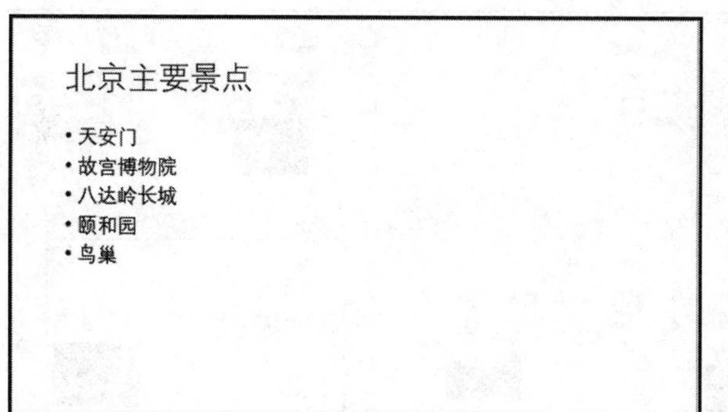

图 4.49 第二张幻灯片的内容

（5）打开第三张幻灯片，输入标题“天安门”，打开当前试题文件夹下的“北京主要景点介绍.docx”文件，将 Word 文件的第一段内容复制到幻灯片内容占位符区域。单击“插入”选项卡“图像”命令组的“图片”按钮，打开“插入图片”对话框，在对话框中选择考生试题文件夹，找到图片“天安门.jpg”后单击“插入”按钮，将图片插入幻灯片中，适当调整图片大小及位置。

打开第四张幻灯片，输入标题“故宫博物院”，打开当前试题文件夹下的“北京主要景点介绍.docx”文件，将 Word 文件的第二段内容复制到幻灯片内容占位符区域。单击“插入”选项卡“图像”命令组的“图片”按钮，打开“插入图片”对话框，在对话框中选择考生试题文件夹，找到图片“故宫博物院.jpg”后单击“插入”按钮，将图片插入幻灯片中，适当调整图片大小及位置。

打开第五张幻灯片，输入标题“八达岭长城”，打开当前试题文件夹下的“北京主要景点介绍.docx”文件，将 Word 文件的第三段内容复制到幻灯片内容占位符区域。单击“插入”选项卡“图像”命令组的“图片”按钮，打开“插入图片”对话框，在对话框中选择考生试题文件夹，找到图片“长城.jpg”后单击“插入”按钮，将图片插入幻灯片中，适当调整图片大小及位置。

打开第六张幻灯片，输入标题“颐和园”，打开当前试题文件夹下的“北京主要景点介绍.docx”文件，将 Word 文件的第四段内容复制到幻灯片内容占位符区域。单击“插入”选项卡“图像”命令组的“图片”按钮，打开“插入图片”对话框，在对话框中选择考生试题文件夹，找到图片“颐和园.jpg”后单击“插入”按钮，将图片插入幻灯片中，适当调整图片大小及位置。

打开第七张幻灯片，输入标题“鸟巢”，打开当前试题文件夹下的“北京主要景点介绍.docx”文件，将 Word 文件的第五段内容复制到幻灯片内容占位符区域。单击“插入”选项卡“图像”命令组的“图片”按钮，打开“插入图片”对话框，在对话框中选择考生试题文件夹，找到图片“鸟巢.jpg”后单击“插入”按钮，将图片插入幻灯片中，适当调整图片大小及位置。

第三到第七张幻灯片的效果如图 4.50 所示。

（6）打开第八张幻灯片，单击“插入”选项卡“文本”命令组的“艺术字”按钮，在弹出的艺术字样式列表中选择第一行第五列的样式，幻灯片中会显示艺术字编辑框，其中内容为“请在此放置您的文字”，此时需要删除原文本并输入艺术字文本“谢谢”。

选中艺术字，打开“动画”选项卡，单击“动画”命令组中的“其他”按钮会弹出下拉菜单，在“进入”栏中选择“旋转”动画效果。

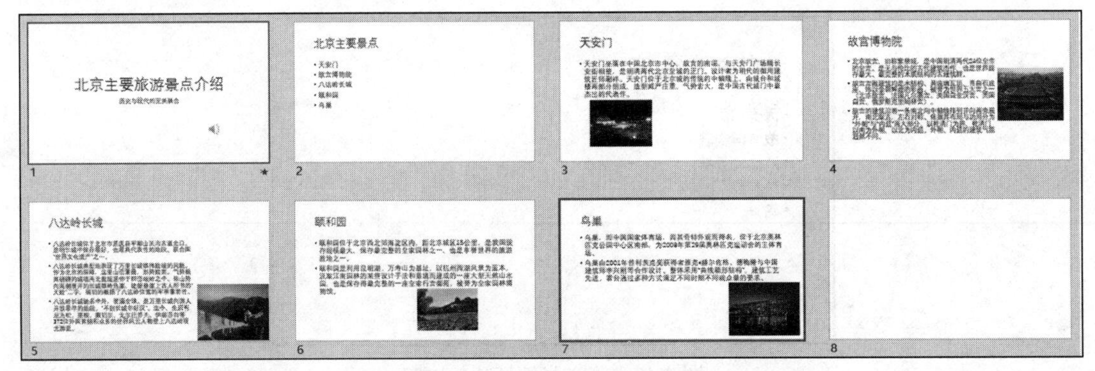

图 4.50　第三到第七张幻灯片的效果

（7）打开第二张幻灯片，选中文本“天安门”，然后在“插入”选项卡的“链接”命令组中单击“超链接”按钮，弹出“插入超链接”对话框，在对话框最左边的“链接到”中选中“本文档中的位置”，接着在“请选择文档中的位置”列表中选中“幻灯片标题”级别下的“天安门”幻灯片，单击“确定”按钮。

使用同样的方法，为文字“故宫博物院”“八达岭长城”“颐和园”“鸟巢”依次建立超链接，分别链接到第四到第七张幻灯片。

（8）打开演示文稿，选择“设计”选项卡，在“主题”命令组内单击主题列表右下角的“其他”按钮，可以看到全部预置主题，如图 4.51 所示，选择“柏林”主题样式，单击即可将其应用到当前演示文稿中。

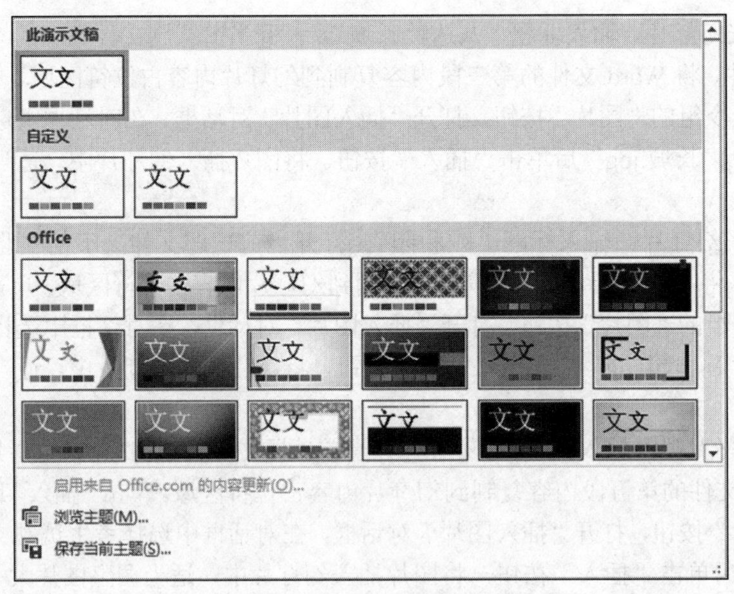

图 4.51　全部预置主题样式列表

在“幻灯片缩略图”窗格，选中需要添加切换效果的幻灯片，然后单击“切换”选项卡“切换到此幻灯片”命令组中的“其他”按钮，将弹出如图 4.52 所示的下拉列表，可以看到列表中有细微型、华丽型、动态内容三种方案可供选择，根据题目要求，依次为八张幻灯片选择“切出”“推进”“擦除”“分割”“显示”“随机线条”“形状”“闪光”的切换效果。

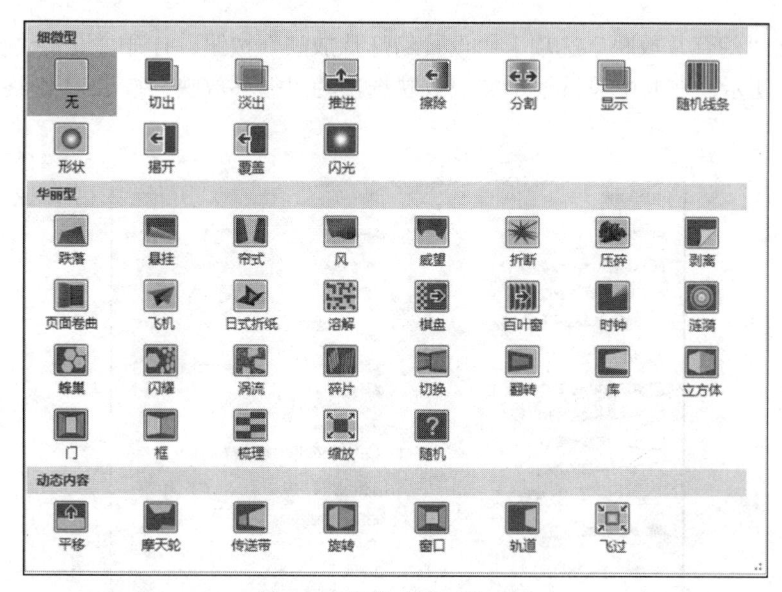

图 4.52　切换方案下拉列表

打开第三张幻灯片，选中文本，打开“动画”选项卡，单击“动画”命令组中的“其他”按钮会弹出下拉菜单，在“进入”栏中选择“飞入”动画效果。

选中图片，打开“动画”选项卡，单击“动画”命令组中的“其他”按钮会弹出下拉菜单，在“进入”栏中选择“轮子”动画效果。

使用同样方法，设置演示文稿中所有文字动画效果为“飞入”，设置所有图片动画效果为“轮子”。

（9）打开任一张幻灯片，在“插入”选项卡“文本”命令组中单击“页眉和页脚”按钮，打开“页眉和页脚”对话框，如图 4.53 所示，在“幻灯片”选项卡中选中“日期和时间”（默认为自动更新）、“幻灯片编号”和“标题幻灯片中不显示”左侧的复选框，单击“全部应用”按钮。

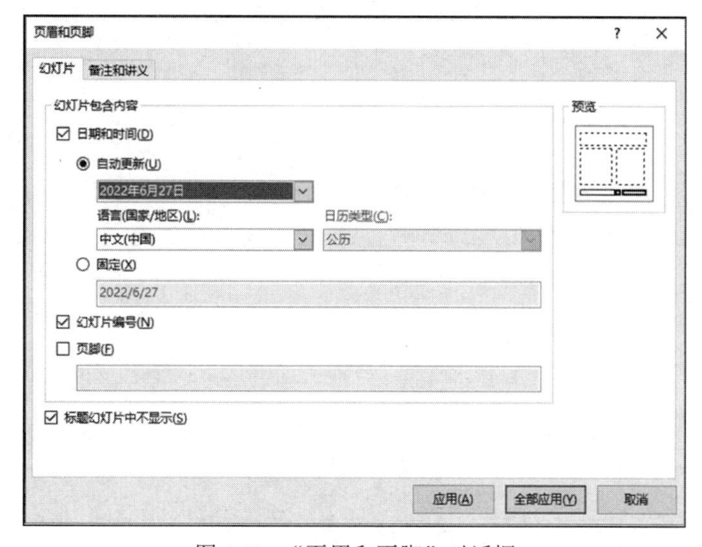

图 4.53　“页眉和页脚”对话框

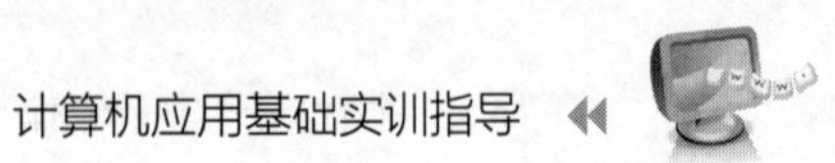

（10）单击“幻灯片放映”选项卡“设置幻灯片放映”按钮，打开“设置放映方式”对话框，如图 4.54 所示，在其中设置演示文稿放映选项为“循环放映，按 ESC 键终止”，换片方式为“手动”。

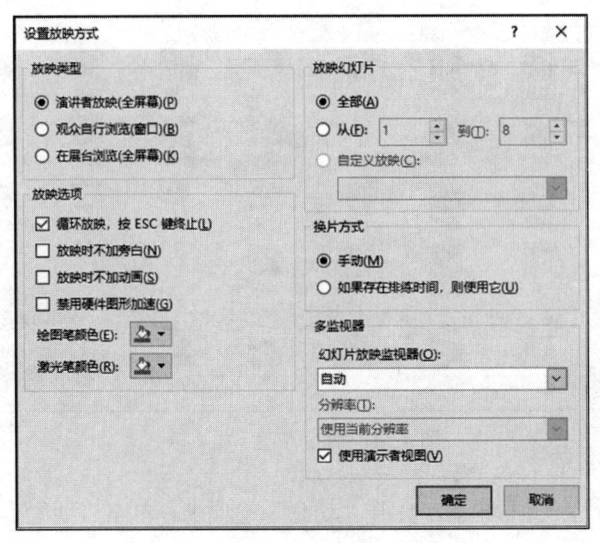

图 4.54 “设置放映方式”对话框

实训5

网络及 Internet 的基本操作

实训目的

（1）掌握 TCP/IP 网络协议的相关设置。

（2）掌握网络连通的测试方法。

（3）掌握 IE 浏览器的设置方法。

（4）掌握 IE 浏览器的使用方法。

（5）了解搜索引擎的基本原理。

（6）掌握搜索引擎的使用方法与技巧。

（7）掌握申请免费电子邮箱的方法。

（8）培养自我保护意识，不要轻易向网站提供自己的真实信息。

（9）掌握 Outlook Express 邮件收发软件的设置方法。

实训 5.1　TCP/IP 网络协议的设置及网络连通的测试

实训内容与要求

为本地计算机设置网络的 TCP/IP 协议，设置完毕以后，测试网络是否连通，只有在网络连通的情况下，本地计算机才能与外界进行信息交流。在本实训中掌握 Ping 命令的使用方法。

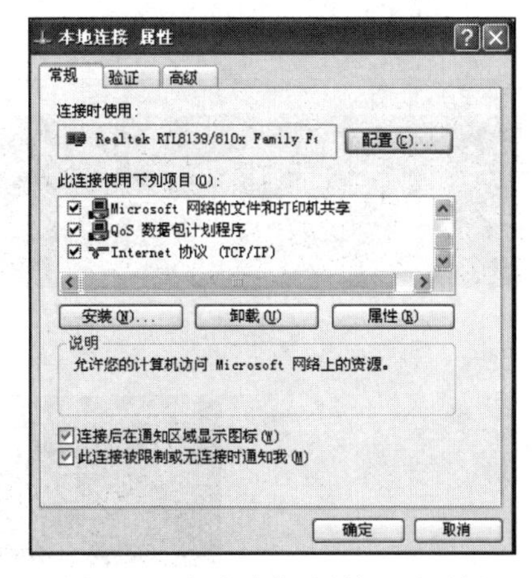

图 5.1 “本地连接 属性”对话框

实训步骤

（1）设置 TCP/IP 网络协议

① 在“开始”菜单中选择“网上邻居”→“属性”选项，进入网络连接窗口。

② 在该窗口中右击“本地连接”，在弹出的快捷菜单中执行“属性”命令，打开“本地连接 属性”对

话框，如图 5.1 所示，在该对话框中可以看到 TCP/IP 协议已添加。

③ 在“本地连接 属性”对话框中，单击“Internet 协议（TCP/IP）”，再单击“属性”按钮，打开“Internet 协议（TCP/IP）属性”对话框。

④ 在“Internet 协议（TCP/IP）属性”对话框中，选择“使用下面的 IP 地址”，设置本机的 IP 地址、子网掩码、默认网关及 DNS 服务器地址，如图 5.2 所示。

⑤ 如果 IP 地址使用动态分配，只要选择“自动获得 IP 地址”“自动获得 DNS 服务器地址”即可。在“Internet 协议（TCP/IP）属性”对话框中，如果只是局域网相通，不连接 Internet，“默认网关”等可以不设置，否则需要在“默认网关”和“首选 DNS 服务器”中填入网络连接服务器的 IP 地址。完成以上配置后，单击“确定”按钮，使 TCP/IP 协议生效。

（2）网络连通的测试

① 在“开始”菜单中，选择“运行”选项，出现图 5.3 所示的“运行”对话框。

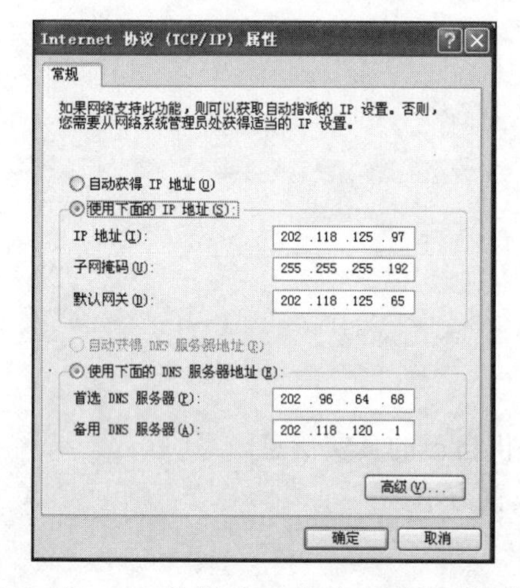

图 5.2 “Internet 协议（TCP/IP）属性”对话框

图 5.3 “运行”对话框

② 在“运行”对话框中输入 Ping 命令及相关参数，单击“确定”按钮即可。例如，运行命令“ping 202.118.125.1”会检测出用户计算机与网关的连通情况。如果网络连通正常，会出现图 5.4 所示的信息；如果把网络的本地连接停用，会出现图 5.5 所示的信息；如果本地连接启用情况下，网络仍然不通，则会出现图 5.6 所示的信息。

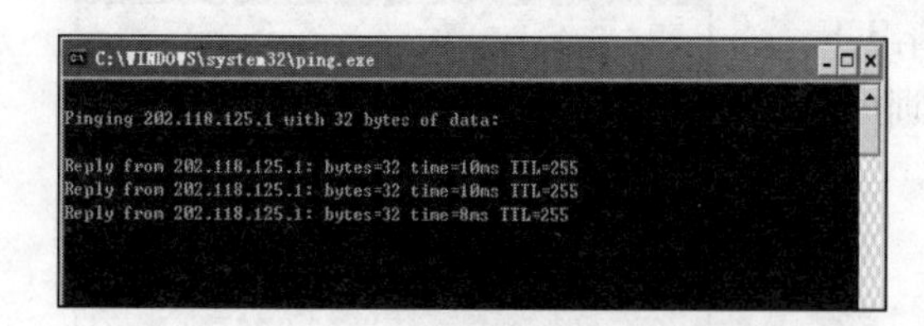

图 5.4 网络连通测试界面（通的情况）

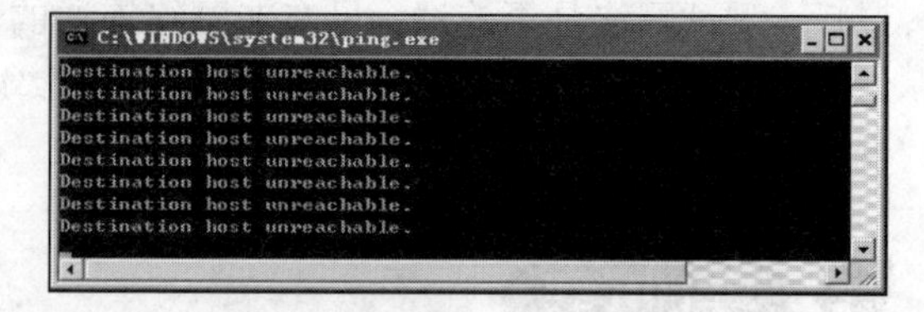

图 5.5 网络连通测试界面（不通的情况 1）

图 5.6 网络连通测试界面（不通的情况 2）

附：Ping 命令的使用方法简介

Ping 命令的格式如下：

ping [-t] [-a] [-n count] [-l length] [-f] [-i ttl] [-v tos] [-r count] [-s count] [-j computer-list] | [-k computer-list] [-w timeout] destination-list

各个参数的含义如下：

-a: 将目标的机器标识转换为 IP 地址。

-t: 若使用者不人为中断，会不断地运行 Ping 命令。

-n count: 要求 Ping 命令连续发送数据包，直到发出并接收到 count 个请求。

-d: 为使用的套接字打开调试状态。

-f: 是一种快速方式 Ping，使 Ping 输出数据包的速度和数据包从远程主机返回一样快，或者更快，达到每秒 100 次。在这种方式下，每个请求用一个句点表示。对于每一个响应，打印一个空格键。

-i seconds: 在两次数据包发送之间间隔一定的秒数。不能同-f 一起使用。

-n: 只使用数字方式。在一般情况下，Ping 会试图把 IP 地址转换成主机名。这个选项要求 Ping 打印 IP 地址，而不去查找用符号表示的名字。如果由于某种原因无法使用本地 DNS 服务器，这个选项就很重要。

-p pattern: 可以通过这个选项标识 16 pad 字节，把这些字节加入数据包中。当在网络中诊断与数据有关的错误时，这个选项非常有用。

-q: 使 Ping 只在开始和结束时打印一些概要信息。

-R: 把 ICMP RECORD-ROUTE 选项加入 ECHO_REQUEST 数据包中，要求在数据包中记录路由，这样当数据返回时，Ping 就可以把路由信息打印出来。每个数据包只能记录九个路由节点。许多主机忽略或者放弃这个选项。

-r: 使 Ping 命令隐藏用于发送数据包的正常路由表。

-s packetsize: 使用户能够标识出要发送数据的字节数。缺省是 56 个字符，再加上 8 个字节的 ICMP 数据头，共 64 个 ICMP 数据字节。

说明

以上只是 Ping 命令的基本说明，有关技巧可以参考其他图书或网络资源。

实训 5.2　IE 浏览器的设置与使用

实训内容与要求

掌握 IE 浏览器的正确设置与使用方法。

实训步骤

（1）IE 浏览器的设置

① 选择“开始”→“程序”→“Internet Explorer”选项或者双击桌面图标启动 IE 浏览器。

② 在 IE 浏览器中，执行“工具”→“Internet 选项”命令，打开“Internet 选项”对话框，如图 5.7 所示，对 IE 浏览器进行设置。单击“常规”选项卡，在“主页”栏的“地址”框中输入想要设置为主页的网址，如“http://www.lnpu.edu.cn”，单击“确定”按钮完成设置。设置完成后，IE 浏览器会在每次启动后自动浏览这个网站的主页。

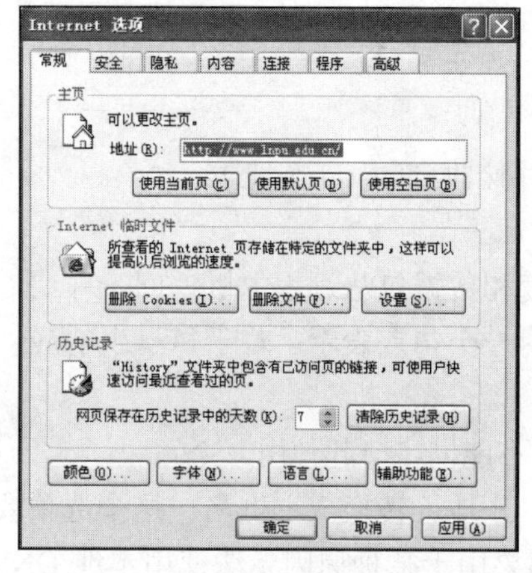

图 5.7 “Internet 选项”对话框

③ 清除临时文件。IE 浏览器在访问网站时都是把它们先下载到 IE 缓冲区（Internet Temporary Files）中。时间一长，在硬盘中会留下很多临时文件，可以通过“Internet 选项”对话框“常规”选项卡下“Internet 临时文件”项目下的“删除 Cookies（I）”和“删除文件（F）”来进行清理。也可以通过“设置”按钮来对临时文件进行自由管理。

④ 清除历史记录：Windows 是一个智能化的操作系统，它的出现使得许多不具备计算机专业知识的用户也能够轻松地操作计算机。但是，Windows 有时也会“自作聪明”，将用户的操作过程记录下来，如用户使用 IE 浏览器浏览过的网站都会被记录在 IE 浏览器的历史记录中。单击“清除历史记录”按钮，即可快速清除所有先前浏览过的网站的记录。也可以把“网页保存在历史记录中的天数”设置成 0，这样 IE 浏览器就不会自动记录先前浏览过的网站了。

（2）IE 浏览器的使用

① 浏览网页：启动 IE 浏览器后，在浏览器的地址栏输入网址，即可浏览网页页面信息。如输入百度官方网址，按【Enter】键，观察浏览器窗口右上角的 IE 标志，转动时表示浏览器正在工作，停止转动表示浏览器窗口完整地显示所访问的网页信息。

② 将当前网址添加到收藏夹：在 IE 浏览器中执行“收藏”→“添加到收藏夹”命令，打开“添加到收藏夹”对话框，如图 5.8 所示，其中“名称”文本框中显示当前浏览页面的名称，如“百度一下，你就知道”，单击“确定”按钮完成设置。以后要访问该网站，只需执行“收藏”→“百度一下，你就知道”命令即可，如图 5.9 所示。

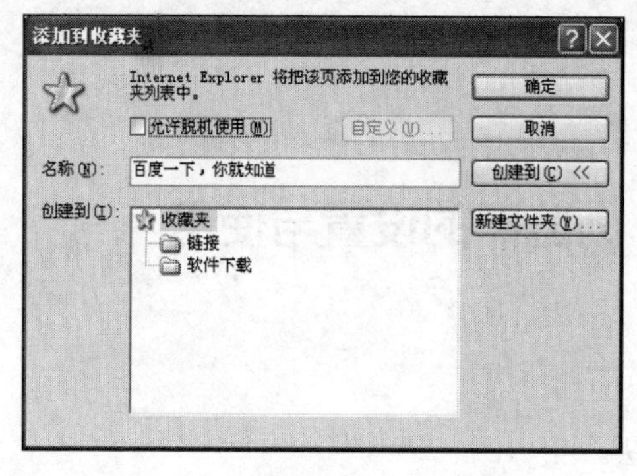

图 5.8 “添加到收藏夹”对话框

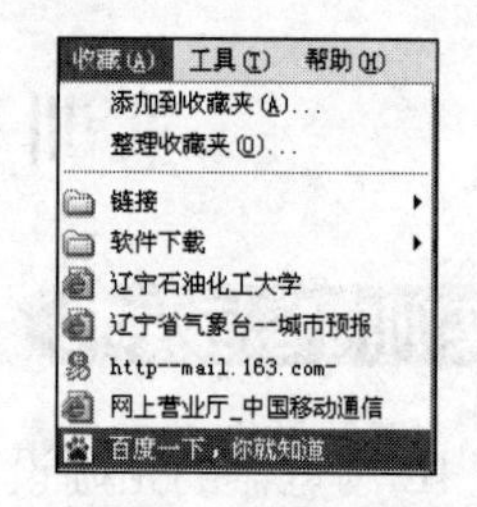

图 5.9 “收藏”菜单

③ 保存网页信息：在 IE 浏览器的地址栏中输入搜狐官方网址，执行“文件”→“另存为”命令，弹出“另存为”对话框，如图 5.10 所示。设置保存信息，即存放路径、名称、保存类型等。

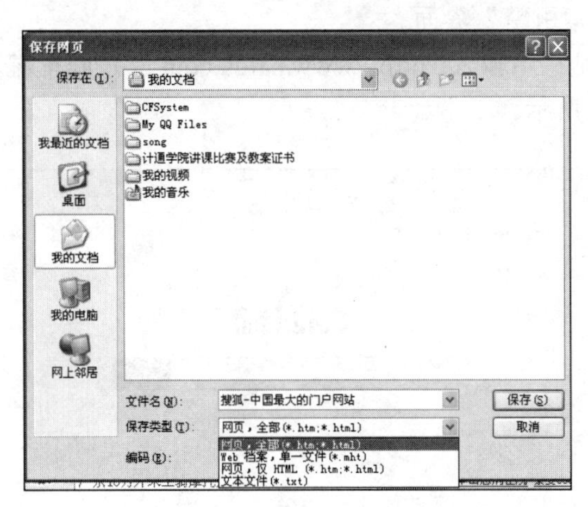

图 5.10　“另存为”对话框

a. 网页，全部（*.htm；*.html）：保存最完整的一种类型，也是最浪费时间的一种类型。该类型会将页面中的所有元素（包括图片、Flash 动画等）都下载到本地，即最终保存结果是一个网页文件和一个以“网页文件名.files”为名的文件夹，文件夹中保存的为网页中需要用到的图片等资源。

b. Web 档案，单一文件（*.mht）：同样也是保存完整的一种类型。与第一种不同的是，最终保存的只有一个扩展名为.mht 的文件，但其中的图片等内容一样都不少。双击这种类型的文件同样会调用浏览器打开。

c. 网页，仅 HTML（*.htm；*.html）：最推荐的一种方式。只保存网页中的文字，但保留网页原有的格式。保存的结果也是一个单一网页文件，因为不保存网页中的图片等其他内容，所以保存速度较快。

d. 文本文件（*.txt）：不太推荐的一种方式，只保存网页中的文本内容，保存结果为单一文本文件，虽然保存速度极快，但如果网页结构较复杂，保存的文件内容会比较混乱，要找到自己想要的内容就困难了。

实训 5.3　搜索引擎的使用

实训内容与要求

掌握搜索引擎的基本原理和使用方法。

实训步骤

搜索引擎的英文名称是“search engine”，意思是信息查找发动机，它是 Internet 上搜索信

息的工具。搜索引擎是一个对互联网上的信息资源进行搜集整理，然后供用户查询的系统，它包括信息搜集、信息整理和用户查询三部分功能。

下面以“百度搜索引擎”为例讲解信息检索的具体方法。

（1）进入“百度搜索引擎”界面

打开浏览器，在地址栏中输入“http://www.baidu.com”，按回车键，进入“百度搜索引擎”的首页界面，如图 5.11 所示。

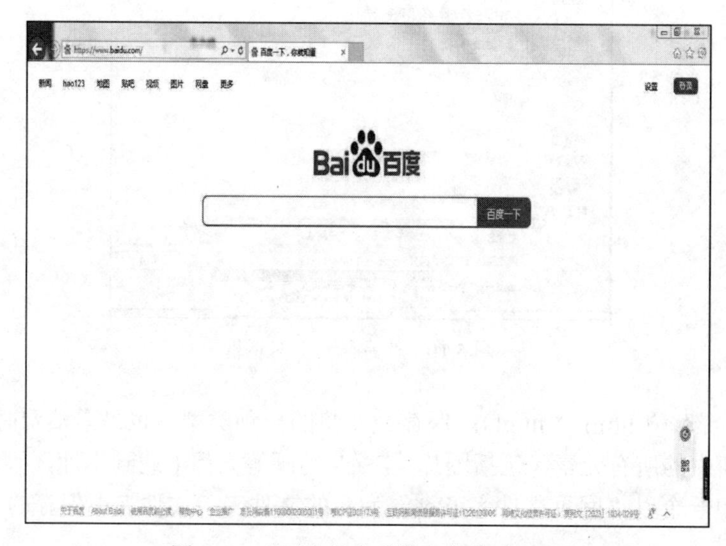

图 5.11　“百度搜索引擎”的首页界面

（2）单关键字的搜索

在搜索关键字框中输入“电脑”，按【Enter】键或单击“百度一下”就能得到如图 5.12 所示的搜索结果。搜索结果过亿，用户不能够很好地得到想要的信息。

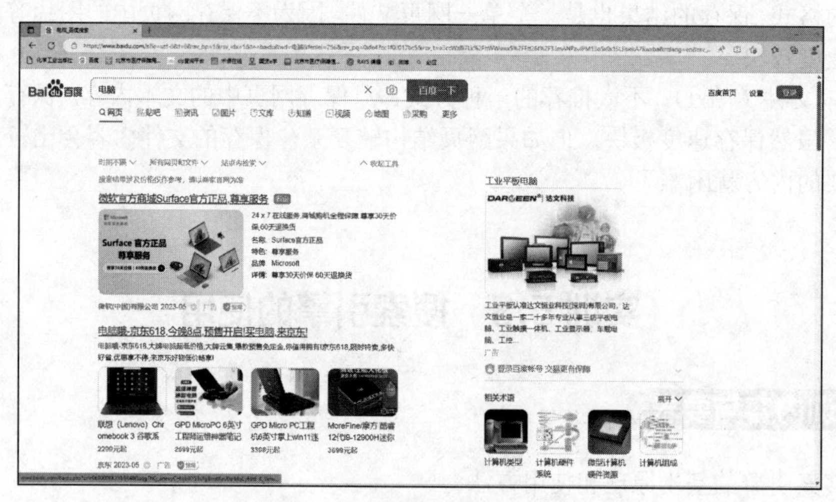

图 5.12　使用单关键字的搜索

（3）多关键字的搜索

百度搜索引擎使用空格来表示逻辑“与”操作。现在需要了解电脑的历史，因此期望搜得的网页上有“电脑”和“历史”两个关键字。在搜索关键字框中输入“电脑”和“历史”两个关键字，两个关键字之间必须有空格，如图 5.13 所示。

图 5.13　使用多关键字的搜索

（4）去除特定信息的搜索

百度搜索引擎用减号“-”表示逻辑“非”操作，且前一个关键词与减号“-”之间必须有空格。“A-B”表示搜索包含 A 但没有 B 的网页。在上一搜索中，如果不想查询有关中国电脑历史的信息，就可以使用减号“-”将其去除，如图 5.14 所示，所得结果只有约一亿了，减少了很多。

注意

这里的“+”和“-”号是英文字符，而不是中文字符的“+”和“−”。此外，操作符与后一个作用的关键词之间不能有空格。如果有空格，比如输入“历史- 中国历史”，搜索引擎将视为关键词为“历史”和“中国历史”的逻辑“与”操作，中间的“-”被忽略。

图 5.14　使用去除特定信息的搜索

（5）至少包含多关键字中一个关键字的搜索

百度用“|”表示逻辑“或”操作。搜索“A|B”，意思就是搜索的网页中要么有 A，要么有 B，要么同时有 A 和 B。例如，要搜索“计算机二级”和“英语四级”，在搜索关键字框中输入“计算机二级|英语四级”。

上面的例子中介绍了百度搜索引擎最基本的语法“与”“非”“或”，这三种搜索语法，百度分别用“ ”（空格）、“-”和“|”表示。根据这三个基本操作，可以了解到缩小搜索范围、迅速找到目的信息的一般方法：目标信息一定含有的关键字用“ ”连起来，目标信息不能含有的关键字用“-”去掉，目标信息可能含有的关键字用“|”连起来。

（6）过滤搜索的网站

关键字“site”表示搜索结果局限于某个具体网站或者网站频道，如“www.cip.com.cn”，或者是某个域名，如“com.cn”“edu.cn”等。如果要排除某网站或者域名范围内的页面，只需用“-网站/域名”。例如，搜索中文教育科研网站（域名为 edu.cn）上关于“电脑 历史”的页面，输入“电脑 历史 site:edu.cn”，如图 5.15 所示。

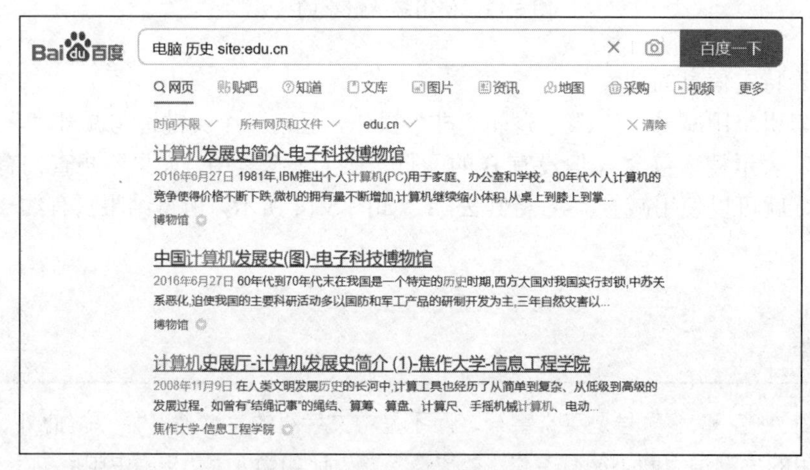

图 5.15　过滤搜索的网站

（7）搜索某种类型文件信息

“filetype:”是百度非常实用的一个搜索语法。也就是说，百度不仅能搜索一般的文字页面，还能对某些二进制文档进行检索。目前，百度已经能检索微软的 Office 文档如.xls、.ppt、.doc、.rtf，Adobe 的.pdf 文档，ShockWave 的.swf 文档（Flash 动画），等等。其中最实用的文档搜索是 PDF 搜索。PDF 是 Adobe 公司开发的电子文档格式，现在已经成为互联网的电子化出版标准。

如搜索“电脑”和“历史”，并且希望文件类型是 doc 或 pdf，在关键字框中输入“电脑 历史　filetype:doc | filetype:pdf”，如图 5.16 所示。

（8）搜索图片

在百度首页点击“图片”链接就进入了百度的图片搜索界面。可以在关键字框内输入描述图片内容的关键字，如“电脑”，就会搜索到大量电脑图片，如图 5.17 所示。百度给出的搜索结果具有一个直观的缩略图以及该图片的文件名称。

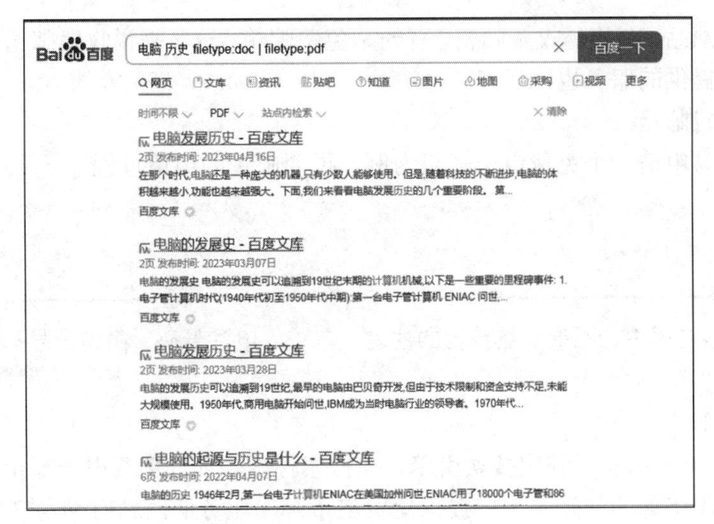

图 5.16　搜索某种类型文件信息

图 5.17　搜索图片

百度图像搜索目前支持的语法包括基本的搜索语法如“+”“-”“|”“site”和“filetype:”。其中“filetype:”的后缀只能是几种限定的图片类型，如 JPG、GIF 等。

实训 5.4　电子邮箱申请与 Outlook Express 设置

实训内容与要求

掌握申请免费电子邮箱和设置 Outlook Express 的方法。

实训步骤

利用电子邮件不仅可以发送文字和图片，还可以发送视频和音频文件等。另外，邮件发送速度很快，不管收件人在世界的哪个地方，在几秒之内就能发送到。Internet 上有许多提供

电子邮箱服务的网站，有的是收费邮箱，有的是免费邮箱。一般来说收费邮箱容量相对较大，对邮箱的拥有者提供的服务也比较多。

（1）申请免费邮箱

下面以在网易申请一个免费电子邮箱为例，说明邮箱的申请过程。

注意

在申请邮箱过程中，不要泄露自己的住址、单位、电话号码、身份证号码等敏感资料。

操作步骤如下。

① 搜索免费电子邮箱。利用搜索引擎，在搜索栏内输入“免费电子邮箱”关键字，找到提供免费电子邮箱服务的网站。国内提供免费电子邮箱服务的网站有网易（163 免费电子邮箱）、搜狐（sohu 免费电子邮箱）、新浪（sina 免费电子邮箱）等，国外进入中国提供免费中文电子邮箱服务的网站有微软（hotmail 免费电子邮箱）等。

② 注册免费电子邮箱。打开 IE 浏览器，在地址栏输入 163 免费邮箱实名网址，按回车键，单击网页中“注册”按钮，如图 5.18 所示。

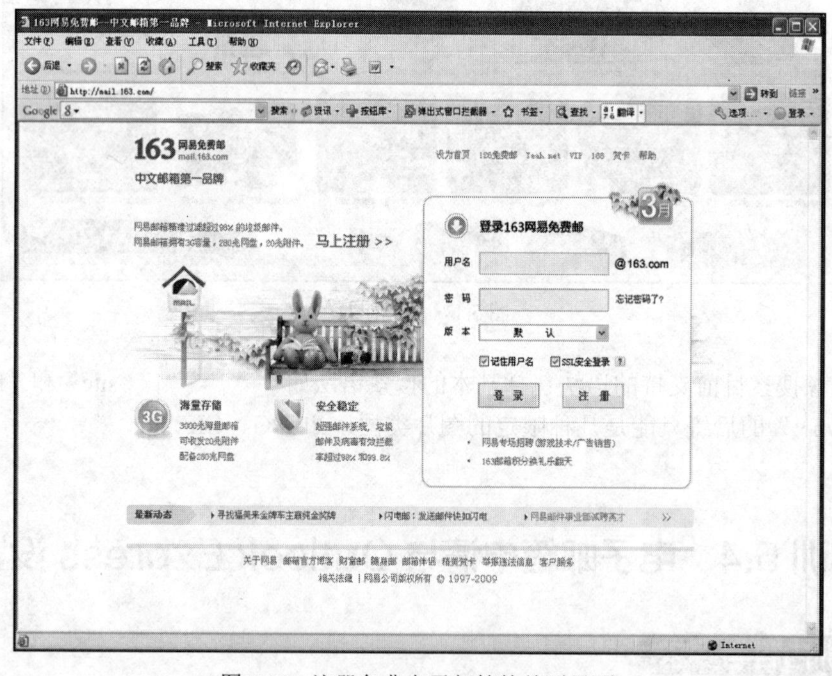

图 5.18　注册免费电子邮箱的首页界面

在“通用证用户名”文本框中输入用户名，网站都注明了填写用户名的具体要求，应注意阅读。这个用户名是用户将来邮箱申请成功后用来登录邮箱的用户账号，“用户名@服务器名”就是用户的电子邮箱地址。用户名应当尽量简单明了，以便于记忆。输入的用户名如果已经被其他用户注册，就会在下一行以红色文字显示提示：“很遗憾，该账号已经被注册，请您另选一个。”此时就需要重新输入新的用户名，直到显示提示“恭喜，该用户名可以使用”为止。

然后输入登录密码、密码保护问题、您的答案、出生日期、性别、验证码等必须填写的项目，最后阅读《网易服务条款》，选择“我已看过并同意《网易服务条款》”以后，单击“注册账号”按钮。这时，免费邮箱申请成功。

（2）利用 Outlook Express 收发电子邮件

以网页方式收发电子邮件时，每次都必须登录邮箱首页，输入用户名、密码等，这些操作非常烦琐。这时可以利用 Windows 自带的 Outlook Express（以下简称 Outlook）进行电子邮件的收发，这样更加方便。下面以 163 免费邮箱为例，说明 Outlook 的设置和使用方法。

① Outlook 基本设置。

a. 单击“开始”→“电子邮件”选项，打开“Outlook Express”界面，执行“工具”→“账户”命令，如图 5.19 所示，将弹出“Internet 账户”对话框。

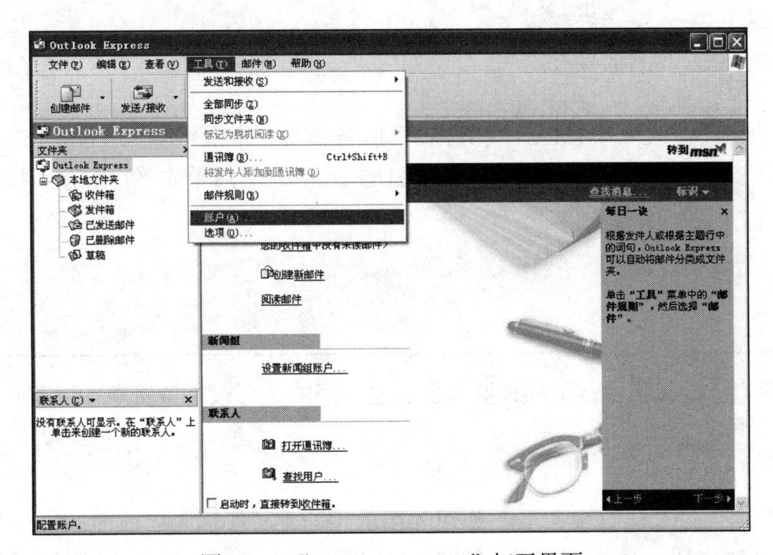

图 5.19 “Outlook Express”打开界面

b. 在“Internet 账户”对话框中单击“添加”按钮，将弹出“Internet 连接向导”对话框，如图 5.20 所示。

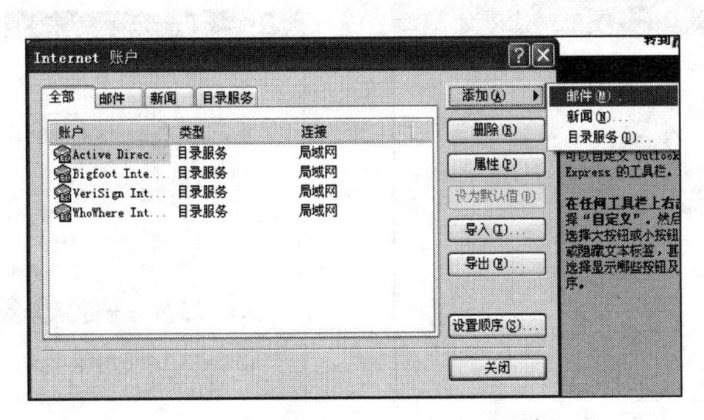

图 5.20 “Internet 账户”对话框

c. 在“显示名”文本框中输入“hanliu”，如图 5.21 所示，这个名字将出现在以后所发邮件的“发件人”一栏，然后单击“下一步”按钮。

d. 在“电子邮件地址”文本框中输入你的邮箱地址，如“hanliu_2009@163.com”，如

图 5.22 所示，再单击“下一步”按钮。

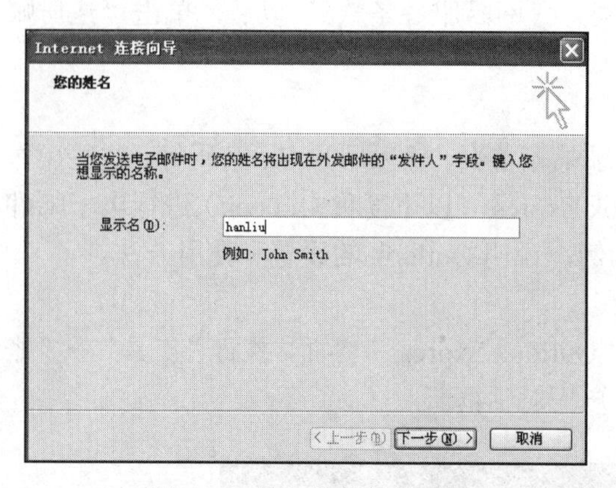

图 5.21　输入发件人显示名

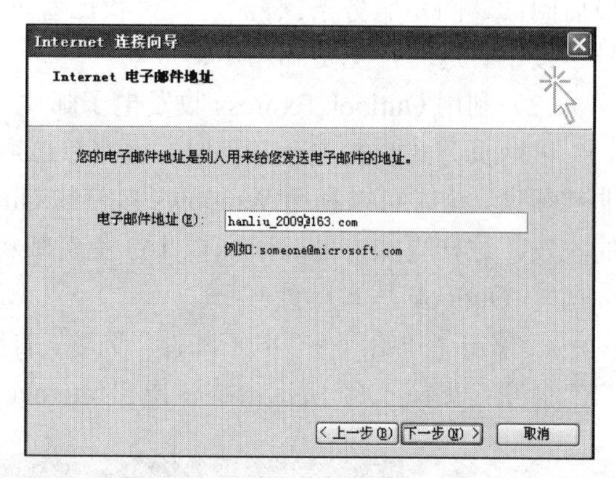

图 5.22　输入发件人电子邮件

e. 在“接收邮件（POP3，IMAP 或 HTTP）服务器”文本框中输入“pop.163.com”，在“发送邮件服务器（SMTP）”文本框中输入“smtp.163.com”，然后单击“下一步”按钮，如图 5.23 所示。

注意

每个免费电子邮箱提供商的邮件服务器名是不同的，可以在免费电子邮箱网页的帮助文件中找到。

f. 在“账户名”文本框中输入 163 免费邮箱的用户名（仅输入@前面的部分），在“密码”文本框中输入邮箱密码，选中“记住密码”复选框，如图 5.24 所示，这样以后每次收发邮件就不需要再输入用户名和密码了，然后单击“下一步”按钮。单击“完成”按钮，邮箱的基本设置就完成了，但是邮箱属性设置工作还没有完成。

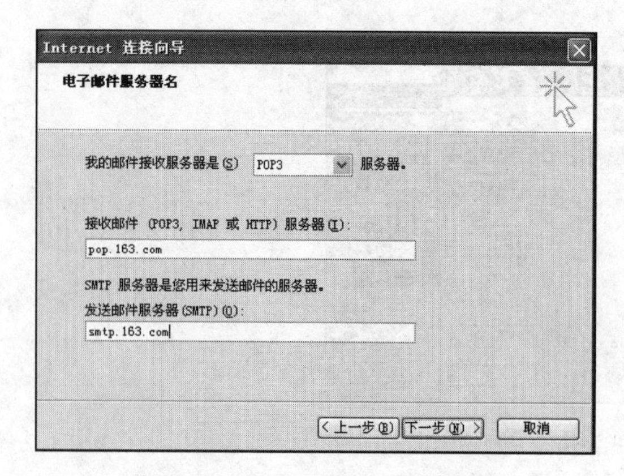

图 5.23　输入电子邮件服务器名

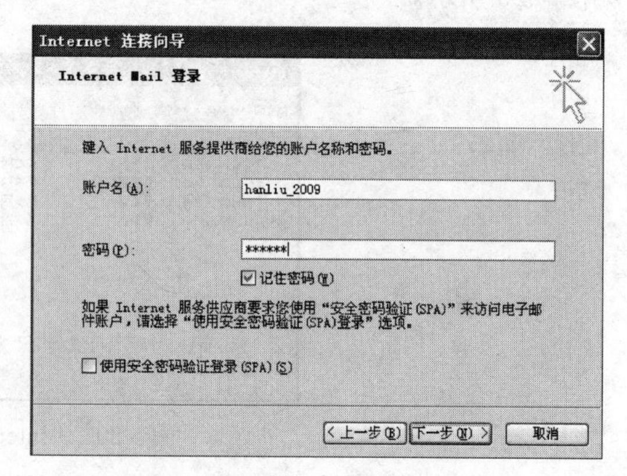

图 5.24　输入账户名和密码

② Outlook 属性设置。

a. 在 Outlook 主界面窗口中执行“工具”→“电子邮件账户”命令，打开“Internet 账户”

对话框，选择“邮件”选项卡，选中刚才设置的账号，单击“属性”按钮，如图 5.25 所示。

b. 在属性设置对话框中，选择“服务器”选项卡，选中“我的服务器要求身份验证”复选框，如图 5.26 所示，单击“应用”按钮。此时已经完成了 Outlook 客户端的配置。

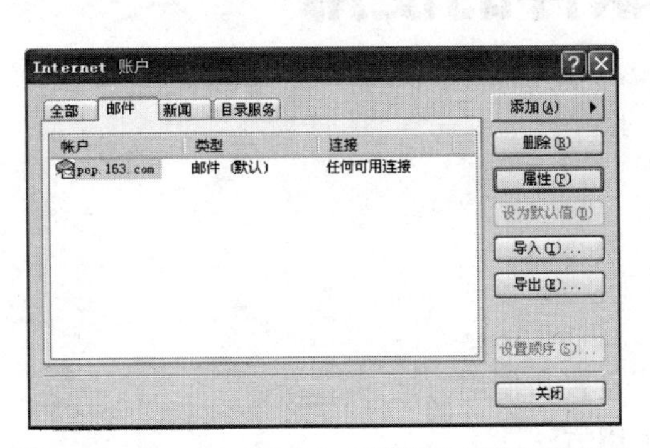

图 5.25　“Internet 账户”对话框“邮件”选项卡

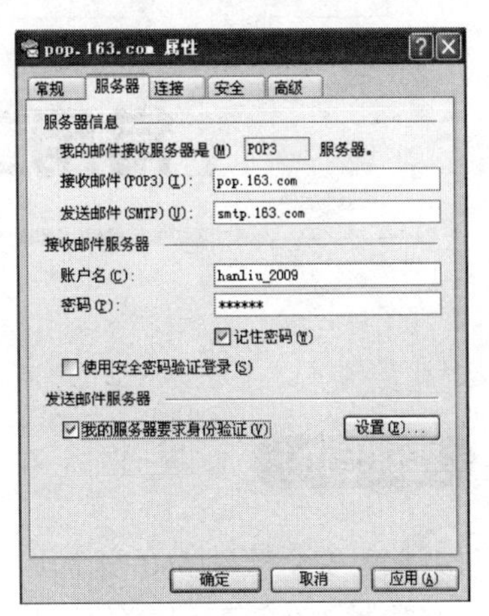

图 5.26　属性设置对话框

实训6

常用工具软件的使用

实训目的

（1）掌握安全软件360安全卫士的安装、设置和使用方法。
（2）掌握360杀毒程序的安装、设置和使用方法。
（3）掌握WinRAR文件解压缩工具软件的安装、设置和使用方法。
（4）掌握常用下载工具迅雷的安装、设置和使用方法。
（5）掌握ACDSee的安装、设置和使用方法。

实训6.1　360安全卫士

360安全卫士是一款由奇虎360公司（北京奇虎科技有限公司）推出的功能强、效果好、受用户欢迎的安全软件。360安全卫士拥有查杀木马、清理插件、修复漏洞、电脑体检、电脑救援、保护隐私、电脑专家、清理痕迹等多种功能，依靠抢先侦测和云端鉴别，可全面、智能地拦截各类木马，保护用户的账号、隐私等重要信息。该软件同时还具备开机加速、垃圾清理等多种系统优化功能，可加快电脑运行速度，内含的360软件管家还可帮助用户轻松下载、升级和强力卸载各种应用软件。国内具有类似功能的软件现有金山卫士、百度卫士、腾讯电脑管家等。

任务一

实训内容与要求

（1）从360官方网站上下载360安全卫士的离线下载包。
（2）安装360安全卫士。
（3）掌握360安全卫士的卸载方法。

实训步骤

（1）启动浏览器，在地址栏输入 360 官方网址，进入 360 官方网站。单击“电脑软件”→“电脑安全”列中的“安全卫士”，单击网页中显示的“离线下载包”，下载 360 安全卫士的离线下载包，其文件名为“setup.exe”。如果直接单击主页面中显示的“360 安全卫士”的“下载”按钮，如图 6.1 所示，则下载的是 360 在线安装程序“inst.exe”，在安装时需联机下载程序后才能继续安装。

图 6.1　360 网站主页中的相关下载

说明

任何公司的网站内容都是动态更新的，软件版本也不会一成不变，此处所介绍的方法可供参考，具有一定的指导意义。

（2）双击下载的安装程序“setup.exe”，打开如图 6.2 所示的窗口。单击“立即安装”按钮进行安装，程序将安装到 C 盘的默认目录中。如果需要安装到其他盘中，可单击“安装在”后的下拉按钮选择；如果需要改变默认的安装目录，则单击“自定义安装”按钮。建议选择自定义安装，以防止安装过程中可能存在的捆绑安装其他软件等行为。之后的安装过程中按提示操作即可。

图 6.2　360 安全卫士的安装

安装完成后，出现如图 6.3 所示的窗口。

图 6.3　360 安全卫士主程序界面

（3）卸载方法

① 单击 Windows“开始”按钮→“所有程序”→“360 安全中心”→“360 安全卫士”→“卸载 360 安全卫士”→“卸载安全卫士”按钮，之后按提示操作即可完成卸载操作。

② 单击“开始”按钮→“控制面板”→“程序”中的“卸载程序”，选择“360 安全卫士”，点击“卸载/更改”按钮，之后按提示操作即可完成卸载操作。

卸载后可重启操作系统，以便彻底删除某些文件。

任务二

实训内容与要求

了解 360 安全卫士的设置方法。

实训步骤

在如图 6.3 所示的 360 安全卫士主程序界面中，单击右上角“主菜单”下拉按钮→“设置”，弹出如图 6.4 所示的“360 设置中心”窗口，根据需要，选定或取消复选框或单选框来调整默认的设置，也可以完全采用默认的设置而不进行任何修改。在自定义设置后，可通过单击左下角的“恢复所有默认值”按钮来恢复系统默认设置。

（1）基本设置：在“360 设置中心”左侧窗体中单击“基本设置”，在右侧窗体的选项中根据需要进行相应的设置。注意：其中的“升级设置”选项，确定是否自动升级；“用户体验改善计划”“云安全计划”“网址云安全计划”几个选项的设置，决定了用户是否允许在软件运行时连接到 360 公司的网站。

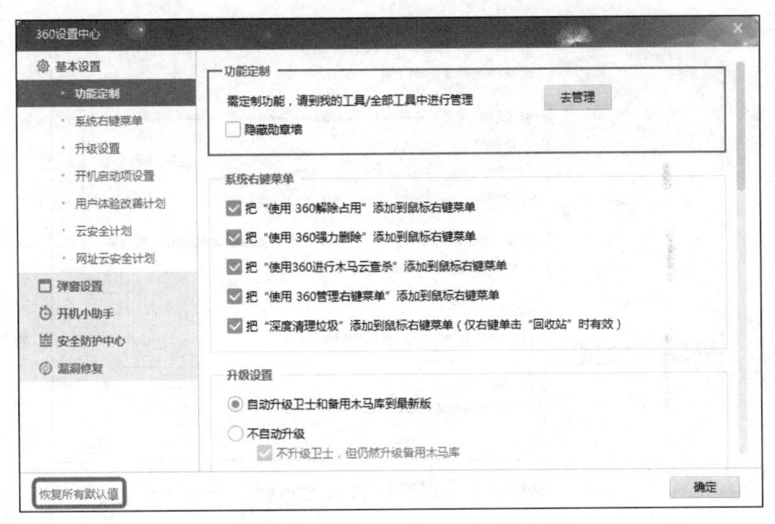

图 6.4 “360 设置中心”窗口

（2）弹窗设置：在“360 设置中心”左侧窗体中单击“弹窗设置”，在右侧窗体的选项中根据需要进行相应的设置。

（3）开机小助手设置：在“360 设置中心”左侧窗体中单击“开机小助手”，在右侧窗体的选项中进行设置。默认设置时显示的内容较多，可根据需要，选定或取消复选框来进行相应的设置，如图 6.5 所示。

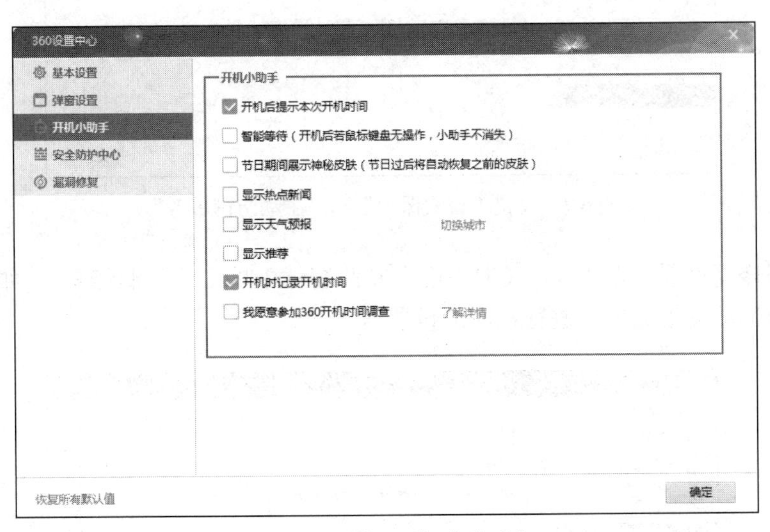

图 6.5 设置“开机小助手”

（4）安全防护中心设置：在“360 设置中心”左侧窗体中单击“安全防护中心”，在右侧窗体的选项中根据需要进行相应的设置。注意：其中的“U 盘安全防护”选项，如图 6.6 所示，决定了当用户在系统中插入 U 盘时的保护方式；其中的“自我保护”和“主动防御服务”功能选项，如图 6.7 所示，默认处于选中状态，即使“360 安全卫士”软件退出，该功能对应的“ZhuDongFangYu.exe”进程模块仍将在系统中存在，并且无法关闭。如需彻底退出“360 安全卫士”，则需要关闭这两项功能。

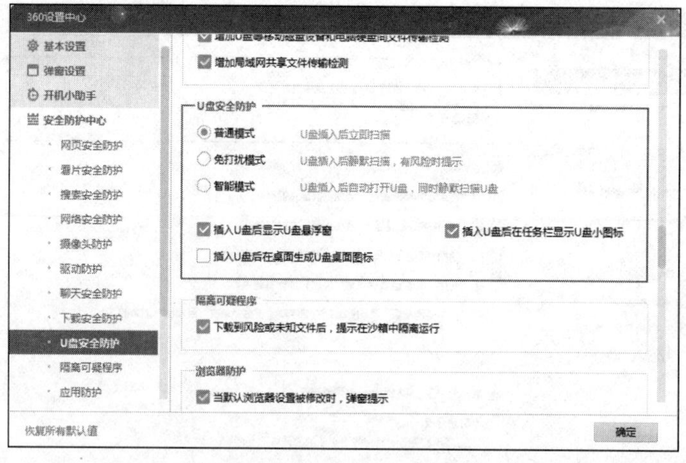

图 6.6　设置“U 盘安全防护”

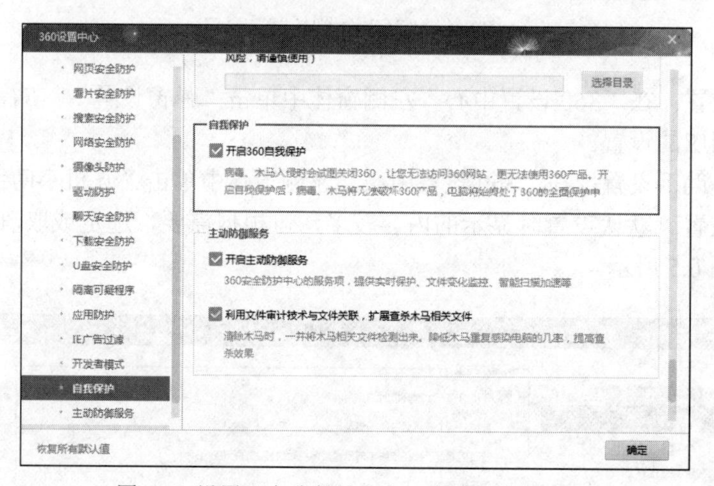

图 6.7　设置“自我保护”和“主动防御服务”

（5）漏洞修复设置：在“360 设置中心”左侧窗体中单击“漏洞修复”，如图 6.8 所示，在右侧窗体的选项中根据需要进行相应的设置。

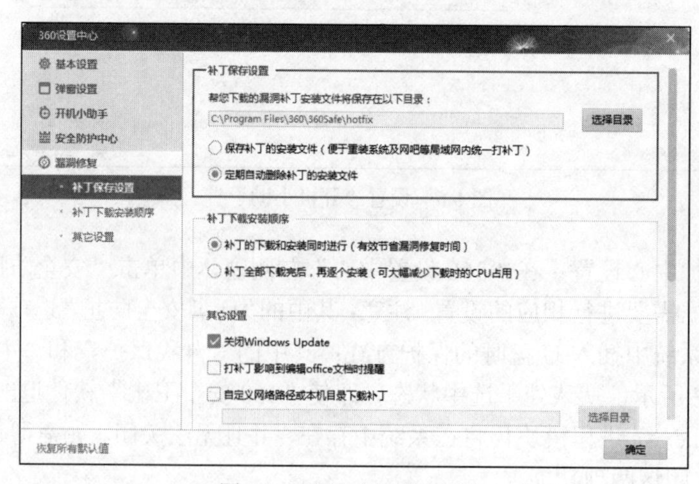

图 6.8　设置“漏洞修复”

任务三

实训内容与要求

（1）安装、配置完成后的首次应用。

（2）日常应用。

实训步骤

（1）首次应用

① 安装、配置完成后，首次应用时，单击图 6.3 所示的“360 安全卫士”主程序界面中的“立即体检”按钮，对系统进行检查。经过一段时间后体检完成，弹出如图 6.9 所示的体检结果窗口。窗口中对系统的安全状况以量化的分数形式来表示，直观地表明了系统的安全程度。还显示了所检查的项目数量，列出了有问题的具体项目，用户可以根据需要修复其中的某些项目，也可以单击“一键修复”按钮修复所有发现问题的项目。下面以单击“一键修复”按钮为例进行介绍。

图 6.9　体检结果窗口

② 在修复过程中可能弹出类似图 6.10 所示的“电脑体检”窗口，需要用户确认。

③ 修复完成后弹出如图 6.11 所示的窗口，显示系统安全分数为 100，窗口下部显示系统未锁定浏览器主页、未备份数据、需要重启系统等选项，用户可根据需要选择执行相应的操作。

（2）日常应用

日常应用过程中，如果需要对系统进行全面的检查和修复，可如上所示执行“立即体检”和“一键修复”等操作，这需要一定的时间。如果只需执行安全卫士的某一特定功能，可单独执行该功能。下面介绍常用的几个功能。

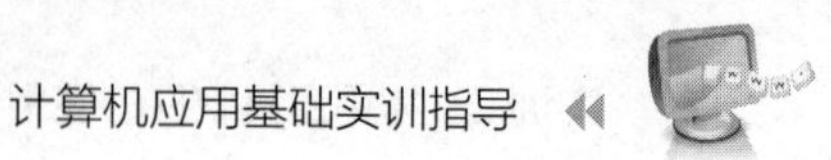

① 主页修复。如果系统出现浏览器主页被劫持而无法修改等异常情况，可单击如图 6.3 所示的 360 安全卫士主程序界面中右下角的“主页修复”按钮。首次执行该功能时将从网上下载并安装该模块。在弹出的如图 6.12 所示的“360 主页修复”窗口中，单击“开始扫描”按钮开始修复操作。

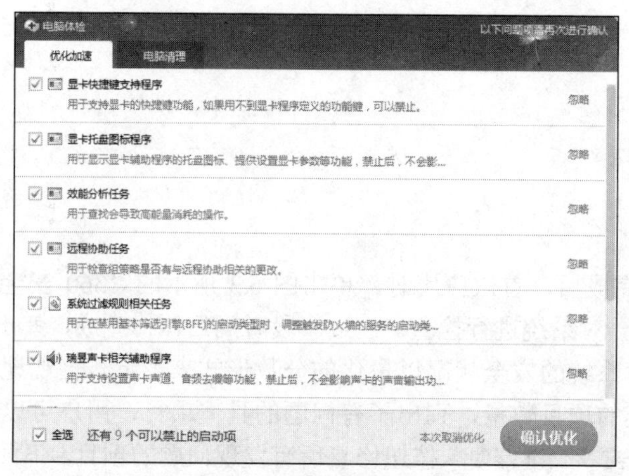

图 6.10　“电脑体检”窗口

图 6.11　修复完成窗口

图 6.12　“360 主页修复”窗口

② 查杀修复。该功能包括木马和安全危险项查杀、清理修复系统中的控件和插件、修复漏洞、主页锁定等模块，可单独执行。可单击如图 6.3 所示的 360 安全卫士主程序界面中左下角的“查杀修复”按钮，弹出如图 6.13 所示的查杀修复功能窗口。

图 6.13　查杀修复功能窗口

如果需要查杀木马和安全危险项，可根据需要单击“快速扫描”按钮或“全盘扫描”按钮或“自定义扫描”按钮，先进行扫描，在扫描结果显示窗口中如发现木马或安全危险项，则会出现“暂不处理”和“一键处理”功能按钮，可根据需要决定执行的操作，以处理安全威胁。扫描的设置选项位于窗口的底部右侧，包括“开启强力模式”复选框和“设置”按钮。

如果需要清理修复系统中的控件和插件，则需单击“常规修复”按钮，扫描完成的窗口中显示可修复的项目，用户需要逐个选定需要修复的项目，然后单击“立即修复”按钮，或单击“暂不修复”按钮放弃修复操作。虽然清理修复操作可使系统运行加速，但可能影响个别软件的某些功能，在选择修复项目时需慎重。

如果需要检查和修复系统漏洞，则可单击“漏洞修复”按钮，在检查完成后的结果窗口中，默认选中了检测到的“高危漏洞”和“软件安全更新”两类补丁，可单击“立即修复”按钮，开始从网站下载并同时安装这些补丁程序。界面底部有“设置”按钮可以对该功能进行设置。

如果需要锁定主页防止恶意程序篡改，可单击“主页锁定”按钮，在弹出的“360 主页锁定”窗口中选择锁定的主页，最后单击“安全锁定”按钮。

③ 电脑清理。该功能可以清理系统中的垃圾、痕迹等六种类型的项目。可单击如图 6.3 所示的 360 安全卫士主程序界面中左下角的“电脑清理”按钮，弹出如图 6.14 所示的窗口，默认选中了全部的六种类型，用户可选择要清理的项目类型，然后单击“一键扫描”。单击左下角的“经典版电脑清理”则进入以前版本。在扫描结果窗口，选择需要清理的项目，然后单击“一键清理”按钮执行清理操作。

④ 优化加速。该功能可对系统进行优化，全面提升开机速度、系统运行速度、上网速度、硬盘速度。可单击如图 6.3 所示的 360 安全卫士主程序界面中左下角的“优化加速”按钮，弹出如图 6.15 所示的优化加速功能窗口，选择需要加速的项目，然后单击“开始扫描”按钮。

在结果窗口，根据需要进行相应的操作。

图 6.14　电脑清理功能窗口

图 6.15　优化加速功能窗口

实训 6.2　360 杀毒软件

360 杀毒是奇虎 360 公司推出的一款免费杀毒软件。该软件整合了五大查杀引擎，包括国际知名的 BitDefender 病毒查杀引擎、小红伞（Avira）病毒查杀引擎、360 云查杀引擎、360 主动防御引擎以及 360 QVM 人工智能引擎，提供全时全面的病毒防护服务，查杀能力出色，能防御新出现的病毒木马，带来安全、专业、有效、新颖的查杀防护体验，具有查杀率高、资源占用少、轻巧快速不卡机、升级迅速等优点。360 杀毒已经通过了公安部的信息安全产品检测，并荣获多项国际权威认证，在国内的免费杀毒软件市场中占据着较大的份额。国内具有类似功能的软件现有金山毒霸、百度杀毒等，国外的免费杀毒软件有微软的官方免费杀毒软件 Microsoft Security Essentials、AVG 免费版、Avast 免费版、Avira 免费版等。

任务一

实训内容与要求

（1）从 360 官方网站上下载 360 杀毒的离线下载包。

（2）安装 360 杀毒。

（3）掌握 360 杀毒的卸载方法。

实训步骤

（1）启动浏览器，在地址栏输入 360 官方网址，进入 360 官方网站。单击“电脑软件”→“电脑安全”列中的“杀毒”，单击网页中显示的“360 杀毒 5.0”下面的“正式版”按钮，下载 360 杀毒的安装包。也可直接单击主页面中显示的“360 杀毒”的“下载”按钮，如实训 6.1 的图 6.1 所示，也可下载相同的安装包。

（2）双击下载的安装程序，打开如图 6.16 所示的 360 杀毒安装向导窗口。单击“立即安装”按钮进行安装，程序将安装到 C 盘的默认目录中。也可以单击“更改目录”按钮选择安装目录。建议安装到默认目录。

图 6.16　360 杀毒的安装

图 6.17　360 杀毒主程序界面

安装完成后，出现如图 6.17 所示窗口。

（3）卸载方法

① 单击 Windows“开始”按钮→“所有程序”→“360 安全中心”→“360 杀毒”→“卸载 360 杀毒”→“确认卸载”按钮，之后按提示操作。

② 单击“开始”按钮→“控制面板”→“程序”中的“卸载程序”，选择“360 杀毒”，点击“卸载/更改”按钮，之后按提示操作即可完成卸载操作。

卸载后可重启操作系统，以便彻底删除某些文件。

任务二

了解 360 杀毒的设置方法。

实训步骤

在如图 6.17 所示的 360 杀毒主程序界面中，单击右上角的“设置”按钮，弹出如图 6.18 所示的“360 杀毒-设置”窗口，根据需要，选定或取消复选框或单选框来调整默认的设置，也可以完全采用默认的设置而不进行任何修改。在自定义设置后，可通过单击左下角的“恢复默认设置”按钮来恢复系统默认设置。

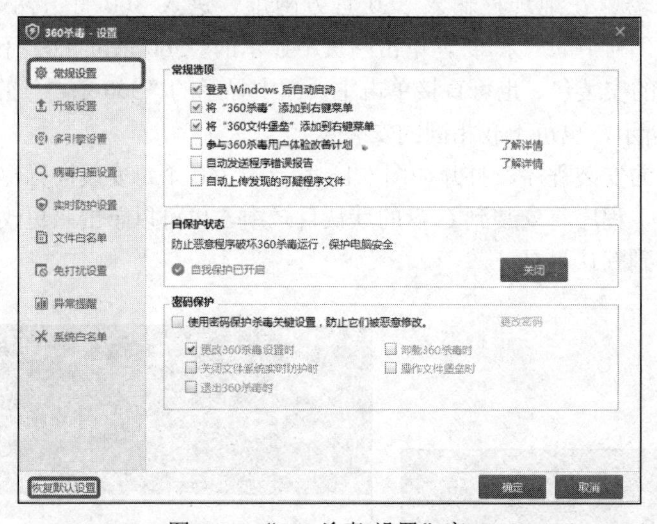

图 6.18 “360 杀毒-设置”窗口

（1）常规设置：在“360 杀毒-设置”左侧窗体中单击“常规设置”，在右侧窗体的选项中根据需要进行相应的设置。注意其中“参与 360 杀毒用户体验改善计划”“自动发送程序错误报告”“自动上传发现的可疑程序文件”几个选项的设置，在程序运行过程中会连接到 360 公司的网站。

（2）其他设置：在“360 杀毒-设置”左侧窗体中单击其余选项，在右侧窗体中可以查看、更改默认的选项，可根据需要进行相应的设置。一般不必更改。

任务三

实训内容与要求

（1）升级 360 杀毒病毒库。

（2）病毒查杀。

（3）处理扫描出的病毒。

实训步骤

（1）升级 360 杀毒病毒库

360 杀毒具有自动升级功能，如果开启了自动升级功能，360 杀毒会在有升级可用时自动下载并安装升级文件。360 杀毒 5.0 版本默认没有安装全部的本地引擎病毒库，如果需要使用某个本地引擎，单击主界面右上角的“设置”，打开设置界面后单击“多引擎设置”，然后可以根据需要选择 BitDefender 或 Avira 常规查杀引擎，如图 6.19 所示，选择后单击“确定”按钮。也可以移动鼠标到主界面左下角的“多引擎保护中：”后面的某引擎图标上，在弹出的如图 6.20 所示的窗口中单击开关按钮来启用或关闭某引擎。该引擎开启后，会自动从网上更新该引擎的病毒库。默认情况下，小红伞杀毒引擎是灰色的。小红伞是国外著名的杀毒软件，其自主研发的引擎本地查杀能力非常强大。如果不开启该引擎，本地查杀病毒能力很差，即断网情况下杀毒能力降低。所以可以开启该引擎，开启后自动更新其病毒库。

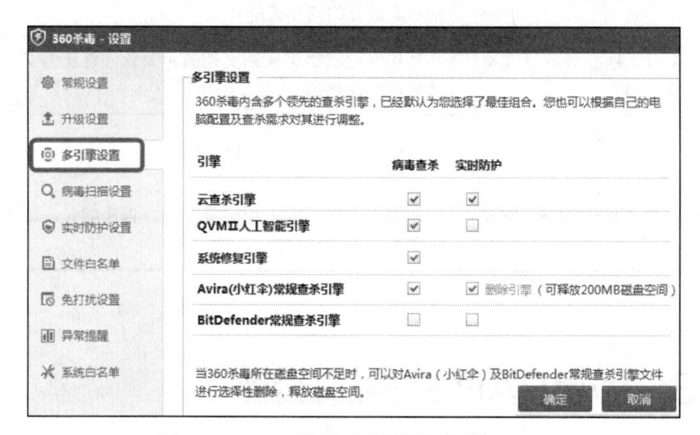

图 6.19　360 杀毒多引擎设置窗口

图 6.20　启用或关闭引擎

（2）病毒查杀

360 杀毒具有实时病毒防护和手动扫描功能，为系统提供全面的安全防护。实时防护功能在文件被访问时对其进行扫描，及时拦截活动的病毒，在发现病毒时会通过提示窗口警告用户，用户可选择立即处理或更多操作。

360 杀毒提供了几种病毒扫描方式。

① 全盘扫描：扫描所有磁盘；

② 快速扫描：扫描 Windows 系统目录及 Program Files 目录；

③ 自定义扫描：扫描指定的目录；

④ 右键扫描：在文件或文件夹上点击鼠标右键，可以选择“使用 360 杀毒扫描”对选中文件或文件夹进行扫描。

通过 360 杀毒主界面可以直接使用全盘扫描、快速扫描、自定义扫描、宏病毒扫描等。点击主界面上的“功能大全”会看到全部工具，可解决系统安全、系统优化、系统急救等常见

问题。

（3）处理扫描出的病毒

360 杀毒扫描到病毒后，会首先尝试清除文件所感染的病毒，如果无法清除，则会提示删除感染病毒的文件。木马和间谍软件由于并不感染其他文件，其自身即为恶意软件，因此会被直接删除。

在处理过程中，由于情况不同，会有些感染病毒的文件无法处理，可参照表 6.1 采用其他方法处理这些文件。

表 6.1　感染文件的处理方法

错误类型	原因	建议操作
清除失败（压缩文件）	由于染毒文件位于 360 杀毒无法处理的压缩文档中，因此无法对其中的文件进行病毒清除。360 杀毒暂时不支持 RAR、CAB、MSI 等某些类型的压缩文档	使用针对该类型压缩文档的相关软件将压缩文档解压到一个目录下，然后使用 360 杀毒对该目录下的文件进行扫描及清除，完成后使用相关软件重新压缩成一个压缩文档
清除失败（密码保护）	对于有密码保护的文件，360 杀毒无法将其打开进行病毒清理	去除文件的保护密码，然后使用 360 杀毒进行扫描及清除，或直接删除该文件
清除失败（正被使用）	文件正在被其他应用程序使用，360 杀毒无法清除其中的病毒	退出使用该文件的应用程序，然后使用 360 杀毒重新对其进行扫描及清除
删除失败（压缩文件）	由于染毒文件位于 360 杀毒无法处理的压缩文档中，因此无法删除其中的染毒文件	使用针对该类型压缩文档的相关软件将压缩文档中的病毒文件删除
删除失败（正被使用）	文件正在被其他应用程序使用，360 杀毒无法删除该文件	退出使用该文件的应用程序，然后手动删除该文件
备份失败（文件太大）	由于文件太大，超出了文件恢复区的大小，文件无法被备份到文件恢复区	增加系统盘上的可用磁盘空间，再次尝试；或者删除文件，不进行备份

实训 6.3　WinRAR 文件解压缩

WinRAR 是目前使用最普及的压缩工具软件，该软件界面友好，使用方便，在压缩率和速度方面都有很好的表现。WinRAR 允许用户创建、管理和控制压缩文件，是功能强大的压缩包管理器。Windows 系统中的 WinRAR 包括图形界面下的“WinRAR.exe”和命令行界面下的“rar.exe”与“unrar.exe”。

WinRAR 的主要功能和特色包括：压缩率高，对多媒体文件有独特的高压缩率算法；完善地支持 RAR 和 ZIP2.0 压缩文件格式，并且可以解压多种格式的压缩包，包括 7Z、ACE、ARJ、BZ2、CAB、GZ、ISO、JAR、LZH、TAR、UUE、XZ、Z 等多种压缩格式；具有其他服务性的功能，如文件加密、压缩文件注释、错误日志、历史记录和收藏夹等功能；资源占用相对较少，并可针对不同的需要保存不同的压缩配置；使用非常简单方便，配置选项也不多，在资源管理器中就可以完成工作；对于 ZIP 和 RAR 的自释放档案文件，点击属性就可以知道文件的压缩属性，如果有注释，还能在属性中查看其内容；对于 RAR 格式（含自释放）档案文件提供独有的恢复记录和恢复卷功能，使数据安全得到更充分的保障。

任务一

实训内容与要求

（1）从 WinRAR 中文官网下载 WinRAR 的安装包。

（2）安装 WinRAR。

（3）设置 WinRAR。

实训步骤

（1）启动浏览器，在地址栏输入“www.winrar.com.cn”，进入其中文官方网站。单击“下载试用”，在如图 6.21 所示的网页的下载列表中，根据 Windows 系统是 32 位还是 64 位选择对应的安装包。

图 6.21　WinRAR 中文官网中的相关下载

（2）双击下载的安装程序，打开如图 6.22 所示的安装窗口。单击“安装”按钮进行安装，程序将安装到 C 盘的默认目录中。如果需要安装到其他目录中，可单击“浏览”选择目标文件夹。建议单击“安装”按钮安装到默认的位置。安装过程中出现如图 6.23 所示的窗口，可设置关联文件类型、界面、外壳整合设置等，可以选中添加到桌面和添加到开始菜单两个选项，这些设置也可以在安装完成后软件运行时再次进行，单击“确定”按钮继续，在最后出现的安装完成窗口单击“完成”按钮完成安装。

说明

安装完成后，启动该软件会出现广告弹窗。

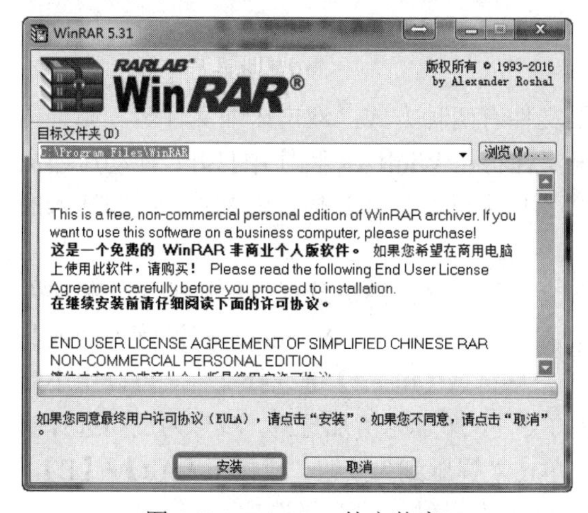

图 6.22　WinRAR 的安装窗口

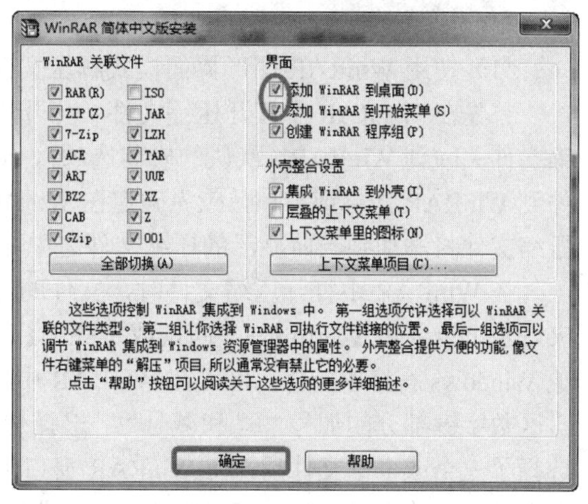

图 6.23　WinRAR 安装过程中的设置窗口

（3）可以在安装过程中设置 WinRAR 的一些选项，如图 6.23 所示，也可以在安装完成后进行详细的设置以满足需求。启动 WinRAR，单击主菜单中的“选项”，在弹出的下拉菜单中单击“设置”，弹出“设置”窗口，如图 6.24 所示。也可以通过直接按快捷键【Ctrl】+【S】弹出该窗口进行设置。

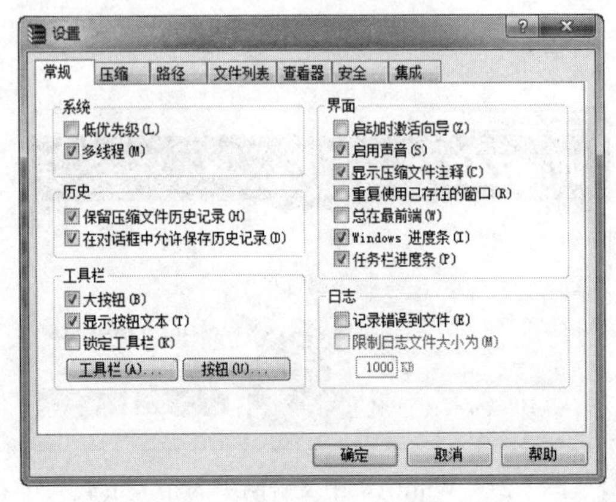

图 6.24　WinRAR 的“设置”窗口

由图 6.24 可见设置选项很多，有常规、压缩、路径、文件列表、查看器、安全、集成等七个选项卡，其中最右侧的“集成”选项卡就是安装过程中出现过的图 6.23 所示的设置选项，可以根据需要进行设置，也可以完全采用默认的设置。需要说明的是，在图 6.23 所示的设置选项中，外壳整合设置中的“集成 WinRAR 到外壳”选项默认处于选中状态，强烈建议不要关闭，以便在 Windows 窗口界面直接压缩和解压文件。如果在安装过程中关闭该选项，建议在安装完成后启动 WinRAR，进入“设置”窗口的“集成”选项卡中重新启用该选项。

任务二

实训内容与要求

（1）使用 WinRAR 图形界面模式解压文件。
（2）使用 WinRAR 图形界面模式压缩文件和文件夹。
（3）在资源管理器或桌面解压文件。
（4）在资源管理器或桌面压缩文件和文件夹。

实训步骤

（1）使用 WinRAR 图形界面模式解压文件

首先在 WinRAR 中打开压缩文件。打开压缩文件有两种方式：双击压缩文件名，如果压缩文件关联到 WinRAR（默认的安装选项），压缩文件将在 WinRAR 程序中打开；拖动压缩文件到 WinRAR 图标或窗口，应先确定在 WinRAR 窗口中没有打开其他压缩文件，否则拖入的压缩文件将添加到当前显示的压缩文件之中。

在 WinRAR 中打开压缩文件时，文件的内容会显示出来，然后选择要解压的文件和文件夹。也可以使用【Shift】+方向键或【Shift】+鼠标左键多选，与在 Windows 资源管理器或其他 Windows 程序中一样。也可在 WinRAR 中使用空格键或【Insert】键选择文件。可以用小键盘区数字键部分的加号“+”和减号“-”选择想要的文件，加号为增加选择，减号为反向选择。选择了一个或多个文件后，在 WinRAR 窗口顶端单击“解压到”按钮，或按下【Alt】+【E】，在对话框中输入目标文件夹并单击“确定”。此对话框也提供一些高级选项。

解压期间，将出现显示操作状况的窗口。如果需要中断解压的进行，在命令窗口单击“取消”按钮。也可以单击“后台”按钮将 WinRAR 最小化放到任务栏区，如果解压完成了且没有错误，WinRAR 将返回到界面模式。在发送错误时，则会出现错误信息诊断窗口。

（2）使用 WinRAR 图形界面模式压缩文件和文件夹

WinRAR 程序运行后，会显示当前文件夹的文件和文件夹列表，转到含有要压缩的文件的文件夹。可以使用【Ctrl】+【D】，在工具栏的驱动器列表或单击位于左下角的驱动器小图标来更改当前的驱动器。按下退后键【Backspace】、向上翻页键【Ctrl】+【PageUp】或单击工具栏下面的小型“向上”按钮或者在文件夹名“...”上面双击都可以转到上级目录。按【Enter】或【Ctrl】+【PageDown】或在任何其他文件夹上双击都可进入该文件夹。按【Ctrl】+【\】则会将根目录或压缩文件设为当前文件夹。

当进入需要压缩文件的文件夹时，选择需要压缩的文件和文件夹。在 WinRAR 中也能使用空格键或【Insert】键来选择文件。可以用键盘数字盘区的加号“+”和减号“-”选择想要的文件，加号为增加选择，减号为反向选择。

完成选择一个或多个文件之后，在 WinRAR 窗口顶端单击“添加”按钮，或按下【Alt】+【A】或在命令菜单选择“添加文件到压缩文件”命令，在出现的对话框中输入目标压缩文件名或直接接受默认名。在对话框中可以选择新建压缩文件的格式（RAR 或 ZIP）、压缩级别、分卷大小和其他压缩参数。此对话框的详细帮助在压缩文件名和参数对话框主题中。当准备好创建压缩文件时，单击“确定”按钮。

压缩期间，将出现显示操作状况的窗口。如果需要中断压缩，单击命令窗口中的“取消”按钮。也可以单击“后台运行”按钮将 WinRAR 最小化放到任务栏区。压缩完成后，命令行窗口将出现并且以新创建的压缩文件作为当前选定的文件。

使用拖动方式，可以把文件添加到已存在的 RAR 压缩文件中。在 WinRAR 窗口选择压缩文件并在文件名上按回车键或双击鼠标，WinRAR 将读取压缩文件并显示其内容，之后将要添加的文件拖动到 WinRAR 中，就可以把文件添加到压缩文件中。

（3）在资源管理器或桌面解压文件

在压缩文件图标上单击鼠标右键，在弹出的快捷菜单中选择“解压文件”命令，弹出如图 6.25 所示的对话框，输入目标路径或保持默认的路径，单击“确定”按钮。该对话框还提供“高级”选项卡。

图 6.25 WinRAR 的解压缩对话框

也可以在弹出的快捷菜单中选择“解压到<文件夹名>”命令来解压文件到指定的文件夹，或者选择“解压到当前文件夹”命令来解压文件到当前文件夹，而不需要其他附加选项。

注意

如果在“集成”设置选项卡中选中了“层叠的上下文菜单”选项，则必须打开“WinRAR”子菜单才能使用上述命令。该选项默认是关闭的，建议不要改变 WinRAR 默认选项。

还可以使用鼠标右键拖移一个或多个压缩文件到目标文件夹，然后在出现的菜单中选择“解压到<文件夹名>”。

（4）在资源管理器或桌面压缩文件和文件夹

在资源管理器或桌面选择要压缩的文件或文件夹，以鼠标右键在选定的文件上单击并选择“添加到压缩文件”，在弹出的对话框中输入目标压缩文件名或直接接受默认的名称。在对话框中可以选择新建压缩文件的格式（RAR 或 ZIP）、压缩级别、分卷大小和其他压缩参数，最后单击“确定”按钮，在当前窗口显示刚创建的压缩文件。

也可以选择“添加到<压缩文件名>”命令将文件添加到指定的压缩文件，使用默认的压缩设置而没有其他附加选项。

或者使用鼠标左键拖移文件图标到已存在的压缩文件图标上，将文件添加到此压缩文件中。

实训 6.4　迅雷下载工具

迅雷是迅雷公司开发的互联网下载软件，是目前应用较普遍的互联网下载工具，可以同时下载多个文件，支持 BT、电驴文件下载，是下载电影、视频、软件、音乐等文件所需要的软件之一。迅雷是一款基于多资源超线程技术的免费下载软件，针对宽带下载做了特别优化。迅雷下载能够对存在于第三方服务器和计算机上的数据文件进行有效整合，通过迅雷先进的超线程技术，用户能够以更快的速度从第三方服务器和计算机获取所需的数据文件。这种超线程技术还具有互联网下载负载均衡功能，在不降低用户体验的前提下，迅雷网络可以对服务器资源进行均衡，有效降低服务器负载。迅雷官方网站为“http://www.xunlei.com”。

任务一

实训内容与要求

（1）从迅雷官网下载迅雷的安装包。

（2）安装迅雷。

（3）设置迅雷。

(1) 启动浏览器，在地址栏输入“http://dl.xunlei.com”，进入迅雷产品中心官方网站，下载所需的软件。

(2) 双击下载的安装程序，打开窗口中有“快速安装”按钮和“自定义安装”。如果用户需要安装到非默认目录中，可单击“自定义安装”按钮，选择安装位置。建议单击“快速安装”按钮安装到C盘默认的位置。最后出现的安装完成窗口中，安装其他软件“hao123导航”复选框选项默认选中，取消选中，单击“立即体会”按钮完成安装。

安装完成后，启动本软件会出现广告弹窗。

(3) 在如图6.26所示的迅雷程序主界面中，单击右上角部位的“主菜单”下拉按钮→“系统设置”，或直接按快捷键【Alt】+【O】，弹出图中所示的“系统设置”窗口，有“基本设置”和“高级设置”两个选项卡标签，根据需要来调整默认的设置，也可以完全采用默认的设置而不进行任何修改。建议查看“基本设置”中的“下载目录”设置，了解迅雷默认的下载目录，根据需要修改或保持默认目录不改变。通常情况下，默认的设置足以满足绝大多数用户的需求，不必修改即可直接使用该软件。

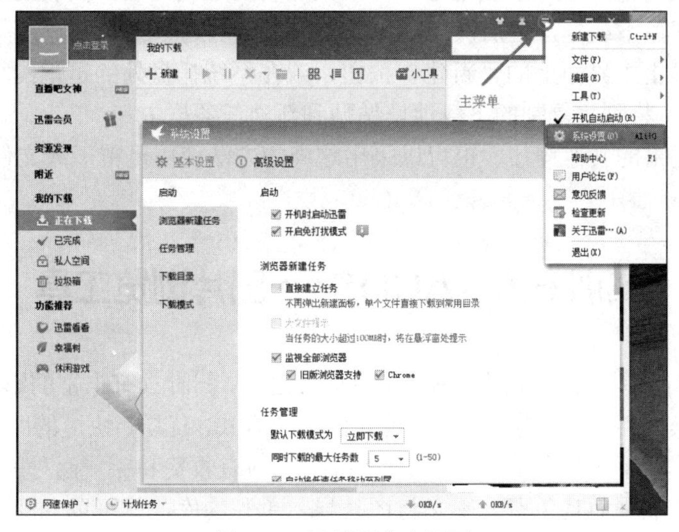

图6.26　迅雷程序主界面

任务二

(1) 在IE等直接支持迅雷下载的浏览器中下载。

（2）在 Chrome 等浏览器中下载。

（3）直接下载。

实训步骤

（1）在 IE 等直接支持迅雷下载的浏览器中下载

首先在 IE 等浏览器中打开要下载文件所在的网页。有的网页下载直接支持迅雷，直接单击该文件的迅雷下载链接即可弹出迅雷下载，弹出新建任务框，显示默认下载目录，可更改文件下载目录，目录设置好后点“立即下载”，下载完成后的文件会显示在左侧“已完成”的目录内，用户可自行管理。如果网页的下载链接没有提示，在该文件的下载链接按钮上单击鼠标右键，在弹出的快捷菜单中选择“使用迅雷下载”即可，之后操作同前。

（2）在 Chrome 等浏览器中下载

在 Chrome 等浏览器中打开要下载文件所在的网页，在该文件的下载链接按钮上单击鼠标右键，在弹出的快捷菜单中选择“复制链接地址”，之后迅雷会自动感应出来并弹出新建任务下载框，之后操作同前。如果没有自动弹出迅雷的新建任务下载框，可单击迅雷主界面上的“新建”按钮，或在系统托盘处的迅雷图标上单击鼠标右键选择“新建任务”，如果任务中没有自动出现刚才复制的链接地址，按【Ctrl】+【V】将复制的链接地址粘贴到任务框中，之后操作同前。

（3）直接下载

如果知道下载文件的绝对下载地址，可以先复制此下载地址，复制之后迅雷会自动感应出来并弹出新建任务下载框，之后操作同前。

也可以单击迅雷主界面上的“新建”按钮，或在系统托盘处的迅雷图标上单击鼠标右键选择“新建任务”，将刚才复制的下载地址粘贴到新建任务框中。

对于不支持迅雷的其他程序，也可以采用这样的方法使用迅雷下载文件。

实训 6.5　ACDSee 图片浏览工具

ACDSee 是目前使用较多的图片浏览工具软件之一，同时具有丰富的影像编辑功能。该软件提供了良好的操作界面，具有简单、人性化的操作方式，优质、快速的图形解码方式，支持丰富的图形格式，具有强大的图形文件管理功能，当前有收费和免费两种版本。ACDSee 官方免费版速度快、功能强而且免费，不必将图片导入单独的库，就可以立即实时浏览计算机中存储的图片。其中文官网为“https://www.acdsee.cn”。

任务一

（1）从 ACDSee 中文官网下载安装包。

（2）安装 ACDSee。

（3）设置 ACDSee。

实训步骤

（1）启动浏览器，在地址栏输入“https://www.acdsee.cn”，单击主页中的“ACDSee 官方免费版”，进入 ACDSee 官方免费版网页，单击其中的“免费下载”按钮即可下载官方免费版安装包文件。

（2）双击下载的安装程序，按提示进行操作，在安装过程中出现的窗口中单击“下一步”和“我接受”许可协议，在“安装类型”窗口中有“完全”和“自定义”两个单选框，可根据需要选择，默认选择为“完全”，单击“下一步”继续。

说明

安装完成后，启动该软件会出现广告弹窗，而且免费版要求必须注册才能结束安装过程，可按提示进行注册。

（3）在 ACDSee 程序主界面中，单击“工具”菜单→下拉列表中的“选项”，或直接按快捷键【Alt】+【O】，弹出如图 6.27 所示的“选项”窗口，可根据需要调整默认的设置，也可以完全采用默认的设置而不进行任何修改。自定义设置后，可通过单击左下角的“重设为默认值”按钮恢复系统默认设置。

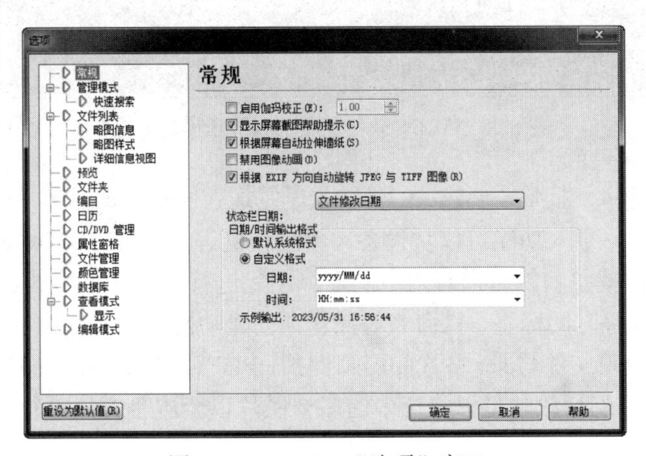

图 6.27　ACDSee“选项”窗口

任务二

实训内容与要求

（1）管理模式的应用。

（2）查看模式的应用。

（3）编辑图片。

实训步骤

（1）管理模式的应用

点击 ACDSee 程序主界面右上角的“管理”按钮进入管理模式，如图 6.28 所示。在管理模式下可以完成许多管理类型的操作，可通过菜单或主工具栏或快捷键等方式进行操作，这里简单介绍通过主工具栏进行的操作。

图 6.28　ACDSee 主界面（即管理模式）窗口

主工具栏包括导入、批量、创建、幻灯放映、发送、外部编辑器等功能列表，功能强大实用，操作简单。其中，导入功能可以从设备（数码相机等）、CD/DVD、磁盘、扫描仪、手机文件夹等导入文件；批量功能可以对选中的多个图片进行转换文件格式、旋转/翻转、调整大小、调整曝光度、调整时间标签、重命名等操作；创建功能可以将选中的多个图片创建为.exe 和.swf 格式的幻灯放映文件与.scr 格式的屏幕保护、PDF、PPT、ACDSee 陈列室、CD/DVD 光盘、HTML 相册等；幻灯放映可以将选中的多个图片以全屏幕方式进行幻灯放映并可以对放映方式进行设置。

进行操作练习时，可先在主程序窗口的“文件夹”区域导航到有图片的目录，例如 C:\Windows\Web\Wallpaper 目录下的几个子目录，选中多个图片文件进行上述一些功能的应用练习。

“文件”菜单中的“打印”支持多种形式的打印布局。Windows 的打印功能只能在一张纸上打印一张数码照片，ACDSee 提供了多种形式的打印布局，允许用户在一张纸上按多种形式进行打印，以使打印结果满足需要。在 ACDSee 打印窗口，可在左上角选择打印布局，如整页、联系页或布局等，在下面选择布局的样式，可在中间的预览窗口实时看到最终的打印结果预览图，同时在右侧设置好打印机、纸张大小和方向、打印份数、分辨率及滤镜等，设置完成后单击“打印”按钮，即可按设置打印输出。

利用 ACDSee 可以从数量众多的图片中搜索找出重复的图片，操作步骤如下。

① 单击 ACDSee 程序“工具”菜单中的“查找重复项”命令，打开“重复项查找器”设置窗口。

② 在“选择搜索类型”设置窗口中单击“添加文件夹”，选择目标文件夹，然后选中“在此文件列表查找重复项”单选框，如果包含子文件夹，还应该选中“包含子文件夹”，单击“下一步”进入“搜索参数”窗口。

③ 在“搜索参数”窗口中选中“完全重复”选项，然后选中“仅查找图像”复选框，单击“下一步”开始搜索。这里一般不要选择“相同文件名”，因为图片即使文件名不同，图像内容也可能相同。

④ 经过搜索后即可得到搜索结果，从“搜索结果”窗口中的“重复项集合”后面的数字可以看到本次搜索查到的重复图片，在“检查要删除的项目”中列出了重复图片的文件名、文件大小、原始路径等信息；单击其中图片的文件名，可预览此图片；在图片文件名上单击鼠标右键，可以选择“打开”“打开包含的文件夹”和“重命名”等操作；单击选中文件名前的小方框，单击“下一步”，在待确认窗口单击“完成”即可删除选定的重复图片文件。

（2）查看模式的应用

点击 ACDSee 程序主界面右上角的“查看”按钮进入查看模式，或在管理模式下双击某图片文件也能进入查看模式，如图 6.29 所示。在该模式下浏览图片时可利用该窗口提供的相关工具，如前后翻页、显示比例、旋转、滚动、缩放等。

图 6.29　ACDSee 查看模式窗口

（3）编辑图片

如果需要编辑处理大量的素材图片，并不需要特别的效果，只进行常规的图片处理工作，可用 ACDSee 进行图片编辑，而不必使用操作复杂的 Photoshop 等专业图片编辑工具。ACDSee

具有简单的图像编辑功能，可以对图片进行简单的处理。

选择所需处理的图片，点击 ACDSee 程序主界面右上角的“编辑”按钮进入编辑模式，如图 6.30 所示。使用窗口左侧的编辑模式菜单，可以简单方便地进行图片尺寸调整、添加文本、裁剪、旋转照片、修复红眼等操作，还可以对图片进行曝光、色阶、色调、光线等效果调整。

图 6.30　ACDSee 编辑模式窗口

实训 7
多媒体技术应用

实训目的

（1）了解 Flash 基础知识，掌握 Flash 的基本操作，能够制作 Flash 动画。

（2）熟悉 Photoshop 环境，掌握 Photoshop 的基本操作，能够利用 Photoshop 进行图像处理。

实训 7.1　Flash 动画制作

实训目的

（1）掌握帧、元件、图层等基本概念，掌握在时间轴上的帧的基本操作。

（2）掌握 Flash 动画设计的基本操作方法和技巧。

（3）掌握形状补间动画、传统补间动画的制作方法。

任务一

实训内容与要求

（1）几何图形变化为圆形→矩形→三角形→矩形→圆形；

（2）每个形状补间动画各 15 帧。

实训步骤

（1）新建一空白文档。

（2）选择“椭圆工具”，设置填充颜色，在第 1 帧的舞台中画一个圆形（同时按住【Shift】键画正圆）。

（3）单击第 15 帧，按【F7】键，或右击第 15 帧，在快捷菜单中选择“插入空白关键帧”，

当前帧变成第 15 帧，选择“矩形工具”，改变填充色，在第 15 帧上画一个矩形。

（4）同样，在第 30 帧处插入一个空白关键帧，用“直线工具”画一个三角形，然后用“填充工具”为它填充另一种颜色。

（5）鼠标右击第 15 帧，在快捷菜单中选择“复制帧”，把第 15 帧内容复制到剪切板；鼠标右击第 45 帧，在快捷菜单中选择“粘贴帧”把剪切板里第 15 帧的内容粘贴过来。重复复制帧、粘贴帧操作，把第 1 帧的内容复制到第 60 帧。

（6）分别用鼠标右击第 1 帧、第 15 帧、第 30 帧和第 45 帧，在快捷菜单中选择“创建补间形状”。时间轴如图 7.1 所示。

（7）单击“文件”→“保存”，保存文件。

（8）按【Ctrl】+【Enter】组合键测试影片，也可以单击“控制”→“测试影片”或“测试场景”。

（9）单击“文件”→“发布”。

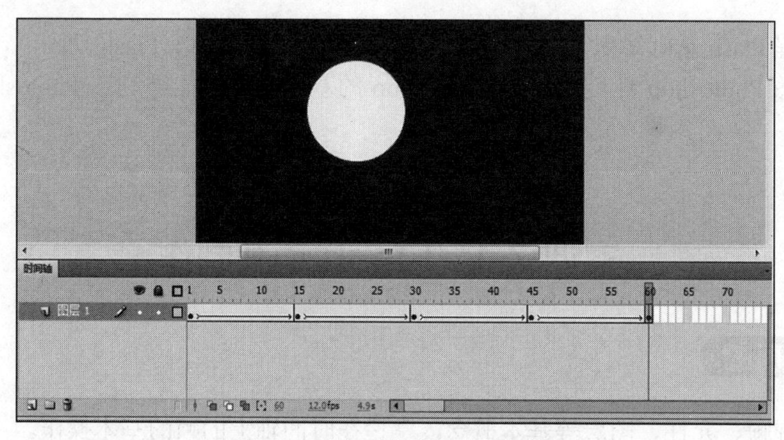

图 7.1　几何形状变化的时间轴

任务二

实训内容与要求

（1）绘制背景；

（2）绘制汽车或导入汽车素材；

（3）制作传统补间动画，实现汽车由西向东的运动过程。

实训步骤

（1）新建一空白文档，设置背景色为黑色或深蓝色。

（2）单击“插入”→“元件”命令，新建元件“汽车”，在舞台中绘制汽车，或单击“文件”→“导入”→“导入到舞台”命令，导入已准备好的汽车素材（可以在 Photoshop 中新建一背景为透明的图形文件，处理完图像后，保存为 Gif 格式，这样导入的图片就不会有背景色）。

（3）单击“场景 1”，切换至场景编辑。

（4）将图层 1 改名为“背景”，单击第 1 帧。用“直线工具”绘制两条平行水平直线模拟街道。用“绘图工具”再绘制些高楼、路灯等街景，并延长至 20 帧。

（5）新建一图层，将图层 2 改名为“汽车”，单击第 1 帧。按【F11】键打开“库”面板，或单击“窗口”→“库”命令，用鼠标按住“库”面板中的元件“汽车”，拖到舞台中。调整位置，使汽车位于舞台外的左边，如图 7.2 所示。

（6）单击第 20 帧，按【F6】键，使其成为关键帧。按住【Shift】键用“箭头工具”调整第 20 帧的汽车位置，使其处于舞台外的右边，如图 7.3 所示。

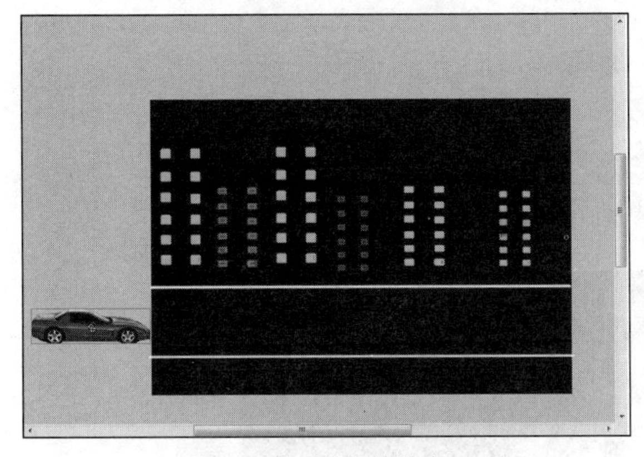
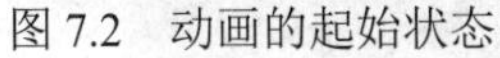

图 7.2　动画的起始状态

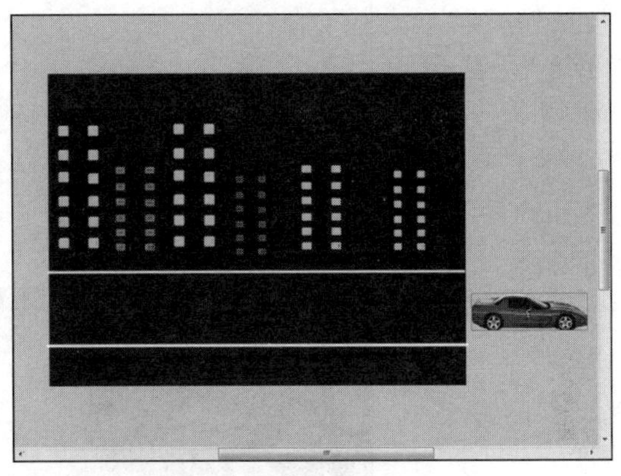

图 7.3　动画的结束状态

（7）在第 1 帧与第 20 帧之间点击鼠标右键，在快捷菜单中选择“创建传统补间”。

（8）单击“文件”→“保存”，保存文件。

（9）按【Ctrl】+【Enter】组合键测试影片，也可以单击“控制”→“测试影片”或“测试场景”。

（10）单击“文件”→“发布”。

实训 7.2　Photoshop 图像处理

实训目的

（1）掌握 Photoshop CS6 的基本操作。

（2）掌握选择工具及图像变形、羽化命令等的使用方法。

（3）了解 Photoshop CS6 滤镜的基本操作流程。

任务一

实训内容与要求

在两幅图片合成时使用羽化命令，实现过渡自然。原始图片及最终效果如图 7.4、图 7.5

及图 7.6 所示。

图 7.4　背景原始图片

图 7.5　人物原始图片

图 7.6　最终效果

实训步骤

（1）打开“背景原始图片”，先按【Ctrl】+【A】键选择整幅图片，再按【Ctrl】+【C】键复制，新建一个文件，然后按【Ctrl】+【V】键粘贴。

（2）打开“人物原始图片”，在 Photoshop CS6 工具箱中选择“椭圆选框”工具，在图片上画一个椭圆，大小即是要选择的人物范围。

（3）对所选区域进行羽化：“选择”→“修改”→“羽化”命令，“羽化半径”设置为“9”像素。

（4）按【Ctrl】+【C】键复制，然后在新建的背景图片中按【Ctrl】+【V】键粘贴。

（5）按【Ctrl】+【T】键调整位置及大小。图层面板如图 7.7 所示。

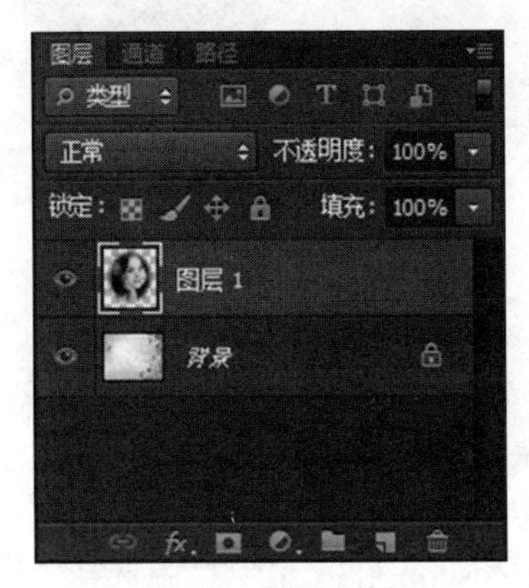

图 7.7　图层面板

任务二

实训内容与要求

利用所给素材制作水中倒影。原始效果和最终效果分别如图 7.8 和图 7.9 所示。

图 7.8　原始效果

图 7.9　最终效果

实训步骤

（1）按【Ctrl】+【O】组合键打开一幅图像素材。

（2）按【Ctrl】+【J】组合键复制并新建一个“图层 1”，在 Photoshop CS6 图层面板中双击背景图层，使其变成可编辑图层，并命名为“图层 0”。

（3）选中“图层 1”，在 Photoshop CS6 菜单栏中选择“编辑”→“变换”→“缩放”命令，对“图层 1”进行缩放处理，将图片向上压缩至原图大小的一半多一些。

（4）选中“图层 0”，使用同样的方法向下压缩，直至与“图层 1”无缝拼接。在 Photoshop CS6 菜单栏中选择“编辑”→“变换”→“垂直翻转”命令得到倒影效果。

图 7.10　图层面板

（5）选中“图层 0”，在 Photoshop CS6 菜单栏中选择“滤镜”→“模糊”→“模糊”命令，多次按下【Ctrl】+【F】组合键，直至做出水中模糊倒影的效果。

（6）在 Photoshop CS6 工具箱中选择“椭圆选框”工具，在“图层 0”上画一个椭圆，大小即是将要制作的水波范围。

（7）在 Photoshop CS6 菜单栏中选择“滤镜”→“扭曲”→“水波”命令，在“水波”对话框中设置数量为“21”，起伏为“10”，样式为“水池波纹”，单击“确定”按钮。

（8）在 Photoshop CS6 图层面板中新建一个“图层 2”，并将其拖动到图层面板的底层。将“图层 2”的颜色填充为蓝色，并调整“图层 0”的不透明度，直至达到满意的湖面颜色效果。图层面板如图 7.10 所示。

实训8

计算机基础理论知识实战演练

综合模拟实战（试卷）1

一、填空

第1题 存储120个64×64点阵的汉字，需要占存储空间【1】kB。

答案1：60

第2题 世界上第一台电子数字计算机于1946年诞生在【1】国。

答案1：美

第3题 微机存储器中的RAM代表【1】存储器。

答案1：随机

第4题 运算器是能完成算术运算和【1】运算的装置。

答案1：逻辑

第5题 无符号二进制整数10101101 等于十进制数【1】，等于十六进制数【2】，等于八进制数【3】。

答案1：173；答案2：AD；答案3：255

第6题 鼠标器是一种【1】设备。

答案1：输入

第7题 微型机中，用来存储信息的最基本单位是【1】。

答案1：字节（或Byte）

第8题 按计算机所采用的逻辑器件，可将计算机的发展分为【1】个时代。

答案1：四（或4）

第9题 浮点数表示法是指任何一个实数在计算机内部可以使用指数和【1】来表示。

答案1：尾数

第10题 同十进制数100等值的十六进制数是【1】，八进制数是【2】，二进制数是【3】。

答案1：64；答案2：144；答案3：1100100

二、判断

第1题 计算机应用中所有口令设置和修改都是由CMOS设置程序维护的，口令也都保存在CMOS芯片上。

【参考答案】N

第 2 题 计算机中存储器存储容量的最小单位是字。

【参考答案】N

第 3 题 不同厂家生产的计算机一定互相不兼容。

【参考答案】N

第 4 题 指令译码部件是用于分析指令的操作码。对任一条指令来说，都是先执行指令译码，再按译码结果执行指令规定的操作。

【参考答案】Y

第 5 题 GB 18030 是一种既保持与 GB 2312、GBK 兼容，又有利于向 UCS/Unicode 过渡的汉字编码标准。

【参考答案】Y

第 6 题 著名的 UNIX 操作系统是用 C 语言编写的。

【参考答案】Y

第 7 题 一个字节可存放一个汉字。

【参考答案】N

第 8 题 指令是一种用二进制数表示的命令语言，多数指令由地址码与操作数两部分组成。

【参考答案】N

三、单选

第 1 题 把硬盘上的数据传送到内存中的过程称为（ ）。

A. 打印　　B. 写盘　　C. 输出　　D. 读盘

【参考答案】D

第 2 题 CAM 软件可用于计算机（ ）。

A. 辅助制造　　B. 辅助测试　　C. 辅助教学　　D. 辅助设计

【参考答案】A

第 3 题 下列关于字节的叙述中正确的是（ ）。

A. 字节通常用英文单词“bit”来表示，有时也可以写作“b”

B. Pentium 机的字长为 5 个字节

C. 计算机中将 8 个相邻的二进制位作为一个单位，这种单位称为字节

D. 计算机的字长并不一定是字节的整数倍

【参考答案】C

第 4 题 CAI 是（ ）的英文缩写。

A. 计算机辅助教学　　B. 计算机辅助设计

C. 计算机辅助制造　　D. 计算机辅助管理

【参考答案】A

第 5 题 下列设备中，（ ）都是输入设备。

A. 键盘、打印机、显示器　　B. 扫描仪、鼠标、光笔

C. 键盘、鼠标、绘图仪　　D. 绘图仪、打印机、键盘

【参考答案】B

第6题 ROM属于（　　）。

A. 顺序存储器　B. 只读存储器　C. 磁存储器　D. 随机读写存储器

【参考答案】B

第7题 十进制数269转换成十六进制数为（　　）。

A. 10B　B. 10C　C. 10D　D. 10E

【参考答案】C

第8题 下列字符中，其ASCII码值最大的是（　　）。

A. a　B. y　C. 9　D. D

【参考答案】B

第9题 计算机的CPU每执行一个（　　）就完成一步基本运算或判断。

A. 语句　B. 指令　C. 程序　D. 软件

【参考答案】B

第10题 如果一个存储单元能存放一个字节，则容量为32kB的存储器中能存放的存储单元个数为（　　）。

A. 32000　B. 32768　C. 4096　D. 65536

【参考答案】B

第11题 与十六进制数BB等值的十进制数是（　　）。

A. 188　B. 187　C. 186　D. 185

【参考答案】B

第12题 某处理器中的cache是由SRAM组成的，其作用是（　　）。

A. 提高数据存取的安全性　B. 扩大主存储器的容量

C. 发挥CPU的高速性能　D. 提高CPU与外部设备交换数据的速度

【参考答案】C

第13题 最能反映计算机主要功能的说法是（　　）。

A. 计算机可以代替人的劳动　B. 计算机可以存储大量信息

C. 计算机可以实现高速度的运算　D. 计算机是一种信息处理机

【参考答案】D

第14题 将二进制数1011011.1转换成八进制数是（　　）。

A. 551.1　B. 552.4　C. 131.1　D. 133.4

【参考答案】D

第15题 硬盘的性能指标不包括（　　）。

A. 密度　B. 数据传输率　C. 转速　D. 单碟容量

【参考答案】A

第16题 下列叙述正确的是（　　）。

A. 由于机器语言执行速度快，所以现在人们还是喜欢用机器语言编写程序

B. 使用了面向对象的程序设计方法就可以抛弃结构化程序设计方法

C. GOTO语句控制程序转向很方便，所以现在人们在编程时还是喜欢使用GOTO语句

D. 使用了面向对象的程序设计方法，在具体编写代码时仍需要使用结构化编程技术

【参考答案】D

第 17 题 显示器必须与（ ）配合使用。

A. 显卡　B. 打印机　C. 声卡　D. 光驱

【参考答案】A

第 18 题 下列关于计算机的叙述中，不正确的是（ ）。

A. 最常用的硬盘是温彻斯特硬盘

B. 计算机病毒是一种新的高科技型犯罪

C. 8 位二进制位组成一个字节

D. 汉字点阵中，行、列划分越多，字形的质量就越差

【参考答案】D

第 19 题 （ ）不是 PC 机主板上的部件。

A. CMOS 存储器　B. CCD 芯片　C. PCI 总线槽　D. CPU 插座

【参考答案】B

第 20 题 计算机按原理可分为（ ）。

A. 科学计算、数据处理和人工智能计算机　B. 电子模拟和电子数字计算机

C. 巨型、大型、中型、小型和微型计算机　D. 便携、台式和微型计算机

【参考答案】B

第 21 题 微型计算机硬件系统主要包括存储器、输入设备、输出设备和（ ）。

A. 中央处理器　B. 运算器　C. 控制器　D. 主机

【参考答案】A

第 22 题 将十进制数 215.6531 转换成二进制数是（ ）。

A. 11110010.000111　B. 11101101.110011

C. 11010111.101001　D. 11100001.111101

【参考答案】C

第 23 题 计算机可执行的指令一般都包含（ ）。

A. 数字和文字两部分　B. 数字和运算符号两部分

C. 操作码和地址码两部分　D. 源操作数和目的操作数两部分

【参考答案】C

第 24 题 将十进制数 215 转换成十六进制数是（ ）。

A. 137　B. C6　C. D7　D. EA

【参考答案】C

第 25 题 某单位的工资管理软件属于（ ）。

A. 工具软件　B. 应用软件　C. 系统软件　D. 编辑软件

【参考答案】B

第 26 题 下列换算正确的是（ ）。

A. 1kB=512 字节　B. 1MB=512kB

C. 1MB=1024000 字节　D. 1MB=1024kB；1kB=1024 字节

【参考答案】D

第 27 题 冯·诺依曼为现代计算机的结构奠定了基础，他的主要设计思想是（ ）。

A. 采用电子元件　B. 数据存储　C. 虚拟存储　D. 程序存储

【参考答案】D

第28题 下列四个不同进制的数中，最大的一个数是（ ）。

A. (01010011)B B. (117)O C. (CF)H D. (78)D

【参考答案】C

第29题 目前使用的光盘存储器中，可对写入信息进行改写的是（ ）。

A. CD-RW B. CD-R C. CD-ROM D. DVD-ROM

【参考答案】A

第30题 下列各因素中，对微机工作影响最小的是（ ）。

A. 温度 B. 湿度 C. 磁场 D. 噪声

【参考答案】D

第31题 电子计算机的算术逻辑单元、控制单元合称（ ）。

A. CPU B. 外设 C. 主机 D. 辅助存储器

【参考答案】A

第32题 决定显示器分辨率的主要因素是（ ）。

A. 显示器的尺寸 B. 显示器的种类 C. 显卡 D. 操作系统

【参考答案】C

第33题 集成电路具有体积小、重量轻、可靠性高的特点，其工作速度主要取决于（ ）。

A. 晶体管的数目 B. 逻辑门电路的大小

C. 组成逻辑门电路的晶体管的尺寸 D. 集成电路的质量

【参考答案】C

第34题 下列说法不正确的是（ ）。

A. 比特是事物存在的一种状态 B. 数据就是信息

C. 信息可以具有与数据相同的形式 D. 数据是人或机器能识别并处理的符号

【参考答案】B

第35题 某汉字的区位码是3721，它的国标码是（ ）。

A. 5445H B. 4535H C. 6554H D. 3555H

【参考答案】B

第36题 运行磁盘碎片整理程序可以（ ）。

A. 增加磁盘的存储空间 B. 找回丢失的文件碎片

C. 加快文件的读写速度 D. 整理破碎的磁盘片

【参考答案】C

第37题 关于高速缓冲存储器cache的描述，不正确的是（ ）。

A. cache是介于CPU和内存之间的一种可高速存取信息的芯片

B. cache越大，效率越高

C. cache用于解决CPU和RAM之间的速度冲突问题

D. 存放在cache中的数据在使用时存在命中率的问题

【参考答案】B

第38题 计算机的指令主要存放在（ ）中。

A. 存储器 B. 微处理器 C. CPU D. 键盘

【参考答案】A

第 39 题　下列不属于微机主要性能指标的是（　　）。

A. 字长　　B. 内存容量　　C. 软件数量　　D. 主频

【参考答案】C

第 40 题　存储 32×32 点阵的字形码需要（　　）存储空间。

A. 32B　　B. 64B　　C. 72B　　D. 128B

【参考答案】D

第 41 题　两个比特可以表示（　　）种状态。

A. 1　　B. 2　　C. 3　　D. 4

【参考答案】D

第 42 题　输入输出装置和外接的辅助存储器统称为（　　）。

A. CPU　　B. 存储器　　C. 操作系统　　D. 外围设备

【参考答案】D

第 43 题　微型计算机存储器系统中的 cache 是（　　）。

A. 只读存储器　　B. 高速缓冲存储器

C. 可编程只读存储器　　D. 可擦除可再编程只读存储器

【参考答案】B

第 44 题　下列不属于应用软件的是（　　）。

A. UNIX　　B. Photoshop　　C. Excel　　D. FoxPro

【参考答案】A

第 45 题　以下关于打印机的说法中不正确的是（　　）。

A. 如果打印机图标旁有了复选标记，则已将该打印机设置为默认打印机

B. 可以设置多台打印机为默认打印机

C. 在打印机管理器中可以安装多台打印机

D. 在打印时可以更改打印队列中尚未打印文档的顺序

【参考答案】B

第 46 题　主存储器和外存储器的主要区别在于（　　）。

A. 主存储器容量小，速度快，价格高，而外存储器容量大，速度慢，价格低

B. 主存储器容量小，速度慢，价格低，而外存储器容量大，速度快，价格高

C. 主存储器容量大，速度快，价格高，而外存储器容量小，速度慢，价格低

D. 一个在计算机内，一个在计算机外

【参考答案】A

第 47 题　二进制数(1101)B 与(1011)B 相加的结果是（　　）。

A. (1000)B　　B. (1001)B　　C. (10000)B　　D. (11000)B

【参考答案】D

第 48 题　某公司的财务管理软件属于（　　）。

A. 工具软件　　B. 系统软件　　C. 编辑软件　　D. 应用软件

【参考答案】D

第 49 题　以微处理器为核心组成的微型计算机属于（　　）计算机。

A. 第一代　　B. 第二代　　C. 第三代　　D. 第四代

【参考答案】D

第 50 题　键盘上用于切换上下档字符输入的键是（　　）。

A. Shift　　B. Ctrl　　C. Alt　　D. Tab

【参考答案】A

第 51 题　如果打印质量和速度要求高，一般使用（　　）。

A. 针式打印机　　B. 激光打印机　　C. 喷墨打印机　　D. 热敏打印机

【参考答案】B

第 52 题　计算机按照规模可分为（　　）。

A. 科学计算、数据处理和人工智能计算机

B. 电子模拟和电子数字计算机

C. 巨型、大型、中型、小型和微型计算机

D. 便携、台式和微型计算机

【参考答案】C

第 53 题　现在计算机正朝（　　）方向发展。

A. 专用机　　B. 微型机　　C. 小型机　　D. 通用机

【参考答案】B

第 54 题　将十进制数 0.265625 转换成二进制数是（　　）。

A. 0.1011001　　B. 0.0100001　　C. 0.0011101　　D. 0.010001

【参考答案】D

第 55 题　存储地址常采用（　　）个二进制位表示。

A. 2　　B. 8　　C. 10　　D. 16

【参考答案】B

第 56 题　（　　）不是外设。

A. 打印机　　B. 中央处理器　　C. 读片机　　D. 绘图机

【参考答案】B

第 57 题　数据一旦存入后，非经特别处理，不能改变其内容，所存储的数据只能读取，但无法将新数据写入，这是指（　　）。

A. 磁芯　　B. 只读存储器　　C. 硬盘　　D. 随机存取内存

【参考答案】B

第 58 题　下列数值中，（　　）肯定是十六进制数。

A. 1011　　B. DDF　　C. 84EK　　D. 125M

【参考答案】B

第 59 题　下列四个不同数制的数中最小的数是（　　）。

A. (213)D　　B. (1111111)B　　C. (D5)H　　D. (416)O

【参考答案】B

第 60 题　PCI 是（　　）。

A. 产品型号　　B. 总线标准　　C. 微机系统名称　　D. 微处理器型号

【参考答案】B

第 61 题　计算机辅助教学简称（　　）。

A. CAD　　B. CAM　　C. CAI　　D. OA

【参考答案】C

第 62 题 下列关于“信息化”的叙述中，错误的是（　　）。

A. 信息化是当今世界经济和社会发展的大趋势

B. 信息化与日常生活关系不大

C. 信息化与工业化联系密切又有本质区别

D. 各国都把加快信息化建设作为国家的发展战略之一

【参考答案】B

第 63 题 为了避免混淆，十六进制数在书写时常在后面加上字母（　　）。

A. H　　B. O　　C. D　　D. B

【参考答案】A

第 64 题 某微型计算机使用 Pentium-Ⅲ800 的芯片，其中的 800 是指（　　）。

A. 内存容量　　B. 主板型号　　C. CPU 型号　　D. CPU 的主频

【参考答案】D

第 65 题 一个汉字含（　　）位二进制数。

A. 15　　B. 16　　C. 8　　D. 2

【参考答案】B

第 66 题 下列叙述中，属于 ROM 特点的是（　　）。

A. 可随机读取数据，且断电后数据不会丢失

B. 可随机读写数据，断电后数据将全部丢失

C. 只能顺序读写数据，断电后数据将部分丢失

D. 只能顺序读写数据，且断电后数据将全部丢失

【参考答案】A

综合模拟实战（试卷）2

一、填空

第 1 题 在 PC 机中负责在各类 I/O 设备控制器与 CPU、存储器之间交换信息、传输数据的一组公用信号线称为【1】总线。

答案 1：I/O

第 2 题 在计算机中存储数据的最小单位是【1】。

答案 1：位（或比特）

第 3 题 按使用的主要元器件分，计算机的发展经历了四代，它们所使用的元器件分别是电子管、【1】、中小规模集成电路、大规模超大规模集成电路。

答案 1：晶体管

第 4 题 用屏幕水平方向上显示的点数乘垂直方向上显示的点数来表示显示器清晰度的指标，通常称为【1】。

答案 1：分辨率

第 5 题 kB、MB 和 GB 都是存储容量的单位。1GB=【1】kB。

答案 1：1024×1024（或 1048576）

二、判断

第1题　CPU与内存的工作速度差不多，增加cache只是为了扩大内存的容量。

【参考答案】N

第2题　PC机中用于视频信号数字化的插卡称为显卡。

【参考答案】N

第3题　不同厂家生产的计算机一定互相不兼容。

【参考答案】N

第4题　八进制数13657与二进制数1011110101111两个数的值是相等的。

【参考答案】Y

第5题　软盘、硬盘、光盘都是外部存储器。

【参考答案】Y

三、单选

第1题　下列关于字节的叙述中，正确的是（　　）。

A. 字节通常用英文单词“bit”来表示，有时也可以写作“b”

B. 目前广泛使用的Pentium机，其字长为5个字节

C. 计算机中将8个相邻的二进制位作为一个单位，这种单位称为字节

D. 计算机的字长并不一定是字节的整数倍

【参考答案】C

第2题　CAM软件可用于（　　）。

A. 计算机辅助制造　B. 计算机辅助测试　C. 计算机辅助教学　D. 计算机辅助设计

【参考答案】A

第3题　CAI是（　　）的英文缩写。

A. 计算机辅助教学　B. 计算机辅助设计　C. 计算机辅助制造　D. 计算机辅助管理

【参考答案】A

第4题　把硬盘上的数据传送到内存中的过程称为（　　）。

A. 打印　B. 写盘　C. 输出　D. 读盘

【参考答案】D

第5题　下列有关Moore定律的叙述正确的是（　　）。

A. 单块集成电路的集成度平均每8～14个月翻一番

B. 单块集成电路的集成度平均每18～24个月翻一番

C. 单块集成电路的集成度平均每28～34个月翻一番

D. 单块集成电路的集成度平均每38～44个月翻一番

【参考答案】B

第6题　计算机按原理可分为（　　）。

A. 科学计算、数据处理和人工智能计算机　B. 电子模拟和电子数字计算机

C. 巨型、大型、中型、小型和微型计算机　D. 便携、台式和微型计算机

【参考答案】B

第7题　下列关于总线的说法中，错误的是（　　）。

A. ISA、PCI和USB都是扩展总线

B. 总线一次能传送的比特数目称为总线宽度

C. 系统总线是指 CPU 与各外部设备连接的总线

D. 总线的类型分为内部总线、系统总线和扩展总线

【参考答案】C

第 8 题 计算机的发展阶段通常是按计算机所采用的（ ）来划分的。

A. 内存容量　　B. 物理器件　　C. 程序设计语言　　D. 操作系统

【参考答案】B

第 9 题 存储器的存储容量通常用字节（Byte）来表示，1GB 的含义是（ ）。

A. 1024MB　　B. 1000k 个 bit　　C. 1024k　　D. 1000kB

【参考答案】A

第 10 题 信息处理系统是综合使用信息技术的系统。下列叙述中错误的是（ ）。

A. 信息处理系统从自动化程度来看，有人工的、半自动化的和全自动化的

B. 信息处理系统应用领域很广泛，例如银行采用的是一种以感知与识别为主要目的的系统

C. 信息处理系统是用于辅助人们进行信息获取、传递、存储、加工处理及控制的一种系统

D. 从技术手段来看，信息处理系统有机械的、电子的和光学的，从通用性来看，有专用的和通用的

【参考答案】B

第 11 题 微型计算机硬件系统的基本组成是（ ）。

A. 主机、输入设备、存储器　　B. CPU、存储器、输入设备、输出设备

C. 主机、输出设备、显示器　　D. 键盘、显示器、打印机、运算器

【参考答案】B

第 12 题 人们根据特定的需要预先为计算机编制的指令序列称为（ ）。

A. 软件　　B. 文件　　C. 程序　　D. 集合

【参考答案】C

第 13 题 某汉字的区位码是 5448，它的机内码是（ ）。

A. D6D0H　　B. E5E0H　　C. E5D0H　　D. D5E0H

【参考答案】A

第 14 题 电子数字计算机能够自动按照人们的意图进行工作的最基本思想是程序存储，这个思想是（ ）提出来的。

A. 爱因斯坦　　B. 图灵　　C. 冯 • 诺依曼　　D. 布尔

【参考答案】C

第 15 题 二进制数 1101.1111 转换成十六进制数为（ ）。

A. A.F　　B. E.F　　C. D.F　　D. A.E

【参考答案】C

第 16 题 以下关于打印机的说法中不正确的是（ ）。

A. 如果打印机图标旁有了复选标记，则已将该打印机设置为默认打印机

B. 可以设置多台打印机为默认打印机

C. 在打印机管理器中可以安装多台打印机

D. 在打印时可以更改打印队列中尚未打印文档的顺序

【参考答案】B

第17题 下列软件中，具有系统软件功能的是（　　）。

A. 数学软件包　　B. 人事档案管理程序　　C. Windows　　D. Office2000

【参考答案】C

第18题 二进制数1100101010转换成十进制数是（　　）。

A. 800　　B. 810　　C. 799　　D. 801

【参考答案】B

第19题 某公司的财务管理软件属于（　　）。

A. 工具软件　　B. 系统软件　　C. 编辑软件　　D. 应用软件

【参考答案】D

第20题 计算机软件系统一般包括系统软件和（　　）。

A. 字处理软件　　B. 应用软件　　C. 管理软件　　D. 科学计算软件

【参考答案】B

第21题 二进制数1101×111等于（　　）。

A. 1011011　　B. 1010101　　C. 1000010　　D. 10101010

【参考答案】A

第22题 下列存储器中，存取速度最快的是（　　）。

A. 内存　　B. 硬盘　　C. 光盘　　D. 寄存器

【参考答案】D

第23题 24×24点阵的字形码需要（　　）字节存储。

A. 72　　B. 64　　C. 48　　D. 32

【参考答案】A

第24题 在相同的计算机环境中，（　　）处理速度最快。

A. 机器语言　　B. 汇编语言　　C. 高级语言　　D. 面向对象的语言

【参考答案】B

第25题 键盘上的（　　）键只单击其本身就起作用。

A. Alt　　B. Ctrl　　C. Shift　　D. Enter

【参考答案】D

第26题 运算器的主要功能是（　　）。

A. 控制计算机各部件协同动作进行计算　　B. 进行算术和逻辑运算

C. 进行运算并存储结果　　D. 进行运算并存取数据

【参考答案】B

第27题 在微型计算机中，应用最普遍的字符编码是（　　）。

A. BCD码　　B. ASCII码　　C. 汉字编码　　D. 二进制

【参考答案】B

第28题 电子计算机与其他计算工具的本质区别是（　　）。

A. 能进行算术运算　　B. 运算速度快

C. 计算精度高　　D. 能存储并自动执行程序

【参考答案】D

第29题 在一条计算机指令中，规定其执行功能的部分称为（　　）。

A. 址码　　B. 操作码　　C. 目标地址码　　D. 数据码

【参考答案】B
第 30 题　汉字系统中的汉字字库里存放的是汉字的（　　）。
A. 机内码　　B. 输入码　　C. 字形码　　D. 国标码
【参考答案】C
第 31 题　下列字符中，其 ASCII 码值最大的是（　　）。
A. S　　B. 8　　C. E　　D. a
【参考答案】D
第 32 题　存储 400 个 24×24 点阵汉字字形所需的存储容量是（　　）。
A. 255kB　　B. 75kB　　C. 375kB　　D. 28.125kB
【参考答案】D
第 33 题　计算机可分为主机和（　　）两部分。
A. 外设　　B. 软件　　C. 键盘　　D. 显示器
【参考答案】A
第 34 题　下边设备名中，（　　）是指空设备。
A. NUL:　　B. CON:　　C. COM2:　　D. LPT1:
【参考答案】A
第 35 题　下列关于计算机硬件组成的描述中，错误的是（　　）。
A. 计算机硬件包括主机与外设
B. 主机通常指的就是 CPU
C. 外设通常指的是外部存储设备和输入/输出设备
D. CPU 通常由运算器、控制器和寄存器三部分组成
【参考答案】B
第 36 题　微型计算机内存储器（　　）。
A. 按二进制数编址　　B. 按字节编址
C. 按字长编址　　D. 微处理器不同则编址不同
【参考答案】B
第 37 题　显示器的重要技术指标是（　　）。
A. 对比度　　B. 灰度　　C. 分辨率　　D. 色彩
【参考答案】C
第 38 题　计算机从规模上可分为（　　）。
A. 科学计算、数据处理和人工智能计算机　　B. 电子模拟和电子数字计算机
C. 巨型、大型、中型、小型和微型计算机　　D. 便携、台式和微型计算机
【参考答案】C
第 39 题　“PentiumⅡ 350”和“PentiumⅢ 450”中的“350”和“450”的含义是（　　）。
A. 最大内存容量　　B. 最大运算速度　　C. 最大运算精度　　D. CPU 的频率
【参考答案】D
第 40 题　高速缓存的英文为（　　）。
A. cache　　B. VRAM　　C. ROM　　D. RAM
【参考答案】A

第 41 题 十进制数 32 转换成二进制数应为（ ）。

A. 100000 B. 10000 C. 1000000 D. 111110

【参考答案】A

第 42 题 信息高速公路是指（ ）。

A. 装备有通信设施的高速公路 B. 电子邮政系统

C. 快速专用通道 D. 国家信息基础设施

【参考答案】D

第 43 题 下列打印机中一次可以打出多个副本的是（ ）。

A. 点阵打印机 B. 热敏打印机 C. 激光打印机 D. 喷墨打印机

【参考答案】A

第 44 题 配置高速缓冲存储器是为了解决（ ）。

A. 内存与辅助存储器之间速度不匹配问题

B. CPU 与辅助存储器之间速度不匹配问题

C. CPU 与内存储器之间速度不匹配问题

D. 主机与外设之间速度不匹配问题

【参考答案】C

第 45 题 微型计算机中使用的打印机连接在（ ）。

A. 并行接口上 B. 串行接口上 C. 显示器接口上 D. 键盘接口上

【参考答案】A

第 46 题 （ ）合称外部设备。

A. 输入/输出设备和外存储器 B. 打印机、键盘和显示器

C. 软盘驱动器和打印机 D. 驱动器、打印机、键盘和显示器

【参考答案】A

第 47 题 决定微机性能的主要是（ ）。

A. 价格 B. CPU C. 控制器 D. 质量

【参考答案】B

第 48 题 十进制数 11 等于十六进制数（ ）。

A. A B. 10 C. B D. 11

【参考答案】C

第 49 题 （ ）不是微机硬件系统的主要性能指标。

A. OS 的性能 B. 机器的主频 C. 内存容量 D. CPU 型号

【参考答案】A

第 50 题 个人计算机属于（ ）。

A. 巨型机 B. 中型机 C. 小型机 D. 微机

【参考答案】D

第 51 题 八进制数 726 转换成二进制数是（ ）。

A. 111011100 B. 111011110 C. 111010110 D. 101010110

【参考答案】C

第 52 题 计算机图书管理系统中的图书借阅处理，属于（ ）处理系统。

A. 管理层业务 B. 操作层业务 C. 知识层业务 D. 决策层业务

【参考答案】B

第 53 题　就工作原理而论，世界上不同型号的计算机，一般认为是基于冯·诺依曼提出的（　　）原理。

A. 二进制数　　B. 布尔代数　　C. 开关电路　　D. 存储程序

【参考答案】D

第 54 题　计算机中西文字符的标准 ASCII 码由（　　）位二进制数组成。

A. 16　　B. 4　　C. 7　　D. 8

【参考答案】C

第 55 题　计算机的指令主要存放在（　　）中。

A. 存储器　　B. 微处理器　　C. CPU　　D. 键盘

【参考答案】A

第 56 题　能描述计算机运算速度的是（　　）。

A. 二进制位　　B. MIPS　　C. MHz　　D. MB

【参考答案】C

第 57 题　16 个二进制位可表示整数的范围是（　　）。

A. 0～65535　　B. −32768～32767

C. −32768～32768　　D. −32768～32767 或 0～65535

【参考答案】D

第 58 题　在 PC 机中，各类存储器的速度由高到低的次序是（　　）。

A. 主存、cache、硬盘、软盘　　B. 硬盘、cache、主存、软盘

C. cache、硬盘、主存、软盘　　D. cache、主存、硬盘、软盘

【参考答案】D

第 59 题　断电会使存储数据丢失的存储器是（　　）。

A. RAM　　B. 硬盘　　C. 软盘　　D. ROM

【参考答案】A

第 60 题　下列叙述中正确的是（　　）。

A. 系统软件是买来的，而应用软件是自己编写的

B. 外存储器可以和 CPU 直接交换数据

C. 微型计算机主机就是微型计算机系统

D. 磁盘必须格式化后才能使用

【参考答案】D

第 61 题　计算机辅助教学的英文缩写是（　　）。

A. CAM　　B. CAD　　C. CAI　　D. CAE

【参考答案】C

第 62 题　计算机辅助制造的简称是（　　）。

A. CAD　　B. CAM　　C. CAE　　D. CBE

【参考答案】B

第 63 题　下面几种总线中，（　　）是 PC 机上最早使用的标准结构总线。

A. EISA　　B. VESA　　C. PCI　　D. ISA

【参考答案】D

第 64 题　二进制数 0011 与 1101 相加，其结果为（　　）。

A. 10000　　B. 10111　　C. 1000　　D. 1011

【参考答案】A

第 65 题　在计算机内部，一切信息的存储、处理与传送均使用（　　）。

A. 二进制数　　B. 十六进制数　　C. BCD 码　　D. ASCII 码

【参考答案】A

第 66 题　下列不能用作存储容量单位的是（　　）。

A. Byte　　B. MIPS　　C. kB　　D. GB

【参考答案】B

第 67 题　十六进制数 7A 对应的八进制数为（　　）。

A. 144　　B. 172　　C. 136　　D. 372

【参考答案】B

第 68 题　微型计算机硬件系统的性能主要取决于（　　）。

A. 微处理器　　B. 内存储器　　C. 显卡　　D. 硬盘

【参考答案】A

第 69 题　有关二进制的叙述错误的是（　　）。

A. 二进制数只有 0 和 1 两个数码

B. 二进制数只由两位数组成

C. 二进制数各位上的权分别为 1，2，4，……

D. 二进制运算逢二进一

【参考答案】B

第 70 题　冯·诺依曼为现代计算机的结构奠定了基础，他的主要设计思想是（　　）。

A. 采用电子元件　　B. 数据存储　　C. 虚拟存储　　D. 程序存储

【参考答案】D

第 71 题　假设一种计算机内存容量是 1M 字节，则表示有（　　）个二进制位。

A. 1024×1024×8　　B. 1024×8　　C. 1024×1024×4　　D. 1024×4

【参考答案】A

第 72 题　负责管理计算机的硬件和软件资源，为应用程序开发和运行提供高效率平台的软件是（　　）。

A. 操作系统　　B. 数据库管理系统　　C. 编译系统　　D. 专用软件

【参考答案】A

第 73 题　下列关于系统软件的叙述中，正确的是（　　）。

A. 系统软件的核心是操作系统

B. 系统软件是与具体硬件逻辑功能无关的软件

C. 系统软件是使用应用软件开发的软件

D. 系统软件并不具体提供人机界面

【参考答案】A

第 74 题　某微型计算机的内存储器容量是 128MB，这里的 1MB 是（　　）。

A. 1024×1024 个字节　　B. 1024 个二进制位

C. 1000 个字节　　D. 1024 个字节

【参考答案】A

第 75 题 二进制数 11101011−10000100 等于（　　）。

A. 1010101　　B. 10000010　　C. 1100111　　D. 10101010

【参考答案】C

第 76 题 扫描仪属于（　　）。

A. CPU　　B. 存储器　　C. 输入设备　　D. 输出设备

【参考答案】C

第 77 题 如果一个存储单元能存放一个字节，那么一个 72kB 的存储器共有（　　）个存储单元。

A. 18432　　B. 73728　　C. 9216　　D. 4608

【参考答案】B

第 78 题 下面关于 ROM 的说法中，不正确的是（　　）。

A. CPU 不能向 ROM 随机写入数据　　B. ROM 中的内容在断电后不会消失

C. ROM 是只读存储器的英文缩写　　D. ROM 是只读的，所以它不是内存而是外存

【参考答案】D

第 79 题 二进制数真值−1010111 的补码是（　　）。

A. 101001　　B. 11000010　　C. 11100101　　D. 10101001

【参考答案】D

第 80 题 十进制数 180 对应的八进制数是（　　）。

A. 270　　B. 462　　C. 113　　D. 264

【参考答案】D

综合模拟实战（试卷）3

一、填空

第 1 题 微电子技术是以【1】为核心的电子技术。

答案 1：集成电路

第 2 题 在计算机中存储数据的最小单位是【1】。

答案 1：位（或比特）

第 3 题 计算机的核心是【1】。

答案 1：中央处理器（或 CPU）

第 4 题 【1】语言的书写方式接近人们的思维习惯，使程序更易阅读和理解。

答案 1：高级

第 5 题 微型计算机可以配置不同的显示系统，在 CGA 、EGA 和 VGA 标准中，显示性能最好的一种是【1】。

答案 1：VGA

第 6 题 数字符号“1”的 ASCII 码的十进制值为 49，数字符号“9”的 ASCII 码的十进制值为【1】。

答案1：57

第7题 世界上第一台电子数字计算机于1946年诞生在【1】国。

答案1：美

第8题 汉字从键盘录入到存储，涉及汉字输入码和【1】。

答案1：机内码

第9题 内存中的每个存储单元都被赋予一个唯一的序号，该序号称为【1】。

答案1：地址

第10题 控制器是依据【1】统一指挥并控制计算机各部件协调工作的。

答案1：指令

二、判断

第1题 计算机中存储器存储容量的最小单位是字。

【参考答案】N

第2题 计算机应用中所有口令设置和修改都是由CMOS设置程序进行维护的，口令也都是保存在CMOS芯片上。

【参考答案】N

第3题 微型机中的硬盘工作时，应特别注意避免强烈震动。

【参考答案】Y

第4题 微机的硬件系统与一般计算机硬件组成一样，由运算器、控制器、存储器、输入和输出设备组成。

【参考答案】Y

第5题 指令和数据在计算机内部都是以拼音码形式存储的。

【参考答案】N

第6题 在计算机中，定点数表示法中的小数点是隐含约定的，而浮点数表示法中的小数点位置是浮动的。

【参考答案】Y

第7题 在计算机内部，一切信息存取、处理和传递的形式都是ASCII码。

【参考答案】N

第8题 计算机高级语言是与计算机型号无关的计算机语言。

【参考答案】Y

第9题 由全部机器指令构成的语言称为高级语言。

【参考答案】N

第10题 计算机中总线的重要指标之一是带宽，它指的是总线中数据线的宽度，用二进制数来表示（如16位、32位总线）。

【参考答案】N

三、单选

第1题 CAI是（　　）的英文缩写。

A. 计算机辅助教学　　B. 计算机辅助设计

C. 计算机辅助制造　　D. 计算机辅助管理

【参考答案】A

第 2 题　下列关于字节的叙述中，正确的是（　　）。

A. 字节通常用英文单词“bit”来表示，有时也可以写作“b”

B. 目前广泛使用的 Pentium 机，其字长为 5 个字节

C. 计算机中将 8 个相邻的二进制位作为一个单位，这种单位称为字节

D. 计算机的字长并不一定是字节的整数倍

【参考答案】C

第 3 题　下列有关 Moore 定律的叙述正确的是（　　）。

A. 单块集成电路的集成度平均每 8～14 个月翻一番

B. 单块集成电路的集成度平均每 18～24 个月翻一番

C. 单块集成电路的集成度平均每 28～34 个月翻一番

D. 单块集成电路的集成度平均每 38～44 个月翻一番

【参考答案】B

第 4 题　把硬盘上的数据传送到内存中的过程称为（　　）。

A. 打印　　B. 写盘　　C. 输出　　D. 读盘

【参考答案】D

第 5 题　CAM 软件可用于计算机（　　）。

A. 辅助制造　　B. 辅助测试　　C. 辅助教学　　D. 辅助设计

【参考答案】A

第 6 题　以下关于补码的叙述中，不正确的是（　　）。

A. 负数的补码是该数的反码最右加 1　　B. 负数的补码是该数的原码最右加 1

C. 正数的补码就是该数的原码　　D. 正数的补码就是该数的反码

【参考答案】B

第 7 题　一个完整的计算机系统是由（　　）组成的。

A. 主机及外部设备　　B. 主机、键盘、显示器和打印机

C. 系统软件和应用软件　　D. 硬件系统和软件系统

【参考答案】D

第 8 题　LCD 显示器的尺寸是指液晶面板的（　　）尺寸。

A. 长度　　B. 高度　　C. 宽度　　D. 对角线

【参考答案】D

第 9 题　计算机软件系统的组成是（　　）。

A. 系统软件与网络软件　　B. 应用软件与网络软件

C. 操作系统与应用软件　　D. 系统软件与应用软件

【参考答案】D

第 10 题　BCD 码是一种数字编码，常用（　　）位二进制数表示一位 BCD 码。

A. 4　　B. 8　　C. 7　　D. 1

【参考答案】A

第 11 题　全角数字/英文字符与半角数字/英文字符输出时，（　　）不同。

A. 字号　　B. 字体　　C. 宽度　　D. 高度

【参考答案】C

第 12 题　下列设备中，属于输出设备的是（　　）。

A. 键盘　　B. 绘图仪　　C. 鼠标　　D. 扫描仪

【参考答案】B

第 13 题　第三代电子计算机以（　　）作为基本电子元件。

A. 大规模集成电路　　B. 电子管　　C. 晶体管　　D. 中小规模集成电路

【参考答案】D

第 14 题　（　　）合称外部设备。

A. 输入/输出设备和外存储器　　B. 打印机、键盘和显示器

C. 软盘驱动器和打印机　　D. 驱动器、打印机、键盘和显示器

【参考答案】A

第 15 题　（　　）属于并行接口。

A. LPT1　　B. 键盘接口　　C. COM1　　D. COM2

【参考答案】A

第 16 题　计算机科学家尼・沃思提出了（　　）。

A. 数据结构+算法=程序　　B. 存储控制结构

C. 信息熵　　D. 控制论

【参考答案】A

第 17 题　存储容量可以用 kB 表示，4kB 表示存储单元为（　　）。

A. 4000 个字　　B. 4000 个字节　　C. 4096 个字　　D. 4096 个字节

【参考答案】D

第 18 题　一个比特由（　　）个二进制位组成。

A. 8　　B. 4　　C. 1　　D. 16

【参考答案】C

第 19 题　将八进制数 712.64 转换成二进制数是（　　）。

A. 1111110.1101　　B. 111001010.1101　　C. 110101011.10011　　D. 111011010.011001

【参考答案】B

第 20 题　一个字节含（　　）个二进制位。

A. 2　　B. 8　　C. 6　　D. 0

【参考答案】B

第 21 题　存储器的存储容量单位不包括（　　）。

A. 位　　B. 字节　　C. 字　　D. 升

【参考答案】D

第 22 题　计算机辅助制造的简称是（　　）。

A. CAD　　B. CAM　　C. CAE　　D. CBE

【参考答案】B

第 23 题　二进制数 1111101011011 转换成十六进制数是（　　）。

A. 1F5B　　B. D7SD　　C. 2FH3　　D. 2AFH

【参考答案】A

第 24 题　通常所说的 24 针打印机属于（　　）。

A. 激光打印机　　B. 喷墨打印机　　C. 击打式打印机　　D. 热敏打印机

【参考答案】C

第 25 题　以下关于汉字输入法的说法中，错误的是（　　）。

A. 启动或关闭汉字输入法的快捷键是 Ctrl+Space

B. 在英文及各种汉字输入法之间切换的快捷键是 Ctrl+Shift

C. 可以为某种汉字输入法设置快捷键

D. 在任务栏的“语言指示器”中可以直接删除某种汉字输入法

【参考答案】D

第 26 题　CPU 包括（　　）。

A. 控制器、运算器和内存储器　　B. 控制器和运算器

C. 内存储器和控制器　　D. 内存储器和运算器

【参考答案】B

第 27 题　计算机发展方向中的“巨型化”是指（　　）。

A. 体积大　　B. 质量大

C. 功能更强、运算速度更快、存储容量更大　　D. 外部设备更多

【参考答案】C

第 28 题　下列关于系统软件的叙述中，正确的是（　　）。

A. 系统软件的核心是操作系统

B. 系统软件是与具体硬件逻辑功能无关的软件

C. 系统软件是使用应用软件开发的软件

D. 系统软件并不具体提供人机界面

【参考答案】A

第 29 题　未来的计算机与前四代计算机的本质区别是（　　）。

A. 计算机的主要功能从信息处理上升为知识处理

B. 计算机的体积越来越小

C. 计算机的主要功能从文本处理上升为多媒体数据处理

D. 计算机的功能越来越强

【参考答案】A

第 30 题　一条计算机指令中规定其执行功能的部分称为（　　）。

A. 址码　　B. 操作码　　C. 目标地址码　　D. 数据码

【参考答案】B

第 31 题　计算机中的应用软件是指（　　）。

A. 所有计算机上都应使用的软件　　B. 能被各用户共同使用的软件

C. 专门为某一应用目的而编制的软件　　D. 计算机上必须使用的软件

【参考答案】C

第 32 题　下列选项中读写速度最快的是（　　）。

A. 光盘　　B. 内存储器　　C. 软盘　　D. 硬盘

【参考答案】B

第 33 题　某学校的职工人事管理软件属于（　　）。

A. 应用软件　　B. 系统软件　　C. 字处理软件　　D. 工具软件

【参考答案】A

第 34 题　微机中使用的鼠标器一般连接在计算机主机的（　　）上。

A. 并行 I/O 口　　B. 串行接口　　C. 显示器接口　　D. 打印机接口

【参考答案】B

第 35 题　电子计算机的算术逻辑单元、控制单元合称（　　）。

A. CPU　　B. 外设　　C. 主机　　D. 辅助存储器

【参考答案】A

第 36 题　下列各组设备中，全部属于输入设备的一组是（　　）。

A. 键盘、磁盘和打印机　　B. 键盘、扫描仪和鼠标

C. 键盘、鼠标和显示器　　D. 硬盘、打印机和键盘

【参考答案】B

第 37 题　计算机中的运算器能进行（　　）运算。

A. 算术　　B. 字符处理　　C. 逻辑　　D. 算术和逻辑

【参考答案】D

第 38 题　下面关于内存储器的叙述中，正确的是（　　）。

A. 内存储器和外存储器是统一编址的，字是存储器的基本编址单位

B. 内存储器与外存储器相比，存取速度慢、价格便宜

C. 内存储器与外存储器相比，存取速度快、价格贵

D. RAM 和 ROM 在断电后信息将全部丢失

【参考答案】C

第 39 题　SRAM 存储器是（　　）。

A. 静态随机存储器　　B. 静态只读存储器　　C. 动态随机存储器　　D. 动态只读存储器

【参考答案】A

第 40 题　Pentium 是（　　）微处理器。

A. 4 位　　B. 8 位　　C. 16 位　　D. 32 位

【参考答案】D

第 41 题　在下列不同进制的四个数中，（　　）是最小的一个数。

A. $(110)_2$　　B. $(1010)_2$　　C. $(10)_{10}$　　D. $(1010)_{10}$

【参考答案】A

第 42 题　八进制数 127 对应的十进制数是（　　）。

A. 117　　B. 771　　C. 87　　D. 77

【参考答案】C

第 43 题　除外存外，微型计算机的存储系统一般指（　　）。

A. ROM　　B. 控制器　　C. RAM　　D. 内存

【参考答案】D

第 44 题　在一般情况下，外存中存放的数据，在断电后（　　）丢失。

A. 不会　　B. 少量　　C. 完全　　D. 多数

【参考答案】A

第 45 题　下列不同进制表示的数中，数值最小的一个是（　　）。

A. 八进制数 247　　B. 十进制数 169　　C. 十六进制数 A6　　D. 二进制数 10101000

【参考答案】C

第 46 题 （ ）是内存储器中的一部分，CPU 对其只能读取不能存储。

A. RAM　B. 随机存储器　C. ROM　D. 键盘

【参考答案】C

第 47 题 将二进制数 10111101001 转换成十六进制数是（ ）。

A. BD1　B. BD2　C. 5000000000　D. 5E9

【参考答案】D

第 48 题 “Pentium Ⅱ 350”和“Pentium Ⅲ 450”中的“350”和“450”的含义是（ ）。

A. 最大内存容量　B. 最大运算速度　C. 最大运算精度　D. CPU 的频率

【参考答案】D

第 49 题 十六进制数 1000 转换成十进制数是（ ）。

A. 8192　B. 4096　C. 1024　D. 2048

【参考答案】B

第 50 题 下列四个不同进制的数中，最大的一个数是（ ）。

A. 01010011B　B. 117O　C. CFH　D. 78D

【参考答案】C

第 51 题 微机的硬件由（ ）组成。

A. CPU、主存储器、辅助存储器和 I/O 设备

B. CPU、运算器、控制器、主存储器和 I/O 设备

C. CPU、控制器、主存储器、打印机和 I/O 设备

D. CPU、运算器、主存储器、显示器和 I/O 设备

【参考答案】A

第 52 题 PC 机除加电冷启动外，按（ ）相当于冷启动。

A. Ctrl+Break 键　B. Ctrl+Print Screen 键

C. RESET 按钮　D. Ctrl+Alt+Del 键

【参考答案】C

第 53 题 （ ）不是微机显示系统使用的显示标准。

A. API　B. CGA　C. EGA　D. VGA

【参考答案】A

第 54 题 计算机具有强大的功能，但它不可能（ ）。

A. 高速准确地进行大量数值运算　B. 高速准确地进行大量逻辑运算

C. 对事件作出决策分析　D. 取代人类的智力活动

【参考答案】D

第 55 题 内存按工作原理可以分为（ ）。

A. RAM 和 BIOS　B. BIOS 和 ROM　C. CMOS 和 BIOS　D. ROM 和 RAM

【参考答案】D

第 56 题 计算机应用中通常所讲的 OA 代表（ ）。

A. 辅助设计　B. 辅助制造　C. 科学计算　D. 办公自动化

【参考答案】D

第 57 题 和十进制数 225 相等的二进制数是（ ）。

A. 11100001　B. 11111110　C. 10000000　D. 11111111

【参考答案】A

第 58 题 CPU 的主要性能指标是（ ）。

A. 价格、字长、内存容量　B. 价格、字长、可靠性

C. 字长、主频　D. 主频、内存和外存容量

【参考答案】C

第 59 题 中央处理器的英文缩写是（ ）。

A. CAD　B. CAI　C. CAM　D. CPU

【参考答案】D

第 60 题 计算机用（ ）方式管理程序和数据。

A. 二进制代码　B. 文件　C. 存储单元　D. 目录区和数据区

【参考答案】B

第 61 题 按对应的 ASCII 码值来比较，（ ）。

A. a 比 b 大　B. r 比 q 小　C. 空格比逗号小　D. H 比 R 大

【参考答案】C

第 62 题 （ ）可能是八进制数。

A. 190　B. 203　C. 395　D. ACE

【参考答案】B

第 63 题 把微机中的信息传送到 U 盘上，称为（ ）。

A. 拷贝　B. 写盘　C. 读盘　D. 输出

【参考答案】B

第 64 题 高速缓存的英文为（ ）。

A. cache　B. VRAM　C. ROM　D. RAM

【参考答案】A

第 65 题 十进制整数 100 转换为二进制数是（ ）。

A. 1100100　B. 1101000　C. 1100010　D. 1110100

【参考答案】A

第 66 题 存储 400 个 24×24 点阵汉字字形所需的存储容量是（ ）。

A. 255kB　B. 75kB　C. 375kB　D. 28.125kB

【参考答案】D

第 67 题 微型计算机中使用最普遍的字符编码是（ ）。

A. EBCDIC 码　B. 国标码　C. BCD 码　D. ASCII 码

【参考答案】D

第 68 题 “1kb/s”的准确含义是（ ）。

A. 1000b/s　B. 1000B/s　C. 1024b/s　D. 1024B/s

【参考答案】C

第 69 题 按照正确的指法输入英文字符，由左手中指负责输入的字母是（ ）。

A. Q、E、D　B. E、D、C　C. R、F、V　D. E、S、C

【参考答案】B

第 70 题 下列关于基本输入/输出系统（BIOS）的描述中，不正确的是（ ）。

A. 是一组固化在计算机主板上一个 ROM 芯片内的程序

B. 它保存着计算机系统中最重要的基本输入/输出程序、系统设置信息
C. 即插即用与 BIOS 芯片有关
D. 对于定型的主板，生产厂家不会改变 BIOS 程序
【参考答案】D

综合模拟实战（试卷）4

第 1 题 CAI 是（ ）的英文缩写。
A. 计算机辅助教学 B. 计算机辅助设计 C. 计算机辅助制造 D. 计算机辅助管理
【参考答案】A
第 2 题 下列关于字节的叙述中，正确的是（ ）。
A. 字节通常用英文单词“bit”来表示，有时也可以写作“b”
B. 目前广泛使用的 Pentium 机，其字长为 5 个字节
C. 计算机中将 8 个相邻的二进制位作为一个单位，这种单位称为字节
D. 计算机的字长并不一定是字节的整数倍
【参考答案】C
第 3 题 CAM 软件可用于计算机（ ）。
A. 辅助制造 B. 辅助测试 C. 辅助教学 D. 辅助设计
【参考答案】A
第 4 题 下列有关 Moore 定律的叙述，正确的是（ ）。
A. 单块集成电路的集成度平均每 8～14 个月翻一番
B. 单块集成电路的集成度平均每 18～24 个月翻一番
C. 单块集成电路的集成度平均每 28～34 个月翻一番
D. 单块集成电路的集成度平均每 38～44 个月翻一番
【参考答案】B
第 5 题 把硬盘上的数据传送到内存中的过程称为（ ）。
A. 打印 B. 写盘 C. 输出 D. 读盘
【参考答案】D
第 6 题 （ ）合称外部设备。
A. 输入/输出设备和外存储器 B. 打印机、键盘和显示器
C. 软盘驱动器和打印机 D. 驱动器、打印机、键盘和显示器
【参考答案】A
第 7 题 主存储器和外存储器的主要区别在于（ ）。
A. 主存储器容量小，速度快，价格高，而外存储器容量大，速度慢，价格低
B. 主存储器容量小，速度慢，价格低，而外存储器容量大，速度快，价格高
C. 主存储器容量大，速度快，价格高，而外存储器容量小，速度慢，价格低
D. 一个在计算机里，一个在计算机外
【参考答案】A

第 8 题 计算机系统中的存储器系统是指（ ）。

A. 主存储器 B. ROM 存储器 C. RAM 存储器 D. 主存储器和外存储器

【参考答案】D

第 9 题 下列设备中，（ ）不能作为微机的输出设备。

A. 打印机 B. 显示器 C. 键盘 D. 绘图仪

【参考答案】C

第 10 题 字与字节的关系是（ ）。

A. 字的长度一定是字节的正整数倍

B. 字的长度可以小于字节的长度

C. 字的长度可以不是字节的整数倍

D. 字的长度一定大于字节的长度

【参考答案】A

第 11 题 十进制数 92 转换为二进制数和十六进制数分别是（ ）。

A. 01011100 和 5C B. 01101100 和 61 C. 10101011 和 5D D. 01011000 和 4F

【参考答案】A

第 12 题 微机硬件系统中地址总线的宽度（位数）对（ ）影响最大。

A. 存储器的访问速度 B. CPU 可直接访问的存储器空间大小

C. 存储器的字长 D. 存储器的稳定性

【参考答案】B

第 13 题 微型计算机硬件系统中最核心的部件是（ ）。

A. 主板 B. CPU C. 内存储器 D. I/O 设备

【参考答案】B

第 14 题 下列选项中，除了（ ）都属于鼠标按内部结构分类。

A. 机械式鼠标 B. 光机式鼠标 C. WEB 鼠标 D. 光电鼠标

【参考答案】C

第 15 题 下列设备名中，（ ）是指空设备。

A. NUL: B. CON: C. COM2: D. LPT1:

【参考答案】A

第 16 题 以下说法中最合理的是（ ）。

A. 硬盘上的数据不会丢失

B. 只要防止误操作，就能防止硬盘上的数据丢失

C. 只要没有误操作，并且没有病毒感染，硬盘上的数据就是安全的

D. 不管怎么小心，硬盘上的数据都有可能读不出

【参考答案】D

第 17 题 二进制数 1111101011011 转换成十六进制数是（ ）。

A. 1F5B B. D7SD C. 2FH3 D. 2AFH

【参考答案】A

第 18 题 下列关于比特的叙述中，错误的是（ ）。

A. 比特是组成信息的最小单位

B. 比特只有“0”和“1”两个符号

C. 比特“0”小于比特“1”

D. 比特既可以表示数值，也可以表示图像和声音

【参考答案】C

第 19 题　（　　）不是微机硬件系统的主要性能指标。

A. OS 的性能　B. 机器的主频　C. 内存容量　D. CPU 型号

【参考答案】A

第 20 题　计算机软件系统的组成是（　　）。

A. 系统软件与网络软件　B. 应用软件与网络软件

C. 操作系统与应用软件　D. 系统软件与应用软件

【参考答案】D

第 21 题　计算机中，向使用者传递计算处理结果的设备称为（　　）。

A. 输入设备　B. 输出设备　C. 存储器　D. 微处理器

【参考答案】B

第 22 题　集成电路是微电子技术的核心。它的分类标准有很多种，其中通用集成电路和专用集成电路是按照（　　）来分类的。

A. 集成电路包含的晶体管的数目　B. 晶体管的结构、电路和工艺

C. 集成电路的功能　D. 集成电路的用途

【参考答案】D

第 23 题　内存的大部分由 RAM 组成，RAM 中存储的数据在断电后（　　）丢失。

A. 不会　B. 部分　C. 完全　D. 不一定

【参考答案】C

第 24 题　目前在微型计算机上最常用的字符编码是（　　）。

A. 汉字字形码　B. ASCII 码　C. 8421 码　D. EBCDIC 码

【参考答案】B

第 25 题　把计算机分为巨型机、大中型机、小型机和微型机，本质上是按（　　）来区分的。

A. 计算机的体积　B. CPU 的集成度

C. 计算机综合性能指标　D. 计算机的存储容量

【参考答案】C

第 26 题　下列不能用作存储容量单位的是（　　）。

A. Byte　B. MIPS　C. kB　D. GB

【参考答案】B

第 27 题　下列打印机中，属击打式打印机的是（　　）。

A. 点阵打印机　B. 热敏打印机　C. 激光打印机　D. 喷墨打印机

【参考答案】A

第 28 题　计算机软件包括（　　）。

A. 程序和指令　B. 程序和文档　C. 命令和文档　D. 算法及数据结构

【参考答案】B

第 29 题　计算机的软件系统包括（　　）。

A. 操作系统　　B. 编译软件和连接程序

C. 各种应用软件包　　D. 系统软件和应用软件

【参考答案】D

第 30 题　在计算机中，既可作为输入设备又可作为输出设备的是（　　）。

A. 显示器　　B. 磁盘驱动器　　C. 键盘　　D. 图形扫描仪

【参考答案】B

第 31 题　C 的 ASCII 码为 1000011，则 G 的 ASCII 码为（　　）。

A. 1000100　　B. 1001001　　C. 1000111　　D. 1001010

【参考答案】C

第 32 题　二进制数真值+1010111 的补码是（　　）。

A. 11000111　　B. 1010111　　C. 11010111　　D. 101010

【参考答案】B

第 33 题　以下关于 CPU 的说法错误的是（　　）。

A. CPU 是中央处理单元的简称

B. CPU 能直接为用户解决各种实际问题

C. CPU 的档次可粗略地表示微机的规格

D. CPU 能高速、准确地执行人们预先安排的指令

【参考答案】B

第 34 题　未来的计算机与前四代计算机的本质区别是（　　）。

A. 计算机的主要功能从信息处理上升为知识处理

B. 计算机的体积越来越小

C. 计算机的主要功能从文本处理上升为多媒体数据处理

D. 计算机的功能越来越强

【参考答案】A

第 35 题　计算机中既可作为输入设备又可作为输出设备的是（　　）。

A. 打印机　　B. 绘图仪　　C. 鼠标　　D. 磁盘

【参考答案】D

第 36 题　ROM 属于（　　）。

A. 顺序存储器　　B. 只读存储器　　C. 磁存储器　　D. 随机读写存储器

【参考答案】B

第 37 题　下列字符中，ASCII 码值最大的是（　　）。

A. a　　B. t　　C. 5　　D. G

【参考答案】B

第 38 题　显示器的性能指标不包括（　　）。

A. 屏幕大小　　B. 点距　　C. 带宽　　D. 图像

【参考答案】D

第 39 题　在 PC 机中负责在各类 I/O 设备控制器、CPU 与存储器之间交换信息、传输数据的一组公用信号线称为（　　）。

A. I/O 总线　　B. CPU 总线　　C. 存储器总线　　D. 前端总线

【参考答案】A

第 40 题　个人计算机属于（　　）。

A. 巨型机　　B. 中型机　　C. 小型机　　D. 微机

【参考答案】D

第 41 题　下面关于总线的描述中，不正确的是（　　）。

A. IEEE 1394 是一种连接外部设备的机外总线，按并行方式通信

B. 内部总线用于连接 CPU 的各个组成部件，它位于芯片内部

C. 系统总线指连接微型计算机中各大部件的总线

D. 外部总线是微机和外部设备之间的总线

【参考答案】A

第 42 题　下列设备中，属于输出设备的是（　　）。

A. 键盘　　B. 监视器　　C. 鼠标　　D. 扫描仪

【参考答案】B

第 43 题　下列一组数中，最大的数是（　　）。

A. (00011001)B　　B. (35)D　　C. (37)O　　D. (3A)H

【参考答案】D

第 44 题　将十六进制数 A4 转换成十进制数是（　　）。

A. 256　　B. 830　　C. A5　　D. 164

【参考答案】D

第 45 题　下列关于硬件系统的说法中，错误的是（　　）。

A. 键盘、鼠标、显示器等都是硬件

B. 硬件系统不包括存储器

C. 硬件是指物理上存在的机器部件

D. 硬件系统包括运算器、控制器、存储器、输入和输出设备

【参考答案】B

第 46 题　计算机的机内数据一律采用（　　）进制。

A. 十　　B. 八　　C. 二　　D. 十六

【参考答案】C

第 47 题　当系统硬件发生故障或更换硬件设备时，为了避免系统意外崩溃，应采用的启动方式为（　　）。

A. 通常模式　　B. 登录模式　　C. 安全模式　　D. 命令提示模式

【参考答案】C

第 48 题　第二代电子计算机使用的电子器件是（　　）。

A. 电子管　　B. 晶体管　　C. 中小规模集成电路　　D. 超大规模集成电路

【参考答案】B

第 49 题　计算机中最小的存储单元是（　　）。

A. 字节　　B. 字　　C. 字长　　D. 地址

【参考答案】A

第 50 题　存储 32×32 点阵的字形码需要（　　）存储空间。

A. 32B　　B. 64B　　C. 72B　　D. 128B

【参考答案】D

第 51 题 CGA、EGA、VGA 是（ ）的性能指标。

A. 磁盘存储器 B. 显卡 C. 总线 D. 打印机

【参考答案】B

第 52 题 二进制数 10101 与 11101 的和为（ ）。

A. 110100 B. 110110 C. 110010 D. 100110

【参考答案】C

第 53 题 下列选项中不属于微型计算机主要性能指标的是（ ）。

A. 字长 B. 内存容量 C. 重量 D. 时钟脉冲

【参考答案】C

第 54 题 表示 R、G、B 三个基色的二进制数目分别是 6 位、6 位、4 位，因此可显示颜色的总数是（ ）种。

A. 14 B. 256 C. 65536 D. 16384

【参考答案】C

第 55 题 （ ）是内存储器中的一部分，CPU 对它们只能读取不能存储。

A. RAM B. 随机存储器 C. ROM D. 键盘

【参考答案】C

第 56 题 存储器的存储容量单位不包括（ ）。

A. 位 B. 字节 C. 字 D. 升

【参考答案】D

第 57 题 计算机从规模上可分为（ ）。

A. 科学计算、数据处理和人工智能计算机 B. 电子模拟和电子数字计算机

C. 巨型、大型、中型、小型和微型计算机 D. 便携、台式和微型计算机

【参考答案】C

第 58 题 下列设备中，（ ）都是输入设备

A. 键盘、打印机、显示器 B. 扫描仪、鼠标、光笔

C. 键盘、鼠标、绘图仪 D. 绘图仪、打印机、键盘

【参考答案】B

第 59 题 ASCII 码就是（ ）。

A. 美国标准信息交换码 B. 国际标准信息交换码

C. 欧洲标准信息交换码 D. 机内码

【参考答案】A

第 60 题 液晶显示器 LCD 作为计算机的一种图文输出设备已逐渐普及，下列关于液晶显示器的叙述中错误的是（ ）。

A. 液晶显示器是利用液晶的物理特性来显示图像的

B. 液晶显示器内部的工作电压大于 CRT 显示器

C. 液晶显示器功耗小，无辐射危害

D. 液晶显示器便于使用大规模集成电路驱动

【参考答案】B

第 61 题 下列数值中，书写错误的是（ ）。

A. 1242D　B. 10110B　C. 34H　D. C4D2O

【参考答案】D

第 62 题 用户可以多次向其中写入信息的光盘是（ ）。

A. CD-ROM　B. CD-R　C. CD-RW　D. DVD-ROM

【参考答案】C

第 63 题 键盘上的（ ）键单击其本身就起作用。

A. Alt　B. Ctrl　C. Shift　D. Enter

【参考答案】D

第 64 题 与二进制数 101.01011 等值的十六进制数为（ ）。

A. A.B　B. 5.51　C. A.51　D. 5.58

【参考答案】D

第 65 题 一个字节含（ ）位二进制数。

A. 2　B. 8　C. 6　D. 0

【参考答案】B

第 66 题 某学校的职工人事管理软件属于（ ）。

A. 应用软件　B. 系统软件　C. 字处理软件　D. 工具软件

【参考答案】A

第 67 题 关于字符的 ASCII 编码在机器中的表示方法，准确的描述是（ ）。

A. 使用 4 位二进制代码，最右 1 位为 1　B. 使用 8 位二进制代码，最左 1 位为 0

C. 使用 2 位二进制代码，最右 1 位为 0　D. 使用 8 位二进制代码，最左 1 位为 1

【参考答案】B

第 68 题 CPU 可直接读写（ ）中的内容。

A. ROM　B. RAM　C. 硬盘　D. 光盘

【参考答案】B

第 69 题 下列软件中，（ ）一定是系统软件。

A. 自编的一个 C 程序，功能是求解一个一元二次方程

B. Windows 操作系统

C. 用汇编语言编写的一个练习程序

D. 存储有计算机基本输入输出系统的 ROM 芯片

【参考答案】B

第 70 题 将二进制数 1011011.1101 转换成八进制数是（ ）。

A. 133.65　B. 133.64　C. 134.65　D. 134.66

【参考答案】B

第 71 题 下列不同进制的四个数中，最大的一个数是（ ）。

A. 01010011B　B. 117O　C. CFH　D. 78D

【参考答案】C

第 72 题 把微机中的信息传送到 U 盘上，称为（ ）。

A. 拷贝　B. 写盘　C. 读盘　D. 输出

【参考答案】B

第 73 题 （ ）不属于微机总线。

A. 地址总线 B. 通信总线 C. 数据总线 D. 控制总线

【参考答案】B

第 74 题 在关机后，（ ）中存储的内容就会丢失。

A. ROM B. RAM C. EPROM D. 硬盘

【参考答案】B

第 75 题 下列关于指令、指令系统和程序的叙述中，错误的是（ ）。

A. 指令是可被 CPU 直接执行的操作命令

B. 指令系统是 CPU 能直接执行的所有指令的集合

C. 可执行程序是为解决某个问题而编制的一个指令序列

D. 可执行程序与指令系统没有关系

【参考答案】D

第 76 题 下列关于“信息化”的叙述中，错误的是（ ）。

A. 信息化是当今世界经济和社会发展的大趋势

B. 信息化与日常生活关系不大

C. 信息化与工业化联系密切又有本质区别

D. 各国都把加快信息化建设作为国家的发展战略之一

【参考答案】B

第 77 题 选用中文输入法后，可以（ ）实现全角和半角的切换。

A. 按 Caps Lock 键 B. 按 Ctrl+Shift 键 C. 按 Shift+空格键 D. 按 Ctrl+空格键

【参考答案】C

第 78 题 二进制数 11101011–10000100 等于（ ）。

A. 1010101 B. 10000010 C. 1100111 D. 10101010

【参考答案】C

第 79 题 十进制数 315 对应的十六进制数是（ ）。

A. 12D B. F8 C. 13B D. DA

【参考答案】C

第 80 题 存储器的容量一般用 kB、MB、GB 和（ ）来表示。

A. FB B. TB C. DB D. XB

【参考答案】B

综合模拟实战（试卷）5

第 1 题 CAM 软件可用于计算机（ ）。

A. 辅助制造 B. 辅助测试 C. 辅助教学 D. 辅助设计

【参考答案】A

第 2 题 CAI 是（ ）的英文缩写。

A. 计算机辅助教学 B. 计算机辅助设计 C. 计算机辅助制造 D. 计算机辅助管理

【参考答案】A

第 3 题 下列关于字节的叙述中，正确的一条是（ ）。

A. 字节通常用英文单词“bit”来表示，有时也可以写作“b”

B. 目前广泛使用的 Pentium 机，其字长为 5 个字节

C. 计算机中将 8 个相邻的二进制位作为一个单位，这种单位称为字节

D. 计算机的字长并不一定是字节的整数倍

【参考答案】C

第 4 题 下列有关 Moore 定律的叙述，正确的是（ ）。

A. 单块集成电路的集成度平均每 8～14 个月翻一番

B. 单块集成电路的集成度平均每 18～24 个月翻一番

C. 单块集成电路的集成度平均每 28～34 个月翻一番

D. 单块集成电路的集成度平均每 38～44 个月翻一番

【参考答案】B

第 5 题 把硬盘上的数据传送到内存中的过程称为（ ）。

A. 打印　　B. 写盘　　C. 输出　　D. 读盘

【参考答案】D

第 6 题 目前在台式 PC 上最常用的 I/O 总线是（ ）。

A. ISA　　B. PCI　　C. EISA　　D. VL-BUS

【参考答案】B

第 7 题 （ ）不是微机显示系统使用的显示标准。

A. API　　B. CGA　　C. EGA　　D. VGA

【参考答案】A

第 8 题 为了避免混淆，在书写十六进制数时常在后面加上字母（ ）。

A. H　　B. O　　C. D　　D. B

【参考答案】A

第 9 题 计算机的内存通常指的是（ ）。

A. ROM　　B. CMOS　　C. CPU　　D. RAM

【参考答案】D

第 10 题 将十六进制数 A4 转换成十进制数是（ ）。

A. 256　　B. 830　　C. A5　　D. 164

【参考答案】D

第 11 题 将二进制数 1101001.0100111 转换成八进制数是（ ）。

A. 151.234　　B. 151.236　　C. 152.234　　D. 151.237

【参考答案】A

第 12 题 计算机中的应用软件是指（ ）。

A. 所有计算机上都应使用的软件　　B. 能被各用户共同使用的软件

C. 专门为某一应用目的而编制的软件　　D. 计算机上必须使用的软件

【参考答案】C

第 13 题　对已存有数据的硬盘重新分区，（　　）。

A. 一定要格式化后才能使用该硬盘　　B. 无须进行格式化就可使用该硬盘

C. 硬盘中原有数据不会丢失　　D. Windows 不能管理多个分区

【参考答案】A

第 14 题　计算机系统中，若总线的数据线宽度为 16 位，总线的工作频率为 133MHz，每个总线周期传输一次数据，则总线带宽为（　　）。

A. 133MB/s　　B. 2128MB/s　　C. 266MB/s　　D. 16MB/s

【参考答案】C

第 15 题　五笔字型输入法属于（　　）。

A. 音码输入法　　B. 形码输入法　　C. 音形结合的输入法　　D. 联想输入法

【参考答案】B

第 16 题　“32 位微机”中的 32 指的是（　　）。

A. 存储单位　　B. 内存容量　　C. CPU 型号　　D. 机器字长

【参考答案】D

第 17 题　在微型计算机中，应用最普遍的字符编码是（　　）。

A. BCD 码　　B. ASCII 码　　C. 汉字编码　　D. 二进制

【参考答案】B

第 18 题　“长城 386 微机”中的“386”指的是（　　）。

A. CPU 的型号　　B. CPU 的速度　　C. 内存的容量　　D. 运算器的速度

【参考答案】A

第 19 题　计算机主要由（　　）、存储器、输入设备和输出设备等部件构成。

A. 硬盘　　B. 软盘　　C. 键盘　　D. CPU

【参考答案】D

第 20 题　PCI 是（　　）。

A. 产品型号　　B. 总线标准　　C. 微机系统名称　　D. 微处理器型号

【参考答案】B

第 21 题　一台计算机可能会有多种多样的指令，这些指令的集合就是（　　）。

A. 指令系统　　B. 指令集合　　C. 指令群　　D. 指令包

【参考答案】A

第 22 题　下列设备中，不能作为输出设备的是（　　）。

A. 键盘　　B. 显示器　　C. 绘图仪　　D. 打印机

【参考答案】A

第 23 题　在计算机中，一个字节能容纳的最大二进制数换算成无符号十进制整数为（　　）。

A. 128　　B. 255　　C. 127　　D. 256

【参考答案】B

第 24 题　选项中的两个软件都属于系统软件的是（　　）。

A. DOS 和 Excel　　B. DOS 和 UNIX　　C. UNIX 和 WPS　　D. Word 和 Linux

【参考答案】B

第 25 题　目前在微型计算机上最常用的字符编码是（　　）。

A. 汉字字形码　B. ASCII 码　C. 8421 码　D. EBCDIC 码

【参考答案】B

第 26 题　F 的 ASCII 码值是（　　）。

A. 70　B. 69　C. 71　D. 78

【参考答案】A

第 27 题　在计算机系统中，使用显示器时一般需配有（　　）。

A. 网卡　B. 声卡　C. 图形加速卡　D. 显卡

【参考答案】D

第 28 题　某汉字的区位码是 3721，它的国际码是（　　）。

A. 5445H　B. 4535H　C. 6554H　D. 3555H

【参考答案】B

第 29 题　16 位的中央处理器可以处理（　　）个十六进制的数。

A. 4　B. 8　C. 16　D. 32

【参考答案】A

第 30 题　微型计算机的性能主要取决于（　　）的性能。

A. 内存储器　B. CPU　C. 外部设备　D. 外存储器

【参考答案】B

第 31 题　十进制数 92 转换为二进制数和十六进制数分别是（　　）。

A. 01011100 和 5C　B. 01101100 和 61　C. 10101011 和 5D　D. 01011000 和 4F

【参考答案】A

第 32 题　在微机的配置中常看到“处理器 Pentium111/667”字样，其中数字 667 表示（　　）。

A. 处理器的时钟主频是 667MHz

B. 处理器的运算速度是 667MIPS

C. 处理器的产品设计编号是第 667 号

D. 处理器与内存间的数据交换速率是 667kB/s

【参考答案】A

第 33 题　将二进制数 101101101.111101 转换成十六进制数是（　　）。

A. 16.F2　B. 16D.F4　C. 16E.F2　D. 16F2

【参考答案】B

第 34 题　电子计算机之所以能够快速、自动、准确地按照人们的意图进行工作，最主要的原因是（　　）。

A. 存储程序　B. 采用逻辑器件　C. 总线结构　D. 识别控制代码

【参考答案】A

第 35 题　（　　）是内存储器中的一部分，CPU 对它们只能读取不能存储。

A. RAM　B. 随机存储器　C. ROM　D. 键盘

【参考答案】C

第 36 题　二进制数 101110 转换为八进制数是（　　）。

A. 45　B. 56　C. 67　D. 78

【参考答案】B

第 37 题　对基本字符的 ASCII 编码在机器中表示方法的准确描述应是（　　）。

A. 使用 8 位二进制码，最右边一位为 1　　B. 使用 8 位二进制码，最左边一位为 0

C. 使用 8 位二进制码，最右边一位为 0　　D. 使用 8 位二进制码，最左边一位为 1

【参考答案】B

第 38 题　内存储器用来存储正在执行的程序和所需的数据，内存储器通常采用（　　）。

A. 半导体存储器　　B. 磁盘存储器　　C. 磁带存储器　　D. 软盘驱动器

【参考答案】A

第 39 题　计算机中的一个浮点数由（　　）两部分组成。

A. 阶码和基数　　B. 阶码和尾数　　C. 基数和尾数　　D. 整数和小数

【参考答案】B

第 40 题　下列四种不同数制表示的数中，数值最小的一个是（　　）。

A. 八进制数 247　　B. 十进制数 169　　C. 十六进制数 A6　　D. 二进制数 10101000

【参考答案】C

第 41 题　某公司的财务管理软件属于（　　）。

A. 工具软件　　B. 系统软件　　C. 编辑软件　　D. 应用软件

【参考答案】D

第 42 题　两个比特可以表示（　　）种状态。

A. 1　　B. 2　　C. 3　　D. 4

【参考答案】D

第 43 题　微型计算机常用的输入设备和输出设备分别是（　　）。

A. 键盘，打印机　　B. 鼠标器，显示器

C. 键盘，显示器和打印机　　D. 显示器，打印机

【参考答案】C

第 44 题　在多任务处理系统中，一般而言，（　　），CPU 响应越慢。

A. 任务数越少　　B. 任务数越多　　C. 硬盘容量越小　　D. 内存容量越大

【参考答案】B

第 45 题　在使用计算机时，如果发现计算机频繁地读写硬盘，可能存在的问题是（　　）。

A. 中央处理器的速度太慢　　B. 硬盘的容量太小

C. 内存的容量太小　　D. 软盘的容量太小

【参考答案】C

第 46 题　硬盘存储器的特点是（　　）。

A. 由于全封闭，耐震性好，不易损坏

B. 耐震性差，搬运时要注意保护

C. 没有易碎件，在搬运时不像显示器那样要注意保护

D. 不用时应套入纸套，防止灰尘进入

【参考答案】B

第 47 题　BCD 码是一种数字编码，常用（　　）位二进制表示一位 BCD 码。

A. 4　　B. 8　　C. 7　　D. 1

【参考答案】A

第 48 题 在相同的计算机环境中，（ ）处理速度最快。
A. 机器语言 B. 汇编语言 C. 高级语言 D. 面向对象的语言
【参考答案】B
第 49 题 断电会使存储数据丢失的存储器是（ ）。
A. RAM B. 硬盘 C. 软盘 D. ROM
【参考答案】A
第 50 题 扫描仪属于（ ）。
A. CPU B. 存储器 C. 输入设备 D. 输出设备
【参考答案】C
第 51 题 对磁盘进行格式化，需要打开 （ ）。
A. 此电脑 B. 附件 C. 控制面板 D. 库
【参考答案】A
第 52 题 电脑输入设备不包括（ ）。
A. 键盘 B. 绘图仪 C. 鼠标 D. 扫描仪
【参考答案】B
第 53 题 Pentium Ⅳ型号的 CPU 的字长是（ ）。
A. 8 位 B. 16 位 C. 32 位 D. 64 位
【参考答案】D
第 54 题 下列设备中，（ ）不能作为微机的输出设备。
A. 音响 B. 显示器 C. 扫描仪 D. 绘图仪
【参考答案】C
第 55 题 以下不属于扫描设备的是（ ）。
A. 光学字符阅读器 B. 条形码阅读器 C. 喷墨打印机 D. 磁墨识别设备
【参考答案】C
第 56 题 下列各种设备读取数据的速度从快到慢依次为（ ）。
A. RAM、cache、硬盘、软盘 B. cache、RAM、硬盘、软盘
C. cache、硬盘、RAM、软盘 D. RAM、硬盘、软盘、cache
【参考答案】B
第 57 题 微型计算机使用的打印机连接在（ ）。
A. 并行接口上 B. 串行接口上 C. 显示器接口上 D. 键盘接口上
【参考答案】A
第 58 题 中国国家标准汉字信息交换编码方法遵循（ ）。
A. GB/T 2312—1980 B. GBK C. UCS D. BIG-5
【参考答案】A
第 59 题 第一代电子计算机使用的电子器件是（ ）。
A. 电子管 B. 晶体管 C. 中小规模集成电路 D. 超大规模集成电路
【参考答案】A
第 60 题 下面关于喷墨打印机特点的叙述中，错误的是（ ）。
A. 能输出彩色图像，打印效果好 B. 打印时噪声不大
C. 需要时可以多层套打 D. 墨水成本高，消耗快

【参考答案】C

第 61 题　将二进制数 1011010 转换成十六进制数是（　　）。

A. 132　　B. 90　　C. 5A　　D. A5

【参考答案】C

第 62 题　微型计算机的基本组成是（　　）。

A. 主机、输入设备、存储器　　B. 微处理器、存储器、输入和输出设备

C. 主机、输出设备、显示器　　D. 键盘、显示器、打印机、运算器

【参考答案】B

第 63 题　下列关于微机硬件构成的说法正确的是（　　）。

A. 微机由 CPU 和 I/O 设备构成

B. 微机由主存储器、外存储器和 I/O 设备构成

C. 微机由主机和外部设备构成

D. 微机由 CPU、显示器、键盘和打印机构成

【参考答案】C

第 64 题　下列四个用不同数制表示的数中，数值最小的是（　　）。

A. 213D　　B. 1111111B　　C. D5H　　D. 416O

【参考答案】B

第 65 题　微机中的硬盘是（　　）。

A. 主存储器　　B. 大容量内存　　C. 辅助存储器　　D. CPU 的一部分

【参考答案】C

第 66 题　下列叙述中正确的是（　　）。

A. 计算机系统是由主机、外设和系统软件组成的

B. 计算机系统是由硬件系统和应用软件组成的

C. 计算机系统是由硬件系统和软件系统组成的

D. 计算机系统是由微处理器、外设和软件系统组成的

【参考答案】C

第 67 题　二进制数 01100100 转换成十进制数是（　　）。

A. 144　　B. 90　　C. –64　　D. 100

【参考答案】D

第 68 题　二进制数 110000 转换成十六进制数是（　　）。

A. 77　　B. D7　　C. 7　　D. 30

【参考答案】D

第 69 题　内存按工作原理可以分为（　　）。

A. RAM 和 BIOS　　B. BIOS 和 ROM　　C. CMOS 和 BIOS　　D. ROM 和 RAM

【参考答案】D

第 70 题　中央处理器由（　　）组成。

A. 控制器和运算器　　B. 控制器和内存储器

C. 控制器和辅助存储器　　D. 运算器和存储器

【参考答案】A

综合模拟实战（试卷）6

第 1 题　下列有关 Moore 定律的叙述，正确的是（　　）。

A. 单块集成电路的集成度平均每 8～14 个月翻一番

B. 单块集成电路的集成度平均每 18～24 个月翻一番

C. 单块集成电路的集成度平均每 28～34 个月翻一番

D. 单块集成电路的集成度平均每 38～44 个月翻一番

【参考答案】B

第 2 题　把硬盘上的数据传送到内存中的过程称为（　　）。

A. 打印　　B. 写盘　　C. 输出　　D. 读盘

【参考答案】D

第 3 题　下列关于字节的四条叙述中，正确的一条是（　　）。

A. 字节通常用英文单词“bit”来表示，有时也可以写作“b”

B. 目前广泛使用的 Pentium 机，其字长为 5 个字节

C. 计算机中将 8 个相邻的二进制位作为一个单位，这种单位称为字节

D. 计算机的字长并不一定是字节的整数倍

【参考答案】C

第 4 题　CAM 软件可用于计算机（　　）。

A. 辅助制造　　B. 辅助测试　　C. 辅助教学　　D. 辅助设计

【参考答案】A

第 5 题　CAI 是（　　）的英文缩写。

A. 计算机辅助教学　　B. 计算机辅助设计　　C. 计算机辅助制造　　D. 计算机辅助管理

【参考答案】A

第 6 题　下列关于“信息化”的叙述中，错误的是（　　）。

A. 信息化是当今世界经济和社会发展的大趋势

B. 信息化与日常生活关系不大

C. 信息化与工业化联系密切又有本质区别

D. 各国都把加快信息化建设作为国家的发展战略之一

【参考答案】B

第 7 题　微机的硬件由（　　）组成。

A. CPU、主存储器、辅助存储器和 I/O 设备

B. CPU、运算器、控制器、主存储器和 I/O 设备

C. CPU、控制器、主存储器、打印机和 I/O 设备

D. CPU、运算器、主存储器、显示器和 I/O 设备

【参考答案】A

第 8 题　可从（　　）中随意读出或写入数据。

A. PROM　　B. ROM　　C. RAM　　D. EPROM

【参考答案】C

第9题 将十进制数0.265625转换成二进制数是（　　）。

A. 0.1011001　　B. 0.0100001　　C. 0.0011101　　D. 0.010001

【参考答案】D

第10题 存储器的容量一般用kB、MB、GB和（　　）来表示。

A. FB　　B. TB　　C. YB　　D. XB

【参考答案】B

第11题 表示R、G、B三个基色的二进制数目分别是6位、6位、4位，因此可显示颜色的总数是（　　）种。

A. 14　　B. 256　　C. 65536　　D. 16384

【参考答案】C

第12题 （　　）是易失性存储器。

A. CD-ROM　　B. RAM　　C. ROM　　D. PROM

【参考答案】B

第13题 微型计算机中使用的打印机是连接在（　　）。

A. 并行接口上　　B. 串行接口上　　C. 显示器接口上　　D. 键盘接口上

【参考答案】A

第14题 把十进制数121转化为二进制数为（　　）。

A. 1111001　　B. 111001　　C. 1001111　　D. 100111

【参考答案】A

第15题 计算机按用途可分为（　　）。

A. 模拟机和数字机　　B. 专用机和通用机

C. 单片机和微机　　D. 工业控制机和单片机

【参考答案】B

第16题 光驱的倍速越大，（　　）。

A. 数据传输越快　　B. 纠错能力越强

C. 播放VCD的效果越好　　D. 所能读取光盘的容量越大

【参考答案】A

第17题 表示多个条件都满足的运算是（　　）。

A. 加法运算　　B. 逻辑或运算　　C. 逻辑与运算　　D. 逻辑非运算

【参考答案】C

第18题 微型计算机硬件系统的基本组成是（　　）。

A. 主机、输入设备、存储器　　B. CPU、存储器、输入设备、输出设备

C. 主机、输出设备、显示器　　D. 键盘、显示器、打印机、运算器

【参考答案】B

第19题 下列有关USB接口的说法中，正确的是（　　）。

A. USB接口的外观为一圆形　　B. USB接口可用于热拔插场合的接插

C. USB接口的最大传输距离为5米　　D. USB采用并行接口方式，数据传输率很高

【参考答案】B

第20题 下列说法中不正确的是（　　）。

A. 计算机是一种能快速和高效地完成信息处理的数字化电子设备，它能按照人们编写的

程序对原始输入数据进行加工处理

B. 计算机能够自动完成信息处理

C. 计算器也是一种小型计算机

D. 虽然计算机的功能很强大，但是计算机并不是万能的

【参考答案】C

第 21 题 根据鼠标测量位移部件的类型，可将鼠标分为（ ）。

A. 机械式和光电式 B. 机械式和滚轮式 C. 滚轮式和光电式 D. 手动式和光电式

【参考答案】A

第 22 题 主存储器和外存储器的主要区别在于（ ）。

A. 主存储器容量小，速度快，价格高，而外存储器容量大，速度慢，价格低

B. 主存储器容量小，速度慢，价格低，而外存储器容量大，速度快，价格高

C. 主存储器容量大，速度快，价格高，而外存储器容量小，速度慢，价格低

D. 一个在计算机里，一个在计算机外

【参考答案】A

第 23 题 算术逻辑运算部件又称为（ ）。

A. ALU B. ADD C. 逻辑器 D. 减法器

【参考答案】A

第 24 题 在磁盘属性对话框中看不到的信息是（ ）。

A. 文件数 B. 容量 C. 卷标 D. 可用空间

【参考答案】A

第 25 题 在计算机系统中，使用显示器时一般需配有（ ）。

A. 网卡 B. 声卡 C. 图形加速卡 D. 显卡

【参考答案】D

第 26 题 二进制数 10101 转换成十进制数为（ ）。

A. 10 B. 15 C. 11 D. 21

【参考答案】D

第 27 题 微型计算机中普遍使用的字符编码是（ ）。

A. 补码 B. 原码 C. ASCII 码 D. 汉字编码

【参考答案】C

第 28 题 1MB=（ ）。

A. 1000B B. 1024B C. 1000kB D. 1024kB

【参考答案】D

第 29 题 关于基本输入输出系统(BIOS)及CMOS存储器，下列说法中错误的是（ ）。

A. BIOS 存放在 ROM 中，是非易失性的

B. CMOS 中存放着基本输入输出设备的驱动程序及其设置参数

C. BIOS 是 PC 机软件最基础的部分，包含 CMOS 设置程序等

D. CMOS 存储器是易失性的

【参考答案】B

第 30 题 微型计算机的基本组成是（ ）。

A. 主机、输入设备、存储器 B. 微处理器、存储器、输入输出设备

C. 主机、输出设备、显示器　　D. 键盘、显示器、打印机、运算器

【参考答案】B

第31题 微型计算机硬件系统的性能主要取决于（　　）。

A. 微处理器　　B. 内存储器　　C. 显示适配卡　　D. 硬盘存储器

【参考答案】A

第32题 微机系统中，存取容量最大的部件是（　　）。

A. 硬盘　　B. 主存储器　　C. 高速缓存器　　D. 软盘

【参考答案】A

第33题 下列叙述中，属于ROM特点的是（　　）。

A. 可随机读取数据，且断电后数据不会丢失

B. 可随机读写数据，断电后数据将全部丢失

C. 只能顺序读写数据，断电后数据将部分丢失

D. 只能顺序读写数据，且断电后数据将全部丢失

【参考答案】A

第34题 把微机中的信息传送到U盘上，称为（　　）。

A. 拷贝　　B. 写盘　　C. 读盘　　D. 输出

【参考答案】B

第35题 现在计算机正朝着（　　）的方向发展。

A. 专用机　　B. 微型机　　C. 小型机　　D. 通用机

【参考答案】B

第36题 当系统硬件发生故障或更换硬件设备时，为了避免系统意外崩溃，应采用的启动方式为（　　）。

A. 通常模式　　B. 登录模式　　C. 安全模式　　D. 命令提示模式

【参考答案】C

第37题 将十六进制数A4转换成十进制数是（　　）。

A. 256　　B. 830　　C. A5　　D. 164

【参考答案】D

第38题 下列关于计算机的叙述中，不正确的是（　　）。

A. 在微型计算机中，应用最普遍的字符编码是ASCII码

B. 计算机病毒是一种程序

C. 计算机中所有信息的存储采用二进制

D. 混合计算机就是混合各种硬件的计算机

【参考答案】D

第39题 下列不是硬盘性能指标的是（　　）。

A. 密度　　B. 数据传输速率　　C. 转速　　D. 单碟容量

【参考答案】A

第40题 选项中两个软件都属于系统软件的是（　　）。

A. DOS和Excel　　B. DOS和UNIX　　C. UNIX和WPS　　D. Word和Linux

【参考答案】B

第 41 题 微型计算机存储器系统中的 cache 是（ ）。

A. 只读存储器　　B. 高速缓冲存储器

C. 可编程只读存储器　　D. 可擦除可再编程只读存储器

【参考答案】B

第 42 题 下列关于指令、指令系统和程序的叙述中，错误的是（ ）。

A. 指令是可被 CPU 直接执行的操作命令

B. 指令系统是 CPU 能直接执行的所有指令的集合

C. 可执行程序是为解决某个问题而编制的一个指令序列

D. 可执行程序与指令系统没有关系

【参考答案】D

第 43 题 计算机应用最广泛的领域是（ ）。

A. 科学计算　　B. 信息处理　　C. 过程控制　　D. 人工智能

【参考答案】B

第 44 题 将十进制数 653.5 转换成八进制数是（ ）。

A. 1215.4　　B. 5121.4　　C. 549.5　　D. 945.1

【参考答案】A

第 45 题 选用中文输入法后，可以（ ）实现全角和半角的切换。

A. 按 Caps Lock 键　　B. 按 Ctrl+Shift 键　　C. 按 Shift+空格键　　D. 按 Ctrl+空格键

【参考答案】C

第 46 题 CAI 是指（ ）。

A. 系统软件　　B. 计算机辅助教学　　C. 计算机辅助设计　　D. 办公自动化系统

【参考答案】B

第 47 题 下列设备中，属于输入设备的是（ ）。

A. 音箱　　B. 绘图仪　　C. 麦克风　　D. 显示器

【参考答案】C

第 48 题 内存按工作原理可以分为（ ）。

A. RAM 和 BIOS　　B. BIOS 和 ROM　　C. CMOS 和 BIOS　　D. ROM 和 RAM

【参考答案】D

第 49 题 计算机应由五个基本部分组成，（ ）不属于这五个基本部分。

A. 运算器　　B. 控制器

C. 总线　　D. 存储器、输入设备和输出设备

【参考答案】C

第 50 题 二进制数 11101101.111 与（ ）不相等。

A. ED.7H　　B. ED.EH　　C. 355.7O　　D. 237.875D

【参考答案】A

第 51 题 高速缓存的英文为（ ）。

A. cache　　B. VRAM　　C. ROM　　D. RAM

【参考答案】A

第 52 题 决定微机性能的主要是（ ）。

A. 价格　　B. CPU　　C. 控制器　　D. 重量

【参考答案】B

第 53 题 下列各种设备读取数据的速度从快到慢依次为（ ）。

A. RAM、cache、硬盘、软盘 B. cache、RAM、硬盘、软盘

C. cache、硬盘、RAM、软盘 D. RAM、硬盘、软盘、cache

【参考答案】B

第 54 题 一台计算机主要由运算器、控制器、存储器、（ ）及输出设备等部件构成。

A. 屏幕 B. 输入设备 C. 磁盘 D. 打印机

【参考答案】B

第 55 题 存储容量可以用 kB 表示，4kB 表示存储单元为（ ）。

A. 4000 个字 B. 4000 个字节 C. 4096 个字 D. 4096 个字节

【参考答案】D

第 56 题 下列关于硬件系统的说法中，错误的是（ ）。

A. 键盘、鼠标、显示器等都是硬件

B. 硬件系统不包括存储器

C. 硬件是指物理上存在的机器部件

D. 硬件系统包括运算器、控制器、存储器、输入设备和输出设备

【参考答案】B

第 57 题 当某个应用程序不再响应用户的操作时，按（ ）键，弹出“关闭程序”对话框。

A. Ctrl+Alt+Del B. Ctrl+Shift+Del C. Ctrl+Shift+Tab D. Ctrl+Del

【参考答案】A

第 58 题 对磁盘格式化，需要打开 （ ）。

A. 此电脑 B. 附件 C. 控制面板 D. 库

【参考答案】A

第 59 题 下列设备中属于可反复刻录设备的是（ ）。

A. CD-ROM B. DVD-ROM C. CD-R D. CD-RW

【参考答案】D

第 60 题 ASCII 码是表示（ ）的代码。

A. 西文字符 B. 浮点数 C. 汉字和西文字符 D. 各种文字

【参考答案】A

第 61 题 小写字母 a 和大写字母 A 的 ASCII 码值之差为（ ）。

A. 34 B. 30 C. 32 D. 28

【参考答案】C

第 62 题 微型计算机内，存储器（ ）。

A. 按二进制数编址 B. 按字节编址

C. 按字长编址 D. 根据微处理器不同而编址不同

【参考答案】B

第 63 题 目前在微型计算机上最常用的字符编码是（ ）。

A. 汉字字形码 B. ASCII 码 C. 8421 码 D. EBCDIC 码

【参考答案】B

第 64 题　微机在工作中，由于断电或突然“死机”而重新启动后，计算机（　　）中的信息将全部丢失。

A. ROM 和 RAM　　B. ROM　　C. 硬盘　　D. RAM

【参考答案】D

第 65 题　下列字符中，ASCII 码值最小的是（　　）。

A. R　　B. X　　C. a　　D. B

【参考答案】D

第 66 题　打印机分为（　　）两大系列产品。

A. 喷墨式和非击打式　　B. 击打式和非击打式

C. 喷墨式和激光式　　D. 喷墨式和针式

【参考答案】B

第 67 题　国标码规定，每个字符由（　　）字节代码组成。

A. 4　　B. 2　　C. 1　　D. 3

【参考答案】B

第 68 题　第三代电子计算机使用的电子器件是（　　）。

A. 电子管　　B. 晶体管　　C. 中小规模集成电路　　D. 超大规模集成电路

【参考答案】C

第 69 题　微型计算机硬件系统主要包括存储器、输入设备、输出设备和（　　）。

A. 中央处理器　　B. 运算器　　C. 控制器　　D. 主机

【参考答案】A

第 70 题　计算机中 RAM 因断电而丢失的信息，待再通电后（　　）恢复。

A. 能全部　　B. 不能全部　　C. 能部分　　D. 一点也不能

【参考答案】D

实训9

Windows 基本知识和实际操作综合演练

综合模拟实战（试卷）1

一、单选

第 1 题 “任务栏”中的任何一个按钮都代表着（　　）。

A. 一个可执行程序　　B. 一个正在执行的程序

C. 一个缩小的程序窗口　　D. 一个不工作的程序窗口

【参考答案】B

第 2 题 在“记事本”或“写字板”窗口中，对当前编辑的文档进行存储，可以用（　　）快捷键。

A. Alt+F　　B. Alt+S　　C. Ctrl+S　　D. Ctrl+F

【参考答案】C

第 3 题 通过（　　）操作，可以把剪贴板上的信息粘贴到某个文档窗口的插入点处。

A. 按 Ctrl+C 键　　B. 按 Ctrl+V 键　　C. 按 Ctrl+Z 键　　D. 按 Ctrl+X 键

【参考答案】B

第 4 题 间隔选择多个文件时，按住（　　）键不放，单击每个要选择文件的文件名。

A. Ctrl　　B. Shift　　C. Alt　　D. Del

【参考答案】A

第 5 题 在 Windows 中，用“打印机”可同时打印（　　）文件。

A. 两个　　B. 三个　　C. 多个　　D. 一个

【参考答案】D

第 6 题 以下文件类型中，不能用写字板程序打开的是（　　）。

A. txt　　B. doc　　C. rtf　　D. jpg

【参考答案】D

第 7 题 在 Windows 中可按（　　）键得到帮助信息。

A. F1　　B. F2　　C. F3　　D. F10

【参考答案】A

第 8 题 以下关于 Windows 文件命名的叙述中，不正确的是（ ）。

A. 文件名中可以使用汉字、空格等字符　B. 文件名中允许使用多个圆点分隔符

C. 扩展名的概念已经不存在了　D. 文件名可长达 255 个字符

【参考答案】C

第 9 题 在 Windows 中，不能将文件复制到同一文件夹下的操作是（ ）。

A. 用鼠标右键将该文件拖动到同一文件夹下

B. 用鼠标左键将该文件拖动到同一文件夹下

C. 按住 Ctrl 键，再用鼠标左键将该文件拖到同一文件夹下

D. 先执行“编辑|复制”命令，再执行“编辑|粘贴”命令

【参考答案】B

第 10 题 操作系统是一种（ ）。

A. 系统软件　B. 应用软件　C. 源程序　D. 操作规范

【参考答案】A

第 11 题 在 Windows 中，允许用户同时打开多个窗口，但只有一个窗口处于激活状态，其特征是标题栏高亮显示，该窗口称为（ ）窗口。

A. 主　B. 运行　C. 活动　D. 前端

【参考答案】C

第 12 题 在菜单栏空白处按鼠标右键出现的快捷菜单与（ ）是一样的。

A. 状态栏　B. 标题栏　C. 工具栏　D. 标尺栏

【参考答案】C

第 13 题 在 Windows 中，对话框和一般的窗口不同，对话框（ ）。

A. 可以移动，不能改变大小　B. 不能移动，也不能改变大小

C. 既可移动，也可改变大小　D. 仅可改变大小，不能移动

【参考答案】A

第 14 题 以下关于操作系统中多任务处理的叙述中，错误的是（ ）。

A. 将 CPU 时间划分成许多小片，轮流为多个程序服务，这些小片称为时间片

B. 由于 CPU 是计算机系统中最宝贵的硬件资源，为了提高 CPU 的利用率，一般采用多任务处理

C. 正在 CPU 中运行的程序称为前台任务，处于等待状态的任务称为后台任务

D. 在单 CPU 环境下，多个程序在计算机中同时运行时，意味着它们宏观上同时运行，微观上由 CPU 轮流执行

【参考答案】C

第 15 题 在 Windows 操作系统中，不同文档之间互相复制信息需要借助于（ ）。

A. 剪贴板　B. 记事本　C. 写字板　D. 磁盘缓冲器

【参考答案】A

第 16 题 顺序连续选择多个文件时，先单击要选择的第一个文件的文件名，然后在键盘上按住（ ）键，移动鼠标单击要选择的最后一个文件的文件名，则一组连续文件即被选定。

A. Shift　B. Ctrl　C. Alt　D. Del

【参考答案】A

第 17 题　Windows 中的桌面指的是（　　）。

A. 整个屏幕　　B. 当前窗口　　C. 全部窗口　　D. 某个窗口

【参考答案】A

第 18 题　Windows 下的“画图”程序默认的图形文件为（　　）。

A. BMP 图形文件　　B. GIF 图形文件　　C. PCX 图形文件　　D. PIC 图形文件

【参考答案】A

第 19 题　Windows 系统用（　　）结构组织和管理文件。

A. 星型　　B. 目录树型　　C. 线型　　D. 网型

【参考答案】B

第 20 题　Windows 录音机不能实现的功能是（　　）。

A. 使两个声音叠加在一起　　B. 提高或降低音量

C. 录制 MIDI 音乐　　D. 使声音反向播放

【参考答案】C

第 21 题　“开始”菜单的“文档”选项中列出了最近使用过的文档的清单，其数目最多可达（　　）个。

A. 4　　B. 15　　C. 10　　D. 12

【参考答案】B

第 22 题　下列操作系统中，（　　）不是微软公司开发的。

A. Windows Server 2003　　B. Win7

C. Linux　　D. Vista

【参考答案】C

第 23 题　关闭应用程序可以使用热键（　　）。

A. Alt+F4　　B. Ctrl+F4　　C. Shift+F4　　D. 空格键+F4

【参考答案】A

第 24 题　剪贴板是（　　）中的一块临时存放交换信息的区域。

A. 硬盘　　B. ROM　　C. RAM　　D. 应用程序

【参考答案】C

第 25 题　在 Windows 的资源管理器中，不能按（　　）排列查看文件和文件夹。

A. 名称　　B. 类型　　C. 大小　　D. 页眉

【参考答案】D

第 26 题　UNIX 是（　　）。

A. 单用户单任务操作系统　　B. 单用户多任务操作系统

C. 多用户单任务操作系统　　D. 多用户多任务操作系统

【参考答案】D

第 27 题　下列程序不属于附件的是（　　）。

A. 计算器　　B. 记事本　　C. 网上邻居　　D. 画图

【参考答案】C

第 28 题　选定要删除的文件，然后按（　　）键，即可删除文件。

A. Alt　　B. Ctrl　　C. Shift　　D. Del

【参考答案】D

第 29 题　下列关于 Windows 窗口的描述中，不正确的是（　　）。

A. Windows 窗口有两种类型：应用程序窗口和文档窗口

B. 在 Windows 中启动一个应用程序，就打开了一个窗口

C. 在应用程序窗口中出现的其他窗口，称为文档窗口

D. 每一个应用程序窗口都有自己的文档窗口

【参考答案】D

第 30 题　控制面板的作用是（　　）。

A. 安装管理硬件设备　　B. 添加/删除应用程序

C. 改变桌面屏幕设置　　D. 进行系统管理和系统设置

【参考答案】D

第 31 题　关于剪贴板的说法中，错误的是（　　）。

A. 不可在不同应用程序中移动信息　　B. 可在同一应用程序中移动信息

C. 可在同一应用程序中剪切信息　　D. 可在不同应用程序中移动信息

【参考答案】A

第 32 题　Windows 剪贴板程序的扩展名为（　　）。

A. .txt　　B. .bmp　　C. .clp　　D. .pif

【参考答案】C

第 33 题　在 Windows 系统中，口令应在（　　）设置。

A. 控制面板中　　B. 资源管理器中

C. 系统的安装文件中　　D.“开始”菜单中

【参考答案】A

第 34 题　（　　）不是操作系统的功能。

A. 内存管理　　B. 磁盘管理　　C. 图像编码解码　　D. 处理器管理

【参考答案】C

第 35 题　在 Windows 系统中，若光标变成“I”形状，则表示（　　）。

A. 当前系统正在访问磁盘　　B. 可以改变窗口的大小

C. 光标出现处可以接收键盘的输入　　D. 可以改变窗口的位置

【参考答案】C

第 36 题　下列功能中，不能出现在对话框中的是（　　）。

A. 菜单　　B. 单选　　C. 复选　　D. 命令按钮

【参考答案】A

第 37 题　配置高速缓冲存储器是为了解决（　　）。

A. 内存与辅助存储器之间速度不匹配问题

B. CPU 与辅助存储器之间速度不匹配问题

C. CPU 与内存储器之间速度不匹配问题

D. 主机与外设之间速度不匹配问题

【参考答案】C

第 38 题　在不同驱动器的文件夹间直接用鼠标左键拖动某一对象，执行的操作是（　　）。

A. 移动该对象　　B. 复制该对象　　C. 删除该对象　　D. 无任何结果

【参考答案】B

第 39 题　直接删除文件，不送入回收站的快捷键是（　　）。

A. Ctrl+Del　　B. Shift+Del　　C. Alt+Del　　D. Del

【参考答案】B

第 40 题　在 Windows 中，撤销前一步操作的快捷键是（　　）。

A. Ctrl+C　　B. Ctrl+Y　　C. Ctrl+V　　D. Ctrl+Z

【参考答案】D

二、Windows

此部分实战演练中有关个性化设置的部分，请在有服务器支持的环境下完成。如在自己的电脑上完成，请记住自己电脑的原始设置，实战结束后，请恢复自己电脑的原始设置。

第 1 题

（1）建立文件夹 EXAM2，并将文件夹 SYS 中“YYB.docx”“SJK2.accdb”“DT2.xlsx”三个文件复制到文件夹 EXAM2 中。

（2）将文件夹 SYS 中“YYB.docx”重命名为“DATE.docx”，删除“SJK2.accdb”，设置文件“EBOOK.docx”的文件属性为隐藏。

（3）在当前试题文件夹下建立文件夹 SUN，并将 GX 文件夹中以 E 和 F 开头的全部文件移动到文件夹 SUN 中。

（4）搜索 GX 文件夹下所有的“*.dat”文件，并将按名称从小到大排列在最前面的两个“.dat”文件移动到文件夹 SUN 中。

（5）建立一个文本文件“FUHAO.txt”，输入内容“记事本帮助信息”。

第 2 题

（1）将显示器分辨率设置为“1280×720”。

（2）将主音量设置为“85”。

（3）设置在通电情况下，电脑经过 1 小时进入睡眠状态。

（4）清除剪贴板数据。

（5）设置桌面模式下不自动隐藏任务栏。

（6）将时区设置为“北京，重庆，香港特别行政区，乌鲁木齐”。

（7）自动调整夏令时。

（8）将一周的第一天改为“星期日”。

第 3 题

（1）开启显示器夜间模式。

（2）将声音的主音量设置为“50”。

（3）设置专注助手通知仅限闹钟。

（4）设置鼠标滚轮一次滚动多行，每次滚动 30 行。

（5）设置 IP 地址为“172.16.1.55”，子网前缀长度为“2”，网关为“172.16.1.100”。

（6）将首选 DNS 设置为“219.11.55.60”，备选 DNS 设置为“219.11.55.66”。

（7）在“开始”菜单中显示应用列表。

（8）锁定任务栏。

第 4 题

（1）重命名这台电脑的名称为“EDU”。

(2)允许通过按流量计费的网络进行 VPN 连接。
(3)设置桌面背景为纯色，颜色为“深蓝色”。
(4)将锁屏背景图片设置为“石窟”。
(5)设置“开始”菜单不显示最常用的应用。
(6)取消锁定任务栏。
(7)设置一周的第一天为“星期三”。
(8)设置长日期格式为“星期，*年*月*日”。

第 5 题

(1)将桌面背景设置为顶级照片里的第二张图片。
(2)将显示器分辨率设置为 1280×1024。
(3)设置主题为基本和高对比主题里的 Windows 经典。
(4)显示里，调整自定义文本大小为 150%。

综合模拟实战（试卷）2

一、单选

第 1 题　退出 Windows 时，直接关闭微机电源可能产生的后果是（　　）。

A. 可能破坏临时设置　　B. 可能破坏某些程序的数据
C. 可能造成下次启动时的故障　　D. 上述各选项均是

【参考答案】D

第 2 题　在 Windows 的资源管理器中，不能按（　　）排列查看文件和文件夹。

A. 名称　　B. 类型　　C. 大小　　D. 页眉

【参考答案】D

第 3 题　Windows 是一个（　　）的操作系统。

A. 单任务　　B. 多任务　　C. 实时　　D. 重复任务

【参考答案】B

第 4 题　在 Windows 中，不能将文件复制到同一文件夹下的操作是（　　）。

A. 用鼠标右键将该文件拖动到同一文件夹下
B. 用鼠标左键将该文件拖动到同一文件夹下
C. 按住 Ctrl 键，再用鼠标左键将该文件拖到同一文件夹下
D. 先执行“编辑|复制”命令，再执行“编辑|粘贴”命令

【参考答案】B

第 5 题　用拖动鼠标的方法移动一个目标时，一般按住（　　）键，同时用左键拖动。

A. Ctrl　　B. Alt　　C. Shift　　D. Insert

【参考答案】C

第 6 题　在 Windows 中同时打开多个文件管理窗口，用鼠标将一个文件从一个窗口拖到另一个窗口中，通常是用于完成文件的（　　）。

A. 删除　　B. 移动或拷贝　　C. 修改或保存　　D. 更新

【参考答案】B

第 7 题　在 Windows 中，选中某一菜单后，其菜单项前有“√”符号，表示（　　）。

A. 可单选　　B. 可复选　　C. 不可选　　D. 不起作用

【参考答案】B

第 8 题　顺序连续选择多个文件时，先单击要选择的第一个文件的文件名，然后在键盘上按住（　　）键，移动鼠标单击要选择的最后一个文件的文件名，则一组连续文件即被选定。

A. Shift　　B. Ctrl　　C. Alt　　D. Del

【参考答案】A

第 9 题　若屏幕上同时显示多个窗口，可以根据窗口中（　　）的特殊颜色来判断它是否为当前活动窗口。

A. 菜单栏　　B. 符号栏　　C. 状态栏　　D. 标题栏

【参考答案】D

第 10 题　在 Windows 中，要改变屏幕保护程序的设置，应首先双击控制面板窗口中的（　　）。

A. “多媒体”图标　　B. “显示”图标　　C. “键盘”图标　　D. “系统”图标

【参考答案】B

第 11 题　在 Windows 中，打开“运行”窗口的快捷键是（　　）。

A. Win+R　　B. Win+C　　C. Win+D　　D. Win+P

【参考答案】A

第 12 题　Windows 系统可以按多种方式排列桌面图标，例如按（　　）排列。

A. 颜色　　B. 修改时间　　C. 位置　　D. 顺序

【参考答案】B

第 13 题　在 Windows 操作系统中，关于即插即用（P&P）硬件的使用，下列说法正确的是（　　）。

A. Windows 2000 保证自动正确地配置 P&P 设备，永远不需要用户干预

B. P&P 设备只能由操作系统自动配置，用户不能手工配置

C. 非 P&P 设备只能由用户手工配置

D. 非 P&P 设备与 P&P 设备不能用在同一台计算机上

【参考答案】C

第 14 题　有以下查找功能：①查找文件夹和文件；②查找网络上的计算机；③查找网络上的文件；④查找某一时间段内的文件和文件夹。Windows 具有的功能是（　　）。

A. ①②③④　　B. ①②③　　C. ①②④　　D. ④

【参考答案】A

第 15 题　在选定不相邻的多个区域时使用的按键是（　　）。

A. Shift　　B. Alt　　C. Ctrl　　D. Enter

【参考答案】C

第 16 题　关掉电源后，对半导体存储器而言，下列叙述正确的是（　　）。

A. RAM 的数据不会丢失　　B. ROM 的数据不会丢失

C. CPU 中的数据不会丢失　　D. ALU 中的数据不会丢失

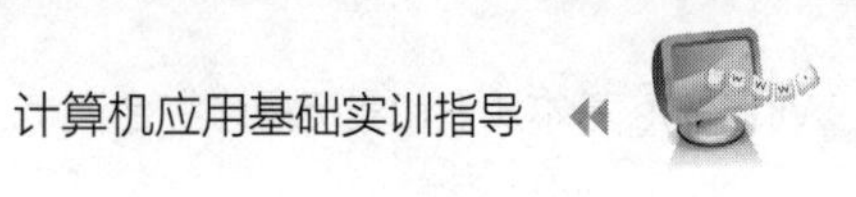

【参考答案】B

第 17 题　下列选项中，（　　）不是 Windows 的特点。

A. 所见即所得　B. 链接与嵌入

C. 主文件名最多 8 个字符，扩展名最多 3 个字符　D. 硬件即插即用

【参考答案】C

第 18 题　屏幕保护的作用是（　　）。

A. 保护用户视力　B. 节约电能

C. 保护系统显示器　D. 保护整个计算机系统

【参考答案】C

第 19 题　在 Windows 中，对系统软硬件资源进行设置，或添加、删除程序时，可使用（　　）中的项目。

A. 控制面板　B. 打印机　C. 任务栏　D. 我的文档

【参考答案】A

第 20 题　已知 C:\Test\File，那么，“请在 File 主目录下查询”一句中，“File 主目录”是指（　　）。

A. \Test\File　B. \Test　C. \　D. C

【参考答案】A

第 21 题　记事本是 Windows（　　）中的应用程序。

A. 画图　B. 菜单　C. 控制面板　D. 附件

【参考答案】D

第 22 题　关闭 Windows 窗口的快捷键是（　　）。

A. Alt+F1　B. Alt+F4　C. Ctrl+D　D. Ctrl+F4

【参考答案】B

第 23 题　下列关于即插即用技术的叙述中，正确的有（　　）。

A. 既然是即插即用，就可以“热拔插”

B. 计算机的硬件和软件都可以实现即插即用

C. 增加新硬件时，不必安装系统

D. 增加新硬件时，需要再安装一次驱动

【参考答案】C

第 24 题　在 Windows 中，有关文件名的叙述不正确的是（　　）。

A. 文件名中允许使用空格　B. 文件名中允许使用货币符号（$）

C. 文件名中允许使用星号（*）　D. 文件名中允许使用汉字

【参考答案】C

第 25 题　Windows 记事本中，选中全部文本的热键是（　　）。

A. Shift+A　B. Alt+A　C. Ctrl+A　D. 空格键+A

【参考答案】C

第 26 题　Windows 是由（　　）公司推出的一种基于图形界面的操作系统。

A. IBM　B. Microsoft　C. Apple　D. Intel

【参考答案】B

第 27 题　创建新文件夹需要在资源管理器中打开（　　）。

A. 编辑菜单　　B. 文件菜单　　C. 查看菜单　　D. 工具菜单

【参考答案】B

第 28 题　复制操作的快捷键是（　　）。

A. Ctrl+C　　B. Ctrl+V　　C. Ctrl+X　　D. Ctrl+A

【参考答案】A

第 29 题　Windows 窗口的标题栏上没有（　　）。

A. 打开按钮　　B. 最大化按钮　　C. 最小化按钮　　D. 关闭按钮

【参考答案】A

第 30 题　Windows 的下列操作中，（　　）不能查找文件或文件夹。

A. 用“开始”菜单中的“查找”命令

B. 右击“开始”按钮，在弹出的菜单中选择“查找”命令

C. 右击“此电脑”图标，在弹出的菜单中选择“查找”命令

D. 在“资源管理器”窗口中，选择“查找”菜单中的“查找”命令

【参考答案】D

第 31 题　下列关于实用程序的说法中，错误的是（　　）。

A. 实用程序完成一些与管理计算机系统资源及文件有关的任务

B. 部分实用程序用于处理计算机运行过程中发生的各种问题

C. 部分实用程序是为了用户能更容易、更方便地使用计算机

D. 实用程序都是独立于操作系统的程序

【参考答案】D

第 32 题　有下列软件：①Windows 7；②Windows XP；③Windows NT；④FrontPage；⑤Access 97；⑥UNIX；⑦Linux。（　　）均为操作系统软件。

A. ①②③④　　B. ①②③⑤⑦　　C. ①③⑤⑥　　D. ①②③⑥⑦

【参考答案】D

第 33 题　修改桌面上某文件夹的文件夹名，有下列步骤：①输入新的文件夹名；②按回车键；③右键单击此文件夹；④键入“M”。正确的操作步骤是（　　）。

A. ①③②④　　B. ①②③④　　C. ③④①②　　D. ④③①②

【参考答案】C

第 34 题　文件名最多不可以超过（　　）个字符。

A. 128　　B. 8　　C. 255　　D. 1024

【参考答案】C

第 35 题　在 Windows 中，呈灰色的菜单表示（　　）。

A. 该菜单当前不能选用　　B. 选中该菜单后将弹出对话框

C. 计算机中有病毒　　D. 该菜单正在使用

【参考答案】A

第 36 题　Windows 剪贴板是（　　）中的一个临时存储区，用来临时存放文字或图形。

A. 内存　　B. 显存　　C. 硬盘　　D. 应用程序

【参考答案】A

第 37 题 下面关于操作系统的叙述中，错误的是（　　）。

A. 操作系统是一种系统软件

B. 操作系统是人机之间的接口

C. 操作系统是数据库系统的子系统

D. 未安装操作系统的 PC 机是无法使用的

【参考答案】C

第 38 题 文件夹中不可存放（　　）。

A. 文件　　B. 多个文件　　C. 文件夹　　D. 字符

【参考答案】D

第 39 题 Windows 7 能自动识别和配置硬件设备，此特点称为（　　）。

A. 即插即用　　B. 自动配置　　C. 控制面板　　D. 自动批处理

【参考答案】A

第 40 题 在 Windows 的“资源管理器”窗口左部，单击文件夹图标左侧的加号（+）后，屏幕上显示结果的变化是（　　）。

A. 窗口左部显示的该文件夹的下级文件夹消失

B. 该文件夹的下级文件夹显示在窗口右部

C. 该文件夹的下级文件夹显示在窗口左部

D. 窗口右部显示的该文件夹的下级文件夹消失

【参考答案】C

二、Windows

此部分实战演练中有关个性化设置的部分，请在有服务器支持的环境下完成。如在自己的电脑上完成，请记住自己电脑的原始设置，实战结束后，请恢复自己电脑的原始设置。

第 1 题

（1）将考生文件夹下 SINK 文件夹中的文件夹 GUN 复制到考生文件夹下的 PHILIPS 文件夹中，并更名为 BATTER。

（2）将考生文件夹下 SUICE 文件夹中的文件夹 YELLOW 的隐藏属性撤销。

（3）在考生文件夹下的 MINK 文件夹中建立一个名为 WOOD 的新文件夹。

（4）将考生文件夹下 POUNDER 文件夹中的文件 NIKE.PAS 移动到考生文件夹下名为 NIXON 的文件夹中。

（5）将考生文件夹下 BLUE 文件夹中的文件 SOUPE.FOR 删除。

第 2 题

（1）打开显示旋转锁定功能。

（2）将显示方向更改为“横向（翻转）”。

（3）禁用声音输出设备。

（4）设置通电情况下电脑从不进入睡眠状态。

（5）清除剪贴板数据。

（6）启用远程桌面。

（7）启用鼠标指针阴影。

（8）使用小任务栏按钮。

第3题

（1）将显示器分辨率设置为“1280×1024”。

（2）设置在通电情况下从不关闭屏幕。

（3）设置电脑连接USB设备出现问题时“请通知我”。

（4）使用代理服务器，地址为“192.168.1.123”，端口为“123”。

（5）请勿将代理服务器用于本地（Intranet）地址。

（6）将桌面背景设置为“黄昏”。

（7）设置在登录屏幕上显示锁屏界面背景图片。

（8）将屏幕保护程序设置为“3D文字”，等待5分钟启动。

第4题

创建文本文件“5.txt”，并保存到当前试题文件夹内。将下列试题的计算结果写入“5.txt”文件中。

（1）（6 and 5） * 100。

（2）将结果转换成十六进制数。

第5题

在画图板中绘制如下图形，保存到当前试题文件夹内，文件的名称是“shier.jpg”。

（1）选择蓝色前景色。

（2）画一个圆角矩形。

（3）用红色填充。

综合模拟实战（试卷）3

一、单选

第1题 以下关于组合键快捷方式的叙述，正确的是（ ）。

A. 它更费时　　B. 菜单必须是打开的

C. 必须知道确切的按键　　D. “帮助”窗口必须是打开的

【参考答案】C

第2题 Windows中文件扩展名的长度为（ ）字符。

A. 1个　　B. 2个　　C. 3个或4个　　D. 4个

【参考答案】C

第3题 Windows中用于管理磁盘上的文件和目录以及Windows内部有关资源的窗口是（ ）。

A. 程序管理器　　B. 资源管理器　　C. 控制面板　　D. 剪切板

【参考答案】B

第4题 唐小姐利用Microsoft Windows XP工作。她编辑并保存文件，然后让文件在计算机上一直打开。1小时后，文件仍然在计算机上打开。这时，余小姐尝试编辑同一文件。以下情况中，可能发生的是（ ）。

A. 余小姐将能够进行编辑并保存她所做的更改

B. 余小姐将无法编辑和保存
C. 余小姐将能够编辑和保存该文件，但是将无法更改唐小姐已更改的内容
D. 唐小姐的版本将自动被签出，其他人将无法更改该文件
【参考答案】A
第 5 题　在 Windows 中，不能将文件复制到同一文件夹下的操作是（　　）。
A. 用鼠标右键将该文件拖动到同一文件夹下
B. 用鼠标左键将该文件拖动到同一文件夹下
C. 按住 Ctrl 键，再用鼠标左键将该文件拖到同一文件夹下
D. 先执行“编辑|复制”命令，再执行“编辑|粘贴”命令
【参考答案】B
第 6 题　Windows 的“回收站”是（　　）。
A. 内存中的一块区域　B. 硬盘中的一块区域
C. 软盘中的一块区域　D. 高速缓存中的一块区域
【参考答案】B
第 7 题　将当前活动窗口的所有信息复制到剪贴板上使用的快捷键是（　　）。
A. Print Screen　B. Ctrl+Print Screen　C. Alt+Print Screen　D. Shift+Print Screen
【参考答案】C
第 8 题　在 Windows 中，剪贴板是程序和文件间用来传递信息的临时存储区，此存储区是（　　）。
A. 回收站的一部分　B. 硬盘的一部分　C. U 盘的一部分　D. 内存的一部分
【参考答案】D
第 9 题　关闭应用程序可以使用热键（　　）。
A. Alt+F4　B. Ctrl+F4　C. Shift+F4　D. 空格键+F4
【参考答案】A
第 10 题　UNIX 是（　　）。
A. 单用户单任务操作系统　B. 单用户多任务操作系统
C. 多用户单任务操作系统　D. 多用户多任务操作系统
【参考答案】D
第 11 题　Windows 操作系统由于突然停电非正常关闭，则（　　）。
A. 再次开机启动时必须修改 CMOS 设定
B. 再次开机启动时必须使用软盘启动盘，系统才能进入正常状态
C. 再次开机启动时，大多数情况下，系统自动修复由停电造成损坏的程序
D. 再次开机启动时，系统只能进入 DOS 操作系统
【参考答案】C
第 12 题　某个文档窗口中已进行了多次剪切操作，关闭该文档窗口后，剪贴板中内容为（　　）。
A. 第一次剪切的内容　B. 最后一次剪切的内容
C. 所有剪切的内容　D. 空白
【参考答案】B
第 13 题　在 Windows 的对话框中，有些项目在文字说明的左边标有一个小方框，当小

方框里有“√”时，表示（ ）。

A. 这是一个单选按钮，且已被选中　　B. 这是一个单选按钮，且未被选中

C. 这是一个复选按钮，且已被选中　　D. 这是一个多选按钮，且未被选中

【参考答案】C

第 14 题 以下操作系统中，能运行 Excel 软件的是（ ）。

A. DOS 操作系统　　B. Windows 操作系统

C. 批处理操作系统　　D. 实时操作系统

【参考答案】B

第 15 题 下列关于 Windows 磁盘扫描程序的叙述中，正确的是（ ）。

A. 磁盘扫描程序可以用来检测和修复磁盘

B. 磁盘扫描程序只可以用来检测磁盘，不能修复磁盘

C. 磁盘扫描程序不能检测压缩过的磁盘

D. 磁盘扫描程序可以检测和修复硬盘、软盘和可读/写光盘

【参考答案】B

第 16 题 关于 Windows 窗口的说法中，正确的是（ ）。

A. 每个窗口都有滚动条　　B. 每个窗口都有最大化、最小化按钮

C. 每个窗口都有还原按钮　　D. 每个窗口都有标题栏

【参考答案】D

第 17 题 不能在 Windows 的任务栏中执行的操作是（ ）。

A. 排列桌面图标　　B. 排列和切换窗口

C. 快速启动应用程序　　D. 设置系统日期和时间

【参考答案】A

第 18 题 在画图中，选用“矩形”工具后，移动鼠标到绘图区，拖动鼠标时按住（ ）键，可以绘制正方形。

A. Alt　　B. Ctrl　　C. Shift　　D. Space

【参考答案】C

第 19 题 顺序连续选择多个文件时，先单击要选择的第一个文件的文件名，然后在键盘上按住（ ）键，移动鼠标单击要选择的最后一个文件的文件名，则一组连续文件即被选定。

A. Shift　　B. Ctrl　　C. Alt　　D. Del

【参考答案】A

第 20 题 资源管理器中，选定单个文件的方法是（ ）。

A. 按空格键　　B. 按 Shift 键　　C. 按 Ctrl 键　　D. 单击文件名

【参考答案】D

第 21 题 有以下软件：①Windows 7；②Windows XP；③Windows NT；④FrontPage；⑤Access；⑥UNIX；⑦Linux。（ ）均为操作系统软件。

A. ①②③④　　B. ①②③⑤⑦　　C. ①③⑤⑥　　D. ①②③⑥⑦

【参考答案】D

第 22 题 屏幕保护的作用是（ ）。

A. 保护用户视力　　B. 节约电能

C. 保护系统显示器　　D. 保护整个计算机系统

【参考答案】C

第 23 题　Windows 是一个（　　）的操作系统。

A. 单任务　　B. 多任务　　C. 实时　　D. 重复任务

【参考答案】B

第 24 题　在 Windows 7 的各个版本中，支持的功能最少的是（　　）。

A. 家庭普通版　　B. 家庭高级版　　C. 专业版　　D. 旗舰版

【参考答案】A

第 25 题　在 Windows XP 中，以下文件名中，（　　）是正确的。

A. &file.txt　　B. file*.txt　　C. file:30.txt　　D. f>g.txt

【参考答案】A

第 26 题　在资源管理器中，双击某个文件夹图标，将（　　）。

A. 删除该文件夹　　B. 显示该文件夹中的内容

C. 复制该文件夹　　D. 复制该文件夹中的文件

【参考答案】B

第 27 题　记事本是 Windows（　　）中的应用程序。

A. 画图　　B. 菜单　　C. 控制面板　　D. 附件

【参考答案】D

第 28 题　Windows 的“桌面”中，“任务栏”的作用是（　　）。

A. 记录已经执行完毕的任务，并报给用户已经准备好执行新的任务

B. 记录正在运行的应用软件，并可控制多个任务、多个窗口之间的切换

C. 列出用户计划执行的任务，供计算机执行

D. 列出计算机可以执行的任务供用户选择，以方便在不同任务之间切换

【参考答案】B

第 29 题　Windows 的下列操作中，（　　）不能查找文件或文件夹。

A. 用“开始”菜单中的“查找”命令

B. 右击“开始”按钮，在弹出的菜单中选择“查找”命令

C. 右击“此电脑”图标，在弹出的菜单中选择“查找”命令

D. 在“资源管理器”窗口中，选择“查找”菜单中的“查找”命令

【参考答案】D

第 30 题　操作系统是（　　）。

A. 一种使计算机便于操作的硬件　　B. 一种计算机的操作规范

C. 一种管理系统资源的软件　　D. 一种便于操作的计算机系统

【参考答案】C

第 31 题　在 Windows 的默认环境中，能将选定的文档放入剪贴板中的快捷键是（　　）。

A. Ctrl+V　　B. Ctrl+Z　　C. Ctrl+X　　D. Ctrl+A

【参考答案】C

第 32 题　（　　）文件名是非法的。

A. 歌曲.wav　　B. kong ge.doc　　C. my-de.mp3　　D. wen？hao.jpg

【参考答案】D

第 33 题　删除某个应用程序的快捷方式图标，表示（　　）。

A. 只删除了图标，该应用程序被保留　　B. 既删除了图标，又删除了该程序

C. 该程序在运行时可能会出现问题　　D. 磁盘上的该程序将无法启动

【参考答案】A

第 34 题　在不同驱动器的文件夹间直接用鼠标左键拖动某一对象，执行的操作是（　　）。

A. 移动该对象　　B. 复制该对象　　C. 删除该对象　　D. 无任何结果

【参考答案】B

第 35 题　WinZip 是运行在（　　）操作系统下的压缩与解压缩软件。

A. DOS　　B. UNIX　　C. Windows　　D. 所有

【参考答案】C

第 36 题　下列有关回收站的说法中，正确的是（　　）。

A. 被删除到回收站里的文件不能再恢复

B. 回收站不占用磁盘空间

C. 当“回收站”的空间被用尽时，被删除的文件将不经过回收站而直接从磁盘上删除

D. 使用“清空回收站”命令后，文件还可以被还原

【参考答案】C

第 37 题　Windows 中任务栏上的任务按钮对应的是（　　）。

A. 系统正在运行的程序　　B. 系统中保存的程序

C. 系统前台运行的程序　　D. 系统后台运行的程序

【参考答案】A

第 38 题　在 Windows 系统中，“复制”操作是指（　　）。

A. 把剪贴板中的内容复制到插入点

B. 在插入点复制所选定的文字或图形

C. 把插入点所在段内中的文字或图形复制到插入点

D. 把所选中的文字或图形复制到剪贴板中

【参考答案】D

第 39 题　剪贴板是（　　）中一块临时存放交换信息的区域。

A. 硬盘　　B. ROM　　C. RAM　　D. 应用程序

【参考答案】C

第 40 题　将应用程序窗口最小化之后，该应用程序（　　）。

A. 停止运行　　B. 出错　　C. 暂时挂起来　　D. 在后台运行

【参考答案】D

二、Windows

此部分实战演练中有关个性化设置的部分，请在有服务器支持的环境下完成。如在自己的电脑上完成，请记住自己电脑的原始设置，实战结束后，请恢复自己电脑的原始设置。

第 1 题

（1）在“QONE1”文件夹中创建一个名为“XHXM.txt”的文本文件，内容为本人学号和姓名（如“A08012345 王小明”）；

（2）将“QONE2”文件夹中首字母为 C 的所有文件复制到“QONE3\ATRU”文件夹中；

（3）将“QONE3”文件夹中的名为“PWE”的文件夹删除；

（4）在“KS_ANSWER”文件夹中建立一个“QONE4”文件夹的快捷方式，快捷方式的名称设置为“SJU”；

（5）将“QONE3”文件夹中的首字母为 S 的所有文件和所有文件夹的属性设置为“隐藏”。

第 2 题

（1）启用远程桌面；

（2）设置电脑 IP 为“192.168.88.96”；

（3）设置子网前缀长度为“3”；

（4）设置网关为“192.168.88.1”；

（5）如果回收站中的文件存在超过 60 天，将其删除；

（6）清除剪贴板数据；

（7）在“开始”菜单中显示最近添加的应用。

第 3 题

（1）建立指向 C 盘的快捷方式，名称为“C 盘”。

（2）新建一个“071234567”文本文件，将本机的 IP 地址保存到该文件中，并设置文件属性为“隐藏”。

（3）建立新文件夹“07123456”。

（4）在当前目录下查找满足下列条件的文件：文件名第三个字符为“u”，大小小于“10kB”。把查找到的文件复制到“07123456”文件夹下。

第 4 题

（1）将文件夹“a”重命名为“b”；

（2）在 b 文件夹内新建一个名为“b”的 txt 文档；

（3）将文件夹“b”的属性改为“只读”（应用于子文件夹和文件）。

第 5 题

（1）设置在通电状态下，电脑 3 小时后进入睡眠状态；

（2）在平板功能中，设置平板模式下自动隐藏任务栏；

（3）关闭远程桌面；

（4）关闭媒体和设备的自动播放功能；

（5）取消显示“开始”菜单中最近添加的应用；

（6）在“开始”菜单中显示最常用的应用；

（7）开启自动设置时区功能；

（8）将区域设置为“中国”。

第 6 题

（1）将显示器分辨率设置为“2560×1920”（如果显示器不支持此分辨率，调整到合适的分辨率即可）；

（2）禁用声音的输出、输入设备；

（3）设置当此设备自动开启或关闭平板模式时不询问，始终进行切换；

（4）重命名这台电脑为“abc”；

（5）设置 Windows 管理默认打印机；

（6）设置鼠标滚轮每次滚动的行数为10行；
（7）打开自动设置代理的自动检测功能；
（8）设置个性化主题为“Windows 10”。

第7题

（1）将任务栏外观设置为“自动隐藏任务栏”；
（2）在“开始”菜单中，设置电源按钮操作为“注销”；
（3）在“开始”菜单中设置“存储并显示最近在‘开始’菜单和任务栏中打开的项目”；
（4）把“链接”添加到任务栏的工具栏中。

第8题

（1）在个性化里更改背景设置为Windows桌面背景，图片选择场景的第二幅图片，图片位置为拉伸。
（2）在显示里调整屏幕分辨率为“1024×768”。
（3）将屏幕保护程序设置为彩带，等待时间设置为2分钟。
（4）将主题设置为Aero主题里的建筑。

第9题

创建文本文件“1.txt”，并保存到当前试题文件夹内。将下列试题的计算结果写入“1.txt”文件中：50 and 42。

第10题

在画图中绘制如下图形，保存到当前试题文件夹内，文件的名称是“shisi.jpg”：
（1）画一个椭圆形，用红色填充；
（2）画一个三角形，用蓝色填充。

综合模拟实战（试卷）4

一、单选

第1题 有以下查找功能：①查找文件夹和文件；②查找网络上的计算机；③查找网络上的文件；④查找某一时间段内的文件和文件夹。Windows具有的功能是（ ）。

A. ①②③④　　B. ①②③　　C. ①②④　　D. ④

【参考答案】A

第2题 以下有关Windows删除操作的说法中，不正确的是（ ）。

A. 从网络位置删除的项目不能被恢复
B. 从光盘上删除的项目不能被恢复
C. 超过回收站存储容量的项目不能被恢复
D. 直接用鼠标拖到回收站的项目不能被恢复

【参考答案】D

第3题 以下关于Windows快捷方式的说法正确的是（ ）。

A. 一个快捷方式可指向多个目标对象　　B. 一个对象可有多个快捷方式
C. 只有文件和文件夹对象可建立快捷方式　　D. 不允许为快捷方式建立快捷方式

【参考答案】B

第 4 题 在 Windows 中，若光标变成“I”形状，则表示（ ）。

A. 当前系统正在访问磁盘　B. 可以改变窗口的大小

C. 光标出现处可以接收键盘的输入　D. 可以改变窗口的位置

【参考答案】C

第 5 题 操作系统是（ ）的接口。

A. 主机和外设　B. 用户和计算机

C. 系统软件和应用软件　D. 高级语言和机器语言

【参考答案】B

第 6 题 在 Windows 资源管理器中，不能完成的操作是（ ）。

A. 新建　B. 比较　C. 删除　D. 打开

【参考答案】B

第 7 题 操作系统是一种（ ）。

A. 系统软件　B. 应用软件　C. 源程序　D. 操作规范

【参考答案】A

第 8 题 在 Windows 中，允许用户同时打开（ ）个窗口。

A. 8　B. 16　C. 32　D. 多

【参考答案】D

第 9 题 Windows 系统用（ ）结构组织和管理文件。

A. 星型　B. 目录树型　C. 线型　D. 网型

【参考答案】B

第 10 题 在 Windows 默认环境中，用于中英文输入方式切换的组合键是（ ）。

A. Alt+空格　B. Shift+空格　C. Alt+Tab　D. Ctrl+空格

【参考答案】D

第 11 题 下列有关回收站的说法中，正确的是（ ）。

A. 被删除到回收站里的文件不能恢复

B. 回收站不占用磁盘空间

C. 当“回收站”的空间被用尽时，被删除的文件将不经过回收站而直接从磁盘上删除

D. 使用“清空回收站”命令后，文件还可以被还原

【参考答案】C

第 12 题 以下关于文件的描述中，错误的是（ ）。

A. 磁盘文件是文件系统管理的主要对象　B. 文件是被命名的相关信息的集合

C. 具有隐藏属性的文件，是没办法看见的　D. Windows 中，可以用中文为文件命名

【参考答案】C

第 13 题 在 Windows 中，能弹出对话框的操作是（ ）。

A. 选择了带省略号的菜单项　B. 选择了带向右三角形箭头的菜单项

C. 选择了颜色变灰的菜单项　D. 运行了与对话框对应的应用程序

【参考答案】A

第 14 题 下列操作系统中，（ ）不是微软公司开发的。

A. Windows Server 2003　B. Windows 7

C. Linux D. Vista

【参考答案】C

第15题 在Windows中，呈灰色的菜单表示（ ）。

A. 该菜单当前不能选用 B. 选中该菜单后将弹出对话框

C. 计算机中有病毒 D. 该菜单正在使用

【参考答案】A

第16题 附件中不包含（ ）程序。

A. 计算器 B. 画图 C. 记事本 D. 控制面板

【参考答案】D

第17题 控制面板的作用是（ ）。

A. 安装、管理硬件设备 B. 添加/删除应用程序

C. 改变桌面屏幕设置 D. 进行系统管理和系统设置

【参考答案】D

第18题 关于“回收站”的叙述正确的是（ ）。

A. 暂存所有被删除的对象

B. 回收站中的内容不能恢复

C. 清空“回收站”后，仍可用命令方式恢复其中的文件

D. 回收站中的内容不占硬盘空间

【参考答案】A

第19题 下列各说法中，属于Windows特点的是（ ）。

A. 行命令工作方式 B. 热插拔 C. 支持多媒体功能 D. 批处理工作方式

【参考答案】C

第20题 下列说法中，错误的是（ ）。

A. 此电脑包含了资源管理器 B. 资源管理器可用于查看磁盘内容

C. 资源管理器包含了此电脑 D. 此电脑可用于查看磁盘的内容

【参考答案】A

第21题 为了屏幕的简洁，可将目前不使用的程序最小化，缩成按钮放置在（ ）。

A. 工具栏 B. 任务栏 C. 格式化栏 D. 状态栏

【参考答案】B

第22题 文件的类型可以根据（ ）来识别。

A. 文件的大小 B. 文件的用途 C. 文件的扩展名 D. 文件的存放位置

【参考答案】C

第23题 下面关于Windows的说法中正确的是（ ）。

A. 桌面上所有的文件夹都可以删除

B. 桌面上所有的文件夹都可以重命名

C. 桌面上的图标不能放到任务栏上的“开始”菜单中

D. 桌面上的图标可以放到任务栏上的“开始”菜单中

【参考答案】D

第24题 关于Windows窗口的说法中，正确的是（ ）。

A. 每个窗口都有滚动条 B. 每个窗口都有最大化、最小化按钮

C. 每个窗口都有还原按钮　　　　　　　　D. 每个窗口都有标题栏

【参考答案】D

第 25 题　Windows 文件系统采用（　　）形式替代了抽象的目录。

A. 路径　　　B. 目录树　　　C. 文件夹　　　D. 小图标

【参考答案】C

第 26 题　利用（　　）操作，可以把剪贴板上的信息粘贴到某个文档窗口的插入点处。

A. 按 Ctrl+C 键　　　B. 按 Ctrl+V 键　　　C. 按 Ctrl+Z 键　　　D. 按 Ctrl+X 键

【参考答案】B

第 27 题　在 Windows 操作系统中，配合使用（　　）可以一次性选择多个连续的文件。

A. Alt 键　　　B. Tab 键　　　C. Ctrl 键　　　D. Shift 键

【参考答案】D

第 28 题　利用 Windows 的任务栏，不可以（　　）。

A. 快捷启动应用程序　　　　　　　　B. 切换当前应用程序

C. 改变桌面所有窗口的排列方式　　　D. 在桌面上创建新文件夹

【参考答案】D

第 29 题　在 Windows 的回收站中，可以恢复（　　）。

A. 从硬盘中删除的文件或文件夹　　　B. 从软盘中删除的文件或文件夹

C. 剪切掉的文档　　　　　　　　　　D. 从光盘中删除的文件或文件夹

【参考答案】A

第 30 题　在 Windows 系统中，“剪切”操作（　　）。

A. 删除所选定的数据

B. 删除所选定的数据并将其放置到剪贴板中

C. 不删除选定的数据，只把它放置到剪贴板中

D. 等同于“撤销”操作

【参考答案】B

第 31 题　记事本是 Windows（　　）中的应用程序。

A. 画图　　　B. 菜单　　　C. 控制面板　　　D. 附件

【参考答案】D

第 32 题　资源管理器有两个小窗口，左边的小窗口称为（　　）。

A. 文件夹窗口　　　B. 资源窗口　　　C. 文件窗口　　　D. 计算机窗口

【参考答案】A

第 33 题　在 Windows 中，下列叙述正确的是（　　）。

A. 只能打开一个窗口

B. 应用程序窗口最小化成图标后，该应用程序将终止运行

C. 关闭应用程序窗口意味着终止该应用程序的运行

D. 应用程序的窗口大小不能改变

【参考答案】C

第 34 题　P&P 硬件的含义是（　　）。

A. 不需要 BIOS 支持即可使用的硬件

B. 在 Windows 系统中所能使用的硬件

C. 安装在计算机上不需要配置任何驱动程序就可使用的硬件
D. 硬件安装在计算机上后，系统会自动识别并完成驱动程序的安装和配置
【参考答案】D
第 35 题　以下选项中，（　　）描述了操作系统的本质属性。
A. 控制和管理计算机硬件和软件资源、合理地组织计算机工作流程、方便用户使用的程序集合
B. 为商业用户提供数据处理及分析、决策支持等服务
C. 负责指挥和控制计算机各部分自动地、协调一致地工作
D. 为应用程序的运行提供虚拟内存管理及字节码的解释执行平台
【参考答案】A
第 36 题　Windows 的任务栏上不能显示的信息是（　　）。
A. 在前台运行的程序的图标　　B. 系统中安装的所有程序的图标
C. 在后台运行的程序的图标　　D. 打开的文件夹窗口的图标
【参考答案】B
第 37 题　具有高速运算能力和图形处理功能，通常运行 UNIX 操作系统，适合工程与产品设计等应用的一类计算机产品，通常称为（　　）。
A. 工作站　　B. 小型计算机　　C. 客户机　　D. 大型计算机
【参考答案】A
第 38 题　用拖动鼠标的方法移动一个目标时，一般按住（　　）键，同时用左键拖动。
A. Ctrl　　B. Alt　　C. Shift　　D. Insert
【参考答案】C
第 39 题　操作系统是（　　）。
A. 一种使计算机便于操作的硬件　　B. 一种计算机的操作规范
C. 一种管理系统资源的软件　　D. 一种便于操作的计算机系统
【参考答案】C
第 40 题　在 Windows 的对话框中，有些项目在文字说明的左边标有一个小方框，当小方框里有“√”时，表示（　　）。
A. 这是一个单选按钮，且已被选中　　B. 这是一个单选按钮，且未被选中
C. 这是一个复选按钮，且已被选中　　D. 这是一个多选按钮，且未被选中
【参考答案】C

二、Windows

此部分实战演练中有关个性化设置的部分，请在有服务器支持的环境下完成。如在自己的电脑上完成，请记住自己电脑的原始设置，实战结束后，请恢复自己电脑的原始设置。

第 1 题

（1）将考生文件夹下 SINK 文件夹中的文件夹 GUN 复制到考生文件夹下的 PHILIPS 文件夹中，并重命名为 BATTER；
（2）将考生文件夹下 SUICE 文件夹中的文件夹 YELLOW 的隐藏属性撤销；
（3）在考生文件夹下 MINK 文件夹中建立一个名为 WOOD 的新文件夹；
（4）将考生文件夹下 POUNDER 文件夹中的文件 NIKE.PAS 移动到考生文件夹下名为

NIXON 的文件夹中；

（5）将考生文件夹下 BLUE 文件夹中的文件 SOUPE.FOR 删除。

第 2 题

（1）在文件夹“ss”内创建名为“rr”的文本文件；

（2）在文件夹“ss”内新建一个名为“gg”的文件夹，然后将文本文件“rr”复制到文件夹“gg”内，并将“gg”内的文本文件“rr”重命名为“aa”；

（3）在文件夹“gg”内新建一个名为“M.docx”的 Word 文档。

第 3 题

（1）在高级键设置中，将切换输入语言的快捷键设置为“Ctrl+Shift”；

（2）在高级键设置中，将关闭 Caps Lock 键的快捷键设置为“按 Shift 键”；

（3）将语言栏设置为“隐藏”；

（4）将默认输入语言设置为“英语（美国)-美式键盘”。

第 4 题

（1）将考生文件夹下 SEVEN 文件夹中的文件 SIXTY.WAV 删除；

（2）在考生文件夹下 WONDFUL 文件夹中建立一个新文件夹 ICELAND；

（3）将考生文件夹下 SPEAK 文件夹中的文件 REMOVE.xls 移动到考生文件夹下 TALK 文件夹中，并重命名为 ANSWER.xls；

（4）将考生文件夹下 STREET 文件夹中的文件 AVENUE.obj 复制到考生文件夹下 TIGER 文件夹中；

（5）将考生文件夹下 MEAN 文件夹中的文件 REDHOUSE.bas 属性设置为隐藏。

第 5 题

（1）其他设置里，将数字小数位数设置为“6”；

（2）其他设置里，将货币符号设置为“€”；

（3）其他设置里，将长时间格式设置为“hh:mm:ss”；

（4）将 AM 符号设置为“AM”；

（5）将 PM 符号设置为“PM”；

（6）在其他设置里，将短日期格式设置为“yy-M-d”。

第 6 题

（1）将屏幕显示方向改为“纵向”；

（2）关闭旋转锁定功能；

（3）关闭在平板模式下隐藏任务栏上的应用图标的功能；

（4）开启远程桌面功能；

（5）将系统主题设置为“Windows（浅色主题）”；

（6）取消锁定任务栏；

（7）将时区设置为“北京，重庆，香港特别行政区，乌鲁木齐”；

（8）设置默认输入法为“微软拼音”。

第 7 题

（1）更改文本、应用等项目的大小为“125%”；

（2）将默认主音量设置为 75；

（3）开启远程桌面；

（4）将鼠标主按钮设置为“右”；

（5）提高指针精确度；

（6）设置默认输入法为“微软五笔”；

（7）自动设置时间；

（8）将区域格式设置为澳门特别行政区。

第 8 题

（1）设置在接通电源的情况下，1 小时后关闭屏幕；

（2）不要删除未使用的临时文件；

（3）设置登录时使用平板电脑模式；

（4）在任务栏上显示所有桌面打开的窗口；

（5）设置硬件键盘在键入时显示文本建议；

（6）设置电脑连接 USB 设备出现问题时“请通知我”；

（7）使用代理服务器，地址为“192.168.1.12”，端口为“123”；

（8）设置时间自动调整夏令时。

第 9 题

创建文本文件“1.txt”，并保存到当前试题文件夹内。将下列试题的计算结果写入“1.txt”文件中：

（1）25 的 4 次幂；

（2）将计算结果转换为十六进制。

第 10 题

在画图中绘制如下图形，保存到当前试题文件夹内，文件的名称是 shi.bmp：

（1）画一个圆形；

（2）画三条红色的直线；

（3）用蓝色线条绘制一个图形。

实训10

网络部分综合实训演练

综合模拟实战（试卷）1

一、单选

第1题　（　）不属于TCP/IP包含的最常见的应用协议。

A. HTTP　　B. FTP　　C. POP3　　D. NETBEUI

【参考答案】D

第2题　下列选项中，属于集线器功能的是（　）。

A. 提高局域网络的上传速度　　B. 提高局域网络的下载速度

C. 连接各电脑线路间的媒介　　D. 以上均是

【参考答案】C

第3题　TCP协议工作在（　）。

A. 物理层　　B. 链路层　　C. 传输层　　D. 应用层

【参考答案】C

第4题　网页中的图片不可另存为（　）。

A. *.jpg　　B. *.gif　　C. *.pcx　　D. *.bmp

【参考答案】C

第5题　子网掩码是一个（　）位的模式。

A. 16　　B. 24　　C. 32　　D. 64

【参考答案】C

第6题　中国公用计算机互联网的英文简写是（　）。

A. CHINANET　　B. CERNET　　C. NCFC　　D. CHINAGBNET

【参考答案】A

第7题　局域网为了相互通信，一般安装（　）。

A. 调制解调器　　B. 网卡　　C. 声卡　　D. 显示器

【参考答案】B

第8题　客户/服务器模式的局域网，其网络硬件主要包括服务器、工作站、网卡和（　）。

A. 网络拓扑结构　　B. 计算机　　C. 传输介质　　D. 网络协议

【参考答案】C

第 9 题 以下不是计算机网络主要功能的是（ ）。

A. 信息交换 B. 资源共享 C. 分布式处理 D. 并发性

【参考答案】D

第 10 题 以下设备中不可用于网络互联的是（ ）。

A. 集线器 B. 路由器 C. 网桥 D. 网关

【参考答案】A

第 11 题 计算机网络的通信传输介质中，速度最快的是（ ）。

A. 同轴电缆 B. 光缆 C. 双绞线 D. 铜质电缆

【参考答案】B

第 12 题 方先生使用 Windows 系统，他正使用的文档库具有以下 URL：http://contoso/sales/ pricesheets/。当他签出电子表格时，他选择“使用本地草稿文件夹”，那么，签出文件时，文件将存储在（ ）。

A. http://contoso/sales/pricesheets/pricesheets

B. http://contoso/spreadsheets/SharePoint%20Drafts

C. 我的文档\SharePoint 草稿

D. 文档\SharePoint 草稿

【参考答案】C

第 13 题 WAN 是（ ）的缩写。

A. 局域网 B. 广域网 C. 城域网 D. 校园网

【参考答案】B

第 14 题 电子信箱地址的格式是（ ）。

A. 用户名@主机域名 B. 主机名@用户名

C. 用户名.主机域名 D. 主机域名.用户名

【参考答案】A

第 15 题 计算机网络按其覆盖的范围可划分为（ ）。

A. 以太网和移动通信网 B. 局域网、城域网和广域网

C. 电路交换网和分组交换网 D. 星形结构、环形结构和总线结构

【参考答案】B

第 16 题 （ ）是一个提供信息“检索”服务的网站，它使用某些程序把 Internet 上的所有信息归类以帮助人们在茫茫“网海”中搜寻到所需要的信息。

A. 百度 B. FTP C. Telnet D. POP

【参考答案】A

第 17 题 计数器用于记录网站被访问的（ ）。

A. 数据库 B. 网页 C. 源代码 D. 次数

【参考答案】D

第 18 题 （ ）是一台计算机或一位用户在 Internet 或其他网络上的唯一标识，其他计算机或用户使用它与拥有这一地址的计算机或用户建立连接或者交换数据。

A. IP address（IP 地址） B. Address Bar（地址条）

C. attachment（附件） D. domain（域名）

【参考答案】A

第 19 题　远程计算机是指（　　）。

A. 要访问的另一系统的计算机　　B. 物理距离 100km 以外的计算机

C. 位于不同国家的计算机　　D. 位于不同地区的计算机

【参考答案】A

第 20 题　（　　）不属于微波通信方式。

A. 地面微波接力　　B. 卫星　　C. 对流层散射　　D. 光纤

【参考答案】D

第 21 题　在 Internet 上用于收发电子邮件的协议是（　　）。

A. TCP/IP　　B. IPX/SPX　　C. POP3/SMTP　　D. NetBEUI

【参考答案】C

第 22 题　在 Internet 上的各种网络和各种类型的计算机之间相互通信的基础是（　　）协议。

A. ATM　　B. IPX　　C. X.25　　D. TCP/IP

【参考答案】D

第 23 题　计算机网络技术包含的两个主要技术是计算机技术和（　　）。

A. 微电子技术　　B. 通信技术　　C. 数据处理技术　　D. 自动化技术

【参考答案】B

第 24 题　因特网上专门提供网上搜索功能的工具叫（　　）。

A. 查找　　B. 查询　　C. 搜索引擎　　D. 查看

【参考答案】C

第 25 题　Internet 中 URL 的含义是（　　）。

A. 统一资源定位器　　B. Internet 协议　　C. 简单邮件传输协议　　D. 传输控制协议

【参考答案】A

第 26 题　计算机网络中，可以共享的资源是（　　）。

A. 硬件和软件　　B. 软件和数据　　C. 外设和数据　　D. 硬件、软件和数据

【参考答案】D

第 27 题　默认的 HTTP（超文本传送协议）的端口号是（　　）。

A. 21　　B. 23　　C. 80　　D. 8080

【参考答案】C

第 28 题　下列计算机网络中，（　　）不是按覆盖地域划分的。

A. 局域网　　B. 城域网　　C. 广域网　　D. 星型网

【参考答案】D

第 29 题　在 Internet Explorer 中，如果发现一些很有吸引力的站点或网页，希望以后快速登录，应该使用的按钮为（　　）。

A. 主页　　B. 搜索　　C. 收藏　　D. 历史

【参考答案】C

第 30 题　Outlook Express 可用来（　　）邮件。

A. 接收　　B. 发送　　C. 接收和发送　　D. 接收或发送

【参考答案】C

第31题　ISO/OSI是（　　）。

A. 开放系统互连参考模型　　B. TCP/IP协议

C. 网络软件　　D. 网络操作系统

【参考答案】A

第32题　TCP的主要功能是（　　）。

A. 进行数据分组　　B. 保证可靠传输　　C. 确定数据传输路径　　D. 提高传输速度

【参考答案】B

第33题　IP地址是一串难以记忆的数字，人们用域名来代替它，完成IP地址和域名之间转换工作的是（　　）服务器。

A. DNS　　B. URL　　C. UNIX　　D. ISDN

【参考答案】A

第34题　Internet使用的网络协议是（　　）。

A. TCP/IP　　B. IPX/SPX　　C. AppleTalk　　D. NetBEUI

【参考答案】A

第35题　下列电子邮件地址中，正确的是（　　）。

A. zhangsan&sina、com　　B. lisi！126、com

C. zhang$san@qq、com　　D. lisi_182@sohu.com

【参考答案】D

第36题　在Internet中，用户通过FTP可以（　　）。

A. 发送和接收电子邮件　　B. 上传和下载文件

C. 浏览远程计算机上的资源　　D. 进行远程登录

【参考答案】B

第37题　因特网上每台计算机有一个规定的“地址”，这个地址被称为（　　）地址。

A. TCP　　B. IP　　C. Web　　D. HTML

【参考答案】B

第38题　Internet与WWW的关系是（　　）。

A. 都表示互联网，只不过名称不同　　B. WWW是Internet上的一个应用功能

C. Internet与WWW没有关系　　D. WWW是Internet上的一种协议

【参考答案】B

第39题　OSI（开放系统互连）参考模型的最低层是（　　）。

A. 传输层　　B. 网络层　　C. 物理层　　D. 应用层

【参考答案】C

第40题　Internet是（　　）类型的网络。

A. 局域网　　B. 城域网　　C. 广域网　　D. 企业网

【参考答案】C

第41题　信号的电平随时间连续变化，这类信号称为（　　）。

A. 模拟信号　　B. 传输信号　　C. 同步信号　　D. 数字信号

【参考答案】A

第42题　计算机网络的主要功能有资源共享、（　　）。

A. 数据传送　　B. 软件下载　　C. 电子邮件发送　　D. 电子商务

【参考答案】A

第 43 题 下列操作中，可以把某官方网站设为主页的是（　　）。

A. 在 IE 主页地址栏中键入该网站的网址

B. 在该官方网站中申请

C. 在 IE 窗口中单击主页按钮

D. 将该官方网站添加到收藏夹

【参考答案】A

第 44 题 电子邮件地址格式为 wangjun@hostname，其中 hostname 为（　　）。

A. 用户地址名　　B. 某台主机的域名　　C. 某公司名　　D. 某国家名

【参考答案】B

第 45 题 关于电子邮件的论述中，正确的是（　　）。

A. 每个电子邮件地址都是唯一的，所有用户的电子邮件地址有统一的格式

B. 每个电子邮件地址都是唯一的，所有用户的电子邮件地址格式可以不统一

C. 每个电子邮件地址不是唯一的，所有用户的电子邮件地址有统一的格式

D. 每个电子邮件地址不是唯一的，所有用户的电子邮件地址格式可以不统一

【参考答案】A

第 46 题 电子邮件的英文是（　　）。

A. Mailto　　B. BBS　　C. E-mail　　D. Usenet

【参考答案】C

第 47 题 在 Web 网页中指向其他网页的“指针”称为（　　）。

A. 超链接　　B. 超文本　　C. 超媒体　　D. 多媒体

【参考答案】A

第 48 题 在实际应用的网络中，网络系统资源及安全性管理相对集中在一种多用户计算机上，这种机器称为（　　）。

A. 工作站　　B. 终端机　　C. 个人机　　D. 服务器

【参考答案】D

第 49 题 在 Internet 的域名中，代表计算机所在国家或地区的符号“.cn”是指（　　）。

A. 中国　　B. 美国　　C. 英国　　D. 加拿大

【参考答案】A

第 50 题 为网络提供共享资源并对这些资源进行管理的计算机称为（　　）。

A. 网卡　　B. 服务器　　C. 工作站　　D. 网桥

【参考答案】B

二、网络

此部分实战演练中有关网络设置的部分，请在有服务器支持的环境下完成。如在自己的电脑上完成，请记住自己电脑的原始设置，实战结束后，请恢复自己电脑的原始设置。

注：试题中如果要求添加附件，请考生自己建立相应文件并附加。

第 1 题

使用 Outlook Express 新建一封邮件，发送给某公司的刘小姐，邮箱地址为：liu@163.net。

主题为：产品咨询；邮件内容为：我想要贵公司产品的相关资料，望尽快提供。

第 2 题

（1）在 Internet 协议版本 4（TCP/IPv4）中设置 IP 为：192.168.1.10；
（2）在 Internet 协议版本 4（TCP/IPv4）中设置首选 DNS 为：202.98.5.68；
（3）在 Internet 协议版本 4（TCP/IPv4）中设置备用 DNS 为：202.98.6.68；
（4）在 Internet 协议版本 4（TCP/IPv4）中设置默认网关为：192.168.1.1；
（5）在 Internet 协议版本 4（TCP/IPv4）中设置子网掩码为：255.255.255.0；
（6）在 Internet 协议版本 4（TCP/IPv4）高级中设置不启用 LMHOSTS 查找；
（7）在 Internet 协议版本 4（TCP/IPv4）高级中设置启用 TCP/IP 上的 NetBIOS 协议。

第 3 题

（1）设置 HTML 编辑器为记事本；
（2）设置主页为 www.cip.com.cn；
（3）设置删除 Internet 临时文件（T）、Cookie（0）、历史记录（H）；
（4）设置本地 Intranet 的安全级别为中。

第 4 题

（1）将网络类型设置为“连接到 Internet”，选择“宽带（PPPoE）”；
（2）将用户名设置为 china，密码为 123456，设置“显示字符和记住此密码”；
（3）设置连接名称“移动”；
（4）设置允许其他人使用此连接。

第 5 题

（1）设置用户名称为 169；
（2）设置用户密码为 12345；
（3）将“为下面用户保存用户名和密码”设置为“任何使用此计算机的人”；
（4）在属性里设置重拨次数为 10，重拨间隔为 5 秒，挂断前的空闲时间设置为 5 分钟；
（5）在属性里设置允许其他网络用户通过计算机的 Internet 连接来连接；
（6）进行一次拨号连接。

综合模拟实战（试卷）2

一、单选

第 1 题　在 Internet 上的各种网络和各种类型的计算机之间相互通信的基础是（　　）协议。

A. ATM　　B. IPX　　C. X.25　　D. TCP/IP

【参考答案】D

第 2 题　人们根据（　　）将网络划分为广域网、城域网和局域网。

A. 计算机通信方式　　B. 接入计算机的多少和类型
C. 拓扑类型　　D. 地理范围

【参考答案】D

第 3 题　（　　）代表与科学问题有关的新闻组。

A. comp　　B. rec　　C. sci　　D. soc

【参考答案】C

第 4 题　利用网络交换文字信息的非交互式服务称为（　　）。

A. E-mail　　B. TELENT　　C. WWW　　D. BBS

【参考答案】A

第 5 题　在 IE 的地址栏中应当输入（　　）。

A. 要访问的计算机名　　B. 需要访问的网址

C. 对方计算机的端口号　　D. 对方计算机的属性

【参考答案】B

第 6 题　在域名标识中，不用国家代码表示的是（　　）的主机。

A. 美国　　B. 英国　　C. 日本　　D. 中国

【参考答案】A

第 7 题　Internet 的三项主要服务项目的英文缩写是（　　）。

A. Web、LAN、HTML　　B. E-mail、FTP、WWW

C. ISP、HUB、BBS　　D. TCP/IP、FFP、PPP/SLIP

【参考答案】B

第 8 题　无线电波有四种，分别是中波、短波、超短波和微波。关于微波的叙述正确的是（　　）。

A. 沿地面传播，绕射能力强，适用于广播和海上通信

B. 具有较强的电离层反射能力，适用于环球通信

C. 具有极高的频率，波长很短，主要是直线传播，也可以从物体上反射

D. 和超短波一样绕射能力很好，但不可作为视距或超视距中继通信

【参考答案】C

第 9 题　世界上第一个局域网是在（　　）年诞生的。

A. 1946　　B. 1969　　C. 1977　　D. 1973

【参考答案】D

第 10 题　为网络提供共享资源并对这些资源进行管理的计算机称为（　　）。

A. 网卡　　B. 服务器　　C. 工作站　　D. 网桥

【参考答案】B

第 11 题　下列不属于计算机网络系统拓扑结构的是（　　）。

A. 星型结构　　B. 总线型结构　　C. 单线结构　　D. 环型结构

【参考答案】C

第 12 题　在计算机网络发展过程中，（　　）对计算机网络的形成与发展影响最大。

A. Octopus　　B. Novell　　C. DATAPAC　　D. ARPAnet

【参考答案】D

第 13 题　OSI（开放系统互连）参考模型的最低层是（　　）。

A. 传输层　　B. 网络层　　C. 物理层　　D. 应用层

【参考答案】C

第 14 题　关于网络协议的说法中，不正确的是（　　）。

A. 处理传送中出现的错误信息　　B. 约定数据传输的格式

C. 规定传送的数据起始与停止标志　　D. 是网络中必不可少的硬件

【参考答案】D

第 15 题　如果希望每次进入 IE 后自动连接某一个网站，则应进行（　　）操作。

A. 将该网站的地址添加到收藏夹中

B. 将该网站的地址添加到“工具”菜单下“Internet 选项”中“常规”选项卡中的“地址”栏内

C. 单击工具栏中的“主页”图标

D. 单击工具栏中的“搜索”图标

【参考答案】B

第 16 题　想要在发送电子邮件时传送一个或多个文件，可使用（　　）。

A. FTP　　B. 电子邮件附件功能　　C. Telnet　　D. WWW

【参考答案】B

第 17 题　网页的标题是位于（　　）标识符中的文字。

A. <body>…</body>　　B. <a>…</a>

C. <head>…</head>　　D. <title>…</title>

【参考答案】D

第 18 题　在 Web 网页中指向其他网页的“指针”称为（　　）。

A. 超链接　　B. 超文本　　C. 超媒体　　D. 多媒体

【参考答案】A

第 19 题　开放系统互连标准的参考模型由（　　）层协议组成。

A. 5　　B. 6　　C. 7　　D. 8

【参考答案】C

第 20 题　TCP/IP 协议是（　　）。

A. 文件传输协议　　B. 网际协议

C. 超文本传输协议　　D. 一组协议的统称

【参考答案】D

第 21 题　在 Internet 上用于收发电子邮件的协议是（　　）。

A. TCP/IP　　B. IPX/SPX　　C. POP3/SMTP　　D. NetBEUI

【参考答案】C

第 22 题　申请免费电子邮箱需要（　　）。

A. 拿单位介绍信和身份证到民政部门申请

B. 连入因特网，进入提供免费邮箱的网站

C. 拿单位介绍信和身份证到邮电局申请

D. 由两个有电子邮箱的朋友介绍，上网后申请

【参考答案】B

第 23 题　HTML 表示（　　）。

A. 超文本传输协议　　B. 超文本标记语言

C. 传输控制协议　　D. 统一资源管理器

【参考答案】B

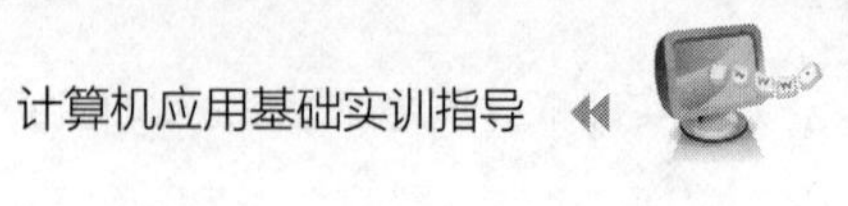

第 24 题 当前使用的 IP 地址是一个（ ）的二进制地址。

A. 8 位 B. 16 位 C. 32 位 D. 128 位

【参考答案】C

第 25 题 计算机网络中，可以共享的资源是（ ）。

A. 硬件和软件 B. 软件和数据 C. 外设和数据 D. 硬件、软件和数据

【参考答案】D

第 26 题 Internet 使用的网络协议是（ ）。

A. TCP/IP B. IPX/SPX C. AppleTalk D. NetBEUI

【参考答案】A

第 27 题 为了指导计算机网络的互联、互通和交互操作，ISO 颁布了 OSI 参考模型，其基本结构分为（ ）。

A. 6 层 B. 5 层 C. 7 层 D. 4 层

【参考答案】C

第 28 题 要在 Web 浏览器中查看某一公司的主页，必须知道（ ）。

A. 该公司的电子邮件地址 B. 该公司所在的省市

C. 该公司的邮政编码 D. 该公司的 WWW 地址

【参考答案】D

第 29 题 WWW 使用最普遍的文件格式是（ ）。

A. .html B. .doc C. .txt D. .dbf

【参考答案】A

第 30 题 通常把计算机网络定义为（ ）。

A. 以共享资源为目标的计算机系统

B. 能按网络协议实现通信的计算机系统

C. 把分布在不同地点的多台计算机互联起来构成的计算机系统

D. 使分布在不同地点的多台计算机在物理上实现互联，按照网络协议实现相互间的通信，以共享硬件、软件和数据资源为目标的计算机系统

【参考答案】D

第 31 题 提供不可靠传输的传输层协议是（ ）。

A. TCP B. IP C. UDP D. PPP

【参考答案】C

第 32 题 下列关于 URL 的解释错误的是（ ）。

A. 它是一种网络服务 B. 它的中文意思是统一资源定位器

C. 它是 WWW 网页的地址 D. 它由四部分组成

【参考答案】A

第 33 题 域名中的后缀“gov”表示机构所属类型为（ ）。

A. 军事机构 B. 政府机构 C. 教育机构 D. 商业公司

【参考答案】B

第 34 题 通常所说的“网络黑客”的行为主要是（ ）。

A. 在网上发布不健康信息 B. 制造并传播病毒

C. 攻击并破坏 Web 网站 D. 浏览不健康信息

【参考答案】C

第35题 在Internet Explorer中，如果发现一些很有吸引力的站点或网页，希望以后快速登录，应该使用的按钮是（ ）。

A. 主页 B. 搜索 C. 收藏 D. 历史

【参考答案】C

第36题 电子邮件通过（ ）传递电子文件。

A. 个人计算机 B. 网络操作系统 C. 工作站 D. 邮件收发服务器

【参考答案】D

第37题 WWW的中文名称是（ ）。

A. 广域网 B. 局域网 C. 企业网 D. 万维网

【参考答案】D

第38题 电子邮件到达时，如果并没有开机，邮件将（ ）。

A. 退回给发件人 B. 开机时对方重新发送

C. 丢失 D. 保存在服务商的E-mail服务器中

【参考答案】D

第39题 IP地址是一串难以记忆的数字，人们用域名来代替它，完成IP地址和域名之间转换工作的是（ ）服务器。

A. DNS B. URL C. UNIX D. ISDN

【参考答案】A

第40题 互联网上的服务都基于一种协议，WWW服务基于（ ）协议。

A. POP3 B. SMTP C. HTTP D. TELNET

【参考答案】C

第41题 （ ）不是标记语言。

A. HTML B. Java Script C. SGML D. XML

【参考答案】B

第42题 计算机网络的功能主要体现在信息交换、资源共享和（ ）三个方面。

A. 网络硬件 B. 网络软件 C. 分布式处理 D. 网络操作系统

【参考答案】C

第43题 计算机联成网络的最重要优势是（ ）。

A. 提高计算机运行速度 B. 可以拨打网络电话

C. 提高计算机存储容量 D. 实现各种资源共享

【参考答案】D

第44题 在计算机网络中，（ ）用于验证消息发送方的真实性。

A. 病毒防范 B. 数据加密 C. 数字签名 D. 访问控制

【参考答案】C

第45题 HTML文件必须由特定的程序进行编译和执行才能显示，这种编译器是（ ）。

A. 文本编辑器 B. 解释程序 C. 编译程序 D. Web浏览器

【参考答案】D

第46题 Internet在中国被称为因特网或（ ）。

A. 局域网 B. 国际互联网 C. 万维网 D. 以太网

【参考答案】B

第 47 题 FTP 是一个（ ）协议。

A. 文件传输　　B. 网站传输　　C. 文件压缩　　D. 文件解压

【参考答案】A

第 48 题 网络设备 Switch 称为（ ）。

A. 网卡　　B. 网桥　　C. 交换机　　D. 集线器

【参考答案】C

第 49 题 在 IPv4 中，下列关于 IP 的说法错误的是（ ）。

A. IP 地址在 Internet 上是唯一的　　B. IP 地址由 32 位十进制数组成

C. IP 地址是 Internet 上主机的数字标识　　D. IP 地址指出了该计算机连接到哪个网络上

【参考答案】B

第 50 题 在 Internet 浏览时，鼠标光标移到某处网页变成（ ）时，单击鼠标可进入下一个网页。

A. 十字型　　B. I 字型　　C. 箭头型　　D. 手型

【参考答案】D

二、网络

此部分实战演练中有关网络设置的部分，请在有服务器支持的环境下完成。如在自己的电脑上完成，请记住自己电脑的原始设置，实战结束后，请恢复自己电脑的原始设置。

注：试题中如果要求添加附件，请考生自己建立相应文件并附加。

第 1 题

使用 Outlook Express 将毕业论文发到老师的邮箱中，请老师指点，邮箱地址为“teacher_jin@sohu.com”，主题为“我的毕业论文”；邮件内容为“老师，附件中是我写的毕业论文，请您看一下哪些地方需要修改”；附件为“毕业论文.rar”。

第 2 题

（1）在 Internet 协议版本 4（TCP/IPv4）中设置 IP 地址为 10.10.10.25；

（2）在 Internet 协议版本 4（TCP/IPv4）中设置子网掩码为 255.255.255.0；

（3）在 Internet 协议版本 4（TCP/IPv4）中设置默认网关为 10.10.10.1；

（4）在 Internet 协议版本 4（TCP/IPv4）中设置首选 DNS 为 137.25.10.78；

（5）在 Internet 协议版本 4（TCP/IPv4）中设置退出时验证。

第 3 题

（1）将主页设置为 www.cip.com.cn；

（2）将网页保存在历史记录中的天数设置为 30；

（3）将删除文件设置为删除表单数据（F）和密码（P）；

（4）设置 Internet 安全级别为高；

（5）将局域网设置为使用自动配置脚本（S）。

第 4 题

（1）将网络类型设置为“连接到 Internet”，选择“显示此计算机未设置使用的连接选项”；

（2）设置选择拨号连接；

（3）将拨打电话号码设置为“58393889”；
（4）将用户名设置为“ws”，密码为“123456”，设置“显示字符和记住此密码”；
（5）设置连接名称“拨号连接2”。

第5题

（1）设置用户名为http；
（2）设置密码为123456；
（3）将“为下面用户保存用户名和密码”设置为“任何使用此计算机的人”；
（4）在属性里设置宽带常规服务名为123；
（5）进行一次拨号连接。

实训 11

Microsoft Office Word 2016 操作实训

综合模拟实战（试卷）1

第 1 题

（1）将文中所有“鸟镇”改为“乌镇”。

（2）设置标题字体为华文新魏、初号、紫色，字符间距加宽 2 磅，居中对齐。

（3）设置正文字体为华文楷体，字号为小四，段前、段后间距均为 1 行，正文前两段首行缩进 2 字符。

（4）在适当位置插入当前试题文件夹下的图片“pic.jpg”，设置图片高 6 厘米，四周型环绕。

（5）将正文段落“景点……150.00 元”转化为 4 行 2 列表格，橙色底纹。

（6）将最后一段文字修改为“交错流程”布局 SmartArt 图形，颜色为“彩色-个性色”。

第 2 题

（1）设置纸张方向为“横向”，上下页边距均为 3 厘米。

（2）设置标题文字“孔雀”为第二行第三列艺术字，上下型环绕，水平居中对齐。设置副标题“——百鸟之王”为隶书、三号、橙色、右对齐。

（3）设置正文文字为华文仿宋、四号，正文第一段首行缩进 2 字符。

（4）在文档中插入“蛇形图片题注列表”SmartArt 图形，使用素材文件中提供的图片素材，完成 SmartArt 图形内容的填充。

（5）设置页面效果为“茵茵绿原”。

第 3 题

（1）将文中所有“峨嵋”改为“峨眉”。

（2）设置标题字体为华文新魏、初号、绿色，字符间距加宽 2 磅，居中对齐。

（3）设置正文字体为仿宋，字号为小四，段前段后间距均为 0.5 行，正文前两段首行缩进 2 字符。

（4）在适当位置插入当前试题文件夹下的图片“pic.jpg”，设置图片高度为 5.21 厘米、宽度为 9.27 厘米，四周型环绕，阴影向下偏移 10 磅。

（5）将正文最后三段“季节……110.00 元”转化为 3 行 2 列表格，套用格式“网格表 1

浅色-着色 2”。

（6）将“行程”段后内容修改为“基本流程”布局 SmartArt 图形，颜色为“彩色-个性色”。

第4题

（1）将标题段“财经类公共基础课程模块化”文字设置为三号、红色、黑体、居中，并添加蓝色双波浪下划线。

（2）将正文各段落“按照《高等学校……三种组合方式供选择”文字设置为小四、华文楷体，行距设置为 18 磅，段落首行缩进 2 字符。

（3）在页面顶端居中位置输入页眉，小五号楷体，内容为“财经类专业计算机基础课程设置研究”。

（4）将文中后 8 行文字转换为一个 8 行 5 列的表格，设置表格居中，表格第 2 列列宽为 5 厘米，其余列列宽为 2 厘米，行高 0.6 厘米，表格中所有文字水平居中。

（5）设置表格所有框线为 1 磅红色单实线，计算合计行“讲课”“上机”及“总学时”的合计值。

第5题

（1）将标题段“课程设置学生满意度调查报告”文字设置为黑体、三号、加粗、居中，并添加黄色底纹。

（2）设置正文各段落“对于必修课……提出对专业课程设置的改进方案”左右各缩进 0.5 字符、首行缩进 2 字符，行距设置为 1.25 倍。

（3）将正文各段落“对于必修课……提出对专业课程设置的改进方案”中的字体设置为五号、华文楷体；将正文第六段“专业的课程设置……提出对专业课程设置的改进方案”分为等宽的两栏，栏宽为 16 字符，栏中间加分隔线。

（4）设置表格居中，表格列宽为 2 厘米、行高为 0.8 厘米，表格中所有文字靠下居中，将表格的标题行“学科基础必修课评定成绩”设置为隶书、四号、居中。

（5）设置表格外框线为 1.5 磅双实线，内框线为 0.75 磅单实线。

第6题

（1）将文中所有错词“隐士”替换为“饮食”，将标题段文字“运动员的饮食”设置为红色、三号、黑体、居中，并添加蓝色底纹。

（2）将正文第四段文字“游泳……糖类物质”移至第三段文字 “马拉松……绿叶菜等”之前，将正文各段文字“运动员的项目不同……绿叶菜等”设置为五号、楷体，各段落左右各缩进 1.5 字符、悬挂缩进 2 字符。

（3）为正文第二段至第四段“体操……绿叶菜等”分别添加编号 1)、2)、3)，在页面底端（页脚）插入“普通数字 1”样式的页码，删除多余空格，居中对齐。

（4）将表格标题“世界各地区的半导体生产份额（2000 年）”设置为小四号、红色、仿宋并居中，将文中后 6 行文字转换为一个 6 行 5 列的表格，表格居中，将表中的内容设置为小五号宋体。

（5）设置表格列宽为 2.5 厘米，表格外框线为 1.5 磅蓝色双实线，内框线为 0.75 磅红色单实线，第 1 行和第 2 行之间的表格线为 1 磅红色单实线，表格第 1 行和第 1 列文字水平居中，其余各行文字中部右对齐。

第 7 题

（1）将文中所有错词“摹拟”替换为“模拟”，将标题段“模/数转换”文字设置为三号、红色、黑体、居中，字符间距加宽 2 磅。

（2）将正文各段文字“在工业控制……采样和量化”设置为小四号仿宋，各段落悬挂缩进 2 字符，段前间距 0.5 行。

（3）将文档页面的纸张大小设置为“16 开（18.4 厘米×26 厘米）”，左右边距各为 3 厘米，在页面顶端（页眉）插入“普通数字 1”样式的页码，删除多余空行后右对齐。

（4）将表格标题“c 语言 int 和 long 型数据的表示范围”设置为三号、宋体、加粗、居中，在表格第 2 行第 3 列和第 3 行第 3 列单元格中分别输入数据，设置表格居中，表格中所有内容水平居中，将表格中的所有内容设置为四号宋体。

（5）设置表格列宽为 3 厘米、行高 0.7 厘米，外框线为红色 1.5 磅双实线，内框线为红色 0.75 磅单实线，设置第 1 行单元格为黄色底纹。

第 8 题

打开“文档.docx”，按照要求完成下列操作并以原名保存文档。吴明是某房地产公司的行政助理，主要负责开展公司的各项活动，并起草各种文件。为丰富公司的文化生活，公司将定于 2023 年 10 月 21 日 15:00 在会所会议室开展以“激情飞扬在十月，创先争优展风采”为主题的演讲比赛。比赛需邀请评委，评委人员保存在名为“评委.xlsx”的文档中，公司联系电话为 021-6666688888。根据上述内容制作请柬，具体要求如下。

（1）设置标题字体为隶书、小初号、居中对齐。

（2）设置段落的段前段后间距各 0.5 行，设置最后两行落款右对齐，将正文“您好……参加”设置为首行缩进 2 字符。

（3）在请柬左下角位置插入当前试题文件夹下的图片“图片 1.jpg”。

（4）设置上下页边距均为 3 厘米，设置页眉为公司的联系电话，居中对齐。

（5）在“尊敬的：”之后运用邮件合并功能制作内容相同、收件人不同（收件人为“评委.xlsx”中的每个人，采用导入方式）的多份请柬，每页邀请函中只能包含一位评委，所有的邀请函页面另外保存在一个名为“邀请函.docx”的文件中，保存在当前试题目录下。

（6）原名保存当前文档。

第 9 题

某高校为了丰富学生的课余生活，开展了艺术与人生论坛系列讲座，校学生工作处将于 2023 年 12 月 29 日 14:00—16:00 在校国际会议中心举办题为“大学生形象设计”的讲座。为此，校学生会外联部需制作一批邀请函，并分别递送给相关的专家和老师。请按如下要求，完成邀请函的制作。

（1）调整文档版面，要求页面宽度 20 厘米、高度 16 厘米，上下页边距均为 2 厘米，左右页边距均为 3 厘米。

（2）将考生文件夹下的图片“Word-海报背景图片.jpg”设置为邀请函背景。

（3）设置标题为隶书、小二号、红色，正文均设置为宋体、小四号。

（4）在“主办：校学工处”位置后另起一页，并设置第二页的页面纸张大小为 A4，纸张方向设置为横向，页边距为“普通”。

（5）在新页面的“日程安排”段落下面，复制本次活动的日程安排表（请参考“Word-活动日程安排.xlsx”文件），要求表格内容引用 Excel 文件中的内容，若 Excel 文件中的内容发生变化，Word 文档中的日程安排信息将随之变化。

（6）在新页面的“报名流程”段落下面，利用 SmartArt“基本流程”制作本次活动的报名流程（学工处报名、确认座席、领取资料、领取门票）。

（7）在报告人介绍后面以嵌入型环绕方式插入当前试题文件夹下的“Pic 2.jpg”，将该照片调整到适当位置和大小。

（8）保存文档。

第 10 题

北京××大学信息工程学院讲师张东明撰写了一篇名为《基于频率域特性的闭合轮廓描述子对比分析》的学术论文，拟向某大学学报投稿，根据该学报相关要求，论文必须按照该学报论文样式进行排版。请根据考生文件夹下“文档.docx”和相关图片文件等素材完成排版任务，具体要求如下。

（1）将论文页面设置为 A4 幅面，上、下、左、右页边距分别为 3.5 厘米、2.2 厘米、2.5 厘米和 2.5 厘米，论文页面只指定行网格（每页 42 行），页脚距边距 1.4 厘米，在页脚居中位置设置页码，样式为“-1-，-2-，-3-，…”。

（2）论文正文以前的内容，段落不设首行缩进，其中论文标题、作者、作者单位的中英文部分均居中显示，其余为两端对齐；文章编号为黑体小五号字，论文标题（红色字体）大纲级别为 1 级、样式为标题 1、中文为黑体、英文为 Times New Roman、字号为三号，作者姓名的字号为小四、中文为仿宋、西文为 Times New Roman，作者单位、摘要、关键字、中图分类号等中英文部分字号为小五、中文为宋体、西文为 Times New Roman，其中摘要、关键字、中图分类号等中英文内容的第一个词（冒号前面的部分）设置为黑体。

（3）为作者姓名后面的数字和作者单位前面的数字（含中文、英文两部分）设置正确的格式。

（4）自正文开始到参考文献列表止，设置页面布局为对称两栏，正文（不含图、表、独立成行的公式）为五号字（中文为宋体、西文为 Times New Roman），首行缩进 2 字符，行距为单倍行距；表注和图注为小五号字（表注中文为黑体，图注中文为宋体，西文均用 Times New Roman），居中显示，其中正文中的“表 1”“表 2”与相关表格有交叉引用关系（注意：“表 1”“表 2”的“表”字与数字之间没有空格）；参考文献列表为小五号字，中文为宋体，西文均用 Times New Roman，采用项目编号，编号格式为“[序号]”。

（5）素材中黄色字体部分为论文的第一层标题，大纲级别为 2 级，样式为标题 2，多级项目编号格式为“1、2、3…”，字体为黑体（黑色，文字 1）、四号，段落行距为最小值 30 磅，无段前、段后间距；素材中蓝色字体部分为论文的第二层标题，大纲级别为 3 级，样式为标题 3，对应的多级项目编号格式为“2.1、2.2…3.1、3.2…”，字体为黑体、黑色、五号，段落行距为最小值 18 磅，段前、段后间距均为 3 磅，其中参考文献无多级编号。

（6）原名保存文档，并以“论文正样.docx”为文件名另存在考生文件夹下。

综合模拟实战（试卷）2

第 1 题

（1）设置第一段“在北京时间……下半场被换下”字体为黑体，字号为四号，字形为倾

斜，颜色为紫色，将第一段的边框设置为方框，底纹填充颜色为黄色；

（2）设置所有段首行缩进 2 字符，第二段段前间距为 1 行，段后间距为 1 行；

（3）设置第三段首字下沉，首字字体为隶书，行数为 3 行，距正文 28.35 磅；

（4）将第四段分为两栏，栏间加分隔线，设置第四段段落格式为左右各缩进 1 字符；

（5）设置上下页边距均为 85.05 磅，装订线位置为上。

第 2 题

（1）将文中所有的“枪纸”替换为“墙纸”；

（2）设置标题“墙纸选购的七个小诀窍”字体为等线 Light、小二号，居中对齐，设置正文各段行距为 1.2 倍行距，为正文所有加粗段落设置编号；

（3）为正文第一段设置图案样式“30%”，底纹图案为紫色，将正文第二段分为等宽两栏，栏间加分隔线。

第 3 题

（1）在文档开头插入第二行第二列样式的艺术字“魅力黄山”，设置居中对齐，上下型环绕方式；

（2）将正文中所有的“黄鳝”改为“黄山”，设置正文字体为“幼圆”，字号为“小四号”，段前、段后间距各 1 行，设置正文前两段首行缩进 2 字符，为正文中粗体字部分添加项目符号；

（3）在适当位置插入当前试题文件夹下的图片“pic.jpg”，设置图片高 4 厘米、宽 6 厘米，四周型环绕，设置页面颜色为“橙色”。

第 4 题

（1）将标题段（“7 月份全国汽车销售情况分析”）文字设置为小二号、蓝色、黑体，并添加红色双波浪下划线；

（2）将正文各段落（“据中国汽车工业协会……同比增长 7.14%和 5.47%”）文字设置为五号宋体，行距为 18 磅，设置正文第一段（“据中国汽车工业协会……呈小幅增长”）首字下沉 2 行（距正文 0.2 厘米），其余各段落首行缩进 2 字符；

（3）在页面底端（页脚）居中位置插入页码，并设置起始页码为“Ⅲ”；

（4）将文中后 11 行文字转换为一个 11 行 5 列的表格，设置表格居中，表格列宽为 2 厘米、行高 0.6 厘米，表格中所有文字水平居中；

（5）设置表格所有框线为 1 磅蓝色单实线，按“环比增幅”列（依据“数字”类型）降序排列表格内容。

第 5 题

（1）将标题段（“最新超级计算机 500 强出炉”）文字设置为小二号、红色、黑体、加粗、居中；

（2）设置正文各段落（“每年公布……55 台”）的文字为五号宋体，设置正文各段落首行缩进 2 字符，行距 18 磅，段前间距 0.5 行；

（3）插入页眉并在页眉居中位置输入小五号楷体文字“科技新闻”，设置页面纸张大小为“A4”；

（4）将文中后 6 行文字转换成一个 6 行 5 列的表格，设置表格居中，设置表格所有文字水平居中；

（5）设置表格外框线为 3 磅蓝色单实线，内框线为 1 磅蓝色单实线，为表格添加黄色底纹。

第 6 题

（1）将标题段（“黄河将进行第 7 次调水调沙”）文字设置为小二号、蓝色、黑体，并添加红色双波浪下划线；

（2）将正文各段落（“新华网济南……3500 立方米以上”）文字设置为五号宋体，行距设置为 18 磅，设置正文第一段（“新华网济南……第 7 次调水调沙”）首字下沉 2 行（距正文 0.2 厘米），其余各段落首行缩进 2 字符；

（3）在页面底端（页脚）居中位置插入页码，并设置起始页码为“Ⅲ”；

（4）将文中后 7 行文字转换为一个 7 行 2 列的表格，设置表格居中，表格列宽为 4 厘米、行高 0.6 厘米，表格中所有文字水平居中；

（5）设置表格所有框线为 1 磅蓝色单实线，在表格最后添加一行，并在“年份”列输入“总计”，在“泥沙入海量（万吨）”列计算各年份的泥沙入海量总和。

第 7 题

（1）将文中所有“通讯”替换为“通信”，将标题段文字（“60 亿人同时打电话”）设置为小二号、蓝色、黑体、居中，并添加黄色底纹；

（2）将正文各段文字（“15 世纪末……绰绰有余”）设置为四号楷体，各段落首行缩进 2 字符，将正文第二段（“无线电短波通信……绰绰有余”）中的两处“107”中的“7”设置为上标表示形式；

（3）将正文第二段（“无线电短波通信……绰绰有余”）分为等宽的两栏，在页面底端（页脚）居中位置插入页码；

（4）计算表格二、三、四列单元格中数据的平均值并填入最后一行；

（5）设置表格居中，表格中的所有内容水平居中，设置表格列宽为 2.5 厘米，设置外框线为蓝色 1.5 磅双实线、内框线为 0.75 磅蓝色单实线。

第 8 题

财务部助理小王需要协助公司管理层制作本财年的年度报告，请你按照如下需求帮小王完成制作工作。

（1）查看文档中含有绿色标记的标题，例如“致我们的股东”“财务概要”等，将其段落格式设置为本文档样式库中的“样式 1”；

（2）修改“样式 1”样式，设置其字体为“黑色，文字 1”、黑体，并为该样式添加 0.5 磅的黑色、单线条下划线边框，将该下划线边框应用于“样式 1”所匹配的段落，将“样式 1”重新命名为“报告标题 1”，为文档中所有含有绿色标记的标题文字段落应用“报告标题 1”样式；

（3）在文档的第 1 页与第 2 页之间插入新的空白页，并将文档目录插入该页中，文档目录要求包含页码，并仅包含样式为“报告标题 1”的标题文字，为自动生成的目录标题“目录”段落应用“目录标题”样式；

（4）设置文档第 5 页“现金流量表”段落区域内的表格标题行自动出现在表格所在页面的表头位置；

（5）在“产品销售一览表”段落区域的表格下方插入一个产品销售分析图，并将图表调整到与文档页面宽度相匹配；

（6）修改文档页眉，要求文档第 1 页不包含页眉，文档目录页不包含页码，从文档第 3 页

开始在页眉的左侧区域包含页码，在页眉的右侧区域自动填写该页中“报告标题 1”样式所示的标题文字，为文档添加水印，水印文字为“机密”，并设置为斜式版式；

（7）根据文档内容的变化，更新文档目录的内容与页码；

（8）原名保存文档，并将其以“word.docx”为文件名另存在试题文件夹中。

第 9 题

某公司周年庆要举办大型庆祝活动，为了答谢广大客户，公司定于 2023 年 12 月 15 日下午 3:00 在某五星级酒店举办庆祝会。拟邀请的重要客户名单保存在名为“文档.docx”的 Word 文档中，公司联系电话为 0551-61618588。请按照如下要求完成请柬的制作。

（1）设置标题为隶书、二号、红色、居中对齐，为“为了答谢……庆祝会”段落设置特殊格式首行缩进 2 字符，最后一段右对齐，设置正文所有段落字体为黑体、小四号、1.5 倍行距；

（2）在请柬的右下角位置以嵌入型插入当前试题文件夹下的“图片 1.jpg”，调整其大小及位置，使图片不影响文字排列、不遮挡文字内容；

（3）将文档上边距设置为 2 厘米，为文档添加页眉，设置页眉内容为公司联系电话，页脚包含举办庆祝会的时间，页眉页脚均居中对齐；

（4）运用邮件合并功能将文档中的“×××”替换为收件人（收件人为试题文件夹下 “重要通讯录.xlsx”中的每个人，采用导入方式），制作多份请柬，生成的文档以“请柬.docx”命名保存在当前试题文件夹下，原始文档以原名保存（提示：使用邮件合并向导）。

第 10 题

某出版社的编辑小刘手中有一篇有关财务软件应用的书稿，打开该文档，按下列要求帮助小刘对书稿进行排版操作并按原文件名进行保存。

（1）设置纸张大小为 16 开，上边距 2.5 厘米，下边距 2 厘米，内侧边距 2.5 厘米，外侧边距 2 厘米，装订线 1 厘米，页脚距边界 1 厘米；

（2）书稿中包含三个级别的标题，分别用“（一级标题）”“（二级标题）”“（三级标题）”字样标出，对书稿应用样式、多级列表，并对样式格式进行修改；

（3）样式应用结束后，将书稿中各级标题文字后面括号中的提示文字及括号 “（一级标题）”“（二级标题）”“（三级标题）”全部删除；

（4）书稿中有若干表格及图片，分别在表格上方和图片下方的说明文字左侧添加形式为“表一-1”“表二-1”“图一-1”“图二-1”的题注，其中连字符“-”前面的数字代表章号，“-”后面的数字代表图表的序号，各章节图和表分别连续编号，添加完毕后将样式“题注”的格式修改为仿宋、小五号字、居中；

（5）在书稿中红色文字的适当位置为前两个表格和前三个图片设置自动引用其题注号，为第二张表格“表 1-2 好朋友财务软件版本及功能简表”套用“网格表 1 浅色-着色 2”表格样式，保证表格第一行在跨页时能够自动重复且表格上方的题注与表格总在一页上；

（6）在书稿的最前面插入“自动目录 1”形式的目录，要求包含标题第 1～3 级及对应页号，目录、书稿的每一章均为独立的一节，每一节的页码均以奇数页为起始页码；

（7）目录与书稿的页码分别独立编排，目录页码使用大写罗马数字（Ⅰ、Ⅱ、Ⅲ...），书稿页码使用阿拉伯数字（1、2、3...）且各章节间连续编码，除目录首页和每章首页不显示页码外，其余页面要求奇数页页码显示在页脚右侧，偶数页页码显示在页脚左侧；

（8）将考生文件夹下的图片“Tulips.jpg”设置为本文稿的水印，为图片增加“冲蚀”效果。

实训 12

Microsoft Office Excel 2016 操作实训

综合模拟实战（试卷）1

第 1 题

在工作表 Sheet1 中完成如下操作。

（1）设置 B 列列宽为“10”，6～16 行的行高为“15”。

（2）为 C6 单元格添加批注，内容为“专业”，以“总分”为关键字按升序排序。

（3）设置“姓名”列单元格（不包括标题）的水平对齐方式为“居中”，并添加“单下划线”。

（4）利用函数计算数值各列的平均分，结果填入相应单元格中；利用条件格式化功能将“数学”列中介于 60.00 到 90.00 之间的单元格底纹填充颜色设置为“红色”。

（5）利用“四种学科成绩”和“姓名”列中的数据制作图表，图表类型为“簇状条形图”，图表标题内容为“成绩统计表”，位置在图表上方，将新图表作为对象插入工作表中。

第 2 题

（1）设置 A1 单元格的字体为等线、浅蓝、16 号字，设置 A1:E1 单元格合并后居中。

（2）使用公式计算出“库存数量”（库存数量=进货数量−销售数量），将结果存放到 E3:E18 单元格中。

（3）为“单价”列 B3:B18 数据区域设置单元格样式“输出”。

（4）为 A2:E18 区域套用表格格式“绿色，表样式深色 11”。

（5）以“库存数量”为主要关键字，升序排列；给 A2 单元格添加批注，内容为“部分商品”；将工作表重命名为“商品库存表”。

第 3 题

（1）在 Sheet1 工作表的第一行前插入一空行，输入标题“水果销售表”，设置字体字号为等线、22 号，并在 A1:G1 区域合并后居中；

（2）在 Sheet1 工作表的“0104001”前插入一行记录，内容为：

0103800　　焦柑　　YB-22　　江西　　2.85　　5332

（3）将 Sheet1 工作表内容复制到 Sheet2 工作表中，自 A1 单元格开始存放，并将 Sheet2 工作表重命名为“水果销售表”；

（4）在“水果销售表”工作表的G2单元格输入“销售额”，用公式计算各货物的“销售额”（销售额=单价×销售量），结果保留两位小数；

（5）在“水果销售表”工作表中，设置A1:G14区域外边框为最粗实线、内边框为最细单线，A1单元格的下框线为双线，A2:G14区域数据水平居中显示；

（6）在“水果销售表”工作表中自动筛选出产地除“海南”以外的数据，并将A2:G2单元格字体设为黑体、蓝色，红色底纹；

（7）在A15单元格输入“合计”，在A15:E15范围内合并后居中，利用SUM函数在F15、G15单元格分别计算“销售量”合计和“销售额”合计(区域范围分别为F3:F13，G3:G13)；

（8）在H2单元格输入“比例”，在H3:H13区域使用公式求出各货物销售额占总销售额的比例（要求使用绝对地址计算），数据格式为百分比，保留两位小数。

第4题

（1）将Sheet1工作表的A1:D1单元格合并为一个单元格，内容水平居中；用函数计算“全年总量”行的内容（数值型），计算“所占百分比”列的内容（所占百分比=月销售量/全年总量，使用绝对引用，百分比型，保留小数点后两位）；如果“所占百分比”列内容大于或等于8%，在“备注”列内给出信息“良好”，否则内容为空值（利用IF函数）。

（2）选取“月份”列(A2:A14)和“所占百分比”列(C2:C14)数据区域的内容建立“带数据标记的折线图”，标题为“销售情况统计图”，清除图例；将图插入表的A17:F30单元格区域内，将工作表命名为“销售情况统计表”。

（3）对工作表“图书销售情况表”内数据清单的内容按主要关键字“季度”的升序次序和次要关键字“经销部门”的降序次序进行排序，对排序后的数据进行高级筛选（条件区域设在A46:F47单元格区域，条件为图书类别属少儿类且销售量排名在前二十名）。

第5题

（1）将Sheet1工作表的A1:D1单元格合并为一个单元格，内容水平居中；计算销售额的总计和“所占比例”列的内容(百分比型，保留小数点后两位)；按销售额的递减次序对“销售额排名”列的内容进行排序（利用RANK函数）。

（2）选取“分公司代号”和“所占比例”列数据区域，建立“三维饼图”，标题为“销售统计图”，图例位置靠左，数据标签为只显示百分比；将图插入表的A15:D26单元格区域内，将工作表命名为“销售统计表”。

（3）对工作表“人力资源情况表”内数据清单的内容按主要关键字“年龄”的递减次序和次要关键字“部门”的递增次序进行排序，对排序后的数据进行自动筛选（条件为性别为女、学历为硕士）。

第6题

（1）将Sheet1工作表的A1:D1单元格合并为一个单元格，内容水平居中；用函数计算职工的平均工资并置于C13单元格内(数值型，保留小数点后1位)；计算学历为博士、硕士和本科的人数并置于F5:F7单元格区域（利用COUNTIF函数）。

（2）选取“学历”列（E4:E7）和“人数”列（F4:F7）数据区域的内容建立“簇状柱形图”，图标题为“学历情况统计图”，清除图例；将图插入表的A15:E25单元格区域内，将工作表命名为“学历情况统计表”。

（3）对工作表“图书销售情况表”内数据清单的内容建立数据透视表，行为“图书类别”，列为“经销部门”，数据为“销售额”求和，并置于现工作表的H2:L7单元格区域。

第 7 题

（1）将工作表 Sheet1 的 A1:C1 单元格合并为一个单元格，内容水平居中，用函数计算数量的“总计”及“所占比例”列的内容（所占比例=数量/总计，百分比型，保留小数点后两位），将工作表命名为“人力资源情况表”。

（2）选取“人力资源情况表”的“人员类型”列（A2:A6）和“所占比例”列（C2:C6）的单元格区域内容，建立“三维饼图”（数据标签只显示百分比，图表标题为“人力资源情况图”，插入表的 A9:E19 单元格区域内）。

（3）对工作表“数据库技术成绩单”内数据清单的内容进行分类汇总（分类汇总前先按主要关键字“系别”升序排序），分类字段为“系别”，汇总方式为“平均值”，汇总项为“考试成绩”“实验成绩”“总成绩”（汇总数据设为数值型，保留小数点后两位），汇总结果显示在数据下方。

第 8 题

文涵是大地公司的销售部经理助理，负责对全公司的销售情况进行统计分析，并将结果提交给销售部经理。年底，她要根据各门店提交的销售报表进行统计分析。

请帮助文涵完成以下操作。

（1）将 Sheet1 工作表命名为“销售情况”，将 Sheet2 命名为“平均单价”。

（2）在“销售情况”工作表“店铺”列左侧插入一个空列，输入列标题“序号”，并以“001、002、003…”的形式向下填充该列到最后一个数据行。

（3）将工作表标题在 A1:F1 区域合并后居中，设置为“黑体”“12 号”“红色”；设置数据区域行高和列宽为自动调整，所有数据水平垂直居中对齐，设置“销售额”数据列为数值格式，保留 2 位小数，设置数据区域内外边框线均为细实线。

（4）将工作表“平均单价”中的区域 B3:C7 定义名称为“商品均价”；在“销售情况”工作表的“销售额”左侧插入一列，输入标题“平均单价”，运用公式计算工作表“销售情况”中 F 列的“平均单价”，要求在公式中通过 VLOOKUP 函数自动在工作表“平均单价”中查找相关商品的单价，并在公式中引用所定义的名称“商品均价”，根据计算后的平均单价计算出销售额。

（5）为工作表“销售情况”中的销售数据创建一个数据透视表，放置在一个名为“数据透视分析”的新工作表中，要求针对各类商品比较各门店每个季度的销售额，其中商品名称为报表筛选字段，店铺为行标签，季度为列标签，并对销售额求和；对数据透视表进行自动套用格式设置，使其更加美观，样式为“浅蓝，数据透视表样式中等深浅 2”。

（6）根据生成的数据透视表，在透视表下方创建一个簇状柱形图，图表中仅对各门店四个季度笔记本的销售额进行比较。

第 9 题

为让利消费者，提供更优质的服务，某大型收费停车场计划调整收费标准，拟从原来“不足 15 分钟按 15 分钟收费”调整为“不足 15 分钟部分不收费”的收费政策；市场部抽取了 5 月 26 日至 6 月 1 日的停车收费记录进行数据分析，以期掌握该项政策调整后营业额的变化情况。

请根据表格，帮助市场分析员小罗完成此项工作。具体要求如下。

（1）在“停车收费记录”表中，将涉及金额的单元格格式均设置为保留 2 位小数的数值类型；依据“收费标准”表，利用公式将收费标准对应的金额填入“停车收费记录”表中的

“收费标准”列；利用出场日期、出场时间、进场日期、进场时间的关系计算“停放时间”列，单元格格式为时间类型的“××时××分”。

（2）依据“停放时间”和“收费标准”计算当前收费金额并填入“收费金额”列，根据拟采用的收费政策计算预计收费金额并填入“拟收费金额”列，计算政策调整后的收费与当前收费之间的差值并填入“差值”列（差值=收费金额–拟收费金额）。

（3）对“停车收费记录”表中的内容套用表格格式“紫色，表样式中等深浅 12”，并添加“汇总”行，最后三列“收费金额”“拟收费金额”和“差值”汇总值均为求和项，将数据放置在 K551:M551 区域。

（4）在“收费金额”列中，将单次停车收费达到 100 元的单元格设置为红色文本、黄色底纹，单元格格式设置为货币类型、两位小数，加人民币符号。

（5）新建名为“数据透视分析”的表，在该表中创建三个数据透视表，起始位置分别为 A3、A11、A19 单元格。第一个透视表的行标签为“车型”，列标签为“进场日期”，求和项为“收费金额”，可以提供当前的每天收费情况；第二个透视表的行标签为“车型”，列标签为“进场日期”，求和项为“拟收费金额”，可以提供收费政策调整后每天的收费情况；第三个透视表的行标签为“车型”，列标签为“进场日期”，求和项为“差值”，可以提供收费政策调整后每天的收费变化情况。

（6）原名保存文档，再将其以“停车场收费政策调整情况分析.xlsx”为文件名另存在试题文件夹下。

第 10 题

小李是北京某大学教务处的工作人员，法律系提交了 2022 级四个法律专业教学班的期末成绩单，为更好地掌握各个教学班的整体学习情况，教务处领导要求她制作成绩分析表，供学院领导掌握宏观情况。请根据文档帮助小李完成 2022 级法律专业学生期末成绩分析表的制作。具体要求如下。

（1）在“2022 级法律”工作表列标题最右侧依次插入“总分”“平均分”“年级排名”列；将 A1:O1 区域合并居中，并设置标题字体为黑体、14 号；对 A2:O102 区域套用表格格式“白色，表样式浅色 15”；设置所有列标题水平居中对齐，其中排名为数值型，保留 0 位小数，其他成绩的数值保留 1 位小数。

（2）在“2022 级法律”工作表中，利用函数分别计算“总分”“平均分”“年级排名”列的值，对学生成绩不及格（小于 60 分）的单元格利用条件格式将字体设置为红色文本。

（3）在“2022 级法律”工作表中，利用公式，根据学生的学号将其班级的名称填入“班级”列，规则为学号的第三位为专业代码，第四位代表班级序号，即 01 为“法律一班”、02 为“法律二班”、03 为“法律三班”、04 为“法律四班”。

（4）根据“2022 级法律”工作表创建一个数据透视表并放置于表名为“班级平均分”的新工作表中，自 A3 单元格起存放数据；要求数据透视表中按照英语、体育、计算机、近代史、法制史、刑法、民法、法律英语、立法法的顺序统计各班各科成绩的平均分，其中行标签为班级；将所有列的对齐方式设置为水平居中，成绩的单元格格式设置为数值型，保留 1 位小数。

（5）在“班级平均分”工作表中，针对各课程的班级平均分创建簇状柱形图，其中水平簇标签为班级，图例项为课程名称，并将图表放置在表格下方的 A10:H30 区域中。

（6）原名保存文档，再将其以“年级期末成绩分析.xlsx”为文件名另存在试题文件夹下。

综合模拟实战（试卷）2

第1题

（1）将A1单元格中的“月度生活开支明细账”设置为绿色、楷体、18号字，将A1:I1单元格合并后居中；

（2）使用函数计算出“开支总和”，将结果存放在H3:H8单元格中；

（3）使用IF函数计算“开支总和”大于1730时，在备注列中显示“需缩减”，否则不显示内容；

（4）使用条件格式，将“交通费”F3:F8区域大于等于220的数据加蓝色底纹；

（5）为“月份”A3:A8区域设置单元格样式为“好”；

（6）为A2:I8数据区域套用表格格式“金色，表样式深色10”；

（7）使用“月份”和“开支总和”列中的数据，创建一个簇状柱形图。

第2题

（1）在Sheet1工作表中，将标题字体、字号设置为等线、20号字，在A1:I1范围内合并后居中；

（2）在Sheet1工作表中插入一空行，使其成为第5行，并在其中输入姓名“吴雨”，数学为104，语文为148，英语为132，物理为64，化学为88；

（3）用公式在G列计算各人的总分（总分=数学+语文+英语+物理+化学），用函数在H列计算各人的平均分，结果为数值型，保留一位小数；

（4）将Sheet1工作表复制到工作簿的最后，并将其重命名为“成绩表”；

（5）在“成绩表”工作表的I2单元格中输入“等级”，在I列用IF函数填充，要求当总分大于参考分（L2单元格，要求参考分使用绝对地址）时填充 “优秀”，否则不显示内容；

（6）设置“成绩表”工作表中的A1:I23区域外边框线为最粗实线，内框线为最细单实线，标题与数据之间为红色双实线（第1行与第2行之间）；

（7）在“成绩表”工作表中，筛选出等级为“优秀”的数据。

第3题

（1）在Sheet1工作表的A1单元格中输入标题“图书销售情况表”，并将标题字体、字号设置为隶书、28号，在A1:F1范围内合并后居中；

（2）在A19单元格内输入“合计”，在D19和E19单元格中利用函数计算总“数量”和总“销售额”；

（3）在工作表的F列用IF函数填充，要求当销售额大于20000元时备注内容为“良好”，为其他值时备注内容显示“一般”；

（4）为A2:F19区域套用表格格式“绿色，表样式深色11”；

（5）设置第2行的行高为25；

（6）利用条件格式，为“数量”小于300册的单元格添加红色底纹填充效果；

（7）为A2:F18区域创建数据透视表，将新工作表命名为“数据透视”，设置行标签为“经销部门”，求和项为“数量（册）”“销售额（元）”。

第4题

（1）将Sheet1工作表的A1:F1单元格合并为一个单元格，内容水平居中；计算“总积

分”列的内容，按总积分的降序次序计算“积分排名”列的内容（利用 RANK 函数，降序）；为 A2:F10 数据区域设置自动套用格式“玫瑰红，表样式浅色 3”。

（2）选取“单位代号”列（A2:A10）和“总积分”列（E2:E10）数据区域的内容建立“簇状条形图”，图表标题为“总积分统计图”，清除图例；将图插入表的 A12:D26 单元格区域内，将工作表命名为“成绩统计表”。

（3）对工作表“图书销售情况表”内数据清单的内容进行自动筛选，条件为第一和第二季度；对筛选后的数据清单按主要关键字“销售量排名”的升序次序和次要关键字“经销部门”的升序次序进行排序。

第 5 题

（1）将 Sheet1 工作表的 A1:C1 单元格合并为一个单元格，内容水平居中；用函数计算人数的“总计”，并计算“所占比例”列的内容，要求使用绝对引用（百分比型，保留小数点后两位）。

（2）选取“毕业去向”列（不包括“总计”行）和“所占比例”列的内容建立“三维饼图”，图标题为“毕业去向统计图”，清除图例，设置数据标签为只显示百分比和类别名称；将图插入表的 A10:E24 单元格区域内，将工作表命名为“毕业去向统计表”。

（3）对工作表“图书销售情况表”内数据清单的内容进行自动筛选，筛选条件为各分店第 1 季度和第 2 季度《计算机导论》和《计算机应用基础》的销售情况。

第 6 题

（1）将 Sheet1 工作表的 A1:G1 单元格合并为一个单元格，内容水平居中；用函数计算“月平均值”行的内容；计算“最高值”行的内容（三年中某月的最高值，利用 MAX 函数）。

（2）选取“月份”行（A2:G2）和“月平均值”行（A6:G6）数据区域的内容建立“带数据标记的折线图”，图表标题为“降雪量统计图”，清除图例；将图插入表的 A9:F20 单元格区域内，将工作表命名为“降雪量统计表”。

（3）对工作表“产品销售情况表”内数据清单的内容按主要关键字“季度”的升序次序和次要关键字“分店名称”的降序次序进行排序，对排序后的数据进行高级筛选（条件区域设在 J1:K2 单元格区域，将筛选条件写入条件区域的对应列上），条件是产品名称为“电冰箱”且销售额排名在前十名。

第 7 题

（1）将 Sheet1 工作表的 A1:E1 单元格合并为一个单元格，内容水平居中。计算学生的平均成绩（使用函数计算，置于 C23 单元格内）。按成绩的递减顺序计算“排名”列的内容（利用 RANK 函数），在“备注”列内给出以下信息：成绩在 105 分及以上为“优秀”，其他为“良好”（利用 IF 函数）。利用条件格式将 E3:E22 区域内内容为“优秀”的单元格字体颜色设置为绿色。

（2）选取“学号”和“成绩”列内容，建立“带数据标记的折线图”，图标题为“竞赛成绩统计图”，图例置于底部；将图插入表的 F8:K22 单元格区域内，将工作表命名为“竞赛成绩统计图”。

（3）对工作表“人力资源情况表”内数据清单的内容进行自动筛选，条件为各部门学历为本科或硕士、职称为工程师的人员。

第 8 题

销售部经理助理小王需要针对 2012 年和 2013 年的公司产品销售情况进行统计分析，以便制订新的销售计划和工作任务。请按照如下要求帮助小王完成工作。

（1）在“订单明细”工作表中，删除订单编号重复的记录（保留第一次出现的那条记录），但须保持原订单明细的记录顺序。

（2）在“订单明细”工作表的“单价”列中，利用 VLOOKUP 公式计算并填写对应图书的单价金额，图书名称与图书单价的对应关系可参考工作表“图书定价”。

（3）如果订单的图书销量超过 40 本（含 40 本），则按照图书单价的 9.3 折进行销售；否则，按照图书单价的原价进行销售。按照此规则，计算并填写“订单明细”工作表中每笔订单的“销售额小计”。

（4）根据“订单明细”工作表的“发货地址”列信息，并参考“城市对照”工作表中省市与销售区域的对应关系，计算并填写“订单明细”工作表中每笔订单的“所属区域”。

（5）根据“订单明细”工作表中的销售记录，分别创建名为“北区”“南区”“西区”和“东区”的工作表，这四个工作表中分别统计本销售区域各类图书的累计销售金额，统计格式参考“统计样例”工作表，将这四个工作表中的金额设置为带千分位的、保留两位小数的数值格式。

（6）在“统计报告”工作表中，分别根据“统计项目”列的描述，计算并填写所对应的“销售额”单元格中的信息。

（7）原名保存文档，再将其以“Excel.xlsx”为文件名另存在同目录下。

第 9 题

小蒋是一位中学教师，在教务处负责初一年级学生的成绩管理。现在第一学期期末考试刚刚结束，小蒋老师将初一年级三个班的成绩均录入了 Excel 工作簿中。请你根据下列要求帮助小蒋老师对成绩进行整理和分析。

（1）对工作表“第一学期期末成绩”中的数据列表进行格式化操作：将第一列“学号”列设为文本，将所有成绩列设为保留两位小数的数值；将数据区所有行高值设置为 15，列宽设置为 10，设置所有数据的字体格式为“幼圆”，字号为 10 号，居中对齐，并设置标题“加粗”，设置内外细实线边框，标准色浅绿色填充。

（2）利用“条件格式”功能进行下列设置：将语文、数学、英语三科中不低于 110 分的成绩所在的单元格用红色填充，其他四科中大于 95 分的成绩所在的单元格用浅蓝色填充。

（3）利用 SUM 和 AVERAGE 函数计算每个学生的总分及平均成绩。

（4）“学号”第 3、4 位代表学生所在的班级，例如“120105”代表 12 级 1 班 5 号。请通过函数提取每个学生所在的班级并按下列对应关系填写在“班级”列中，需按班级排序（升序）。

“学号”的 3、4 位	对应班级
01	1 班
02	2 班
03	3 班

（5）复制工作表“第一学期期末成绩”内容，将副本放置到 Sheet2 中，自 A1 单元格开始存放，将其标签改为红色，并将工作表重命名为“第一学期期末成绩分类汇总”。

（6）通过分类汇总功能求出每个班各科的平均成绩，并将每组结果分页显示（汇总结果显示在数据下方）。

（7）以分类汇总结果为基础，创建一个簇状柱形图，对每个班各科平均成绩进行比较，

将该图表移动到 Sheet3 中，并将 Sheet3 重命名为“柱状分析图”。

第 10 题

某公司拟对其产品季度销售情况进行统计，请按照下列要求完成操作并以原文件名保存工作簿。

（1）分别在“一季度销售情况表”“二季度销售情况表”工作表内计算“一季度销售额”列和“二季度销售额”列内容，均为数值型，保留小数点后 0 位。

（2）在“产品销售汇总图表”工作表内计算“一二季度销售总量”和“一二季度销售总额”列内容，设置为数值型，保留小数点后 0 位；在不改变原有数据顺序的情况下，按一二季度销售总额给出销售额排名。

（3）选择“产品销售汇总图表”工作表内 A1:E21 单元格区域内容建立数据透视表，行标签为“产品型号”，列标签为“产品类别代码”，计算一二季度销售额的总计，将表置于现工作表内以 G1 单元格为起点的单元格区域内。

实训 13 Microsoft Office PowerPoint 2016 操作实训

综合模拟实战（试卷）1

第 1 题

（1）在第一张幻灯片前插入一张版式为“标题幻灯片”的新幻灯片，主标题输入“国庆 60 周年阅兵”，并设置字体为“黑体”，字号 65 磅，红色（请用自定义选项卡的红色 250、绿色 0、蓝色 0），副标题输入“代表揭秘中华人民共和国成立 60 周年大庆”，并设置字体为“宋体”，字号 35 磅。

（2）将第二张幻灯片的版式改为“内容与标题”，文本字号设置为 23 磅。将第三张幻灯片的图片移入剪贴画区域，删除第三张幻灯片。移动当前第三张幻灯片，使之成为第四张幻灯片。

（3）在第二张幻灯片的文本“庆典式阅兵的功效”上设置超链接，链接对象是第四张幻灯片。在忽略母版背景图形的情况下，为第一张幻灯片设置纯色填充“深蓝，背景 1”。将全部幻灯片切换效果设置为“闪耀”。

第 2 题

（1）在演示文稿开始处插入一张版式为“仅标题”的幻灯片作为文稿的第一张幻灯片，标题键入“龟兔赛跑”，设置字体、字号为加粗、66 磅。

（2）将所有幻灯片的切换效果设置为“擦除”“自左侧”。

（3）为演示文稿设置“环保”主题。设置第二张幻灯片中图片的动画效果为“飞入，自左侧”。

第 3 题

（1）将第二张幻灯片的版式改为“内容与标题”，剪贴画的动画设置为“进入”“随机线条”。

（2）插入一张幻灯片作为第一张幻灯片，版式为“标题幻灯片”，输入主标题文字“2006 年元旦全球钟表拨慢 1 秒”，副标题文字“源于地球自转减慢”。将主标题的字体设置为“黑体”，字号设置为 63 磅，加粗。将副标题字体设置为“华文仿宋”，字号为 33 磅，红色（请用自定义标签的红色 250、绿色 0、蓝色 0）。

（3）删除第二张幻灯片。

（4）将全部幻灯片的切换效果设置为“轨道”“自底部”。

第 4 题

（1）在最后一张幻灯片前插入一张版式为“仅标题”的新幻灯片，使其成为第四张幻灯片，标题为“领先同行业的技术”。

（2）在第四张幻灯片中的指定位置（水平 3.6 厘米，从左上角；垂直 10.7 厘米，从左上角）插入样式为“图案填充：绿色，主题色 1，50%；清晰阴影：绿色，主题色 1”的艺术字“Maxtor Storage for the world”。设置艺术字文字效果为“转换-跟随路径-拱形”，艺术字宽度为 18 厘米。将该幻灯片向前移动，作为演示文稿的第一张幻灯片，并删除第五张、第二张幻灯片。

（3）将最后一张幻灯片的版式更换为“垂直排列标题与文本”。

（4）将第二张幻灯片的内容区文本动画设置为“进入/飞入”，效果选项为“自右侧”。将第一张幻灯片的背景设置为“水滴”纹理，且隐藏背景图形。

（5）将全部幻灯片的切换方案设置为“棋盘”，效果选项为“自顶部”。

（6）设置放映方式为“观众自行浏览”。

第 5 题

（1）设置幻灯片主题为“视差”；

（2）设置第一张幻灯片的主题文字为“隶书”；

（3）为第二张幻灯片标题文字设置动画样式“波浪形”；

（4）在第三张幻灯片中插入试题文件夹下的图片“pic.jpg”，调整到适当大小；

（5）在第二张幻灯片中插入动作按键“前进或下一项”，并设置为超链接到“下一张幻灯片”；

（6）设置所有幻灯片的切换效果为“百叶窗”。

第 6 题

（1）设置幻灯片的主题为“回顾”。

（2）设置第一张幻灯片中的文字字体为“华文新魏”，颜色为“红色”。

（3）在第三张幻灯片中插入当前试题文件夹中的图片“tu1.jpg”，设置图片高 8 厘米、宽 13 厘米，动画效果为“淡出”。

（4）在第四张幻灯片右下角插入动作按钮“转到主页”，超链接到“第一张幻灯片”。

（5）为幻灯片添加自动更新的日期和时间。

（6）设置所有幻灯片的切换效果为“剥离”。

第 7 题

（1）设置幻灯片主题为“视差”；

（2）设置第一张幻灯片标题文字为红色；

（3）将第二张幻灯片中的内容转换为 SmartArt“垂直块列表”；

（4）在第三张幻灯片中插入试题文件夹下的图片“pic.jpg”，并调整到适当大小；

（5）设置所有幻灯片的切换效果为“日式折纸”；

（6）设置所有幻灯片的放映方式为“观众自行浏览（窗口）”。

第 8 题

文慧是一名人力资源培训讲师，负责入职培训，她制作的 PowerPoint 演示文稿广受好评。最近，她应北京节水展馆的邀请，为展馆制作一份宣传水资源知识及节水工作重要性的演示文稿。节水展馆提供的文字资料及素材参见“水资源利用与节水（素材）.docx”。演示文稿制作要求如下。

（1）输入主标题“北京节水展馆”、副标题“2023年11月15日”。将主标题字体设置为“华文琥珀”，字号60，字体颜色设置为“深蓝”；副标题设置为“黑体”，40号。

（2）在第一张幻灯片后面插入四张新幻灯片，幻灯片版式设置为“标题和内容”，设置幻灯片的主题为“电路”。

（3）在第三、四、五张幻灯片的标题和内容区域输入文件“水资源利用与节水（素材）.docx”的相应内容。

（4）在第四张幻灯片中插入当前试题文件夹中的图片“节约用水.jpg”，在第五张幻灯片中插入试题文件夹中的图片“节水标志.jpg”，调整到适当大小和位置。

（5）在第二张幻灯片内容区域中依次输入文字“水的知识”“水的应用”“节水工作”；分别为“水的知识”“水的应用”“节水工作”建立超链接，指向对应的幻灯片。

（6）设置第一张幻灯片的切换效果为“擦除”，设置第三张幻灯片的切换效果为“蜂巢”，设置第五张幻灯片的切换效果为“溶解”；设置第五张幻灯片中图片的自定义动画为“轮子”，效果为“3轮辐图案”。

（7）在第一张幻灯片中插入当前试题文件夹下的“清晨.mp3”作为演示文稿的背景音乐，并设置为放映时隐藏。

第9题

作为中国人民解放军海军博物馆讲解员的小张，受领了制作“辽宁号航空母舰”简介演示幻灯片的任务，需要对演示幻灯片内容进行精心设计。请你根据考生文件夹下的文件“辽宁号航空母舰素材.docx”帮助小张完成制作任务，具体要求如下。

（1）新建九张幻灯片，第一张幻灯片设置为标题幻灯片，其他八张幻灯片版式为“标题和内容”；为演示文稿选择“电路”主题，将九张幻灯片的切换效果依次设置为“切入”“淡入/淡出”“推入”“擦除”“分割”“显示”“随机线条”“形状”“闪光”。

（2）设置第一张幻灯片的标题为“辽宁号航空母舰”，副标题为“中国海军第一艘航空母舰（中国人民解放军海军博物馆2023年11月）”。注意：括号为中文半角括号。

（3）根据试题文件夹中“辽宁号航空母舰素材.docx”素材文档中对应标题“概况”“简要历史”“性能参数”“舰载武器”“动力系统”“舰载机”和“内部舱室”的内容制作幻灯片(注意删除多余空行,备注内容添加至备注区域);更改第六张幻灯片的版式为“仅标题”，并插入试题文件夹下图片“正在吊装的蒸汽轮机.jpg”；更改第七张幻灯片的版式为“图片与标题”，并插入试题文件夹下图片“歼-15舰飞成功.jpg”；在第八张幻灯片后插入一张“空白”版式幻灯片，用于存放内部舱室图片（宿舍、厨房、洗衣间、消防车）。

（4）设置所有幻灯片的文字和图片的动画进入效果均为“旋转”。

（5）演示文稿的最后一页为致谢幻灯片，将版式改为“空白”，并插入第二行第二列样式的艺术字，内容为“谢谢”。

（6）除标题幻灯片外，设置其他幻灯片页脚的最左侧为“中国海军博物馆”字样，最右侧为当前幻灯片编号。

（7）设置演示文稿为循环放映方式，每页幻灯片的放映时间为10秒，在自定义循环放映时不包括最后一页的致谢幻灯片。

（8）原名保存演示文稿，并以“辽宁号航空母舰.pptx”为文件名另存在试题文件夹下。

第 10 题

某公司新员工入职，需要对他们进行入职培训。为此，人事部门的小吴制作了一份入职培训的演示文稿。但人事部经理看过之后，觉得文稿整体不够精美，还需要再美化一下。请根据“文档.pptx”文件，对制作好的文稿进行美化，具体要求如下。

（1）将第一张幻灯片的版式设为“节标题”。

（2）将演示文稿的主题设置为“平面”。

（3）为第二张幻灯片上面的文字“公司制度意识架构要求”加入超链接，链接到当前试题文件夹下的 Word 素材文件“公司制度意识架构要求.docx”。

（4）在该演示文稿中创建一个演示方案，该演示方案包含第一、三、四张幻灯片，并将该演示方案命名为“放映方案 1”。

（5）将第一张幻灯片的切换效果设置为“擦除”，第三张幻灯片的切换效果设置为 “溶解”，第四张幻灯片的切换效果设置为“涟漪”。

（6）保存演示文稿，并以“入职培训.pptx”为文件名另存一份在当前试题文件夹下。

综合模拟实战（试卷）2

第 1 题

（1）在第一张“标题幻灯片”中，按下列要求设置字体字号字型：主标题为 Times New Roman 字体、44 磅字；副标题为 Times New Roman 字体、加粗、60 磅字。将标题全设置成蓝色（请用自定义标签中的红色 0、绿色 0、蓝色 230）。设置副标题动画效果为“飞入”“自右侧”。将第一张幻灯片的背景设置为纯色填充：“蓝色，个性色 2，淡色 40%”。

（2）对文稿中最后一张幻灯片进行设置：键入标题“Open-loop Control”，48 磅字。设置完后移到文稿的第二张幻灯片之前。将全部幻灯片的切换效果设置为“百叶窗”。

第 2 题

（1）在第一张幻灯片前插入一张新幻灯片，幻灯片版式为“标题幻灯片”。在主标题区域输入“国家大剧院”，并设置字体为“黑体”“加粗”，字号为 73 磅，颜色为蓝色（请用自定义标签的红色 0、绿色 0、蓝色 250）。在副标题区域输入“规模空前的演出中心”，并设置字体为“隶书”、字号为 47 磅。

（2）在第三张幻灯片中插入样式为第三行第二列的艺术字“国家大剧院”（位置为：水平 9.9 厘米，从左上角；垂直 1.5 厘米，从左上角）。将第二张幻灯片中的图片动画设置为“螺旋飞入”。

（3）将第一张幻灯片的背景设置为纯色填充：“靛蓝，个性色 6，淡色 40%”。设置全部幻灯片的切换效果为“随机线条”。

第 3 题

（1）将第一张幻灯片的版式改为“内容与标题”，文本设置为 23 磅字，将第四张幻灯片上的上图移到第一张幻灯片的内容区域。在第一张幻灯片前插入一张新幻灯片，幻灯片版式为“标题幻灯片”，在主标题区域输入“‘红旗-7’防空导弹”，在副标题区域输入“防范对奥运会的干扰和破坏”。

（2）将第三张幻灯片的版式改为“垂直排列标题与文本”，文本动画设置为“切入”“自顶部”。将第四张幻灯片的版式改为“内容与标题”，将第五张幻灯片的图片复制到剪贴画区域。

（3）在第二张幻灯片的文本“红旗-7”上设置超链接，链接对象是本文档的第四张幻灯片。删除第五张幻灯片。

第4题

（1）设置幻灯片的主题为“视图”。

（2）设置第一张幻灯片中主标题字体为“微软雅黑”，字号为“66”，副标题字形加粗。

（3）将第二张幻灯片的版式改为“两栏内容”，在右侧插入当前试题文件夹下图片“Ali.jpg”，并设置图片进入动画为“淡出”。

（4）为所有幻灯片添加幻灯片编号。

（5）设置所有幻灯片的切换方式为“闪光”。

（6）设置幻灯片的放映类型为“观众自行浏览”。

第5题

（1）设置幻灯片的主题为“石板”。

（2）设置第一张幻灯片的主标题字体为“隶书”，66号，在副标题区域输入“PM 2.5”。

（3）在第二张幻灯片后面插入一张版式为“空白”的新幻灯片，设置其背景为当前试题文件夹下图片“wm.jpg”。

（4）在第三张幻灯片右下角插入动作按钮“转到主页”，单击鼠标时超链接到“第一张幻灯片”。

（5）设置所有幻灯片的切换效果为“淡出”。

（6）设置幻灯片放映选项为“循环放映，按ESC键终止”。

第6题

（1）为当前演示文稿套用设计主题“平面”。

（2）第二张幻灯片采用“两栏内容”版式。在右栏添加考生试题文件夹中的图片“wb1.jpg”。

（3）第三张幻灯片采用“标题和内容”版式。将背景设置为浅蓝色。

（4）第五张幻灯片采用“两栏内容”版式。在右侧图表位置插入表格（内容如样张所示），表格文字设置为29号。

（5）为第二张幻灯片中的文字“微博的影响”添加超链接，以便在放映过程中可以迅速定位到第五张幻灯片。

（6）在第五张幻灯片右下角插入如样张所示按钮，以便在放映过程中单击该按钮可以跳转到第二张幻灯片。

（7）将所有幻灯片的切换效果设置为“涡流”。

第7题

（1）为幻灯片设置主题“电路”；

（2）设置第一张幻灯片副标题文字为36号字，右对齐；

（3）为第二张幻灯片标题文字设置动画样式为“飞入”；

（4）在第二张幻灯片中插入动作按键“转到结尾”，并设置为超链接到“最后一张幻灯片”；

（5）在第三张幻灯片中添加备注，内容为“木耳和豆腐的功效”；

（6）在第三张幻灯片后插入一张“空白”版式的幻灯片，并插入试题文件夹下的图片“pic.jpg”，调整到适当大小，如样张所示；

（7）设置所有幻灯片的切换方式为“百叶窗”。

第 8 题

“福星一号”飞船发射成功，并完成与银星一号的对接等任务，全国人民为之振奋和鼓舞。作为航天城中国航天博览馆讲解员的小苏，受领了制作“福星一号飞船简介”演示文稿的任务。请根据考生文件夹下的文件“福星一号素材.docx”，帮助小苏完成制作任务，具体要求如下。

（1）插入九张幻灯片，版式依次为“标题幻灯片”“标题和竖排文字”“竖排标题与文本”“标题和内容”“空白”“比较”“两栏内容”“比较”“仅标题”。将幻灯片的主题设置为“水汽尾迹”。将第一张幻灯片的切换效果设置为水平随机线条，其余幻灯片的切换效果均设置为自右侧擦除。按照样张，将“福星一号素材.docx”中的内容依次添加到“文档.pptx”中。

（2）设置第一张幻灯片的主标题为微软雅黑、44 号、加粗，副标题为黑体、32 号；在最后一张幻灯片的标题中输入“感谢所有为祖国的航天事业做出伟大贡献的工作者!!”，设置为华文琥珀、54 磅、红色（RGB：255，0，0），居中对齐。

（3）设置第五张幻灯片三幅图片的动画效果依次为“浮入”“劈裂”和“擦除”；将第六张幻灯片两幅图片的动画效果都设置为“弹跳”，同时生效；将最后一张幻灯片文字的动画效果设置为“旋转”。

（4）保存幻灯片，然后以“福星一号.pptx”为文件名另存一份在当前试题文件夹下。

第 9 题

某公司新员工入职，需要对他们进行入职培训。为此，人事部门的小吴制作了一份入职培训的演示文稿。但人事部经理看过之后，觉得文稿做得不够精美，还需要再美化一下。请根据提供的文件“文档.pptx”，对制作好的文稿进行美化，具体要求如下。

（1）将第一张幻灯片的版式设为“竖排标题与文本”，第二张幻灯片的版式设为“标题和竖排文字”，第四张幻灯片的版式设为“比较”。

（2）设置幻灯片的主题为“视差”。

（3）通过幻灯片母版为每张幻灯片增加利用艺术字制作的水印效果，水印文字为“员工守则”，艺术字样式为第二行第一列样式，并旋转 35 度。

（4）为第三张幻灯片左侧的文字“必遵制度”设置超链接，链接到当前试题文件夹下的 Word 素材文件“必遵制度.docx”。

（5）根据第五张幻灯片左侧的文字内容创建一个组织结构图布局的 SmartArt 图形，结构如样张所示。

（6）设置所有幻灯片的切换效果为“涟漪”，设置第一张幻灯片的主标题自定义动画为“擦除”“自底部”。

（7）保存幻灯片，然后以“入职培训.pptx”为文件名另存一份在当前试题文件夹下。

第 10 题

某会计网校的刘老师正在准备有关《小企业会计准则》的培训课件，她的助手已搜集并整理了一份该准则的相关资料存放在 Word 文档“《小企业会计准则》培训素材.docx”中。

按下列要求帮助刘老师完成PPT课件的整合制作。

（1）打开文档“文档.pptx”，插入19张幻灯片，设置第一张幻灯片版式为“标题幻灯片”，其余幻灯片版式为“标题和内容”，将第九张幻灯片的版式改为“两栏内容”，第十八张幻灯片的版式改为“内容与标题”。将试题文件夹下的文档“《小企业会计准则》培训素材.docx”中的内容添加到演示文稿中，每一张幻灯片对应Word文档中的一页，其中Word文档中应用了“标题1”“标题2”“标题3”样式的文本内容分别对应演示文稿中每页幻灯片的标题文字、第一级文本内容、第二级文本内容。效果参照样张，其中第十五张幻灯片可以参照题干（4）。

（2）在第一张幻灯片中为标题、副标题分别设置“浮入”“劈裂”的动画效果，动画顺序依次为标题、副标题。

（3）取消第二张幻灯片中文本内容前的项目符号，并将最后三行落款和日期设置为右对齐。将第三张幻灯片中用绿色标出的文本内容转换为“垂直框列表”布局的SmartArt图形，并分别将每个列表框中的文字链接到对应的幻灯片。在第九张幻灯片右侧的内容框中插入素材文档第九页中的图形。将第十四张幻灯片最后一段文字向右缩进两个级别，并链接到文件“小企业准则适用行业范围.docx”。

（4）将第十五张幻灯片自“（二）定性标准”开始拆分为标题同为“二、统一中小企业划分范畴”的两张幻灯片，并参考原素材文档中的第十五页内容将前一张幻灯片中的红色文字转换为一个表格。

（5）将素材文档第十六页中的图片插入对应的幻灯片中，并适当调整图片大小。在最后一张幻灯片的内容区域插入当前试题文件夹下的图片“pic1.gif”并适当调整其大小。参考素材文档第十八页中的样例在倒数第二张幻灯片右侧的内容框中插入SmartArt不定向循环图，并为其设置一个逐项出现的劈裂动画效果。

（6）将演示文稿按下列要求分为五节，并为每节应用不同的设计主题和幻灯片切换方式。

节名	包含的幻灯片编号	主题	切换方式
小企业准则简介	1～3	离子会议室	推入
准则的颁布意义	4～8	切片	擦除
准则的制定过程	9	画廊	显示
准则的主要内容	10～18	柏林	涡流
准则的贯彻实施	19～20	积分	立方体

实训14

计算机基础知识及 Microsoft Office 2016 综合实训

综合模拟实战（试卷）1

一、单选

第1题 CAM软件可用于（ ）。

A. 计算机辅助制造 B. 计算机辅助测试 C. 计算机辅助教学 D. 计算机辅助设计

【参考答案】A

第2题 下列关于字节的叙述中，正确的是（ ）。

A. 字节通常用英文单词“bit”来表示，有时也可以写作“b”

B. 目前广泛使用的Pentium机，其字长为5个字节

C. 计算机中将8个相邻的二进制位作为一个单位，这种单位称为字节

D. 计算机的字长并不一定是字节的整数倍

【参考答案】C

第3题 下列设备中，（ ）都是输入设备。

A. 键盘、打印机、显示器 B. 扫描仪、鼠标、光笔

C. 键盘、鼠标、绘图仪 D. 绘图仪、打印机、键盘

【参考答案】B

第4题 根据鼠标测量位移部件的类型，可将鼠标分为（ ）。

A. 机械式和光电式 B. 机械式和滚轮式 C. 滚轮式和光电式 D. 手动式和光电式

【参考答案】A

第5题 下列有关Moore定律，叙述正确的是（ ）。

A. 单块集成电路的集成度平均每8～14个月翻一番

B. 单块集成电路的集成度平均每18～24个月翻一番

C. 单块集成电路的集成度平均每28～34个月翻一番

D. 单块集成电路的集成度平均每38～44个月翻一番

【参考答案】B

第 6 题　把硬盘上的数据传送到内存中的过程称为（　　）。

A. 打印　　B. 写盘　　C. 输出　　D. 读盘

【参考答案】D

第 7 题　一台计算机可能会有多种多样的指令，这些指令的集合就是（　　）。

A. 指令系统　　B. 指令集合　　C. 指令群　　D. 指令包

【参考答案】A

第 8 题　微型计算机的硬件系统包括（　　）。

A. 主机、键盘和显示器　　B. 主机、存储器、输入设备和输出设备

C. 微处理器、输入设备和输出设备　　D. 主机和外部设备

【参考答案】D

第 9 题　将二进制数 1101001.0100111 转换成八进制数是（　　）。

A. 151.234　　B. 151.236　　C. 152.234　　D. 151.237

【参考答案】A

第 10 题　根据某进制的运算规则，2*3=10，则 3*4=（　　）。

A. 15　　B. 17　　C. 20　　D. 21

【参考答案】C

第 11 题　CPU 每执行一个（　　），就完成一步基本运算或判断。

A. 软件　　B. 硬件　　C. 指令　　D. 语句

【参考答案】C

第 12 题　在表示存储器的容量时，M 的准确含义是（　　）。

A. 1 米　　B. 1024k　　C. 1024 字节　　D. 1024

【参考答案】B

第 13 题　下列计算机应用中，不属于数据处理的是（　　）。

A. 结构力学分析　　B. 图书检索　　C. 工资管理　　D. 人事档案管理

【参考答案】A

第 14 题　液晶显示器的尺寸是指液晶面板的（　　）尺寸。

A. 长度　　B. 高度　　C. 宽度　　D. 对角线

【参考答案】D

第 15 题　以微处理器为核心组成的微型计算机属于（　　）计算机。

A. 第一代　　B. 第二代　　C. 第三代　　D. 第四代

【参考答案】D

第 16 题　计算机中的地址是指（　　）。

A. CPU 中的指令编码　　B. 存储单元的有序编号

C. 软盘的磁道数　　D. 数据的二进制编码

【参考答案】B

第 17 题　扫描仪属于（　　）。

A. CPU　　B. 存储器　　C. 输入设备　　D. 输出设备

【参考答案】C

第 18 题　F 的 ASCII 码值是（　　）。

A. 70　　B. 69　　C. 71　　D. 78

【参考答案】A

第 19 题 现代集成电路使用的半导体材料通常是（ ）。

A. 铜　B. 铝　C. 硅　D. 碳

【参考答案】C

第 20 题 著名的计算机科学家尼・沃思提出了（ ）。

A. 数据结构+算法=程序　B. 存储控制结构

C. 信息熵　D. 控制论

【参考答案】A

第 21 题 计算机内存储器比外存储器更优越，其主要特点为（ ）。

A. 便宜　B. 存取速度快　C. 贵且存储信息少　D. 存储信息多

【参考答案】B

第 22 题 下列几种存储器中，访问速度最快的是（ ）。

A. 硬盘　B. CD-ROM　C. RAM　D. 软盘

【参考答案】C

第 23 题 人们根据特定的需要预先为计算机编制的指令序列称为（ ）。

A. 软件　B. 文件　C. 程序　D. 集合

【参考答案】C

第 24 题 CAI 是指（ ）。

A. 系统软件　B. 计算机辅助教学　C. 计算机辅助设计　D. 办公自动化系统

【参考答案】B

第 25 题 负责对 I/O 设备的运行进行全程控制的是（ ）。

A. I/O 接口　B. CPU　C. I/O 设备控制器　D. 总线

【参考答案】C

第 26 题 在微型计算机中，应用最普遍的字符编码是（ ）。

A. BCD 码　B. ASCII 码　C. 汉字编码　D. 二进制

【参考答案】B

第 27 题 计算机辅助设计的英文缩写是（ ）。

A. CAM　B. CAD　C. CAI　D. CAE

【参考答案】B

第 28 题 内存按工作原理可以分为（ ）。

A. RAM 和 BIOS　B. BIOS 和 ROM　C. CMOS 和 BIOS　D. ROM 和 RAM

【参考答案】D

第 29 题 关于微型计算机的叙述正确的是（ ）。

A. 外存储器中的信息不能直接进入 CPU 进行处理

B. 每次使用软盘前，都要进行格式化

C. 软盘驱动器和软盘属于外部设备

D. 如果将软盘的写保护打开，磁盘上的信息将只能读，不能写

【参考答案】A

第 30 题 “1kb/s”的准确含义是（ ）。

A. 1000b/s　B. 1000B/s　C. 1024b/s　D. 1024B/s

【参考答案】C

第 31 题　C 的 ASCII 码为 1000011，则 G 的 ASCII 码为（　　）。

A. 1000100　　B. 1001001　　C. 1000111　　D. 1001010

【参考答案】C

第 32 题　十进制数 269 转换成十六进制数为（　　）。

A. 10B　　B. 10C　　C. 10D　　D. 10E

【参考答案】C

第 33 题　计算机中的运算器能进行（　　）运算。

A. 算术　　B. 字符处理　　C. 逻辑　　D. 算术和逻辑

【参考答案】D

第 34 题　计算机软件包括（　　）。

A. 程序和指令　　B. 程序和文档　　C. 命令和文档　　D. 算法及数据结构

【参考答案】B

第 35 题　通常所说的 PC 机是指（　　）。

A. 单板计算机　　B. 小型计算机　　C. 个人计算机　　D. 微型计算机

【参考答案】C

第 36 题　用计算机进行情报检索，属于计算机应用中的（　　）。

A. 科学计算　　B. 人工智能　　C. 信息处理　　D. 过程控制

【参考答案】C

第 37 题　当某个应用程序不再响应用户的操作时，按（　　）键，弹出“关闭程序”对话框。

A. Ctrl+Alt+Del　　B. Ctrl+Shift+Del　　C. Ctrl+Shift+Tab　　D. Ctrl+Del

【参考答案】A

第 38 题　下列关于信息技术的说法中，错误的是（　　）。

A. 微电子技术是信息技术的基础

B. 计算机技术是现代信息技术的核心

C. 光电子技术是继微电子技术之后近几十年来迅猛发展的综合性高新技术

D. 信息传输技术主要是指计算机技术和网络技术

【参考答案】D

第 39 题　二进制数 01011011 化为十进制数为（　　）。

A. 103　　B. 91　　C. 171　　D. 71

【参考答案】B

第 40 题　在以下不同进制的四个数中，最小的一个数是（　　）。

A. $(75)_{10}$　　B. $(37)_{8}$　　C. $(A7)_{16}$　　D. $(11011001)_{2}$

【参考答案】B

第 41 题　窗口顶部列出程序名称的栏称作（　　）。

A. 工具栏　　B. 任务栏　　C. 标题栏　　D. 状态栏

【参考答案】C

第 42 题　下面关于操作系统的叙述中，错误的是（　　）。

A. 操作系统是一种系统软件　　B. 操作系统是人机之间的接口

C. 操作系统是数据库系统的子系统　　D. 不安装操作系统的 PC 机是无法使用的

【参考答案】C

第 43 题　用户标识就是用户的（　　）。

A. 真名　　B. 用户口令　　C. 用户账号　　D. 用户服务商的主机名

【参考答案】C

第 44 题　在 Windows 7 的各个版本中，支持的功能最多的是（　　）。

A. 家庭普通版　　B. 家庭高级版　　C. 专业版　　D. 旗舰版

【参考答案】D

第 45 题　下列说法中，正确的是（　　）。

A. 利用任务栏可以切换程序　　B. 利用任务栏可以删除程序

C. 任务栏上不能显示时钟　　D. 任务栏上不能调出菜单

【参考答案】A

第 46 题　为下载的文档库签出文件可以采取的方法是（　　）。

A. 在 Outlook 2007 中，文件将显示为消息，右键单击消息，然后单击“签出”

B. 在 Outlook 2007 中，双击文件，然后单击消息栏上的“签出”

C. 在 Web 浏览器中，指向文件名，单击显示的向下箭头，然后单击“签出”

D. 在 Web 浏览器中，指向文件名，单击向下箭头，然后单击“Outlook 签出”

【参考答案】C

第 47 题　开放网络系统互连标准的参考模型由（　　）层组成。

A. 5　　B. 6　　C. 7　　D. 8

【参考答案】C

第 48 题　以下有关网页保存类型的说法中，正确的是（　　）。

A. “Web 页，全部”，整个网页的图片、文本和超链接

B. “Web 页，全部”，整个网页，包括页面结构、图片、文本、嵌入文件和超链接

C. “Web 页，仅 HTML”，网页的图片、文本、窗口框架

D. “Web 页，仅 HTML”，网页的图片、文本

【参考答案】B

第 49 题　下列叙述错误的是（　　）。

A. WWW 和 E-mail 是 Internet 上很重要的两个流行工具

B. WWW 是 Internet 中的一个子集

C. 一个 Web 文档可以包含文字、图片、声音和视频动画等

D. WWW 是另外一种互联网

【参考答案】D

第 50 题　所谓点到点信道是指网络中每（　　）个节点间存在一条物理信道。

A. 3　　B. 4　　C. 2　　D. 6

【参考答案】C

二、Word

第 1 题

（1）调整文档版面，要求页面宽度 30 厘米，高度 18 厘米，上下页边距为 2 厘米，左右

页边距为 3 厘米。

（2）设置背景为“纸莎草纸”效果。

（3）将段落 1“大学生网络创业交流会” 字体设置为“微软雅黑”，字号为“二号”，字体颜色为“浅蓝色”，并居中对齐。将段落 2“邀请函”字体设置为“微软雅黑”，字号为“二号”，字体颜色为“自动”，并居中对齐。将文档中其余文字字体设置为“微软雅黑”，字号为“五号”，字体颜色为“自动”。

（4）将邀请函中正文内容文字段落对齐方式调整为“首行缩进”，调整“磅值”为“2 字符”。将文中最后两行的文字内容调整为“文本右对齐”。

（5）调整邀请函中“大学生网络创业交流会”和“邀请函”两个段落的间距为 1.5 倍行距。

（6）用“邮件合并”功能在“尊敬的”和“（老师）”文字之间插入拟邀请的专家和老师姓名，拟邀请的专家和老师姓名在考生文件夹下的“通讯录.xlsx”文件中。每页邀请函中只能包含一位专家或老师的姓名，所生成的邀请函文档以“Word-邀请函.docx”为名字保存在当前试题文件夹中（利用邮件合并向导，注意文件名大小写）。

第 2 题

（1）设置文档标题“跳水”字体为“隶书”，字号为“一号”，居中对齐。

（2）设置正文第一段首行缩进“2 字符”，1.5 倍行距，段前、段后各一行。

（3）设置正文第三段首字下沉“2 行”，距正文“10 磅”。

（4）为文中所有用红色显示的段落添加项目符号。

（5）在任意位置插入当前试题文件夹下的图片“tu1.jpg”，调整大小缩放至 60%，设置为四周型环绕。

（6）设置文档的纸张大小为“A4”。

（7）为文档添加艺术型边框。

第 3 题

为召开云计算技术交流大会，小王需制作一批邀请函，要邀请的人员名单见“文档.xlsx”。大会定于 2023 年 10 月 19 日至 20 日在武汉举行。按照下列要求完成操作并以原文件名保存。

（1）设置标题“邀请函”为“黑体”“二号”“加粗”，字的颜色为红色，并设置文本效果为“发光：8 磅；红色，主题色 2”、居中。

（2）设置正文各段落为 1.25 倍行距，段后间距为 0.5 行。设置正文首行缩进 2 字符。

（3）将后三段文字设置为右对齐，右侧缩进 3 字符。

（4）将文档中“×××大会”替换为“云计算技术交流大会”。

（5）设置页面高度 27 厘米，页面宽度 27 厘米，设置上下左右页边距均为 3 厘米。

（6）使用邮件合并功能，将当前试题文件夹下的电子表格“Word 人员名单.xlsx”中的姓名信息自动填写到文档中“尊敬的：”后面，并根据性别信息，在姓名后添加“先生”（性别为男）、“女士”（性别为女）。生成的文档以文件名“邀请函.docx”保存到当前试题文件夹中（利用邮件合并向导）。

（7）设置“文档.docx”页面边框。

（8）在正文第二段的第一句话“……进行深入而广泛的交流”后插入脚注“参见×××网站”。

三、Excel

第 1 题

（1）将标题“销售表”设置为隶书、28 号字，在 A1:F1 范围内合并后居中；

（2）在 D19 单元格中利用函数计算“数量”总和；

（3）用公式计算出 F 列“单价”（单价=销售额/数量），将结果填充到 F3:F18 区域中；

（4）为 A2:F19 区域添加绿色、双实线样式的内外边框；

（5）以“季度”为主要关键字升序排序；

（6）为单价列 F3:F18 数据区域设置单元格样式为“好”；

（7）为 A2:F18 区域创建分类汇总，分类字段为“季度”，汇总方式为“求和”，汇总项为“销售额（元）”。

第 2 题

（1）在 Sheet1 工作表中删除第一列，在 A1 单元格中输入标题“体育考试成绩统计”，将标题设置为等线、16 号、红色、加粗，并在 A1:G1 范围内合并后居中；

（2）在 Sheet1 工作表中的第一列从 A3 单元格开始输入学号“02010001”直到“02010017”；

（3）将 Sheet1 工作表复制到工作簿最后，并重命名为“成绩统计”；

（4）在“成绩统计”工作表的 F 列用公式计算各位学生的总成绩（总成绩=田径+武术+足球），结果为数值型整数；

（5）在“成绩统计”工作表中合并 A20 和 B20 单元格，输入“大于 85 分的人数”，在 C20:E20 单元格区域用 COUNTIF 函数求出田径、武术和足球成绩大于 85 分的人数；

（6）在“成绩统计”工作表的 G 列用 IF 函数标注评估等级，标准为“田径”“武术”和“足球”三项的平均值大于等于 80 分时标注“优秀”，否则为“一般”；

（7）在“成绩统计”工作表中按主要关键字“总成绩”的降序、次要关键字“足球”的降序排序（不包括第 20 行）；

（8）在“成绩统计”工作表中给 A2:G20 单元格区域添加最粗实线外边框、最细实线内边框。设置表格内所有数据水平居中对齐，字号为 13。

四、PPT

第 1 题

（1）为幻灯片设置主题“电路”；

（2）设置第一张幻灯片副标题文字为 36 号字，右对齐；

（3）为第二张幻灯片标题文字设置动画样式“飞入”；

（4）在第二张幻灯片中插入动作按键“转到结尾”，并设置为超链接到“最后一张幻灯片”；

（5）在第三张幻灯片中添加备注，内容为“木耳和豆腐的功效”；

（6）在第三张幻灯片后插入一张“空白”版式的幻灯片，并插入试题文件夹下的图片“pic.jpg”，调整到适当大小；

（7）设置所有幻灯片的切换方式为“百叶窗”。

第 2 题

（1）设置幻灯片的主题为“天体”。

（2）设置标题字体为“华文行楷”、红色、80 磅、加粗。

（3）将第三张幻灯片的版式改为“两栏内容”，在右侧区域插入当前试题文件夹下的图片“Z10.jpg”。

（4）设置图片样式为“映像圆角矩形”，设置图片的进入动画效果为“飞入”，方向自顶部。

（5）为所有幻灯片添加页脚“国之利刃”。

（6）设置所有幻灯片的切换效果为“飞机”。

综合模拟实战（试卷）2

一、单选

第 1 题　下列有关 Moore 定律的叙述正确的是（　　）。

A. 单块集成电路的集成度平均每 8～14 个月翻一番

B. 单块集成电路的集成度平均每 18～24 个月翻一番

C. 单块集成电路的集成度平均每 28～34 个月翻一番

D. 单块集成电路的集成度平均每 38～44 个月翻一番

【参考答案】B

第 2 题　CAI 是（　　）的英文缩写。

A. 计算机辅助教学　B. 计算机辅助设计　C. 计算机辅助制造　D. 计算机辅助管理

【参考答案】A

第 3 题　下列关于字节的叙述中，正确的是（　　）。

A. 字节通常用英文单词“bit”来表示，有时也可以写作“b”

B. 目前广泛使用的 Pentium 机，其字长为 5 个字节

C. 计算机中将 8 个相邻的二进制位作为一个单位，这种单位称为字节

D. 计算机的字长并不一定是字节的整数倍

【参考答案】C

第 4 题　根据鼠标测量位移部件的类型，可将鼠标分为（　　）。

A. 机械式和光电式　B. 机械式和滚轮式　C. 滚轮式和光电式　D. 手动式和光电式

【参考答案】A

第 5 题　CAM 软件可用于计算机（　　）。

A. 辅助制造　B. 辅助测试　C. 辅助教学　D. 辅助设计

【参考答案】A

第 6 题　把硬盘上的数据传送到内存中的过程称为（　　）。

A. 打印　B. 写盘　C. 输出　D. 读盘

【参考答案】D

第 7 题　目前在微型计算机上最常用的字符编码是（　　）。

A. 汉字字形码　B. ASCII 码　C. 8421 码　D. EBCDIC 码

【参考答案】B

第 8 题 将十进制数 205 转换成十六进制数是（　　）。

A. 137　　B. C8　　C. CD　　D. EA

【参考答案】C

第 9 题 计算机应用最广泛的领域是（　　）。

A. 科学计算　　B. 信息处理　　C. 过程控制　　D. 人工智能

【参考答案】B

第 10 题 从第一台计算机诞生到现在的 70 多年中，计算机的发展经历了（　　）个阶段。

A. 3　　B. 4　　C. 5　　D. 6

【参考答案】B

第 11 题 计算机可执行的指令一般都包含（　　）。

A. 数字和文字两部分　　B. 数字和运算符号两部分

C. 操作码和地址码两部分　　D. 源操作数和目的操作数两部分

【参考答案】C

第 12 题 世界上第一台计算机的逻辑元件是（　　）。

A. 继电器　　B. 晶体管　　C. 电子管　　D. 集成电路

【参考答案】C

第 13 题 用计算机进行情报检索，属于计算机应用中的（　　）。

A. 科学计算　　B. 人工智能　　C. 信息处理　　D. 过程控制

【参考答案】C

第 14 题 在计算机中，CRT 是指（　　）。

A. 显示器　　B. 终端　　C. 控制器　　D. 键盘

【参考答案】A

第 15 题 在软件方面，第一代计算机主要使用（　　）。

A. 机器语言　　B. 高级程序设计语言

C. 数据库管理系统　　D. BASIC 和 FORTRAN

【参考答案】A

第 16 题 计算机中的地址是指（　　）。

A. CPU 中的指令编码　　B. 存储单元的有序编号

C. 软盘的磁道数　　D. 数据的二进制编码

【参考答案】B

第 17 题 存储器的存储容量通常用字节（byte）来表示，1GB 的含义是（　　）。

A. 1024MB　　B. 1000k 个 bit　　C. 1024k　　D. 1000kB

【参考答案】A

第 18 题 以二进制和程序控制为基础的计算机结构最早是由（　　）提出的。

A. 布尔　　B. 卡诺　　C. 冯·诺依曼　　D. 图灵

【参考答案】C

第 19 题 下列说法不正确的是（　　）。

A. 比特是事物存在的一种状态　　B. 数据就是信息

C. 信息可以具有与数据相同的形式　　D. 数据是人或机器能识别并处理的符号

【参考答案】B

第 20 题　在以下不同进制的四个数中，最小的一个数是（　　）。

A. $(75)_{10}$　　B. $(37)_8$　　C. $(A7)_{16}$　　D. $(11011001)_2$

【参考答案】B

第 21 题　目前使用的大多数打印机是通过（　　）接口与计算机连接的。

A. 串行　　B. 并行　　C. IDE　　D. SCSI

【参考答案】B

第 22 题　若在一个非零无符号二进制整数右边加三个零形成一个新的数，则新数的数值是原数的（　　）。

A. 四倍　　B. 八倍　　C. 四分之一　　D. 八分之一

【参考答案】B

第 23 题　八进制数 726 转换成二进制是（　　）。

A. 111011100　　B. 111011110　　C. 111010110　　D. 101010110

【参考答案】C

第 24 题　在使用计算机时，如果发现计算机频繁地读写硬盘，可能存在的问题是（　　）。

A. 中央处理器的速度太慢　　B. 硬盘的容量太小

C. 内存的容量太小　　D. 软盘的容量太小

【参考答案】C

第 25 题　如果一个存储单元能存放一个字节，则容量为 32kB 的存储器中的存储单元个数为（　　）。

A. 32000　　B. 32768　　C. 32767　　D. 65536

【参考答案】B

第 26 题　CGA、EGA、VGA 是（　　）的性能指标。

A. 磁盘存储器　　B. 显卡　　C. 总线　　D. 打印机

【参考答案】B

第 27 题　微型计算机的内存储器（　　）。

A. 按二进制数编址　　B. 按字节编址

C. 按字长编址　　D. 根据微处理器不同而编址不同

【参考答案】B

第 28 题　十六进制数 CDH 对应的十进制数是（　　）。

A. 204　　B. 205　　C. 206　　D. 203

【参考答案】B

第 29 题　在微型计算机中，ROM 是（　　）。

A. 顺序读写存储器　　B. 随机读写存储器　　C. 只读存储器　　D. 高速缓冲存储器

【参考答案】C

第 30 题　将十进制数 215.6531 转换成二进制数是（　　）。

A. 11110010.000111　　B. 11101101.110011　　C. 11010111.101001　　D. 11100001.111101

【参考答案】C

第 31 题　对软件的正确态度为（　　）。

A. 可以正确使用盗版软件　　B. 系统软件不需要备份

C. 购买商品软件时要购买正版　　D. 软件不需要法律保护

【参考答案】C

第 32 题　cache 的功能是（　　）。

A. 数据处理　　B. 存储数据和指令　　C. 存储和执行程序　　D. 长期保存信息

【参考答案】B

第 33 题　二进制数 110101 对应的十进制数是（　　）。

A. 44　　B. 65　　C. 53　　D. 74

【参考答案】C

第 34 题　计算机中的西文字符标准 ASCII 码由（　　）位二进制数组成。

A. 16　　B. 4　　C. 7　　D. 8

【参考答案】C

第 35 题　某微型计算机使用 Pentium-Ⅲ 800 的芯片，其中的 800 是指（　　）。

A. 内存容量　　B. 主板型号　　C. CPU 型号　　D. CPU 的主频

【参考答案】D

第 36 题　汉字在计算机中是以（　　）形式输出的。

A. 内码　　B. 外码　　C. 国标码　　D. 字形码

【参考答案】D

第 37 题　十六进制数 1A2H 对应的十进制数是（　　）。

A. 418　　B. 308　　C. 208　　D. 578

【参考答案】A

第 38 题　计算机具有强大的功能，但它不可能（　　）。

A. 高速准确地进行大量数值运算　　B. 高速准确地进行大量逻辑运算

C. 对事件作出决策分析　　D. 取代人类的智力活动

【参考答案】D

第 39 题　将十进制数 28.25 转换成二进制数是（　　）。

A. 101000.25　　B. 11100.01　　C. 1011100.125　　D. 1110.5

【参考答案】B

第 40 题　微机的硬件由（　　）组成。

A. CPU、主存储器、辅助存储器和 I/O 设备

B. CPU、运算器、控制器、主存和 I/O 设备

C. CPU、控制器、主存储器、打印机和 I/O 设备

D. CPU、运算器、主存储器、显示器和 I/O 设备

【参考答案】A

第 41 题　通过剪贴板在 Windows 应用程序间共享数据可选择（　　）菜单中的命令。

A. 文件　　B. 编辑　　C. 格式　　D. 工具

【参考答案】B

第 42 题　选定要删除的文件，然后按（　　）键，即可删除文件。

A. Alt　　B. Ctrl　　C. Shift　　D. Del

【参考答案】D

第 43 题　若屏幕上同时显示多个窗口，可以根据窗口中（　　）的特殊颜色来判断它是

否为当前活动窗口。

A. 菜单栏　B. 符号栏　C. 状态栏　D. 标题栏

【参考答案】D

第 44 题 在 Windows 中，文件名“MM.txt”和“mm.txt”（　）。

A. 是同一个文件　B. 不是同一个文件

C. 有时候是同一个文件　D. 是两个文件

【参考答案】A

第 45 题 具有高速运算能力和图形处理功能，通常运行 UNIX 操作系统，适合工程与产品设计等应用的一类计算机产品，通常称为（　）。

A. 工作站　B. 小型计算机　C. 客户机　D. 大型计算机

【参考答案】A

第 46 题 下列叙述中正确的是（　）。

A. 将数字信号变换成便于在模拟通信线路中传输的信号称为调制

B. 以原封不动的形式将来自终端的信息送入通信线路称为调制解调

C. 在计算机网络中，一种传输介质不能传送多路信号

D. 在计算机局域网中，只能共享软件资源，而不能共享硬件资源

【参考答案】A

第 47 题 子网掩码是一个（　）位的模式，它的作用是识别子网和判断主机属于哪一个网络。

A. 16　B. 24　C. 32　D. 64

【参考答案】C

第 48 题 （　）不属于计算机网络的资源子网。

A. 主机　B. 网络操作系统　C. 网关　D. 网络数据库系统

【参考答案】C

第 49 题 微软公司的网络浏览器是（　）。

A. Outlook Express　B. Internet Explorer　C. FrontPage　D. Outlook

【参考答案】B

第 50 题 以下传输介质中，网卡不支持的是（　）。

A. 双绞线　B. 同轴电缆　C. 光缆　D. 电话线

【参考答案】D

二、Word

第 1 题

（1）将正文中所有的“女排警示”替换为“女排精神”。

（2）在正文合适位置插入图形“女排夺冠.jpg”，缩放 120%，环绕方式为上下型。

（3）在页面底端为正文第一段首个“里约”插入脚注，编号格式为“①，②，③…”，注释内容为“里约热内卢，巴西第二大工业基地”。

（4）在正文最后插入艺术字“坚持不懈，永不言弃”。艺术字采用第三行第四列的样式；隶书、小初号；形状样式采用第四行第三列的样式（即细微效果-橙色，强调文字颜色 2）。

（5）将正文倒数第二段分为等宽两栏，有分隔线。

（6）设置奇数页的页眉为“女排精神”，偶数页的页眉为“永不言弃”，页脚为“第 X 页共 Y 页”格式，页眉页脚均为宋体小五号、居中对齐。

（7）添加页面边框“方框”，边框颜色为浅蓝，3 磅。

（8）将制作好的 Word 文档保存，关闭 Word 程序。

第 2 题

（1）将文中所有的“36 计”替换为“三十六计”。

（2）设置标题“三十六计”字体为“华文行楷”，“小二”号，居中对齐。

（3）设置正文第一段首字下沉 2 行，距正文 10 磅，正文第二段首行缩进 2 字符。

（4）为正文所有加粗段落设置编号。

（5）为正文第二段设置图案样式为“20%”、颜色为“红色”的底纹图案。

（6）设置文档纸张方向为“横向”。

（7）在适当位置插入当前试题文件夹下的图片“tu1.jpg”，设置图片高 4 厘米，宽 5 厘米，“四周型”环绕。

（8）为文档页面添加红色、1.5 磅、方框边框。

第 3 题

小王是某出版社新入职的编辑，刚受领《计算机与网络应用》教材的编排任务。请你根据素材帮助小王完成编排任务，具体要求如下。

（1）设置页面的纸张大小为 A4 幅面，页边距上、下为 3 厘米，左、右为 2.5 厘米，设置每页行数为 36 行。

（2）将封面、前言、目录、教材正文的每一章、参考文献均设置为 Word 文档中的独立一节。

（3）将教材内容的所有章节标题均设置为单倍行距，段前、段后间距 0.5 行。其他格式要求为：章标题（如“第 1 章　计算机概述”）设置为“标题 1”样式，字体为三号、黑体；节标题（如“1.1　计算机发展史”）设置为“标题 2”样式，字体为四号、黑体；小节标题（如“1.1.2　第一台现代电子计算机的诞生”）设置为“标题 3”样式，字体为小四号、黑体。前言、目录、参考文献的标题参照章标题设置。此外，将其他正文字体设置为宋体、五号字，段落格式为单倍行距，首行缩进 2 字符。

（4）将考生文件夹下的“第一台数字计算机.jpg”和“天河 2 号.jpg”图片文件，依据图片内容插入正文的相应位置。将图片下方的说明文字设置为居中，小五号、黑体。

（5）根据“教材封面样式.jpg”的示例，为教材制作一个封面，图片为考生文件夹下的“Cover.jpg”，将该图片文件插入当前页面，设置该图片“衬于文字下方”，调整大小使之正好为 A4 幅面。设置“高等职业学校通用教材”左对齐，黑体，五号字；其他文字居中对齐；设置“计算机与网络应用”为黑体，一号字；设置“×××主编”为楷体，四号字；设置“高等职业学校通用教材编审委员会”为方正姚体，四号字。

（6）为文档添加页码，编排要求为：封面、前言无页码，目录页页码采用小写罗马数字，正文和参考文献页页码采用阿拉伯数字。正文的每一章以奇数页的形式开始编码，第一章的第一页页码为“1”，之后章节的页码续前节编号，参考文献页续正文页的页码编号。页码设置在页面的页脚中间位置，删除多余空行。

（7）在目录页的标题下方，以“自动目录 1”方式自动生成本教材的目录。

（8）原名保存文档，同时将文稿另存为“《计算机与网络应用》正式稿.docx”，并保存于试题文件夹下。

三、Excel

第1题

（1）在 Sheet1 工作表的 A1 单元格输入“学生成绩表”，设置其字体为蓝色、等线、加粗、20 号字，并设置其在 A1:H1 范围跨列居中；

（2）在 H3:H20 区域用函数计算每位同学的平均分，结果为数值型整数；

（3）为 A2:H20 区域设置外部边框线为最粗实线，内部边框线为最细实线；

（4）设置第 1 行行高为 30，第 2 行至第 20 行行高为 25，并设置表格内数据（A2:H20 区域）水平对齐和垂直对齐方式均为居中；

（5）复制 Sheet1 工作表到工作簿最后，并将新工作表重命名为“成绩分析表”；

（6）在“成绩分析表”的 I2 单元格中输入“备注”，使用 IF 函数在备注列将平均分大于等于 80 的填入“优良”，平均分小于 80 的则不显示内容；

（7）在“成绩分析表”工作表中，以“年级”为分类字段，计算各门课程的平均值，分类汇总结果显示在数据下方，年级按升序排序，显示总计平均值，平均值均保留整数。

第2题

（1）将 A1 单元格中的“年度生活开支明细账”设置为绿色、黑体、20 号字，将 A1:H1 单元格合并后居中；

（2）使用函数计算出“平均费用”，将结果存放在 H3:H7 单元格中，结果为数值型，保留整数；

（3）以“年份”为主要关键字，升序排列；

（4）使用条件格式，将“电费”C3:C7 区域小于 1000（不包含 1000）的数据设置为“浅红填充色深红色文本”；

（5）为年份 A3:A7 区域设置单元格样式“适中”；

（6）为 A2:H7 数据区域套用表格格式“绿色，表样式深色 11”；

（7）将 Sheet1 工作表重命名为“年度开支明细”，并设置工作表标签颜色为“浅蓝”。

四、PPT

第1题

（1）为幻灯片设置主题“深度”；

（2）设置第一张幻灯片标题文字的动画样式为“退出轮子”；

（3）设置第二张幻灯片标题文字的字体为隶书；

（4）在第二张幻灯片中插入试题文件夹下的图片“pic.jpg”，并调整到适当大小；

（5）在第三张幻灯片中插入动作按钮“转到主页”；

（6）设置所有幻灯片的切换效果为“日式折纸”；

（7）设置所有幻灯片的放映方式为“在展台浏览（全屏幕）”。

第2题

（1）设置幻灯片的主题为“视差”。

（2）设置第一张幻灯片的标题为“华文行楷”“60 号”。

（3）在第一张幻灯片右侧插入当前试题文件夹下的图片“tu1.jpg”，设置图片的自定义动画为“飞入，自右侧”。

（4）设置所有幻灯片的切换方式为“随机线条”。
（5）为所有幻灯片添加页脚“世界杯”，并添加幻灯片编号。
（6）设置幻灯片的放映类型为“在展台浏览（全屏幕）”。

综合模拟实战（试卷）3

一、单选

第 1 题　下列关于字节的叙述中，正确的是（　　）。
A. 字节通常用英文单词“bit”来表示，有时也可以写作“b”
B. 目前广泛使用的 Pentium 机，其字长为 5 个字节
C. 计算机中将 8 个相邻的二进制位作为一个单位，这种单位称为字节
D. 计算机的字长并不一定是字节的整数倍
【参考答案】C

第 2 题　把硬盘上的数据传送到内存中的过程称为（　　）。
A. 打印　　B. 写盘　　C. 输出　　D. 读盘
【参考答案】D

第 3 题　CAM 软件可用于（　　）。
A. 计算机辅助制造　B. 计算机辅助测试　C. 计算机辅助教学　D. 计算机辅助设计
【参考答案】A

第 4 题　CAI 是（　　）的英文缩写。
A. 计算机辅助教学　B. 计算机辅助设计　C. 计算机辅助制造　D. 计算机辅助管理
【参考答案】A

第 5 题　根据鼠标测量位移部件的类型，可将鼠标分为（　　）。
A. 机械式和光电式　B. 机械式和滚轮式　C. 滚轮式和光电式　D. 手动式和光电式
【参考答案】A

第 6 题　下列有关 Moore 定律的叙述正确的是（　　）。
A. 单块集成电路的集成度平均每 8～14 个月翻一番
B. 单块集成电路的集成度平均每 18～24 个月翻一番
C. 单块集成电路的集成度平均每 28～34 个月翻一番
D. 单块集成电路的集成度平均每 38～44 个月翻一番
【参考答案】B

第 7 题　第四代电子计算机使用的电子器件是（　　）。
A. 电子管　　B. 晶体管
C. 中小规模集成电路　　D. 大规模、超大规模集成电路
【参考答案】D

第 8 题　二进制数 1101.1111 转换成十六进制数应为（　　）。
A. A.F　　B. E.F　　C. D.F　　D. A.E
【参考答案】C

第 9 题　二进制数 11011+1101 等于（　　）。

A. 100101　　B. 10101　　C. 101000　　D. 10011

【参考答案】C

第 10 题　电子计算机之所以能够快速、自动、准确地按照人们的意图进行工作，其最主要的原因是（　　）。

A. 存储程序　　B. 采用逻辑器件　　C. 总线结构　　D. 识别控制代码

【参考答案】A

第 11 题　完整的计算机硬件系统一般包括外部设备和（　　）。

A. 运算器　　B. 存储器　　C. 主机　　D. 中央处理器

【参考答案】C

第 12 题　（　　）是不合法的十六进制数。

A. H1023　　B. 10111　　C. A120　　D. 777

【参考答案】A

第 13 题　RAM 的特点是（　　）。

A. 断电后，存储在其内的数据将会丢失

B. 存储在其内的数据将永久保存

C. 用户只能读出数据，但不能随机写入数据

D. 容量大但存取速度慢

【参考答案】A

第 14 题　以下关于打印机的说法中不正确的是（　　）。

A. 如果打印机图标旁有了复选标记，则已将该打印机设置为默认打印机

B. 可以设置多台打印机为默认打印机

C. 在打印机管理器中可以安装多台打印机

D. 在打印时可以更改打印队列中尚未打印文档的顺序

【参考答案】B

第 15 题　CPU 的中文是（　　）。

A. 主机　　B. 中央处理单元　　C. 运算器　　D. 控制器

【参考答案】B

第 16 题　在一般情况下，外存中存放的数据，在断电后（　　）丢失。

A. 不会　　B. 少量　　C. 完全　　D. 多数

【参考答案】A

第 17 题　关于新硬盘格式化的表述正确的是（　　）。

A. 可以仅复制系统文件　　B. 快速格式化时，可以选择“复制系统文件”

C. 可以选择快速（消除）格式化　　D. 可以选择全面格式化

【参考答案】D

第 18 题　下列不属于微机总线的是（　　）。

A. 地址总线　　B. 通信总线　　C. 控制总线　　D. 数据总线

【参考答案】B

第 19 题　关于电子计算机的特点，以下论述错误的是（　　）。

A. 运行过程不能自动、连续进行，需人工干预

B. 运算速度快

C. 运算精度高

D. 具有记忆和逻辑判断能力

【参考答案】A

第 20 题 不属于电脑输入设备的是（ ）。

A. 键盘 B. 绘图仪 C. 鼠标 D. 扫描仪

【参考答案】B

第 21 题 不属于微型计算机主要性能指标的是（ ）。

A. 字长 B. 内存容量 C. 重量 D. 时钟脉冲

【参考答案】C

第 22 题 微型计算机的基本组成是（ ）。

A. 主机、输入设备、存储器 B. 微处理器、存储器、输入输出设备

C. 主机、输出设备、显示器 D. 键盘、显示器、打印机、运算器

【参考答案】B

第 23 题 运行磁盘碎片整理程序可以（ ）。

A. 增加磁盘的存储空间 B. 找回丢失的文件碎片

C. 加快文件的读写速度 D. 整理破碎的磁盘片

【参考答案】C

第 24 题 液晶显示器作为计算机的一种图文输出设备已逐渐普及，下列关于液晶显示器的叙述中错误的是（ ）。

A. 液晶显示器是利用液晶的物理特性来显示图像的

B. 液晶显示器内部的工作电压大于 CRT 显示器

C. 液晶显示器功耗小，无辐射危害

D. 液晶显示器便于使用大规模集成电路驱动

【参考答案】B

第 25 题 电子计算机的算术逻辑单元、控制单元合称为（ ）。

A. CPU B. 外设 C. 主机 D. 辅助存储器

【参考答案】A

第 26 题 微型计算机一般按（ ）进行分类。

A. 字长 B. 运算速度 C. 主频 D. 内存

【参考答案】A

第 27 题 一台计算机主要由运算器、控制器、存储器、（ ）及输出设备等部件构成。

A. 屏幕 B. 输入设备 C. 磁盘 D. 打印机

【参考答案】B

第 28 题 下列关于硬件系统的说法中，错误的是（ ）。

A. 键盘、鼠标、显示器等都是硬件 B. 硬件系统不包括存储器

C. 硬件是指物理上存在的机器部件 D. 硬件系统包括运算器、控制器、存储器、输入设备和输出设备

【参考答案】B

第 29 题　二进制数 10101 转换成十进制数为（　　）。

A. 10　　B. 15　　C. 11　　D. 21

【参考答案】D

第 30 题　世界上第一台电子计算机于 1946 年诞生于（　　）。

A. 美国　　B. 英国　　C. 德国　　D. 日本

【参考答案】A

第 31 题　计算机应用最广泛的领域是（　　）。

A. 科学计算　　B. 信息处理　　C. 过程控制　　D. 人工智能

【参考答案】B

第 32 题　PC 机除加电冷启动外，按（　　）键相当于冷启动。

A. Ctrl+Break　　B. Ctrl+Print Screen　　C. RESET 按钮　　D. Ctrl+Alt+Del

【参考答案】C

第 33 题　存储器的容量一般用 kB、MB、GB 和（　　）来表示。

A. FB　　B. TB　　C. YB　　D. XB

【参考答案】B

第 34 题　输入输出设备和外接的辅助存储器统称为（　　）。

A. CPU　　B. 存储器　　C. 操作系统　　D. 外围设备

【参考答案】D

第 35 题　十进制数 92 转换为二进制数和十六进制数分别是（　　）。

A. 01011100 和 5C　　B. 01101100 和 61　　C. 10101011 和 5D　　D. 01011000 和 4F

【参考答案】A

第 36 题　计算机中的机器数有三种表示方法，不包括（　　）。

A. 反码　　B. 原码　　C. 补码　　D. ASCII 码

【参考答案】D

第 37 题　计算机向使用者传递计算处理结果的设备称为（　　）。

A. 输入设备　　B. 输出设备　　C. 存储器　　D. 微处理器

【参考答案】B

第 38 题　决定微机性能的主要是（　　）。

A. 价格　　B. CPU　　C. 控制器　　D. 质量

【参考答案】B

第 39 题　与过去的计算工具相比，电子计算机的特点有（　　）。

A. 具有记忆功能，能够存储大量信息，可方便用户检索和查询

B. 能够按照程序自动进行运算，完全可以取代人的脑力劳动

C. 具有逻辑判断能力，所以计算机已经具有人脑的全部智能

D. 运算速度快，但不能存储信息

【参考答案】A

第 40 题　信息系统是多种多样的，根据信息处理的深度划分，决策支持系统属于（　　）。

A. 业务信息处理系统　　B. 信息检索系统

C. 信息分析系统　　D. 辅助技术系统

【参考答案】C

第 41 题 当鼠标指向窗口的两边时，鼠标形状变为（ ）。

A. 沙漏状 B. 双向箭头 C. 十字形状 D. 问号状

【参考答案】B

第 42 题 在 Windows 系统中，“复制”操作是指（ ）。

A. 把剪贴板中的内容复制到插入点

B. 在插入点复制所选定的文字或图形

C. 把插入点所在段内中的文字或图形复制到插入点

D. 把所选中的文字或图形复制到剪贴板上

【参考答案】D

第 43 题 在 Windows 中启动汉字输入法后，（ ）按钮表示全、半角字符切换按钮。

A. 正方形 B. 月亮形 C. 三角形 D. 椭圆形

【参考答案】B

第 44 题 Windows 录音机不能实现的功能是（ ）。

A. 使两个声音叠加在一起 B. 提高或降低音量

C. 录制 MIDI 音乐 D. 使声音反向播放

【参考答案】C

第 45 题 在 Windows 的资源管理器中，不能按（ ）排列查看文件和文件夹。

A. 名称 B. 类型 C. 大小 D. 页眉

【参考答案】D

第 46 题 在 Internet 上用于收发电子邮件的协议是（ ）。

A. TCP/IP B. IPX/SPX C. POP3/SMTP D. NetBEUI

【参考答案】C

第 47 题 TCP 的主要功能是（ ）。

A. 进行数据分组 B. 保证可靠传输 C. 确定数据传输路径 D. 提高传输速度

【参考答案】B

第 48 题 关于 Internet 概念的叙述错误的是（ ）。

A. Internet 即国际互联网络 B. Internet 具有网络资源共享的特点

C. 在中国称为因特网 D. Internet 是局域网的一种

【参考答案】D

第 49 题 WWW 提供的搜索引擎主要用来帮助用户（ ）。

A. 在 WWW 上查找朋友的邮件地址 B. 查找哪些朋友现在正在上网

C. 查找自己的电子邮箱是否收到邮件 D. 在 Web 上快捷查找需要的信息

【参考答案】D

第 50 题 提供不可靠传输的传输层协议是（ ）。

A. TCP B. IP C. UDP D. PPP

【参考答案】C

二、Word

第 1 题

（1）将文中所有错词“业经”替换为“液晶”；将标题段文字（“专家预测大型 TFT 液

晶显示器市场将复苏”）设置为小三号黑体、红色、加粗、居中，并添加黄色阴影边框。

（2）将正文各段（“大型 TFT 液晶市场……超出需求量 20%左右”）的中文文字设置为小四号宋体，英文文字设置为小四号 Arial，各段落左、右各缩进 0.5 字符，首行缩进 2 字符。

（3）将正文第二段（“美国 DisplaySearch 研究公司……轻微上扬的可能”）分为等宽的两栏，将栏宽设置为 18 字符。

（4）在表格的最右边增加一列，列宽 2 厘米，列标题为“总人数”；计算各门选修课程的总人数并插入相应的单元格内（注意：用 SUM 公式）。

（5）将文档中表格内容的对齐方式设置为靠下两端对齐。

第 2 题

（1）设置文档标题“笑傲江湖”字体为“华文行楷”，字号为“二号”，居中对齐。

（2）为“剧情简介”段落添加项目符号。

（3）设置正文第 2 段“华山派……从此笑傲江湖”首行缩进 2 字符，2 倍行距。

（4）在适当位置插入当前试题文件夹下的图片“JH.jpg”，设置图片高 3 厘米，宽 4 厘米，四周型环绕。

（5）将最后 6 段（行）转换为 3 行 2 列的表格，设置表格中文字的字体加粗。

（6）设置表格样式为“网格表 5 深色-着色 5”。

（7）为文档设置紫色、3 磅、方框页面边框。

（8）设置文档的纸张方向为“横向”。

第 3 题

张静是一名大学三年级学生，经多方面了解分析，她希望在下个暑期去一家公司实习。为获得难得的实习机会，她打算利用 Word 精心制作一份简洁而醒目的个人简历，请帮她完成制作，要求如下。

（1）调整文档版面，要求纸张大小为 A4，上、下页边距为 2.5 厘米，左、右页边距为 3.2 厘米。

（2）在文档的标题位置插入第二行第二列样式的艺术字，艺术字内容为“张静”，插入第三行第四列样式的艺术字，内容为“寻求能够不断学习进步，有一定挑战性的工作！”，设置字体为“隶书”小二号字，将文本效果转换为跟随路径的“拱形”。

（3）在文字下方插入当前试题文件夹下的图片“素材.jpg”。

（4）在文档下方插入“步骤上移流程”布局的 SmartArt 图形，内容可以复制当前试题文件夹下“素材.txt”文件中的文字，更改颜色为“彩色-个性色”，将字体设置为华文楷体。

（5）为文档设置艺术型边框。

三、Excel

第 1 题

（1）将 A1 单元格中的“销售员图书销量统计表”设置为红色、等线、加粗、14 号字，将 A1:H1 单元格合并后居中；

（2）使用函数计算出“最大值”，将结果存放在 H3:H11 单元格中；

（3）使用函数计算出“月份销售合计”，将结果存放在 B12:G12 单元格中；

（4）使用条件格式，将“1 月份”B3:B11 区域中大于 5000（不包含 5000）的数据设置为浅红填充色深红色文本；

（5）为“最大值”H3:H11 区域设置单元格样式“好”；

（6）为 A2:H12 数据区域套用表格格式“紫色，表样式深色 10”；

（7）利用“图书系列”和“6 月份”列中的数据（不包含月份销售合计行），生成一个三维饼图。

第 2 题

（1）使用函数计算出总分，将结果填充到 G2:G9 单元格中；

（2）利用条件格式，将总分大于 255 的单元格用绿色底纹填充；

（3）设置第 1 行的行高为 25，文字对齐方式为水平居中；

（4）为 A1:G9 区域套用表格格式“橙色，表样式深色 11”；

（5）筛选出英语成绩大于等于 90 的数据；

（6）根据赵朋宇的成绩生成一个簇状条形图；

（7）在第一行前插入一行，在 A1 单元格中输入文字“学生成绩表”，将 A1:G1 单元格合并后居中。

四、PPT

第 1 题

（1）设置幻灯片的主题为“框架”。

（2）设置第 1 张幻灯片中的标题“有氧运动与无氧运动的区别”字体为“隶书”，字号为“45”，红色。

（3）为所有幻灯片添加自动更新的日期。

（4）设置所有幻灯片的切换方式为“日式折纸”。

（5）设置幻灯片放映选项为“循环放映，按 ESC 键终止”。

（6）以原名保存幻灯片，再将幻灯片另存为“区别.pdf”，保存在相同目录下（即当前试题目录下）。

第 2 题

（1）设置幻灯片的主题为“视图”。

（2）设置第 1 张幻灯片中主标题的字体为“微软雅黑”，字号为“66”，副标题字形加粗。

（3）将第 2 张幻灯片的版式改为“两栏内容”，在右侧插入当前试题文件夹下的图片“Ali.jpg”，并设置图片进入动画为“淡出”。

（4）为所有幻灯片添加幻灯片编号。

（5）设置所有幻灯片的切换方式为“闪光”。

（6）设置幻灯片的放映类型为“观众自行浏览”。

综合模拟实战（试卷）4

一、单选

第 1 题　CAI 是（　　）的英文缩写。

A. 计算机辅助教学　B. 计算机辅助设计　C. 计算机辅助制造　D. 计算机辅助管理

【参考答案】A

第 2 题 下列关于字节的叙述中，正确的是（ ）。

A. 字节通常用英文单词“bit”来表示，有时也可以写作“b”

B. 目前广泛使用的 Pentium 机，其字长为 5 个字节

C. 计算机中将 8 个相邻的二进制位作为一个单位，这种单位称为字节

D. 计算机的字长并不一定是字节的整数倍

【参考答案】C

第 3 题 下列有关 Moore 定律的叙述正确的是（ ）。

A. 单块集成电路的集成度平均每 8～14 个月翻一番

B. 单块集成电路的集成度平均每 18～24 个月翻一番

C. 单块集成电路的集成度平均每 28～34 个月翻一番

D. 单块集成电路的集成度平均每 38～44 个月翻一番

【参考答案】B

第 4 题 根据鼠标测量位移部件的类型，可将鼠标分为（ ）。

A. 机械式和光电式 B. 机械式和滚轮式 C. 滚轮式和光电式 D. 手动式和光电式

【参考答案】A

第 5 题 CAM 软件可用于计算机（ ）。

A. 辅助制造 B. 辅助测试 C. 辅助教学 D. 辅助设计

【参考答案】A

第 6 题 把硬盘上的数据传送到内存中的过程称为（ ）。

A. 打印 B. 写盘 C. 输出 D. 读盘

【参考答案】D

第 7 题 下列叙述中正确的是（ ）。

A. 计算机系统是由主机、外设和系统软件组成的

B. 计算机系统是由硬件系统和应用软件组成的

C. 计算机系统是由硬件系统和软件系统组成的

D. 计算机系统是由微处理器、外设和软件系统组成的

【参考答案】C

第 8 题 运算器的主要功能是（ ）。

A. 控制计算机各部件协同动作进行计算 B. 进行算术和逻辑运算

C. 进行运算并存储结果 D. 进行运算并存储数据

【参考答案】B

第 9 题 指挥、协调计算机工作的设备是（ ）。

A. 输入设备 B. 输出设备 C. 存储器 D. 控制器

【参考答案】D

第 10 题 下列不属于微机主要性能指标的是（ ）。

A. 字长 B. 内存容量 C. 软件数量 D. 主频

【参考答案】C

第 11 题 根据（ ）可把计算机分为巨型机、大中型机、小型机和微型机。

A. 计算机的体积 B. CPU 的集成度

C. 计算机综合性能指标　　D. 计算机的存储容量

【参考答案】C

第 12 题　下列有关存储器读写速度的排列正确的是（　　）。

A. RAM＞cache＞硬盘＞软盘　　B. cache＞RAM＞硬盘＞软盘

C. cache＞硬盘＞RAM＞软盘　　D. RAM＞硬盘＞软盘＞cache

【参考答案】B

第 13 题　用计算机进行情报检索，属于计算机应用中的（　　）。

A. 科学计算　　B. 人工智能　　C. 信息处理　　D. 过程控制

【参考答案】C

第 14 题　将十进制数 327.25 转换成十六进制数是（　　）。

A. 741.25　　B. 147.4　　C. 987.4　　D. 789.01

【参考答案】B

第 15 题　二进制数 110101 对应的十进制数是（　　）。

A. 44　　B. 65　　C. 53　　D. 74

【参考答案】C

第 16 题　下列设备中，（　　）不能作为微机的输出设备。

A. 打印机　　B. 显示器　　C. 光笔　　D. 绘图仪

【参考答案】C

第 17 题　下列字符中，其 ASCII 码值最小的是（　　）。

A. A　　B. a　　C. k　　D. M

【参考答案】A

第 18 题　把十进制数 121 转换为二进制数是（　　）。

A. 1111001　　B. 111001　　C. 1001111　　D. 100111

【参考答案】A

第 19 题　下列设备中，属于输入设备的是（　　）。

A. 鼠标器　　B. 显示器　　C. 打印机　　D. 绘图仪

【参考答案】A

第 20 题　将二进制数 0.0100111 转换成八进制小数是（　　）。

A. 0.235　　B. 0.234　　C. 0.37　　D. 0.236

【参考答案】B

第 21 题　对磁盘进行格式化，需要打开（　　）。

A. 此电脑　　B. 附件　　C. 控制面板　　D. 文档

【参考答案】A

第 22 题　中央处理器的英文缩写是（　　）。

A. CAD　　B. CAI　　C. CAM　　D. CPU

【参考答案】D

第 23 题　在一般情况下，外存中存放的数据，在断电后（　　）丢失。

A. 不会　　B. 少量　　C. 完全　　D. 多数

【参考答案】A

第 24 题　能描述计算机运算速度的单位是（　　）。

A. kb/s　　B. MIPS　　C. MHz　　D. MB

【参考答案】C

第 25 题　（　　）不是微机显示系统使用的显示标准。

A. API　　B. CGA　　C. EGA　　D. VGA

【参考答案】A

第 26 题　0 与 1 与 1 与 1 等于（　　）。

A. 2　　B. 1　　C. 0　　D. 3

【参考答案】C

第 27 题　下列说法中正确的是（　　）。

A. 计算机体积越大，其功能就越强

B. 在微机性能指标中，CPU 的主频越高，其运算速度越快

C. 两个显示器屏幕大小相同，则它们的分辨率必定相同

D. 点阵打印机的针数越多，能打印的汉字字体就越多

【参考答案】B

第 28 题　计算机应用中通常所讲的 OA 是指（　　）。

A. 辅助设计　　B. 辅助制造　　C. 科学计算　　D. 办公自动化

【参考答案】D

第 29 题　在多任务处理系统中，一般而言，（　　）CPU 响应越慢。

A. 任务数越少　　B. 任务数越多　　C. 硬盘容量越小　　D. 内存容量越大

【参考答案】B

第 30 题　电子计算机的算术逻辑单元、控制单元合称为（　　）。

A. CPU　　B. 外设　　C. 主机　　D. 辅助存储器

【参考答案】A

第 31 题　以下说法中最合理的是（　　）。

A. 硬盘上的数据不会丢失

B. 只要防止误操作，就能防止硬盘上的数据丢失

C. 只要没有误操作，并且没有病毒感染，硬盘上的数据就是安全的

D. 不管怎么小心，硬盘上的数据都有可能读不出

【参考答案】D

第 32 题　计算机软件包括（　　）。

A. 程序和指令　　B. 程序和文档　　C. 命令和文档　　D. 算法及数据结构

【参考答案】B

第 33 题　内存储器中每一个存储单元被赋予唯一的一个序号，该序号称为（　　）。

A. 容量　　B. 内容　　C. 标号　　D. 地址

【参考答案】D

第 34 题　下列四个不同数制表示的数中，最小的是（　　）。

A. 215D　　B. 1111111B　　C. D5H　　D. 416O

【参考答案】B

第 35 题 1MB=（ ）。

A. 1000B B. 1024B C. 1000kB D. 1024kB

【参考答案】D

第 36 题 在计算机中，BUS 是指（ ）。

A. 基础用户系统 B. 公共汽车 C. 大型联合系统 D. 总线

【参考答案】D

第 37 题 下列存储器中，存取速度最快的是（ ）。

A. 内存 B. 硬盘 C. 光盘 D. 寄存器

【参考答案】D

第 38 题 十进制数 180 对应的八进制数是（ ）。

A. 270 B. 462 C. 113 D. 264

【参考答案】D

第 39 题 将二进制数 1011011.1101 转换成八进制数是（ ）。

A. 133.65 B. 133.64 C. 134.65 D. 134.66

【参考答案】B

第 40 题 存储器的容量一般用 kB、MB、GB 和（ ）来表示。

A. FB B. TB C. YB D. XB

【参考答案】B

第 41 题 在 Windows 的默认环境中，能将选定的文档放入剪贴板中的快捷键是( )。

A. Ctrl+V B. Ctrl+Z C. Ctrl+X D. Ctrl+A

【参考答案】C

第 42 题 如用户在一段时间内（ ），Windows 将启动屏幕保护程序。

A. 没有按键盘 B. 没有移动鼠标器

C. 既没有按键盘，也没有移动鼠标器 D. 没有使用打印机

【参考答案】C

第 43 题 控制和管理计算机的硬件和软件资源、合理地组织计算机的工作流程、方便用户使用的程序集合是（ ）。

A. 编译系统 B. 数据库管理信息系统

C. 操作系统 D. 文件系统

【参考答案】C

第 44 题 下列关于 Windows 图标的叙述中，错误的是（ ）。

A. 图标可以重命名 B. 图标可以重新排列

C. 所有图标都可以复制 D. 所有图标都可以移动

【参考答案】C

第 45 题 在 Windows 中，以下文件名中，（ ）是错误的。

A. &file.txt B. file*.txt C. file.txt D. 文件.txt

【参考答案】B

第 46 题 在 Internet 上，用于收发电子邮件的协议是（ ）。

A. TCP/IP B. IPX/SPX C. POP3/SMTP D. NetBEUI

【参考答案】C

第 47 题 E-mail 地址“wendiluo@yahoo.com”中，收件人的账号是（　　）。

A. yahoo.com　　B. @yahoo　　C. wendiluo　　D. com

【参考答案】C

第 48 题 按（　　）将网络划分为广域网、城域网和局域网。

A. 接入计算机的多少　　B. 接入计算机的类型

C. 拓扑类型　　D. 接入计算机的距离

【参考答案】D

第 49 题 Internet 起源于（　　）。

A. 美国　　B. 英国　　C. 德国　　D. 澳大利亚

【参考答案】A

第 50 题 E-mail 地址格式为“usename@hostname”，其中 usename 称为（　　）。

A. 用户名　　B. 某网站名　　C. 某网络公司名　　D. 主机域名

【参考答案】A

二、Word

第 1 题

（1）将文中所有“孤狼屿”改为“鼓浪屿”。

（2）插入第二行第二列样式的艺术字，内容为“钢琴之岛鼓浪屿”，设置为标题，加粗、居中对齐，上下型环绕。

（3）设置正文字体为“华文行楷”，字号为“小四号”，所有段落首行缩进 2 字符。

（4）在适当位置插入当前试题文件夹下的图片“pic.jpg”，设置图片高 6 厘米，宽 8 厘米，四周型环绕。

（5）设置纸张大小为“B5（JIS）”，横向，页面颜色为“绿色，个性色 6，淡色 60%”。

（6）在页面底端设置“普通数字 2”样式的页码。

第 2 题

（1）设置标题为“红色”“一号”，居中对齐。

（2）设置正文所有段落首行缩进“2 字符”，将段前段后间距均设置为“0.5 行”。

（3）在适当位置插入当前试题文件夹下的图片“HU.jpg”，将大小缩放至“50%”，设置为“紧密型”环绕方式。

（4）设置纸张大小为“A4”，设置艺术型边框。

（5）在文档末尾插入一个 1 行 9 列的表格，依次输入“东北虎”“华南虎”“巴厘虎”“印度支那虎”“马来虎”“爪哇虎”“苏门答腊虎”“孟加拉虎”“里海虎”。

（6）将表格内文字设置为“小六”号、加粗、红色。

第 3 题

某知名企业要举办一场针对高校学生的大型职业生涯规划公益活动，邀请了很多业内人士和媒体参加。该活动由某集团董事长陆达先生担任演讲嘉宾。为了此次活动能够圆满成功，并能引起各高校学生的广泛关注，该企业行政部准备制作一份精美的宣传海报。请根据上述活动描述，利用 Microsoft Word 2016 制作一份宣传海报。具体要求如下。

（1）调整文档的版面，设置页面高度 36 厘米，页面宽度 25 厘米，上下页边距为 5 厘米，左右页边距为 4 厘米。

（2）将考生文件夹下的图片“背景图片.jpg”设置为海报背景。

（3）设置标题为隶书、小二号字，设置正文内容为宋体、小四号字。

（4）根据页面布局需要，将海报内容中“演讲题目”“演讲人”“演讲时间”“演讲日期”“演讲地点”等信息的段前段后间距均设置为“0 行”，行距设置为“单倍行距”。

（5）在“演讲人”后面输入“陆达”；在“主办：行政部”后面另起一页，并设置第 2 页的纸张大小为 A4，将纸张方向设置为“横向”，设置此页页边距为“普通”页边距。

（6）在第 2 页的“报名流程”下面，利用“基本流程”SmartArt 图形制作本次活动的报名流程（行政部报名、确认座席、领取资料、领取门票）。

（7）在第 2 页的“日程安排”段落下面，复制本次活动的日程安排表，要求表格内容引用 Excel 文件中的内容（所需 Excel 文件在当前试题目录下），如果 Excel 文件中的内容发生变化，Word 文档中的日程安排信息能随之发生变化。

（8）插入演讲人照片（考生文件夹下的“luda.jpg”图片），将图片调整为“四周型”环绕，调整到适当位置。

（9）保存文档。

三、Excel

第 1 题

（1）设置 A1 单元格的字体为等线、浅蓝、16 号字，设置 A1:E1 单元格合并后居中；

（2）使用公式计算出“库存数量”（库存数量=进货数量−销售数量），将结果存放到 E3:E18 单元格中；

（3）为“单价”列 B3:B18 数据区域设置单元格样式“输出”；

（4）为 A2:E18 区域套用表格格式“绿色，表样式深色 11”；

（5）以“库存数量”为主要关键字，升序排列；

（6）为 A2 单元格添加批注，内容为“部分商品”；

（7）将工作表重命名为“商品库存表”。

第 2 题

（1）将“文档.xlsx”中的工作表 Sheet1 重命名为“第五次普查数据”，将 Sheet2 重命名为“第六次普查数据”。

（2）对两个工作表中的数据区域设置自动套用格式，分别设置为“表样式浅色 16”和“表样式浅色 17”，并将所有人口数列的数字格式设置为带千位分隔符的整数。

（3）将 Sheet3 重命名为“比较数据”；将两个工作表的内容合并，合并后的内容放置在新工作表“比较数据”中[自 A1 单元格开始存放，标题顺序依次为地区、2010 年人口数（万人）、2010 年比重、2000 年人口数（万人）、2000 年比重]；以“地区”为关键字对工作表“比较数据”进行升序排列，将多余列删除。为合并后的工作表设置自动调整行高列宽，将字体设置为“黑体”、字号设置为“12”。

（4）在合并后的工作表“比较数据”中数据区域的最右边依次增加“人口增长数”和“比重变化”两列，计算这两列的值，并设置“比重变化”列的数值类型为百分比，保留 2 位小数。其中：人口增长数=2010 年人口数−2000 年人口数；比重变化=2010 年比重−2000 年比重。

（5）基于工作表“比较数据”创建一个数据透视表，将其单独存放在一个名为“透视分析”的工作表中。透视表中要求筛选出 2010 年人口数超过 5000 万（含 5000 万）的地区及其人口数、2010 年比重、人口增长数（提示：行标签为“地区”，数值项依次为“2010 年人口数”“2010 年比重”“人口增长数”）。

四、PPT

第 1 题

（1）将第二张幻灯片的版式改为“两栏内容”，标题为“‘鹅防’，安防工作新亮点”，左侧内容区的文本设置为“黑体”，在右侧内容区域插入当前试题文件夹下的图片“ppt1.png”。

（2）移动第一张幻灯片，使之成为第三张幻灯片。将幻灯片版式改为“内容与标题”，标题为“不用能源的雷达——大鹅的故事”。

（3）在第一张幻灯片前插入版式为“空白”的新幻灯片，并在指定位置（水平“0.9 厘米”，从“左上角”；垂直“6.2 厘米”，从“左上角”）插入样式为“填充：绿色，主题色 4；软棱台”的艺术字“‘鹅防’，安防工作新亮点”，艺术字高度为 5 厘米，宽度 24 厘米。设置艺术字文字效果为“转换-弯曲-V 型：倒”。将艺术字的动画设置为“强调”“陀螺旋”，效果选项为“分量-旋转两周”。

（4）将第一张幻灯片的背景设置为“画布”纹理，并隐藏背景图形。

（5）将第三张幻灯片的版式改为“比较”，标题为“大鹅，安防的新帮手”，在右侧内容区域插入当前试题文件夹中的图片“ppt2.png”。在备注区插入以下文本：一般一家居民养一条狗，入侵者可以丢药包子毒死狗，而鹅一养一群，其晚上视力不好，入侵者没法喂药，想要放倒很难。

（6）使用当前试题文件夹下的“剪切”主题装饰全文，为全部幻灯片设置切换方案为“涡流”，效果选项为“自顶部”，持续时间 2 秒。

第 2 题

（1）设置幻灯片的主题为“视差”。

（2）设置所有幻灯片的切换方式为“时钟”。

（3）为幻灯片添加自动更新的日期，格式为“****年*月*日”。

（4）设置第三张幻灯片的图片进入动画效果为“轮子”，效果为“8 轮辐图案”。

（5）设置幻灯片的放映类型为“观众自行浏览”，放映选项为“循环放映，按 ESC 键终止”。

参考文献

[1] 大学计算机课程报告论坛组委会. 大学计算机课程报告论坛论文集[M]. 北京：高等教育出版社，2007.

[2] 大学计算机课程报告论坛组委会. 大学计算机课程报告论坛论文集[M]. 北京：高等教育出版社，2008.

[3] 大学计算机课程报告论坛组委会. 大学计算机课程报告论坛论文集[M]. 北京：高等教育出版社，2009.

[4] 中国高等院校计算机基础教育改革课题研究组. 中国高等院校计算机基础教育课程体系[M]. 北京：清华大学出版社，2008.

[5] 蒋加伏，沈岳. 大学计算机基础[M]. 北京：北京邮电大学出版社，2008.

[6] 王丽君，曾子维，张继生. 大学计算机基础[M]. 北京：清华大学出版社，2007.

[7] 常东超. 大学计算机基础教程[M]. 北京：高等教育出版社，2009.

[8] 常东超. 大学计算机基础实践教程[M]. 北京：高等教育出版社，2009.

[9] 常东超. 大学计算机教程[M]. 北京：高等教育出版社，2013.

[10] 常东超. 大学计算机实验指导与习题精选[M]. 北京：高等教育出版社，2013.

[11] 常东超. C 语言程序设计[M]. 北京：清华大学出版社，2010.

[12] CHAPPELL L A，TITTEL E. TCP/IP 协议原理与应用[M]. 马海军，吴华，等译. 北京：清华大学出版社，2005.

[13] 杨德贵. 网络与宽带 IP 技术[M]. 北京：人民邮电出版社，2002.

[14] 王卫红，李晓明. 计算机网络与互联网[M]. 北京：机械工业出版社，2008.

[15] 曹义方，张彦钟. 多媒体实用技术：上[M]. 北京：航空工业出版社，2002.

[16] 曹义方，张彦钟. 多媒体实用技术：下[M]. 北京：航空工业出版社，2002.

[17] 徐茂智，邹维. 信息安全概论[M]. 北京：人民邮电出版社，2007.

[18] 周明全，吕林涛，李军怀. 网络信息安全技术[M]. 西安：西安电子科技大学出版社，2003.

[19] 胡建伟. 网络安全与保密[M]. 西安：西安电子科技大学出版社，2003.

[20] 李克洪，王大玲，董晓梅. 实用密码学与计算机数据安全[M]. 2 版. 沈阳：东北大学出版社，2001.

[21] 马崇华. 信息处理技术基础教程[M]. 北京：清华大学出版社，2007.

[22] 刘甘娜，翟华伟，崔立成. 多媒体应用基础[M]. 4 版. 北京：高等教育出版社，2008.

[23] 王移芝，罗四维. 大学计算机基础[M]. 2 版. 北京：高等教育出版社，2007.

[24] 赵树升. 计算机病毒分析与防治简明教程[M]. 北京：清华大学出版社，2007.

[25] 张海藩. 软件工程导论[M]. 5 版. 北京：清华大学出版社，2008.